大数据平台架构与原型实现

数据中台建设实战

耿立超◎著

電子工業出版社
Publishing House of Electronics Industry
北京•BEIJING

内容简介

目前，在基于大数据技术的数据中台建设过程中，由于缺乏完备的架构参考和类似于“脚手架”的原型项目，很多IT团队会在工程技术层面上感到无从下手。开发人员迫切地需要设计良好的架构参考和简单易用的原型项目帮助他们快速启动自己的数据中台建设，本书就是为这一目标而写作的。

本书以大数据平台的架构设计为主题，围绕一个2万行源代码的原型项目讲解和演示如何在工程技术层面构建当下流行的数据中台。全书涵盖建设一个企业数据平台所需的各个重要环节，包括基础设施建设、数据采集、主数据管理、实时计算、批处理与数据仓库、数据存储及作业调度，每个环节独立成章，每一章介绍对应主题的架构方案和技术选型，然后结合原型项目讲解具体的实现细节。

如果你是一位架构师，本书可以帮助你提升对大数据平台的整体把控力；如果你是中高级开发人员，建议你选择自己感兴趣的章节深入学习原型项目的代码；如果你是企业的CIO或数据团队的负责人，本书的第1、2、4章对于你定制企业数据中台战略、规划数据平台蓝图及组建数据团队都有重要的参考价值。

图书在版编目（CIP）数据

大数据平台架构与原型实现：数据中台建设实战 / 耿立超著. —北京：电子工业出版社，2020.7
ISBN 978-7-121-39044-9

Ⅰ. ①大…　Ⅱ. ①耿…　Ⅲ. ①数据处理－研究　Ⅳ. ①TP274

中国版本图书馆 CIP 数据核字（2020）第 096222 号

责任编辑：董　英
印　　刷：北京天宇星印刷厂
装　　订：北京天宇星印刷厂
出版发行：电子工业出版社
　　　　　北京市海淀区万寿路 173 信箱　　邮编：100036
开　　本：787×980　1/16　印张：25.75　字数：575 千字
版　　次：2020 年 7 月第 1 版
印　　次：2022 年 1 月第 6 次印刷
定　　价：108.00 元

凡所购买电子工业出版社图书有缺损问题，请向购买书店调换。若书店售缺，请与本社发行部联系，联系及邮购电话：（010）88254888，88258888。

质量投诉请发邮件至 zlts@phei.com.cn，盗版侵权举报请发邮件至 dbqq@phei.com.cn。

本书咨询联系方式：010-51260888-819，faq@phei.com.cn。

序

在当今如火如荼的企业数字化进程中，信息技术发挥的作用越来越重要，IT 部门在企业中肩负的责任越来越重大。过去，IT 部门通常被归入企业的成本中心，从硬件资源到软件许可，从项目研发到产品采购，企业一直被动地在信息化建设上进行投入。而伴随着数字化浪潮和大数据时代的来临，信息技术已经逐渐转变为驱动企业运营和创新的核心动力之一，在业务流程优化、面向终端消费者的数字化转型，以及提升服务质量、改善用户体验方面都发挥着不可替代的作用。作为企业中唯一兼具技术背景和业务知识的团队，IT 部门正从以往的业务支持与技术咨询的角色向业务战略合作伙伴的角色转变，凭借自身独特的优势，IT 部门在未来将转变为企业的业务价值创造中心，在电子商务、互联网营销和新零售等新兴业态和商业模式中扮演更加主动的角色。

现代企业的 IT 生态大体上可以分为应用和数据两大组成部分。过去，核心的业务系统几乎无一例外都是应用系统，这些系统帮助企业维持日常运营，一直是 IT 部门的工作重心，而数据系统往往处于“后端”的位置上。一方面数据系统需要依赖应用系统生成的业务数据，另一方面传统数据系统主要提供报表服务，并不直接参与业务流程。然而最近几年，随着企业数据的爆炸式增长，以及大数据与人工智能的普及和推广，越来越多的企业意识到“数据”对企业的重要性。一方面，企业领导者和业务部门越来越需要准确、及时甚至带有预见性的数据分析帮助他们做出业务决策；另一方面，以大数据和人工智能为代表的新兴技术正在向业务领域深度融合，将从数据中汲取的重要业务价值直接反哺到业务运营中（用户画像系统就是这一趋势的典型案例）。这些因素促使很多决策者将建设“数据驱动型”企业作为企业的战略目标之一，进而加大在数据领域的投入，也促使 IT 部门开启了新一代数据平台的建设工作。

目前，新一代数据平台均以大数据和人工智能作为核心技术支撑，在方法论上，数据中台理论则是现在行业内讨论最为热烈的话题，这些理论和技术体系庞大而复杂，需要专业的人才和团队进行建设和管理，其中很多工作充满挑战，对 IT 部门和企业来讲都是开创性的，很难找到先例借鉴和参考，也正因为如此，在这一过程中积累的经验和最佳实践才是非常宝贵的。这本书的架构理论、方案和一些重要建议都经过了实践的检验，并取得了良好的效果，我相信书中的知识和见解可以复用于很多企业，帮助他们打破信息孤岛，将线上与线下渠道连接在一起，为消费者提供更佳的用户体验，并帮助企业在激烈的市场竞争中迅速而敏捷地捕捉商机。

欧莱雅集团亚太区首席信息官

Rita Lau

前　言

2008年，Hadoop成为Apache的顶级项目，以此为开端，大数据技术迎来了十多年的持续发展，其间随着Spark的异军突起，整个大数据生态圈又经历了一次“装备升级”，变得更加完善和强大。在这一进程中，企业数据平台的设计理念也在不断进化，从最初的“数据仓库”到后来的“数据湖”，再到今天的“数据中台”，方法论革新的背后是大数据技术的强力支撑。今天，很多企业已经完成了早期对大数据技术的尝试和探索转而进入应用阶段，在实际的工程建设中，IT团队遇到了很多问题和挑战，有的团队在摸索中积累了一些有价值的经验，有的则走了一些弯路，付出了或大或小的代价。

总的来说，大数据的整体架构和工程方案在业界还没有锤炼到像Java社区的企业级应用那样成熟，在Java社区不但有完备的架构理论和模型，更有基于这些理论沉淀下来的标准工程模板，以前有Appfuse，后来有Spring Boot，这些被称为“脚手架”的原型工具极大地方便了Java的企业级应用开发，促进了行业技术架构和工程标准的统一。在大数据领域，开发者们也在迫切地寻求成熟的架构方案和类似于“脚手架”的原型项目帮助他们快速构建自己的企业数据平台，本书就是为这一目标而写作的。

作为本书的作者，我曾经参与过多个大数据平台的设计和开发工作，在长期的工作中积累了一些值得分享的宝贵经验。同时，作为一名坚持在一线编写代码的架构师，我还会在项目初期为团队搭建工程原型，在经过多个项目的优化和提炼之后积累了一套成熟通用的原型方案，本书讲解的原型系统正是由此而来的。它不仅仅是这本书的示例代码，更是一个能应用于实际项目中的“脚手架”，其源代码具有很高的参考性和可移植性，将虚拟的业务逻辑抽离之后能很容易地应用到实际项目中，以帮助团队快速启动开发工作。在本书中我会把大数据平台的架构设计和原型系统的具体实现结合在一起讲解，希望能帮助读者有效地学习大数据平台的设计方法和各项技术。

本书涵盖大数据平台建设的各个重要环节，包括基础设施建设、数据采集、主数据管理、实时计算、批处理与数据仓库、数据存储和作业调度等，每个环节独立成章，每一章会介绍相应主题的架构方案和技术选型，然后结合原型项目讲解具体的实现细节。由于大数据涉及的技术众多，而本书讨论的又是平台级的架构和实现，无法就每一项技术都深入展开，所以本书的读者需要具备一定的大数据知识和技术背景。如果你是一位架构师，这本书可以帮助你提升对大数据平台的整体把控力；如果你是中高级开发人员，建议你选择自己感兴趣的章节深入学习原型项目代码；如果你是企业的 CIO 或数据团队的负责人，本书的第 1、2、4 章对于你定制企业数据战略、规划数据平台蓝图及组建数据团队都有重要的参考价值。

本书讲解使用的原型项目已经在 GitHub 上开源，项目地址为 https://github.com/bluishglc/bdp。它是一个基于 Maven 构建的多模块项目，每个模块对应大数据平台上的一个重要环节，同时对应本书的一个具体章节，但与很多计算机图书不同的是，这些模块不是琐碎示例代码的集合，而是在一个统一业务背景下分工协作的标准项目，是一个完备的大数据平台原型系统。

最后，给购买本书的读者一条诚恳的建议："Get your hands dirty！代码先行！"这是能学到本书精髓最好的方法。

目　　录

第 1 章 企业与数据

过去十几年间，伴随着企业数字化程度的不断提升以及互联网和电子商务的迅猛发展，企业数据呈现爆炸式的增长，人类社会已经进入大数据时代。体量庞大且类型丰富的数据蕴含着巨大的价值。对内，企业希望基于数据分析优化和创新业务流程，提升运营管理的效率和决策的准确性；对外，企业需要通过数据了解市场和消费者，提升自己的产品竞争力和服务质量，发掘市场潜力。“用数据说话”已经是很多企业管理者的信条，他们深知“数据即事实”，通过数据分析可以帮助企业了解自身和市场的现状及未来的发展趋势，所以信赖并依靠数据进行企业管理和应对市场变化已经是现代企业管理的共识。

以金融行业为例，证券公司和银行普遍在利用数据评估个人和机构信用、判断资产价格走势、分配资金流向及把控金融风险。例如，银行利用丰富的数据提高信贷风险评估的准确性，通过分析客户的消费和行为数据对客户进行信用评级；券商则利用大数据建立股价分析模型，实现更精准的股价预测。

在工业领域，伴随着“工业 4.0”概念的不断深入，许多智能工厂已经建成并投产，这些智能工厂规模庞大，但是员工数量却很少，大多数设备都在无人值守的情况下自动化作业，它们通过 IoT 网络连接在一起，实现控制信号和传感数据的实时传输，这种高度信息化的工业生产会产生大量的数据，依托这些数据，工业企业可以在研发、生产、运营和市场营销的诸多环节进行改进和创新，如产品质量检测、设备故障诊断与预测、生产线物联网分析及供应链优化等。

在消费品行业，企业借助大数据进行精确的市场定位，挖掘客户需求，同时优化自己的产品与服务。企业通过各种渠道收集用户的数据，建立完善的用户画像体系，围绕用户的关注点和个性化需求进行分析，为每个独立的用户个体针对性地推荐最适合他们的产品和服务，从而带给客户全新的使用体验。

在零售行业，企业采用人工智能的方法进行智能门店选址，通过对商圈消费数据、人口统计数据、门店销售数据及竞争对手的门店信息等进行算法建模，综合分析人口特征、消费特征、竞争态势、环境业态和交通路网等维度的差异，进而筛选出理想的门店位置。同时，在店内通过客流热力统计设备，收集店内的客流情况，绘制出店铺内的客流热力图，可以帮助企业了解消费者对商品和品类的关注度，再结合销售数据就可以对上架的商品及陈列进行优化，提升整店的销售额。

在供应链管理中，库存管理和物流配送关系到企业的成本、利润，同时直接关系到用户体验。市场需求高涨时库存就会短缺，同时影响终端用户的体验，而需求萎缩又会导致库存积压，导致成本高昂的存货冲销。现在很多企业正在借助数据分析和机器学习来预测不同品类、不同规格商品在未来一段时间内的库存水平，从而辅助企业提高物流配送的时间效率，降低库存与物流的运营成本。

然而，从数据中发掘价值并不是一件简单的事情，单一而离散的数据不能作为重要论断的依据，只有在大体量、多维度的数据上进行数据分析才能得到准确可靠的结论，这就对企业的信息化建设和数据处理能力提出了更高的要求。首先，企业需要拥有全面和多样的信息系统来支撑自己的业务运营，只有建立了这些业务系统才能产生并沉淀出丰富的数据。接下来，企业需要集成这些离散的业务系统，将各类数据采集到一个中心化的平台上，统一存储和管理企业的所有数据。基于这个平台，技术和业务人员可以进行深入而广泛的洞察分析，发掘数据背后的“价值”，甚至可以对未来（如销售额、利润率等）做出预测，并给到管理者，管理者可将其作为决策的重要依据。作为本书的第一个章节，将围绕“企业与数据”这一话题展开讨论，从企业的视角来观察和思考如何看待并使用数据。

1.1　数据的价值

> 数据是企业的重要资产，但数据的价值是通过赋能业务体现的。

1. 提升企业决策力

长久以来，很多企业的重大决策都是基于领导者的经验和直觉做出的，在过去信息化程度还不高的年代，数据本身就不够丰富和多元，企业获取数据的途径和方式也很单一，所以数据在企业决策中发挥的作用非常有限。但是随着信息化的快速发展和大数据技术的崛起，数据变得越来越多，越来越丰富，进而在企业决策过程中起到的作用也越来越突出，那些成功转型为“数据驱动型”的企业在进行决策时，都以数据和从数据中提炼出的重要论断作为决策依据，这使得它们的决策较之传统的经验式决策更加准确、可靠，犯错的概率远低于竞争对手，从而确保了它们在市场竞争中的优势地位。

用于企业决策支持常被看作数据价值最直接和最根本的体现，企业投入大量资金建设数据平台的初衷是，希望通过数据来观察和评估企业的真实状况及所处的市场环境，为管理层做出决策提供有效支撑。数据和决策在企业中是一个良性的互动过程，一方面，随着企业数据体量的不断增长和数据种类的多元化，数据反映企业真实状况的深度和广度都在提升，这使得数据分析的准确性和可靠性也在不断地提升；反过来，对于决策者而言越来越可靠的数据会引导并激发他们对于数据的敏感性和洞察力，这会使得决策者更加重视对数据基础设施的建设和企业数据应用能力的培养。

此外，在某些领域，大数据的技术变革还将颠覆过去传统的决策方式，将人的主观因素剔除，完全通过技术和数据进行理性客观的决策。例如，金融领域中的高频交易就通过高性能计算机的数据处理和分析能力捕捉交易中的价格变化，再利用服务器的地理位置优势，在很短的时间内快速执行大量交易指令，从而获取普通交易方式难以获得的利润。在传统交易方式下，决策最终是由交易员做出的，当然这些决策是在他们了解了大量市场数据之后做出的，但在高频交易中，整个决策过程完全是由程序算法控制的，已经没有任何人工干预。在未来，随着数据的不断积累和处理能力与算法的提升，类似的案例将越来越多，这种决策方式的转变将会给企业和社会带来深刻的变革。

2. 个性化推荐与精准营销

企业想要有好的概念和创意，首先需要搜集消费者的信息，了解他们的喜好与诉求，然后用创新的方式解构消费者的生活方式，剖析消费者的生活状态，这样才能挖掘出隐藏于背后的真正需求，而这样的营销必须以数据作为支撑，通过数据分析进行驱动。传统营销立足于如何找到对企业产品有需求的人，而在大数据时代，个性化推荐与精准营销将得到质的提升，客群划分将会粒度更细、维度更多、精度更准，而消费者的触达也从过去粗放的“大水漫灌”转向了以“千人千面”为代表的精准营销，这些转变都是以数据为支撑的。以“用户画像”系统为例，为了描绘出一个消费者的真实“面貌”，企业需要从各种渠道收集与消费者相关的信息，这些信息包括消费者自身的固有属性、消费数据及在社交媒体和线上交易平台的行为数据等，这些数据来自企业的 CRM 系统、POS 系统、客服系统、线上电商平台、官方网站、社交平台及第三方用户数据提供商等众多渠道，将这些数据收集之后需要统一存储在一个地方，然后进行数据清洗和处理，通过特定的算法对数据进行分析，最终为消费者打上各种各样的“标签”，这些“标签”就组成了消费者的一张完整“画像”。企业利用这些数据对消费者进行精细的客群划分，针对不同类型的消费者采取不同策略的营销手段，推送他们最可能感兴趣的产品，这种精准营销能高精度地锁定目标人群，提升营销效果，节约运营成本。

搜狐曾经分享过一个案例，搜狐利用其大数据平台上的用户画像系统对宝马 3 系和 X6 的购买人群进行监测，结果发现 IT、理财等兴趣分类的人群对高档进口汽车 X6 更感兴趣，而对游戏、旅游等领域感兴趣的人群则对宝马 3 系的关注度更高。利用这种洞察结果，企业可以选择针对性更强的网站和页面频道投放广告，确保广告触达的人群是对广告产品更感兴趣、更适宜购买的人群，从而提升广告效果，节约营销成本。

由精准营销引申出来的一个更大的话题是对细分市场的探索和挖掘。当企业积累了足够的数据与分析能力之后，对整个行业和市场的认知与趋势的判断也会更加精准，这将有助于企业先于竞争对手发现新的细分市场，抢先进行布局和投入，从而在市场竞争中占得先机。

3. 创新管理模式

伴随着企业生产、运营、管理和决策等业务和管理流程的信息化，当企业具备了强大的数据处理和应用能力之后再反作用到企业管理时，一个毋庸置疑的事实是：大数据已经给传统的企业管理模式带来了巨大的冲击，它正在促使企业在管理模式上进行创新。

以快消品企业为例，一线导购员对于顾客的服务质量会在很大程度上影响产品销量和消费者对品牌的好感度，过去企业只能依靠销售业绩和客诉信息来度量导购的服务质量，但这种方式并不能反映真实情况。在大数据时代，导购与顾客之间的各种沟通都可以被记录并保存下来，不管是线上问答还是线下到店咨询，通过图像和语音处理，所有对话信息都可以转换为文字信息，然后借助 AI 情感分析及面部情绪识别技术可以分析出他们的沟通效果和顾客的满意度，进而可以对员工的服务态度和服务质量进行自动评级。

管理模式的创新同样会体现在组织架构上，鉴于数据的重要性，很多企业越来越重视自身 IT 和数字化组织的建设，纷纷提升 IT 部门的层级和规模，创建新的数据和数字化部门，如 Digital Hub、Chief Digital Office 等，通过职责与资源的重新分配，使得这些部门从过去的成本中心逐渐向利润中心转变，它们在企业的发展过程中也将起到更加重要的作用，高层管理者应给予更多的信任和话语权。与此同时，信息化和数字化的突飞猛进也将使企业自然地淘汰一些传统的业务模式和管理模式，为加速企业转型创造有利条件。

4. 提升运营效率

企业的传统运营存在几个比较严重的问题，包括运营模式单一、对用户体验的感知力差、不能及时根据市场和用户的变化做出改变，导致企业既难以招募新用户，又不能激活老用户，这就要求企业在数字时代一定要变革运营模式，提升运营效率，只有这样才能抓住用户。

在前几年的信息化改造浪潮中，企业的运营效率已经得到过一轮提升，通过信息化系统快捷高效的信息处理能力，原本需要数天或数周才能完成的业务可以大幅度地压缩到数小时或数天完成。而进入大数据与人工智能时代之后，企业的运营效率将会经历新一轮的提升，解决一些更深层次的运营问题。例如，通过数据分析可以找出企业运营中的瓶颈和弊端，在没有大数据支撑前，企业是很难发现这些问题或者找到问题根源的。此外，借助 AI 能力，让过去需要人工完成的工作变成由自动化程序辅助执行或全部接管，更进一步地提升了企业运行效率，无人超市、无人配送都是这一类案例。

在零售和消费品行业，当企业完成线下与线上的打通之后，全渠道的数据就可以连接、融合在一起，发挥出数据的“聚集优势”。下面看一个生动的例子。一位顾客昨天在某品牌官方旗舰店收藏或加购了某个产品后，第二天出现在该品牌的某家线下门店，店内的人脸识别系统通过捕捉顾客面部特征识别出了用户身份，然后调取他最近的行为数据推断出该顾客可能对昨天收藏或加购的产品感兴趣，于是这条重要信息会立即推送到导购的手持设备中，经验丰富的导购就会有针对性地向顾客展示和介绍相应的产品，不管顾客最后是在线下买走了商品还是回到线上下了单，这笔销售都是利用数据来驱动的，这种精细化的运营在宏观上对企业的运营效率起到了巨大的促进和提升作用。

另外一个案例是大型购物中心利用人流数据优化店铺租金结构。通过从 WiFi 探针等终端设备采集的数据进行分析，商场可以得知顾客对哪些店铺更感兴趣，哪些店铺对人流的带动性更好。根据这些数据，就可以计算出每个店铺的价值，细化商场的租金结构，有差别地对商铺租金定价进行调整，从而实现购物中心利益的最大化。

除了上述几点，大数据在优化业务流程、降低运营成本和控制运营风险等诸多方面都发挥着巨大的作用，对于数据的分析和利用可以极大地帮助企业在各个方面保持竞争优势，使得它们更容易达到行业顶端。数据驱动已成为现代化企业的一项重要能力和标志性特征，数据正在也必将成为未来企业的核心竞争力之一。

1.2 企业的数据应用能力

企业的数据应用能力是通过技术、业务和人才的相互作用发挥出来的。

企业的数据应用能力决定了企业在数据这座“金矿”中所能攫取的价值大小，既然是一种能力，就会有强有弱、有高有低，收集并统一存储数据只是建立良好数据生态的第一步，数据背后的真正“价值”是需要通过专业的手段进行挖掘才能获取的。我们常说：“如果数据是燃料，那么分析就是引擎。”对于一家企业而言，既要储备“燃料”，也要装配“引擎”，只有同时具备了数据和数据分析能力才能从数据中提炼出有价值的信息。为了清晰地度量企业在数据应用上的能力，我们对数据应用涉及的多个方面进行了归纳和总结，得到一个企业数据应用成熟度模型，如图 1-1 所示。

在这个模型中，我们引入四个等级和两个维度来度量企业的数据应用能力。

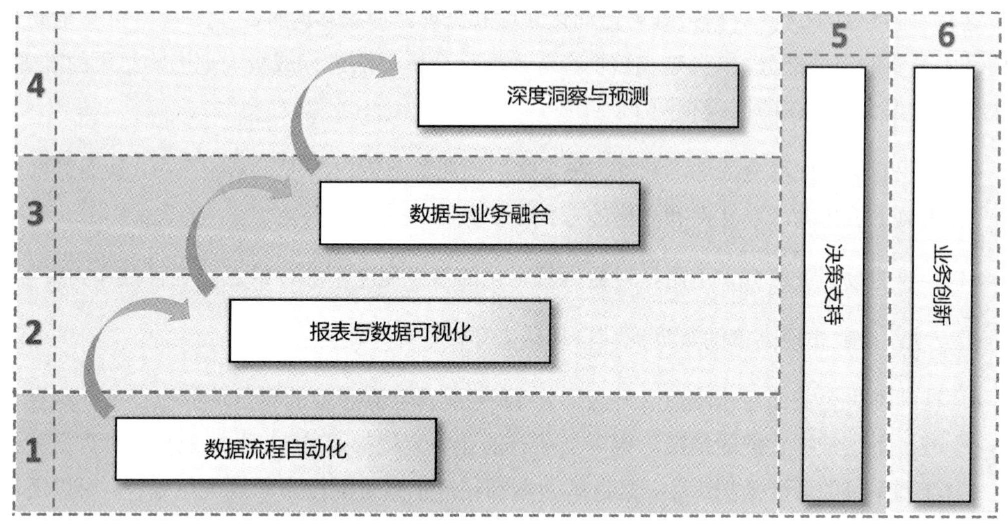

图 1-1　企业数据应用成熟度模型

1. 第一层级：数据流程自动化

数据流程自动化指的是数据从产生的源头到使用的末端是自动化的，中间没有人工操作，全部通过系统集成实现。可能有的读者会认为这一能力不应该成为一个独立的等级，因为在高度信息化的企业中应该已经实现了各个系统间的数据对接，即使是以最原始的文件形式交换数据也大都已经实现了流程自动化。但实际情况却并非如大家想象中那样理想。现实中企业的数据来源丰富多样，既有自身业务系统产生的数据，也有外部系统和供应商提供的数据，还有业务人员日常手工维护的大量表格和纯文本数据。很多企业可能已经完成了对自有应用系统的自动化数据采集与处理，但是对于大量的外部数据和业务人员手工维护的数据往往还没有建立起有效的自动化处理流程，这类数据往往有这样一些特点：

- 格式不规范；
- 经常变动；
- 缺乏基本的校验，容易出现错误数据；
- 数据供给周期不固定。

这些原因导致了这类数据很难被自动化获取和处理，而很多时候这类数据恰恰又是业务流程闭环中重要的组成部分，缺失这类数据会导致数据分析无法进行或极大地影响结果的准确性。造成这类数据大量存在的原因有两个：

- 企业的信息化程度依然不够高，在某些局部业务范围内出现了系统空白，从而需要业务人员手工介入，以文件和表格的方式维护数据；
- 企业的数据资产意识不足，对数据规范化的重视程度不够，缺乏一些管控和约束手段。

相应地，企业实现高度的数据流程自动化需要做好如下两点：

- 持续推进企业信息化改造和升级，将 IT 系统覆盖到企业的全部业务流程中，这会大大减少手工维护数据的情况。因为当所有的业务流程都通过 IT 系统来驱动时数据就会沉淀到系统的后台数据库中，且这些数据都经过了系统的校验和规范化处理，所以质量都非常高，也便于数据采集；
- 从企业管理层开始建立“数据资产”意识，成立专门的数据治理组织，有计划地规范和治理企业的数据生态，对于重要的数据要制定标准格式，针对格式变更要制定审批流程和协调机制。

2. 第二层级：报表与数据可视化

在收集到足够多的企业数据后，就可以开展常规报表和数据可视化的开发工作了。这是目前多数传统企业所处的阶段，它们通过传统的数据仓库技术收集并整理了大部分企业数据，通过报表工具向业务和管理人员提供一些常规报表，这些报表通常面向生产、供应链、销售、市场、财务等不同的业务环节，在时间粒度上最细可达 daily 级别。数据的展示形式多以表格为主，同时会借助 BI 工具展示一些图形报表。过去的报表大多在 PC 端展示，随着移动应用的兴起，开始出现越来越多的面向企业开发的手机 App 和微信小程序，在这些终端上为业务用户提供报表服务正越来越受欢迎。在这一层级上的企业对于数据处理和分析表现出如下一些特征：

- 基本上完成了与各个业务系统的对接，数据能被自动化采集；
- 已经建立了数仓（数据仓库）体系，企业数据可以被有效地统一管理；
- 已经开发了业务上迫切需要的一些核心报表，业务对数据系统的依赖度高；

- 依托于成熟的后台数仓，新的报表和数据展示需求都可以较快地完成开发并投入使用。

第二层级是很多企业目前停留的阶段，并且可能在这一层级上停留了很多年，因为很多企业都在这一层级上遇到了“瓶颈”，很难再发展到下一层级，主要原因有以下三点：

- 传统的单体数仓系统缺乏水平伸缩能力，已经无力应对企业数据爆炸式的增长，不得不放弃和暂缓了集成某些新业务数据的计划；
- 传统数仓只能处理关系型数据，对于越来越多的图片、视频和其他非关系型数据无能为力，而这些数据往往是由新业务形态产生的，对这类数据处理能力的缺失会让企业错失新的市场机遇；
- 传统数仓只能进行批处理，缺乏实时数据处理能力。

如果企业想突破这些瓶颈，就需要将数据平台升级为以大数据和 AI 为核心技术的新一代数据平台，然后重建数据版图，这也正是我们本书讨论的核心：如何构建基于大数据技术的企业数据中台。

3. 第三层级：数据与业务融合

在第二层级时，对于数据的应用只局限在“描述”业务上，并没有使数据参与到业务中，各种报表在业务用户的工作中扮演的是一种辅助性角色，对于业务的影响主要是为业务用户和管理者进行决策提供数据支持。从数据应用的角度看，这是一种被动且滞后的方式，并没有充分发挥数据蕴含的潜能。在进入第三层级之后，这一状况将会逐渐被扭转，数据开始与业务进行融合，数据及数据处理能力会全面参与到业务流程的各个环节中，从而产生更大的价值。

这是一个全新的阶段，是数据驱动型企业在具备了大数据处理能力之后，借助 AI 和机器学习而达到的一种更加智能的企业信息化水平，在这一层级上企业将具备如下能力：

- 数据直接赋能业务，数据分析的结果将直接反馈回业务系统，作为业务系统某些关键操作的输入；
- 已将多种维度的数据进行融合，可以更加准确地刻画数据背后的“事实”；
- 已具备实时的数据处理能力，可以让业务用户实时掌握数据；

- 大数据平台已经成熟且稳定；
- 已经出现基于传统的机器学习和数据挖掘的应用，在某些局部领域已经出现小范围的深度学习案例。

第三层级看上去有些抽象，我们可以通过一些案例来理解。例如，客户会员体系是 CRM 系统中非常核心的一个功能，其中的会员积分计算是一个逻辑复杂且计算量大的业务场景，消费者的每一笔交易和若干重要行为数据都会触发积分变更，传统的 CRM 系统很难实现用户积分的实时计算和更新，一般都是按天进行批量处理，这样一来，用户体验就会变差。现在很多新的 CRM 系统都在积极地引入大数据的流式计算实时处理用户交易和行为数据，并更新用户积分。这是数据与业务融合的一个非常好的案例，借助大数据的计算能力来实现业务上的数据处理需求。

另一个案例是用户画像系统，它基于用户的基本信息、消费记录、社交行为等多种数据进行数据建模，然后利用算法生成关于用户的一套标签体系，这些标签全面刻画了用户的特征和属性，因此称为“用户画像”。用户画像在 CRM、精准营销和以用户为中心的产品与服务创新上起着重要作用，是很多 2C 端企业非常重要的一类系统，它也是典型的大数据系统，但功能和定位又是业务性极强的系统。

从第二层级跃升到第三层级时，企业的数据基础设施会面临一次脱胎换骨的革新。传统的关系数据库、数仓和 BI 等基础设施已经不能支撑第三层级的诸多需求了，这时企业需要构建下一代的数据平台。业界对于“下一代数据平台”的认知经历过一些更迭，早期方案是使用大数据技术替换传统的数仓系统，后来出现了 Datalake——数据湖的理念，其方案还是以大数据作为主要的技术支撑，但是在理念上比传统数仓又有新的创新，而我们本书探讨的可以认为是现在业界特别是国内最认可也是呼声最高的方案：数据中台。我们会在后续的章节中全面介绍数据中台的方方面面。

4. 第四层级：深度洞察与预测

现在人们的一个共识是：数据除了可以告诉我们“现在”，还可以“预知未来”，深度洞察与预测是数据金字塔最顶端的价值输出，也是目前我们认为的企业可以达到的最高层级的数据应用能力，即运用 AI 和深度学习算法对数据进行深度洞察，揭示传统分析方法无法发现的数据特征，并基于现有数据对未来趋势进行预测。在介绍这一层级之前，我们有必要介绍一下数据挖掘、机器学习、深度学习和人工智能这些概念，对于非数据科学领域的读者来说可能并不清楚它们之间的差别。

首先，机器学习可以简单解释为使用一些算法从数据中分析出某种规律，然后利用这一规律对未知数据进行预测，所以机器学习不是手动编写某种程序去完成一个任务，而是使用大量的数据和算法来“训练”机器，让机器通过“学习”具备执行某项任务的能力。而数据挖掘则可以认为是机器学习的代名词，数据挖掘用到的算法基本上都是机器学习算法，但数据挖掘更加侧重于对算法的应用而不是算法本身。

深度学习则是通过计算机来模拟或实现人类的学习行为，以获取新的知识和技能，重组已有的知识结构，不断改善自身性能，大家所熟知的 AlphaGo 和自动驾驶技术都是这一领域的案例。深度学习和机器学习的一个重要区别是：在传统机器学习中，特征提取都是靠人工完成的，而人工提取特征是一种费时费力的做法，且需要专业知识作为指导，在一定程度上要靠经验和运气，并且还需要大量时间进行调优，而深度学习则是无监督的特征学习。

最后，关于人工智能，这是一个较为宽泛的概念，前面提及的机器学习、数据挖掘和深度学习都算人工智能的范畴，但人工智能还会涵盖其他一些非机器学习算法，因此它是含义最为宽泛的。总体来说，一般认为人工智能包含了机器学习，机器学习包含了深度学习，这就是三者之间的关系。

介绍完这些概念，我们来看一下企业到达第四层级后会具备哪些能力。前面我们提到的智能门店选址就是第四层级上的一个代表案例，对于零售行业来说，门店选址是非常重要的，会直接影响零售商的销售业绩。传统选址的做法是通过人工现场勘查，然后经过主观判断做出决定，这种方式选出的门店其实际效果难以量化，成功率也无法保证。而如果能够基于人口、消费、竞争对手、环境业态和交通路网等丰富的多维度数据再配置适当的人工智能算法进行综合分析，是可以得出更加精准的选址方案的，并且不单单是门店位置，还可以给出门店的预计销售额、门店产品的上货策略等更加细致和完备的数据。另一个案例是智能客服系统，这类系统可以针对顾客提出的问题进行语义识别，然后根据提出的问题在知识图谱中进行搜索，寻找匹配的答案，人工智能客服可以 7×24 小时在线，随时解答顾客的问题，既提高了客户满意度，又能节省商家的人力成本。

以上四个层级并不一定非要自下而上逐层构建，实际上很多企业的数据生态是在上层业务的驱动下自然形成的，并不会像模型中描述的这样层次分明，但是能力模型能给企业管理者一个清晰的认识：自身企业目前整体上停留在哪个层级上及接下来应该向哪个方向发展。

最后，在成熟度模型图的右侧，还有两个贯穿始终的维度：决策支持与业务创新，它们既是企业构建数据平台进行数据分析的价值导向，也是企业数据应用能力持续输出的效果。企业达到的层级越高，对于决策支持与业务创新起到的作用就越大、越明显。

1.3 企业的数据技术成熟度

上一节我们是从数据应用的“效果”上观察企业的数据能力的，当落地到实现层面时，“技术”就是不可或缺的了。构建数据平台通常是从基础设施建设开始的，然后配合业务上的需求，逐步完善和打通各个技术环节。在这里，我们不讨论传统技术框架下的构建路线和方案，因为正如我们在上一节中提到的，如果企业想“晋升”到第三或更高的层级，就需要以大数据技术作为基石构建新的数据平台，所以我们后面讨论的所有技术内容都是以大数据作为背景展开的。企业数据技术成熟度模型如图 1-2 所示。

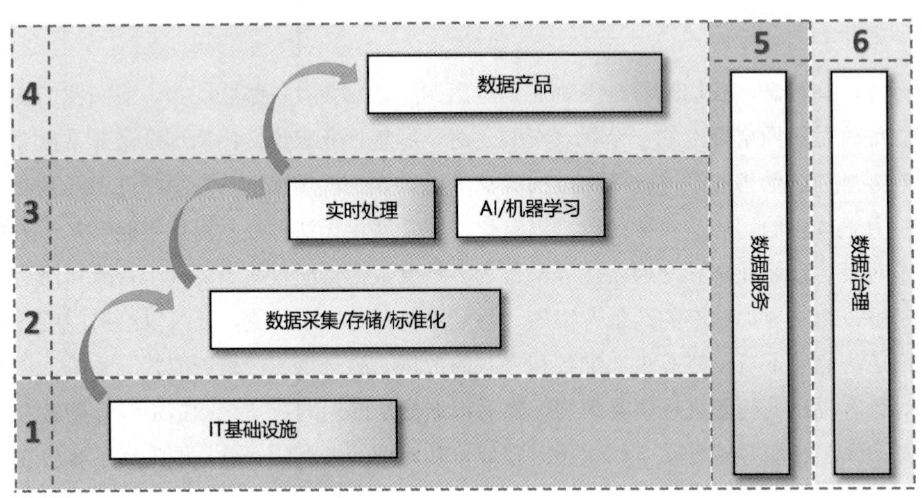

图 1-2 企业数据技术成熟度模型

首先，IT 基础设施是前置条件，构建基础设施包括硬件机器的安装、组网和调试、操作系统和必要软件工具的安装。然后，在硬件资源之上安装和维护一个大数据集群，这个集群负责承载企业全部数据的存储和处理任务。如果再宽泛一些，用于支撑平台运行的基础服务，如 DevOps，以及数据和算法服务使用的容器和容器编排服务等也都算基础设施。

有了必要的基础设施之后，就可以展开数据的采集、存储和标准化工作了，这一工作也可以简单地表述为数仓的建设。这一阶段需要将分布在各个业务系统里的数据收集起来，在进行一些必要的规范化处理之后，存储在一个统一的大数据平台上。这是一个长期的迭代过程，特别是在建设初期，上层对数据的广泛需求和下层集成数据源的繁重工作之间会存在冲突，我们建议企业通过启动一到两个大型项目来驱动这一阶段的建设工作，然后在中后期维持一个规模较小的团队持续跟进其他数据源的接入工作。当企业在这一层级积累一段时间后，就可以交付相应的报表和数据可视化应用了。

再接下来，进入第三层级就要将技术平台升级到更高水平，这里有两项非常重要的技术拓展：实时处理和 AI/机器学习，这是现代大数据平台两项标志性的技术能力。实时处理是指通过流式计算、NoSQL 数据库等技术实现大体量数据的实时处理，实时的数据处理能力对一些实时性要求很高的业务场景至关重要，这也是以往传统数据平台很难做到的。由于实时处理对技术和研发人员的要求更高，所以大多数企业会先完善平台的批量处理能力，再逐步拓展到实时处理领域。另外就是 AI/机器学习方面的建设了，这对技术能力的要求更高，且参与人员的角色和背景也与传统的 IT 人员有所不同，进入该阶段，IT 团队需要引入数据科学家、算法工程师等 AI 领域的人才。最后，实时处理和 AI/机器学习这两大能力是可以同步培养的，彼此之间没有太大的依存关系。当企业具备了第三层级的技术能力之后就可以有力地支撑应用能力模型中的最高层级“深度洞察与预测”了。

最后，从纯技术的角度看还有一些上升的空间，就是以业务领域为划分依据，将现有各个层级上的技术能力进行提炼并培育成“数据产品”，从功能、性能、灵活性和可扩展性等多种维度上进一步提升数据平台的技术成熟度。

与四个层级建设并行的还有两项贯穿始终的工作：数据服务和数据治理。数据服务是指将数据平台上的各种数据以服务的方式提供给其他系统，这种“服务”可以通过 Restful API、JDBC、ODBC、FTP 等形式或协议体现出来，这是将数据应用能力辐射到企业的各个系统与业务领域上的关键一步。没有灵活而有效的数据接口，数据平台在企业范围内起到的作用会受到限制。与此同时，数据治理也是一项长期的持续性工作，数据治理就是对企业的数据资产进行清晰的梳理，明确管理职责，建立配套的标准规范。同时要确保所有策略和规范能落地执行，数据治理的最终目的就是保障数据质量。

企业数据应用成熟度模型和企业数据技术成熟度模型之间是有关联的，根据笔者的经验，当企业数据技术成熟度达到第二层级时，可以支撑企业数据应用成熟度的第二层级和第三层级的一部分，当企业数据技术成熟度达到第三层级时，就可以支撑企业数据应用成熟度的第三和第四层级。至于企业数据技术成熟度的第四层级，是一个技术上更加完备的等级，可以通过将数据服务产品化为终端用户提供更加高级和便利的服务。

1.4 数据团队建设

企业的任何战略和规划都是通过人来实现的，“人才”永远是企业最宝贵的资源，在数据领域也不例外。对于企业管理者来说，在企业数据方向上的首要任务是培养专业的数据人才，组建专业的数据团队。由于大数据呈现出规模大、类型丰富、变化快的特点，面向大数据的处理和分析也变得更加复杂，需要不同背景的专业人才一起合作才能完成。越来越多的企业开始把数据人才的培养和团队建设放到战略高度上进行规划和推进，具体体现在高薪聘请大数据人才、赋予数据团队更高的职权，以及创造条件让大数据分析人员贴近业务，深入了解业务。

1.4.1 大数据人才类型

在探讨数据人才培养和团队建设前，我们先来看一下当前大数据领域有哪些分工和角色。通常来说，可以把与数据工作相关的人才分为技术类人才和业务与管理类人才两大类，如图 1-3 所示是一个大数据人才图谱。

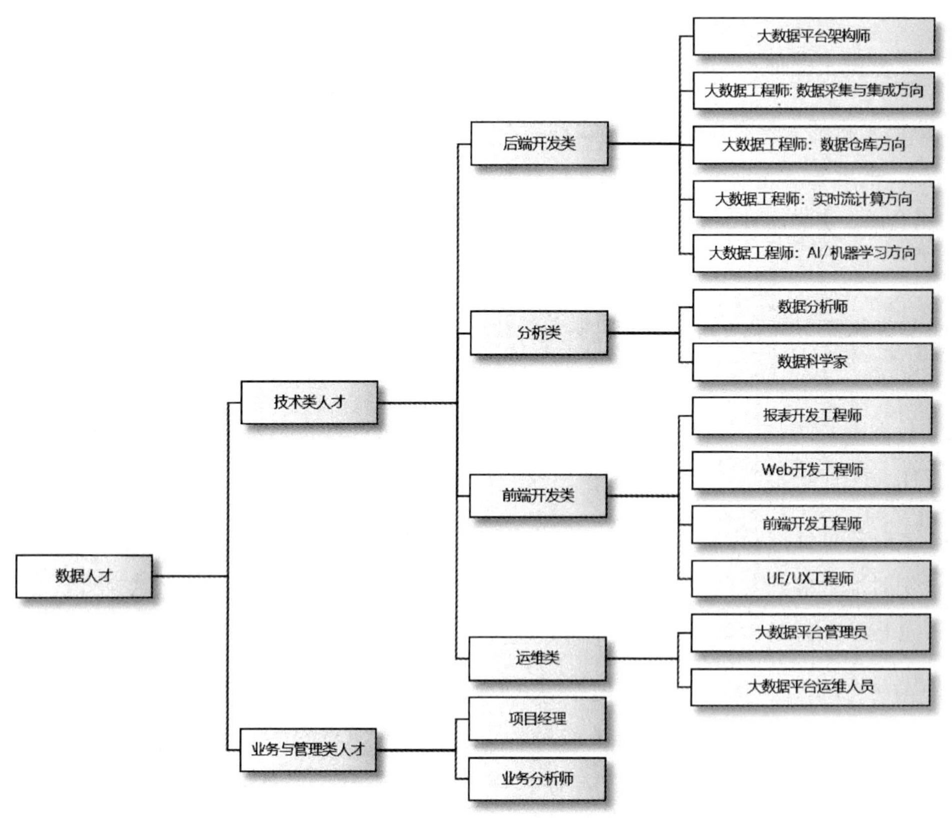

图 1-3　大数据人才图谱

我们来逐一介绍一下这些角色。

1. 大数据平台架构师

大数据平台架构师是技术层面的核心角色，其职责是设计大数据平台的整体架构，架构师的英文名称是 Architect，与建筑行业中的“建筑师”是同一个词，其职责也很类似，如果把一个应用系统比作一幢大楼，那么架构师就是设计这幢大楼的人。架构师一般由从事多年开发工作的资深工程师成长而来，既要在某些核心领域拥有深入的背景和经验，又需要具备较宽的知识面。架构工作并不一定由一个人来承担，庞大而复杂的平台可以由一个架构师团队来负责。

2. 大数据工程师

大数据工程师大是负责编写代码实现各种数据处理的开发人员。由于大数据平台的技术堆栈非常深，能够独立完成全栈开发的人员并不多，所以一般会按技术领域划分为数据采集与集成、数据仓库、实时流计算和AI/机器学习四个方向，大部分开发人员会专注在其中一个或几个领域。

- 数据采集与集成方向：负责将源头数据采集到大数据平台，这一阶段的工作一般会使用Sqoop、Logstash、Kafka Connect、Informatica、Talend等开源或商业的数据采集工具。
- 数据仓库方向：负责数仓（数据仓库）开发，在大数据领域，数仓工程师主要基于Hive/Spark SQL进行SQL编程。
- 实时流计算方向：主要基于一些流式计算框架进行数据的实时处理，与数仓开发不同，实时流计算开发很少使用 SQL，而是通过编程实现相关逻辑，因此这类工程师一般都有程序员背景。
- AI/机器学习方向：在AI/机器学习方向上，也会有专门的工程师负责开发，从数据科学的角度看，这类工程师也常被称为“数据工程师”（Data Engineer），这类工程师具备一定的AI及机器学习理论基础，有Python、R等编程语言背景，他们负责将数据科学家完成的特征提取、建模、模型训练等一系列工作进行工程化，并确保在生产环境上自动运转。

3. 数据分析师

这一角色掌握常规的数据分析方法并直面业务需求，他们黏合数据和业务，从数据中发掘业务价值，从业务中观察数据，因此他们需要有丰富的业务知识，同时要具备数据库、Excel、报表工具等方面的技能，还需要有一定的数学和统计学知识。

4. 数据科学家

这是伴随着人工智能的兴起而形成的一类高级数据分析人才。从职责上看，数据科学家与数据分析师是非常接近的，但是数据科学家显然需要具备更强的学术背景和更高级的技能，如信息检索、自然语言处理、机器学习、数据挖掘等。他们熟悉聚类、分类、回归、图模型等机器学习算法，对这些算法理解透彻，有实际的建模经验。

5. 报表开发工程师

这是一类传统的开发人员，很多企业的 BI 团队都有报表开发工程师，他们使用 Tableau、Qlik Sense、PowerBI 等报表工具开发符合用户需求的数据报表。

6. Web 开发工程师

这也是一类传统的开发人员，一般出现在应用系统的开发中。数据平台需要 Web 开发工程师的地方有两块：一块是数据服务 API 层的建设，另一块是基于 Web 页面的数据可视化开发。

7. 前端开发工程师

这是与 Web 开发工程师配合专门开发前端可视化报表的工程师。

8. UE/UX 工程师

这也是为基于 Web 页面的数据可视化应用而服务的一类人员，他们负责设计页面的布局、配色等各种与用户体验相关的内容。

9. 大数据平台管理员

这是大数据平台进入运维阶段后非常重要的一个角色，大数据平台管理员将负责管理大数据平台上的各类组件，他们的核心工作是对集群的资源进行管控，协调和平衡各个应用的资源占用率，对数据和应用权限进行管理和配置，以及创建各类平台和系统级账号等。总之，大数据平台管理员扮演的是“大管家”的角色，对于规模较大的集群，平台的管理可能由一个团队来负责。

10. 大数据平台运维人员

这是负责大数据平台运维的工程师，他们负责监控平台所有节点和服务的状态，定期进行系统升级，以及按计划进行扩容等。

11. 项目经理

毫无疑问，任何 IT 项目都需要项目经理。

12. 业务分析师

很多企业未必有专职的业务分析师，这类人员更多的是业务上的专家，他们可能是业务部门的一线人员，也可能是来自 IT 部门但长期服务于某一个业务领域而对这部分业务非常了解的人。总之，他们是我们常说的“业务专家”，熟知相关的业务细节，也是最知道需要什么的人。

在介绍完这些角色之后，对于企业管理者来说，摆在面前的问题是：如何才能找到这些专业的人才组建出自己的数据团队？人才来源无非内部培养和外部招聘两个渠道。目前，大多数企业的 IT 部门都有专门的数据或 BI 团队，这类团队长期服务于企业的业务部门，对所辖系统的业务非常熟悉，但是团队的技术和技能都是基于传统 BI 平台积累出来的，面对以大数据和人工智能为主的新一代数据平台，将面临一个转型的问题。从企业管理的角度看，企业应该明确向新一代技术平台迁移的目标，并将这种转型的决心传达给每一位员工，让他们能切身感受到企业在这一决策上的迫切性，从而促使他们意识到如果自己不能适应并快速完成转型，就会面临被淘汰的窘境。同时，企业应该加大对新技术和技能的培训，鼓励员工积极向新的技术领域靠拢，对已掌握新技能的员工在薪资和晋升上都要有所倾斜。从个人职业发展的角度看，学习并掌握新技术增强自身的职场竞争力也是个人应该努力的方向，只有那些能主动顺应趋势持续提升自己的人，才能在职业道路上越走越远，未来的发展空间也才会越来越开阔。

另一方面，为了能更快地让企业数据团队在新技术平台上具备相应的能力，从外部引进人才是最快捷有效的途径。目前大数据和人工智能领域的人才非常紧缺，且平均薪资非常高，所以企业要有魄力承担较高的人力成本。基于人才市场目前的状况，即使企业愿意在这方面进行投入也未必能如愿地招揽到足够的优秀人才。根据猎聘网发布的《猎聘 2019 年中国 AI&大数据人才就业趋势报告》，2019 年 1 月到 7 月，国内大数据和人工智能行业的从业者平均月薪为 22322 元（如图 1-4 所示），超过了同期所有其他行业的平均薪资，比金融业和互联网行业分别高出 2150 元和 3275 元，由此可见数据人才的“含金量”。

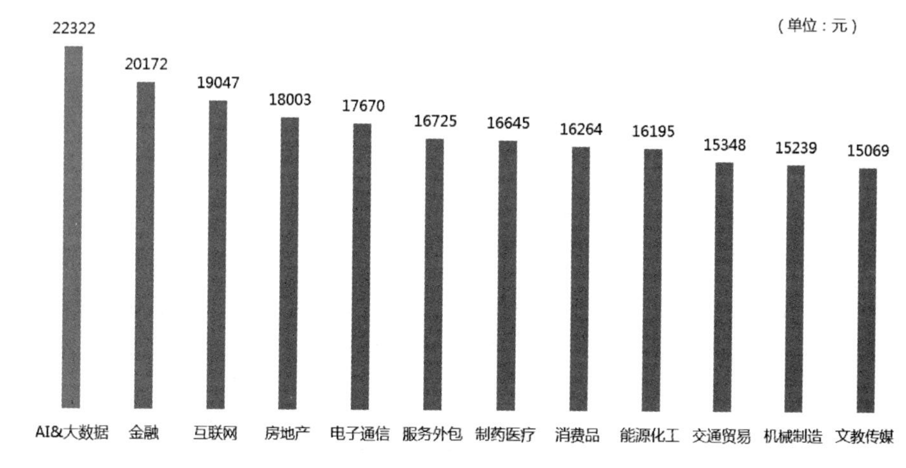

图 1-4　2019 年 1～7 月全国 AI&大数据领域与各大行业从业者平均月薪对比

具体到一些核心职能岗位的薪资情况，如图 1-5 所示。

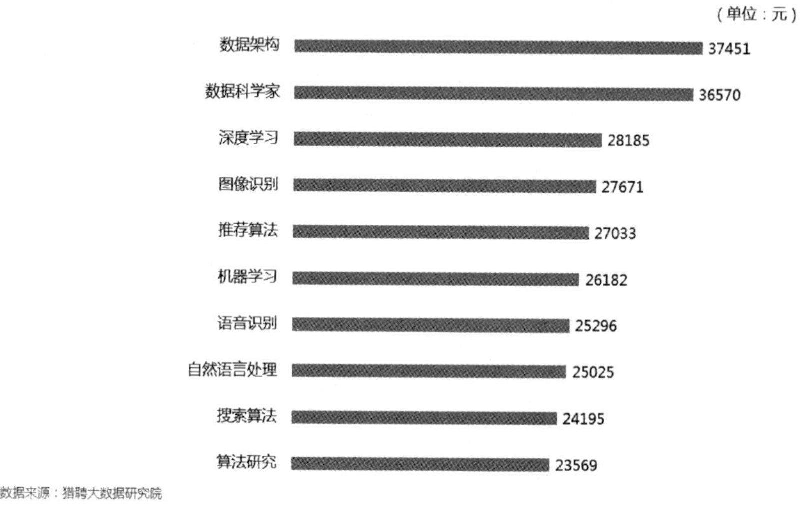

图 1-5　2019 年 1～7 月全国 AI&大数据领域重点职能平均月薪排名

在招揽到人才之后，接下来的工作就是组建团队了，面对大数据和人工智能的新挑战，当今企业的数据团队应该如何组织与管理是我们下面要探讨的一个问题。

1.4.2 数据团队的组织与管理

1.4.2.1 数据团队的组织架构

接下来我们了解一下数据团队的组织架构。数据团队需要负责的工作可以分为平台性工作和应用性工作两大类，平台性工作包括数据采集、数仓建设、数据建模、数据服务、数据治理和系统运维等，负责这些工作的是项目经理、架构师、开发工程师、数据科学家等。应用性工作包括基于已处理好的数据结合业务进行洞察分析，给出结果数据或图形报表，负责这些工作的主要是数据分析师和报表开发人员。对于平台性工作业界的做法比较一致，都建议将团队组建在 IT 部门下面。一般来说，CIO 会下辖应用、数据、基础设施、运维等团队，IT 部门的数据团队又可以细分为数据架构、数据科学、大数据开发、数据分析/报表等子团队，如图 1-6 所示。

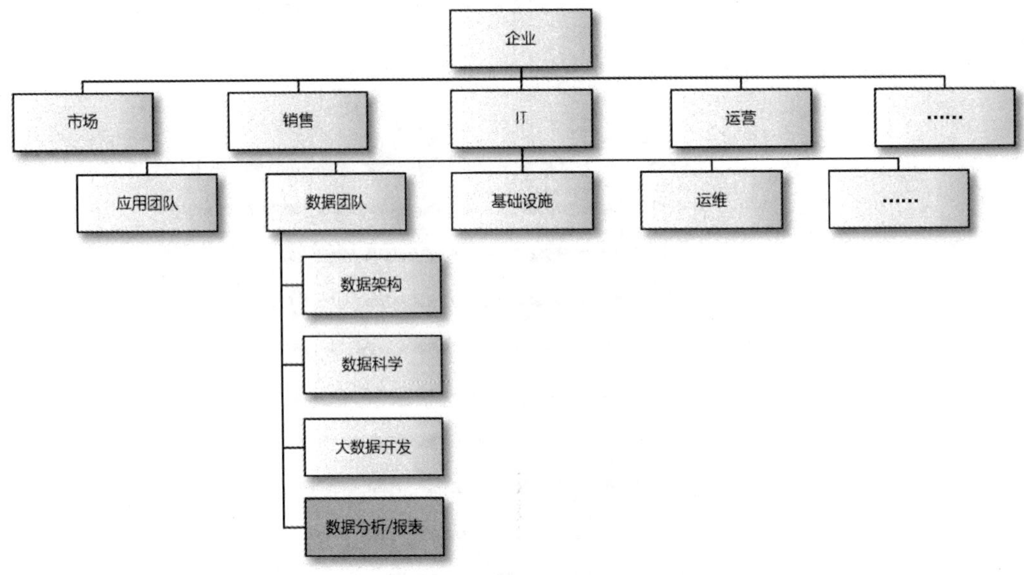

图 1-6 集中式数据团队组织架构

这是较为常见的集中式架构，整个数据团队是一个分工明确、层级清晰的实体团队，这个团队要对企业的全部数据需求负责，既要建设和维护数据平台，又要依托平台开发各种上层的应用以满足各个业务部门的需要。

但由于数据分析和业务的关系紧密，有的公司也会将数据分析团队的人力拆分到各个业务部门，由业务部门直接领导和管理，这样就形成了另外一种组织架构，如图 1-7 所示。

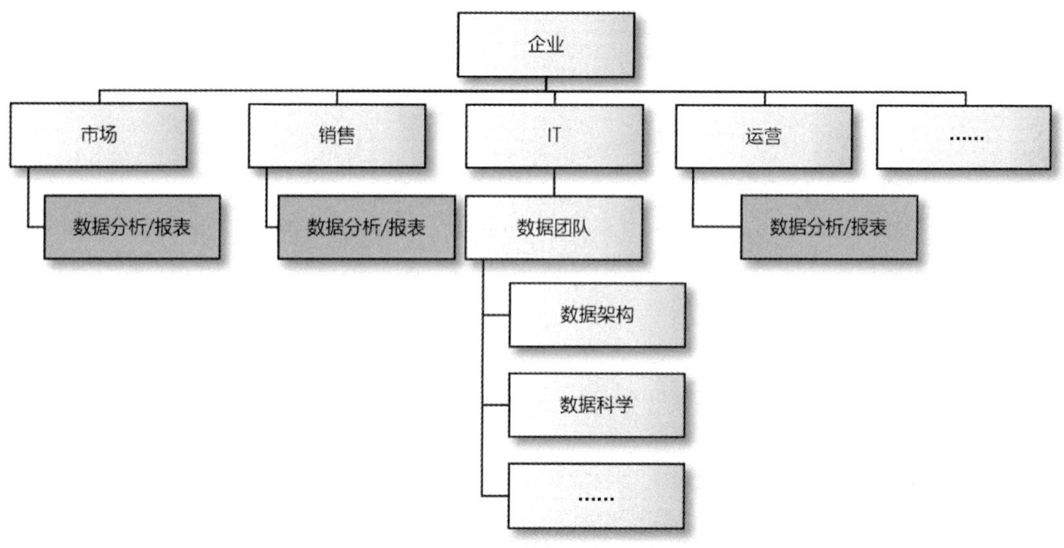

图 1-7　分布式数据团队组织架构

我们把这种组织架构称为分布式架构，它和集中式架构的区别是把数据分析和报表开发的职责从数据团队中剥离了出去，由业务部门基于自身的需求直接组织人员开发，而在 IT 部门下的数据团队集中精力负责平台建设和基础服务。

这两种方式各有利弊，可以从六个维度上来进行比较，如图 1-8 所示。

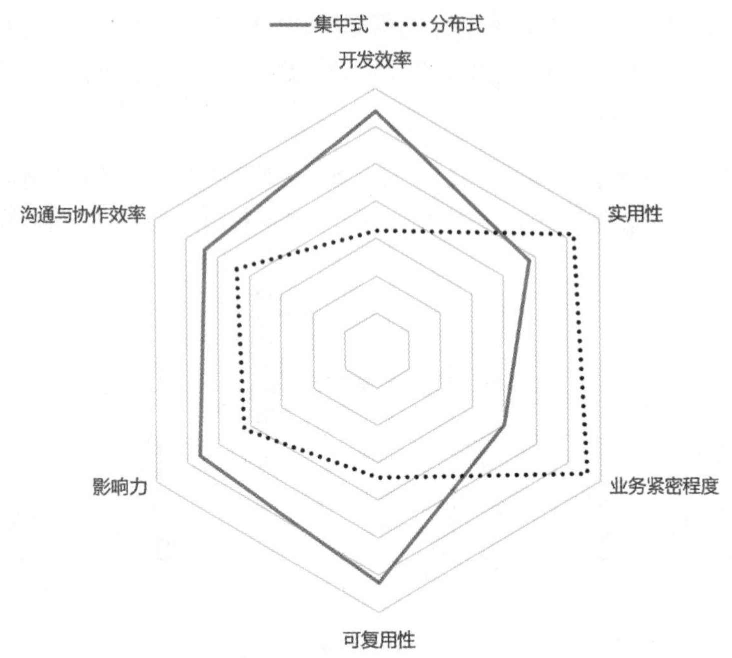

图 1-8 集中式与分布式数据团队组织架构对比

- 开发效率：集中式架构下团队是一个整体，有明确的分工和绩效考核指标，在明确开发需求后，数据采集、处理、分析和最后的报表呈现都是在一个大团队内完成的，所以开发效率是很高的。但在分布式架构下情况会稍有不同，如果分析所需的数据都在大数据平台上，则纯数据分析和报表开发部分的效率和集中式架构没有太大差异。但如果所需数据尚未集成进大数据平台，就需要 IT 部门的数据团队从源头采集数据再放到数据平台进行标准化处理，但 IT 部门的数据团队需要将所有待集成的数据源放在一起经过综合考量才会给出工作的优先级，这样在时间上就不能与业务端的需要相匹配了。
- 沟通与协作效率：这一点和开发效率有一些类似，总的来说，在集中式架构下由于是一个大团队，在组织协调上会比较高效一些，而在分布式架构下，IT 部门的数据基础设施和业务部门的数据分析是两个团队负责的，双方的立场、思考问题的出发点和对结果的期望值都会有些不同，所以沟通和协作的成本会比较高。
- 影响力：这一维度指的是分析产出的结果对企业的影响程度，在分布式架构下产出的分析报表都是为满足本业务部门的需要而开发的，即使这些分析结果对其他部门和团队也很有价值，通常也不太能有机会被外部所接触和了解，因为负责的业务团队并没有推广他们的做法的义务和责任，与他们的 KPI 更没有关系。宏观上，这会影响企业将某些局部积累的数据分析成果辐射到全局，这种情况在那些多品牌的集团企业中会显得更加明显。而对于集中式架构来说，这个问题会比较容易避免，由于都是由 IT 部门负责，而 IT 部门会对接所有的业务需求，一旦有较为成熟和优秀的方案落地，IT 部门通常都会非常乐于向其他业务用户"推销"这些方案，以较低的成本将其他部门积累的知识复用到整个企业。

- 可复用性：这一维度和影响力的关系也很紧密，复用性高的方案自然影响力也大，但是复用性还会关联到另一个重要的因素：成本。分布式架构开发出的报表都以满足本业务部门需要为根本出发点，即使在那些业务高度类似的多品牌集团里也是如此，这会导致明明可以通过一套标准报表来满足所有品牌的需求，但实际中往往会针对每一个品牌重复开发多次，这种重复投入会给企业带来很多不必要的浪费。如果是集中式架构，IT 部门的数据团队通常都会具备全局意识，能清楚地知道整个企业在哪些数据分析领域上有共性需求，通过该团队的驱动和引导可以将某些系统从服务于某一个品牌推广到整个集团，这对团队本身而言是重要的业绩，也是驱使该团队这样做的内在动力。
- 业务紧密程度：毫无疑问，所有的数据分析都是为业务服务的，只有与业务保持紧密的联系才能确保数据分析的结果是有价值的，是可以转化为企业收益的。显然在分布式架构下，数据分析团队与业务有着天然的紧密关系，这会极大地促进数据分析在业务收益上的转换率；但是相比之下，集中式架构就会显得有些被动，尽管团队可能有极强的服务意识，但是由于组织架构造成的天然隔阂，导致其与业务的紧密程度永远都有"继续上升的空间"。
- 实用性：是指数据分析的成果是否能很好地被业务部门所接纳并形成依赖，这其实并不是一件简单的事情，在很多企业里经常出现这样的情况：数据团队辛苦开发了一套报表，但是在给到业务部门之后使用效果并不理想，甚至逐渐被废弃了，这往往是因为在开发之初就没有深入挖掘出用户的真实需求。在这一点上，分布式团队做出的东西的实用性要比集中式团队好很多，有天然的优势。

以上六个维度很好地诠释了这两种组织架构的利弊，我们很难笼统地说哪一种好，上述分析也仅供企业管理者参考，具体如何组建数据团队还要根据企业自身的特点不断地去摸索和调整。

1.4.2.2 数据团队的人力来源

聊完组织架构之后，我们再来看第二个问题：人从哪里来呢？从人力来源的角度看，通常有两个渠道：自建与外包。与之相关联的是平台和系统是应该自研还是外部采购，我们来分别聊一下。

- 团队构成：自建与外包

对于非 IT 行业的甲方公司来说，这是企业管理者首先会关注的问题，因为针对这一问题的决策会直接影响团队的结构、规模和人员构成。抛开数据这个主题，任何企业的 IT 团队在选择自建还是外包上都会有自己的长期战略，且这种战略一般不太轻易改变。通常来说，选择自建团队的好处是团队成员都是公司员工，负责所有系统的开发和运维，这会让企业对 IT 系统和数据拥有绝对的控制力和自主权。但是自建团队的成本高，建设周期长，从人员招聘到形成团队战斗力通常需要 1 年以上的时间。而外包模式可以让 IT 部门轻量化，但是依赖外包会使企业对 IT 系统和数据失去掌控力，特别是对于那些长期由单一供应商研发并运维的系统，必然会出现被供应商“绑架”的问题。另外，外包人员的流动性较大，对团队和系统的稳定性都有影响，还有不少企业在组建团队上选择使用混合模式，项目中的关键角色（如项目经理、架构师、业务分析师等）来自内部员工，大量的开发和测试人员通过外部供应商的人力资源来补充，这也是一种不错的选择。

回归到数据主题，通常企业所有的数据必须要遵从一致的规范和标准进行处理、转换和存储，落实到技术层面上，整个企业的数据都应该统一存放在数据仓库上，所有的数据格式、命名规范、分层等都必须一致。为了确保一致性和规范性，一般应该由一个大的团队统一负责，团队的架构师负责整体把控这些标准和规范，具体的实施团队则可以划分为多个小组，按不同的业务领域划分工作。

- 系统构建：自研与采购

与自建团队还是外包团队相关联的一个问题就是：系统应该是自研还是外部采购。对于成熟的信息系统产品，企业可以选择采购，这样可以在短期内让企业在相关领域上的信息化能力迅速提升到行业平均水平，如果现有系统不能很好地满足企业的实际需求或者企业要在新的业务领域上尝试引入信息系统，这时就只能进行自研了。这时如果自建团队负责研发相对更有保障一些，如果由外包团队负责，其对业务的理解程度要比自建团队差，对各部门之间的协调和管理也不具备优势，因此风险会大一些。另外，如果企业在行业中处于领先地位，所构建的系统又具有一定的创新性，那么在通过供应商外包研发时会很容易被供应商掌握这一部分的业务和技术能力，从而可能被竞争对手轻易复制。

就数据方面而言，绝大多数数据平台都是企业自研的，这很容易理解，因为每一家企业的数据生态和业务需求都是不一样的，但是在数据平台之上的一些数据应用系统却可以根据情况灵活选择，如果采购外部系统，可以通过数据平台上的数据服务获得数据，再进行一些数据的转换和适配就可以完成对接了。

1.5　建设数据文化

组建数据团队是企业向“数据驱动”转型的坚实一步，可以说是一种硬件配套设施，与之相匹配的是在“软件”层面上企业需要建设自己的数据文化，营造“用数据说话”的企业氛围，这属于企业管理范畴的问题。毫无疑问，建设企业数据文化应该首先从管理层开始，制定总体的文化框架，再逐步推广到企业的全体员工，使数据文化深入企业的方方面面。2018 年，DDI 发布的研究报告《全球领导力展望》指出：

> 如果企业的领导者擅长运用数据制定决策，对比那些面临大数据时代还没准备好的企业，其企业的人才战略和业务战略密切整合的可能性要高出 8.7 倍，拥有较强实力的未来领导者继任的可能性提高 7.4 倍，企业在过去 3 年内快速发展的可能性提高 2.1 倍。

这一论断给出的数据我们有待考证，但是结论传达的价值导向是没有争议的。在大数据时代，企业领导者如果不具备相应的数据意识和能力，必定会影响企业的竞争力。然而绝大多数的企业领导是不具有数据相关背景的，他们对企业的管理和对市场的判断大都基于长期的经验积累，一些关键决策往往是凭借个人“直觉”做出的。所以对于企业领导者而言，建立和加强个人的数据意识本身也是一个不小的挑战，这需要他们走出自己的舒适区，有意识地通过数据来辅助自己的决策。在这一转变过程中可以引入一些外部咨询公司来协助他们，在经历几次成功的尝试之后，领导者可以很快地意识到数据的力量，并会激发出他们驾驭这股力量的信念。

与此同时，企业自身特别是数据团队能否提供真实、准确、有效的数据是助力领导者完成这一转变的重要保障，在这一过程中领导者应该和数据团队保持密切的沟通，将“以数据驱动企业管理和决策”的决心和价值导向传递给中层领导者和全体员工。

对于中层领导者和基层员工而言，企业应该将基于数据的运营和决策工具开放给他们每一个人，帮助不同部门、不同层级的员工从数据洞察中提升自己和部门的绩效，这将有助于他们主动建立并融入企业的数据文化。另一方面，企业还应注重培养员工的数据素养，包括了解和熟练使用数据分析工具，以及锻炼以数据为导向的思维方式。企业还可以为员工引入相关的培训课程，帮助他们学习相关工具，掌握数据分析、转换、统计和可视化的基本原理，进而让他们利用好数据。上述两点是一个良性的互动过程，一方面员工会从数据中获益，反过来又会促使他们积极主动地学习数据相关的知识和技能并反哺自己的工作，这样数据文化就可以在企业的中下层中慢慢建立起来。要说明的是，企业培养员工的数据素养并不是要求他们成为 IT 工程师或数据分析师，而是要让每个部门都能够重视数据、使用数据，通过数据驱动业务。最后，在招聘新员工时也可以将员工的数据素养纳入考察范围，作为一个重要的考量指标。

总的来说，建立企业的数据文化是一个潜移默化的过程，通过一些“Action List”可以在形式上起到推动作用，但文化的根基依然是人，只有企业的领导者和员工认识到数据的重要性，有意识、有意愿地使用数据，才能从数据中获益，进而逐步形成属于企业自己的数据文化。

第 2 章 聚焦中台

2.1 中台简介

2015 年，马云带领阿里巴巴的高管团队访问了芬兰的一家移动游戏公司 Supercell，这家公司以一种非常高效的模式运作，其开发团队规模都很小，普遍控制在 2～5 人，最多不超过 7 人。团队拥有很大的自主权，由自己决定做什么样的游戏，然后快速开发并进行公测，如果市场反馈不够理想，就果断放弃立即转而开发其他游戏。在整个过程中几乎没有管理层介入，Supercell 的这一运作模式取得了巨大的成功，在 2016 年它被腾讯以 86 亿美元收购时，平均每位员工贡献的价值超过 3.54 亿元人民币。Supercell 之行给阿里巴巴的高管团队带来了很大的震撼，并促使他们深入思考什么样的组织架构才能适应信息时代的企业发展，于是在 2018 年，阿里巴巴正式启动了中台战略。

现在中台战略常被简单地概括为“大中台，小前台”，意思是说将企业的核心业务能力沉淀和聚集到由业务中心组成的中台层上，前台应用以中台为支撑，向轻量化、敏捷化转变。

图 2-1 是《企业 IT 架构转型之道：阿里巴巴中台战略思想与架构实战》一书中给出的关于中台战略非常形象的描述。这张图描述的是美军现行的作战模式，在一线战场，美军通常以班为单位组织军事行动，这种极小型团队行动敏捷，容易捕获战机，一旦发现敌情就通过指挥系统呼叫强大的炮火和空中支援给敌军以重创。美军的这种战场组织阵型与中台架构的思想是一致的，战斗小组就是“小前台”，强大的炮火群和空中力量是“大中台”。在强大中台的有力支撑下，前端在进行业务运营和创新时会变得非常高效且灵活，企业可以根据最新的市场动态展开各种尝试和调整，一旦发现并验证了新的市场机遇，就可以调集中台的强大能力迅速跟进，抢占市场。

图 2-1　战场中的中台阵型

2.2　企业信息系统现状

在高度信息化的今天，企业从生产到销售的各个环节都已经离不开 IT 系统的支撑，并且这些系统也不是孤立的，它们彼此之间往往需要进行交互或数据传输。随着 IT 系统的增多，系统间的交互越来越密集，企业的 IT 系统就会形成一种生态，这种早期自然形成的 IT 生态一般具有如下特征：

- 应用系统都是独立建设和维护的，拥有各自独立的数据库和前后台；
- 系统与系统之间的交互呈现点对点式的网状结构，难以梳理和维护；
- 在引入新系统时，需要与所有关联系统集成，开发、协作与沟通的成本非常高；
- 系统之间经常会出现功能上的重叠，重复建设的情况比较普遍。

以上这些问题在很多企业的 IT 生态里普遍存在，人们给这样的生态系统起了一个很形象的名字：烟囱式系统架构。

就像图 2-2 中的烟囱一样，每一个应用都是独立的，从基础设施到上层 UI，企业的所有 IT 能力都是以一个一个的应用系统为单位的，同时是以这些系统为单位被隔离的。孤立的烟囱在满足自己对接的业务方向上没有问题，但是从企业的全局来看，林立的烟囱代表着业务流程上的壁垒、重叠的功能建设和复杂的系统集成。

图 2-2 烟囱架构的示意

2.2.1 点对点式的系统集成

企业的业务流程是一个连贯的有机整体，映射到 IT 系统上就需要相互之间进行对接，特别是业务流程的上下游系统之间。当一个系统需要与另一个系统交互时，人们会自然地围绕这两个系统设计解决方案，很少会站在全局思考整体的生态问题。所以结果就是凡是有交互需求的两个系统就会在它们之间建设一条通道，并且这些通道会使用不同的协议和数据格式，进而就形成了“点对点”式的生态，如图 2-3 所示。

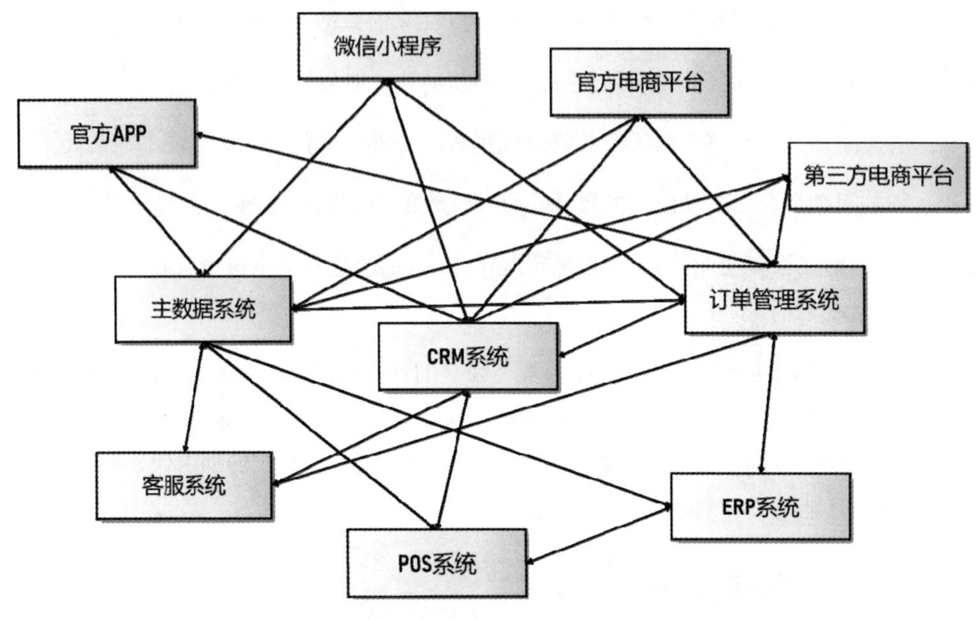

图 2-3　点对点式的系统集成形成的网状生态环境

点对点式的系统集成是在缺乏宏观生态治理下自然形成的，是很多企业特别是传统企业 IT 现状的写照，它有非常明显的缺点：每个系统都需要针对对接的系统提供不同的协议和数据接口，当有新系统要融入这个生态时，要和每一个系统商定对接的协议和格式，集成的成本很高。

与之相对应的是另一种情形，即受限于复杂的环境，很多系统放弃了以 API/RPC 方式对接，转而降级为以文件的形式交换数据，因为这种交互易于实现，成本低，虽然不是理想的选择，但至少可以满足最基本的需求。久而久之，整个 IT 生态系统就会向着这种方式倾斜，最终使得系统之间的集成演变成以文件为载体的数据交换，这是一种更坏的降级。

2.2.2　重复建设

烟囱式的生态环境带来的另一个问题就重复建设，IT 系统规模越大这一问题就越突出。重复建设并不体现在系统级别上，而是在系统的功能层面上，一般来说，最容易被反复开发的功能有如下三类：

- 业务上处于上下游关系的两个系统在业务边界上的功能；
- 多种渠道上的同类型业务功能；
- 基础设施或公共服务类的功能。

从管理的角度上看，由于功能重叠的应用可能服务于不同的业务部门，在多数情况下，人们倾向于选择在组织内部解决问题，即使双方有合作意愿，但组织与协调工作依然不可避免。虽然企业的 IT 部门可能是最适合从中发挥作用的角色，但是由于受到工期、组织架构等多种因素的影响，这种重复建设是很难避免的。重复建设会带来如下问题：

- 浪费资源；
- 标准不一；
- 同类型业务数据离散分布，既有冗余，又可能出现数据不一致的情况。

2.2.3 阻碍业务沉淀与发展

从企业的宏观角度看，烟囱式的生态环境所带来的问题在于削弱了企业沉淀业务与再发展的能力。烟囱架构下企业的业务能力会分散到不同的应用系统中，这些系统大都已经进入维护期，当上层业务要求对系统进行改进和提升时，维护团队的响应往往不尽如人意。一方面改进系统并不是维护团队的核心 KPI，他们最重要的目标是确保系统稳定运行，不出事故；另一方面，即使他们有改造升级的意愿，受限于原有服务在设计上缺乏前瞻性和灵活性，如果要满足新需求需要对现有服务接口做较大改动，这会影响现有业务的正常运行，工作量和风险都很大，所以很多团队选择了放弃。最终，业务沉淀和革新就会因配套系统的制约而搁浅。

2.3 烟囱架构案例：会员管理

我们来看一个非常生动的案例，这个案例并不一定是每家企业都经历过的，但相信很多企业都会从中发现一些自己的影子，这个案例可以让大家清晰地看到烟囱式的生态系统是如何形成并蔓延的。

对于生产和销售面向 C 端产品的企业来说，如何建立并维持企业与终端消费者（也包括潜在消费者）之间的关系是非常重要的。为此，企业都会建立自己的客户关系管理系统，即 CRM 系统来管理自己的消费者，构建会员体系，提高客户满意度和用户黏性。在过去，线下零售是 C 端产品的主要销售渠道，因此 POS 系统就成了会员注册的主要入口，很多 POS 系统都有会员管理功能，销售人员可以在 POS 机上为消费者完成会员注册、积分查询与兑换礼品等操作，这些功能一般放置在 POS 系统的“会员管理模块”，如图 2-4 所示。

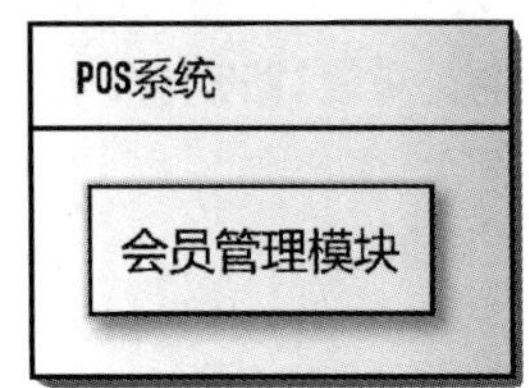

图 2-4　阶段一：初期基于 POS 系统的会员管理

后来企业引入了 CRM 系统专门进行消费者信息的管理和会员体系的建设，POS 系统的会员管理功能将让位于更加专业和强大的 CRM 系统。因此，在 CRM 的建设过程中，POS 系统团队需要深度参与，配合 CRM 系统制定会员管理相关的数据交互协议与格式，由于项目只牵涉 POS 与 CRM 两个系统，接口方案很快就可以敲定并付诸实施。改造完成之后就形成了阶段二的会员生态，如图 2-5 所示。

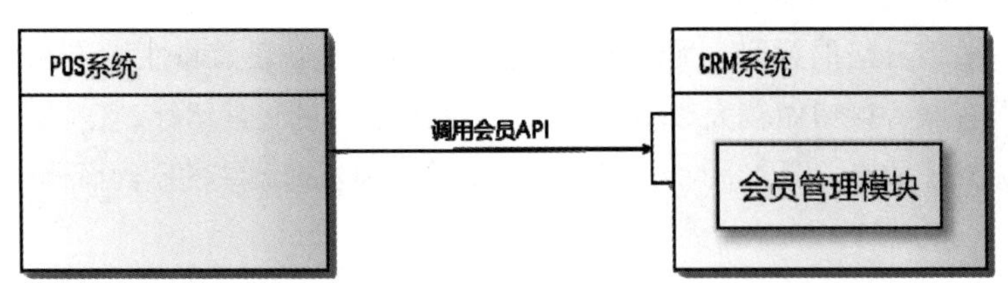

图 2-5　阶段二：引入 CRM 系统后的会员生态

再后来，企业又引入了客服系统，消费者除了可以在门店查询和行使会员权益，还可以通过电话向客服中心查询和修改个人信息。但是客服系统围绕会员相关的功能需求与 POS 系统有所不同，例如，客服系统需要记录用户对产品的反馈及收集消费者调查问卷，这些需求在之前设计 POS 系统与 CRM 系统对接时是不可能考虑到的，如果现在要实现客服系统与 CRM 系统的对接就需要对 CRM 系统的会员接口做调整。为了避免对 POS 系统造成影响，CRM 团队决定面向客服系统再单独开发一套 API，于是阶段三的会员生态就形成了，如图 2-6 所示。

图 2-6 阶段三：引入客服系统后的会员生态

在图 2-6 中，我们使用了梯形接口来表示面向客服系统的 API，以区别于原来面向 POS 系统的另外一套 API。

很多企业早期的会员生态大都如此，从中我们已看到了一些“烟囱”的端倪，如果放在早期的传统销售模式下看，这一生态并没有大问题，但是后来随着电子商务和移动互联网的兴起，商品的销售渠道变得越来越多、越来越复杂。这些新兴的销售渠道包括：

- 官方电商平台；
- 第三方电商平台（天猫、淘宝、京东等）；
- 品牌自有的移动端 App；
- 微信小程序；
- 门店导购系统。

这些系统都直接与终端消费者进行交互，是会员招募的重要入口，理所当然地要提供会员注册、信息查询、权益行使等会员服务。当第一个线上系统——官方电商平台准备上线时，企业就遇到了很多困难，这些困难大都与周边系统集成有关。继续以“会员管理模块”为例，由于早期 CRM 的会员服务（API）是面向传统线下业务场景开发的，当面对电子商务和新零售业务时它们已经很难提供面向这些新业态的会员服务了，导致了新的业务系统无法融入老的会员体系，如图 2-7 所示。

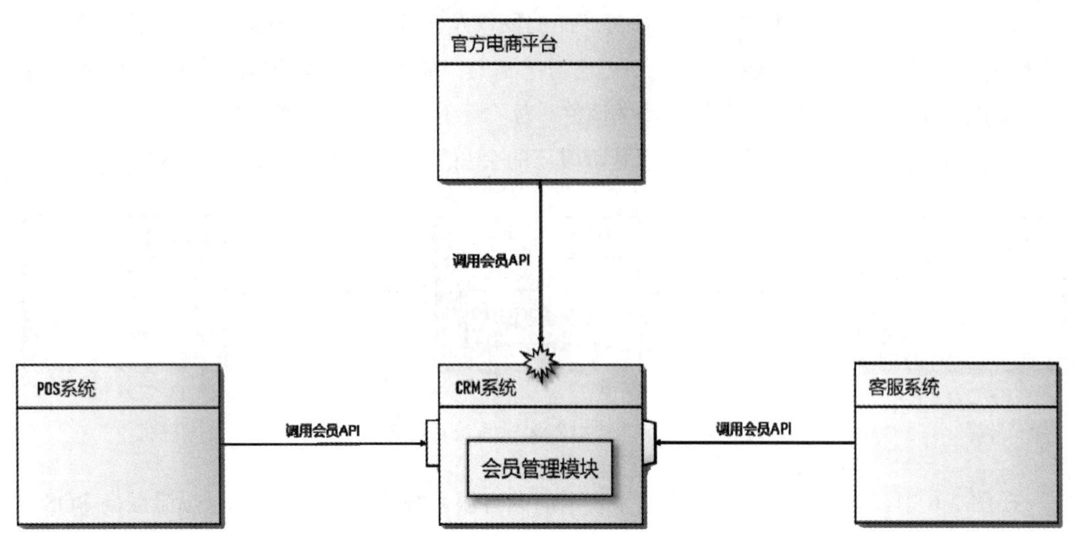

图 2-7　阶段四：引入官方电商平台时由于接口的复杂性和兼容性导致集成出现问题

在这个阶段，企业有两个选择：

- 方案一：对 CRM 系统进行大幅度的改造，使之能同时支撑线上和线下的会员管理，但是建设周期长，风险大，CRM 团队无力也不愿意承担这个风险；
- 方案二：让官方电商平台独立开发自己的会员管理模块，首先满足自己的会员管理需求，然后与 CRM 系统对接，同步会员数据，但不使用 CRM 的会员服务。

很多企业都曾经走到过类似的岔路口，可能业务背景各不相同，但都是企业 IT 生态演化路径上的关键节点。大多数企业为了让新业务尽快上线，规避风险，都无可奈何地选择了后者，于是会员生态进入阶段五，如图 2-8 所示。

这一阶段的演变非常值得思考，从架构上讲，这是出现“坏味道”的开始，相信读者会对这一阶段产生很多疑问。

- 疑问一：为什么没有向着 SOA 的方向进化，在 SOA 架构下这个问题会不会比较容易处理？

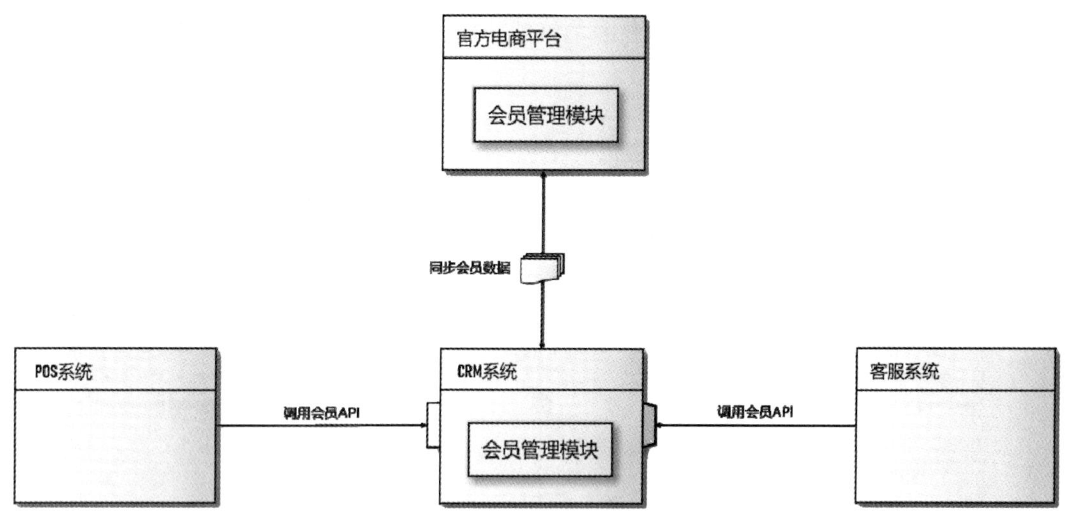

图 2-8 阶段五：经过妥协之后形成的会员生态

首先，很多企业并没有经历当年的SOA浪潮，或者曾经尝试过，但最后失败了。其次，在某种程度上这是一个伪命题，因为即使企业实施了SOA改造，但是在面对新业务对会员管理提出的要求时，依然要冒方案一的风险，因为对于会员服务的提炼和改造归根结底是要由CRM系统负责的，与SOA架构无关。SOA架构成功的前提就是服务本身的设计要足够好并且能不断地迭代和演化以适应新的需求，所以问题不在于系统间如何集成，而在于CRM作为一个独立的系统，现在要求它承载的却是企业全部业务线上的会员管理。回到前面给出的解释，CRM团队的首要任务是保证系统的稳定运行，无力应对这种新格局对CRM系统的冲击。

- 疑问二：即使没有引入SOA，也不至于退化成基于文件的交互方式，是否是技术管理上的疏忽？

文件传输是批量的，比API实时交互实现起来要简单得多，但更重要的原因在于通过文件传输数据时，关联数据一般会被“压平”（即将“JOIN”后的结果集作为输出格式），以非常粗的粒度输出，这实际上相当于通过一个粗粒度的API传输类似宽表的数据，但是实际的API是不可能被设计成这么粗的粒度的，这样的API是不能支持实时交互的。说到底，通过文件传输扁平的粗粒度数据是最容易实现的方案，实现的风险也是最小的，所以在权衡利弊之后，很多系统间的集成最后都选择了这一方案。

一旦企业度过了阶段五，后续所有的系统都会效仿这一模式集成到 IT 生态里，形成如图 2-9 所示的生态。

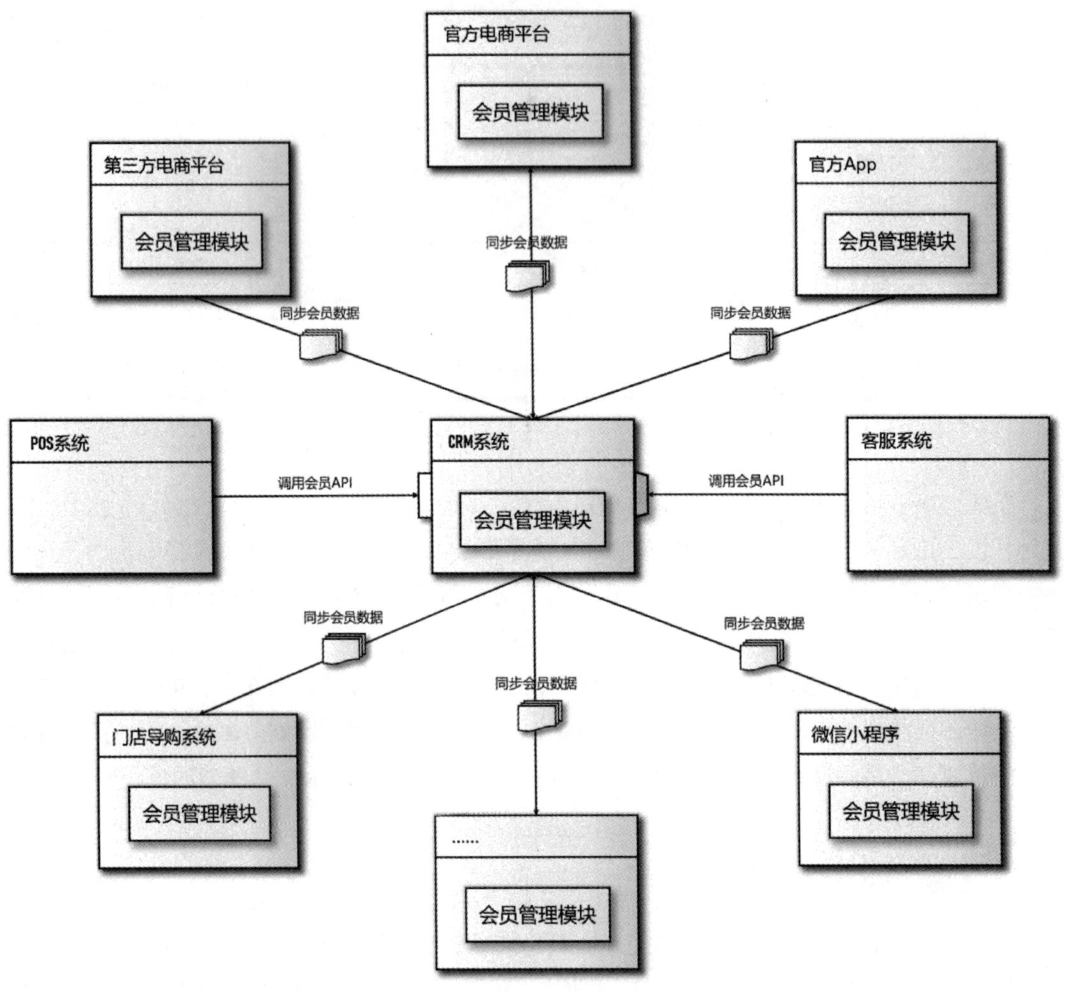

图 2-9　最终营造的会员系统生态

可以说，此时的 IT 生态已经彻底降级了，这种降级是伴随着不断增加的系统集成复杂度与无法提供足够有效的接口这两者之间的矛盾而产生的，降级之后的 IT 生态将不可避免地存在如下一些问题：

- 会员数据将不可避免地分布于多套系统中，需要频繁和复杂的数据同步；
- 由于数据同步方式是批量的，会导致在某些时间段内用户在不同渠道查询到的个人数据（例如积分）是不一致的，这会影响用户体验，更严重的是积分数据的不一致可以让“羊毛党”多次重复兑换积分，给企业带来经济损失；
- 多个业务系统中开发了会员管理模块，虽然部分功能有所不同，但核心功能是一致的，这是严重的重复建设。

现在我们来重新梳理一下这个案例中“会员管理生态”的演化历程。

（1）早期通过 POS 系统实现会员管理。

（2）后来引入了专业的 CRM 系统，关闭 POS 系统的会员管理功能，转而与 CRM 对接，完全通过 CRM 系统来管理会员。

（3）接着出现了第二个需要获取和修改会员信息的系统：客服系统。但原有面向 POS 系统设计的 API 并不能很好地满足客服系统的需求，于是又协调 CRM 团队修改或开发了部分 API，形成了面向客服系统的会员 API。

（4）再后来，随着电子商务的兴起，官方的电商平台上线，也需要与 CRM 系统对接实现会员注册、积分查询和管理等功能。作为新的线上渠道，会员信息、会员交易行为与线下渠道会有明显的差别，对会员积分、等级的计算规则也产生了直接的影响，这些因素导致 CRM 团队无力在保持现有业务不变的情况下再开发兼容电商平台的 API 接口了，折中的方案就是：在官方电商平台上开发本地的会员管理模块，在本地实现会员注册、信息维护、积分计算等功能，然后周期性地与 CRM 系统进行数据同步。

（5）最后，更多的新系统都仿照了这一模式，各自在本地系统实现会员管理，再与 CRM 系统进行数据同步，以便从其他渠道注册的会员同样可在该渠道上行使会员权利。

在这个演变过程中有一个重要的节点：第（4）步，这是整个生态系统演变的一个转折点，在这个转折点之前，整个 IT 生态还是比较简单的，点对点式的对接完全可以解决问题，当 IT 生态变复杂时，麻烦就逐渐突显出来了，早期面向单一业务场景设计的服务或接口无法满足后来新生业务系统的需求，导致外围系统不得不在本地自建相关模块，为了确保全局数据的一致性，再通过文件进行数据同步。

2.4 曾经的“救赎”——SOA

烟囱式的生态系统并不是今天才突显出来的，很多企业已经被这个问题困扰多年了，并且尝试过各种措施试图进行改善。回顾企业的 IT 生态变迁史，一段不得不提的历程就是 SOA（面向服务的架构）。

大概在 2005 年前后的七八年间，随着 SOA 理念和相关技术（如 ESB）的不断发展和完善，SOA 在当时被认为是改善僵化的 IT 生态、解决烟囱架构等弊病的终极方案而被业界寄予厚望，很多企业在那个时期纷纷上马 SOA 项目，希望凭借 SOA 将企业的 IT 生态拉回到一种理想的状态。十多年后回首当初那场 SOA 热潮，我们发现最终在 SOA 改造上取得成功的企业少之又少，即使曾经取得了一定的成效，伴随后来新业务系统的冲击，当年辛苦建立的 SOA 生态也大都名存实亡，是什么原因导致了这样的结果呢？

人们很早就意识到点对点式的系统间交互是非常糟糕的，在 SOA 起源之前，已经出现了基于消息队列的“消息总线”架构，各个应用系统与消息总线连通，由消息总线负责将消息路由到接收方，从而让应用系统通过中心化的消息总线完成交互，这样就可以消除点对点式的系统交互。但是消息总线用于系统集成时在某些方面依然有所欠缺，例如消息都是静态的、预定义的、无法自描述的，消息接口无法被注册和发现。同时，另外一种以“服务”为视角看待和思考系统间交互的架构思想一直在不断地发展，后来，随着 Web 服务（Web Service）技术的兴起，IT 系统的对外接口逐渐向平台中立的第一代 Web 服务标准（WSDL+SOAP）靠拢，这为实施这一架构打开了大门，这就是 SOA。

从系统集成的角度看，SOA 是一种非常理想的方案，SOA 体系的两大核心如下：

- 对系统提供的对外交互进行提炼、组织和梳理，通过封装、组合与编排，将接口以“服务”的形式发布出去；
- 系统间的交互统一通过中心化的企业服务总线（ESB）完成。

典型的 SOA 架构如图 2-10 所示。

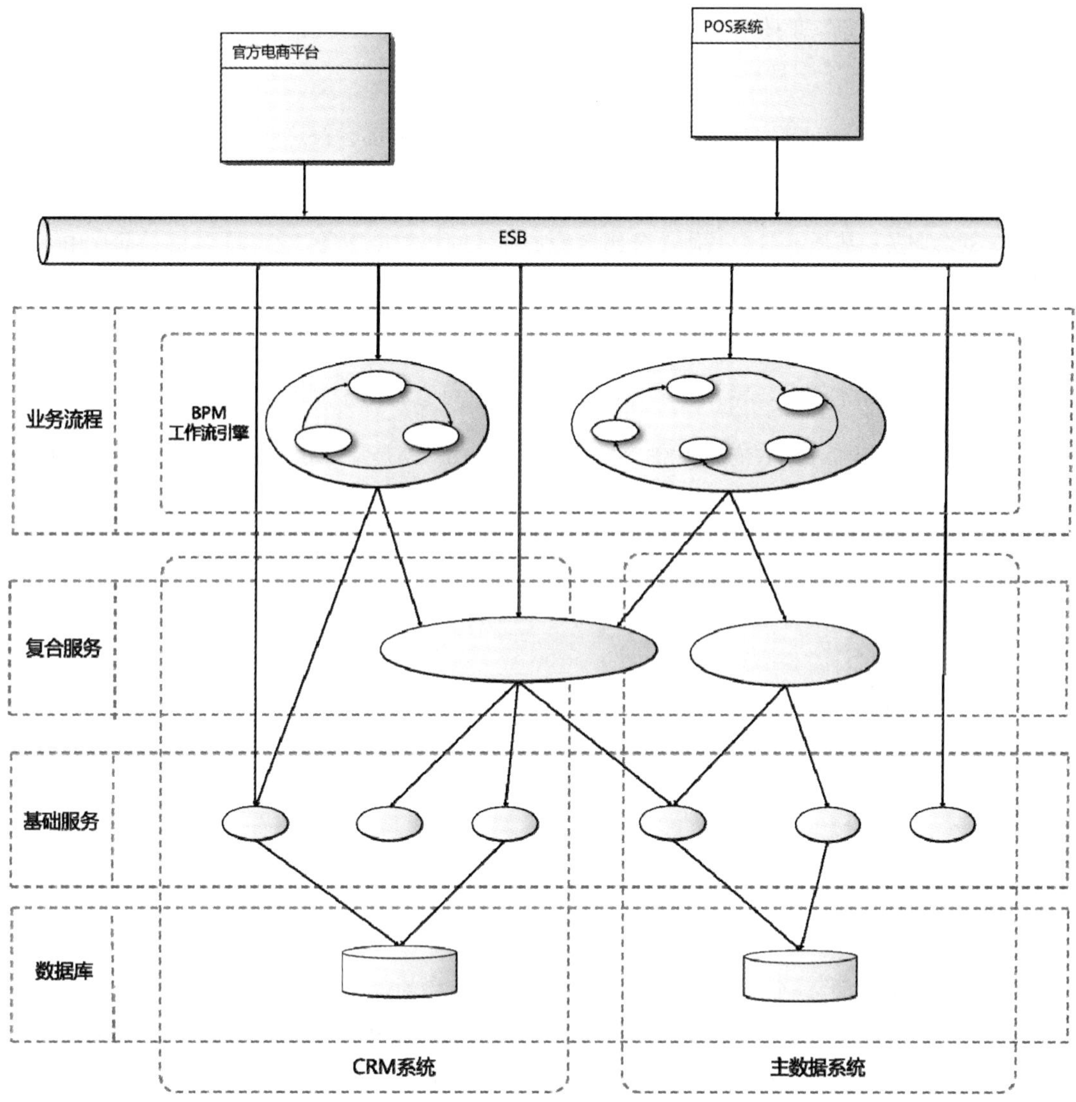

图 2-10 典型的 SOA 架构

SOA 成功的基础是对“服务”的提炼、组织和梳理，只有服务足够灵活才能支撑各种外部系统的复杂需求，而这一工作需要建立在对业务的深入了解之上，同时要融合良好的设计思想才能达到要求。

SOA 中的“服务”在技术上以 Web Service 为载体，但是在粒度（或者说抽象程度）上会有所不同，主要有如下三种粒度的服务：

- 基础服务：最细粒度的服务，最基本、最原子的服务都会在这一层，从服务数量上看，这一层也是最多的；
- 复合服务：是基于多个基础服务组合叠加而成的粗粒度服务，多用于封装并简化由多个基础服务组合实现的共性服务；
- 业务流程：是通过工作流引擎将多个服务编排起来，形成一个完整的业务流程，这是一种粒度更粗的服务，常用于实现一个标准的、可复用的大尺度业务流程，如审批等。

在应用系统之间，SOA 依靠 ESB 实现系统集成，ESB 是治理点对点式的系统集成的核心手段，它肩负着如下重担：

- 实现系统间的连通；
- 数据转换；
- 智能路由；
- 安全控制；
- 可靠性控制；
- 服务管理；
- 监控与日志。

以上是对 SOA 的一个基本介绍，SOA 针对烟囱架构的治理主要依赖于两个方面：一方面立足于每个应用系统，要求系统对提供的“服务”进行提炼和抽象，确保其灵活、可重用，这是让服务满足外部复杂需求的根本保障；另一方面是通过中心化的交互媒介——ESB 来约束系统间的交互，消除点对点式集成的负面影响。

但令人感慨的是：走到今天，SOA 已经很少被人提及了，回看企业曾经在 SOA 上做出的尝试和努力，最后的效果多数都不够理想。在完成 SOA 改造之后的若干年间，受到后续各种新系统的冲击，很多企业都没能坚守住自己的 SOA 体系，最终又回到了烟囱架构下的野蛮生长状态，这其中的原因主要是：

- 沟通与协作成本高：新系统迫于业务需求和市场压力，急需上线，对负责的团队而言，与周边系统的对接和调试属于外部不可控因素，团队总是倾向于在内部可控的范围内解决问题，因此会刻意避开对外部服务的依赖，选择自建相关功能，这样一来，系统间的交互会向着衰减的方向发展，重复建设也因此随之蔓延；
- 组织架构制约：团队往往缺乏为响应其他系统的诉求而改造和升级自身服务的意愿，因为新系统与他们没有直接的利益关系，企业也缺乏适当的奖惩机制促使各团队之间的积极协作，本质上，这是组织架构决定的；
- 缺乏长效机制：SOA 改造常常是作为一个项目实施的，项目结束之后就不再有专门的组织和团队对 SOA 架构进行持续把控了，后续新的系统在融入 SOA 生态时受到的支持就减弱了，而新系统本身提供的服务也缺乏必要的梳理和管控，有的新系统甚至不对外提供服务。

这些问题并不是 SOA 自身的问题，而是一些普遍的现实问题，也是治理烟囱架构过程中遇到的深层次问题，这些问题阻碍了 SOA 在企业的落地和持续发展。所以说 SOA 是曾经的“救赎”，企业 IT 生态现在面临的问题依然没有得到很好的解决。

2.5 中台详解

> 中台打破了应用系统的壁垒，从企业全局梳理和规划业务流程，重构了组织架构、业务架构与 IT 架构。

在梳理了企业的 IT 现状并回顾了 SOA 的历史之后，我们需要对中台架构进行一番详细的介绍，阿里巴巴的 Aliware 团队曾经给中台下过这样的定义：

> 将企业的核心能力随着业务不断发展以数字化形式沉淀到平台，形成以服务为中心，由业务中台和数据中台构建起数据闭环运转的运营体系，供企业更高效地进行业务探索和创新，实现以数字化资产的形态构建企业核心差异化竞争力。

中台作为面向互联网时代的企业新一代 IT 架构最大的威力不在于解决眼前的问题，而是系统性、结构性地重组企业的 IT 生态系统、业务架构及组织架构，它能帮助企业从本质上提升竞争力，降低成本。它将带给企业如下的能力与收益：

- 应对未来所需的更快的业务创新和成本更低的业务探索；
- 给企业带来核心竞争力的提升，提质转型、降本增效；
- 给业务快速响应和创新带来的业务价值；
- 给信息中心带来组织职能转变的机会；
- 共享服务架构能提升企业整体效能。

2.5.1 中台架构

以中台的视角看待企业的整个 IT 生态，可以将其分成前台、中台及后台三大组成部分，三者的定位如下：

- 前台：由直接面向市场和终端用户的业务应用组成，负责支撑企业的前端业务；
- 中台：由按业务领域细分的服务中心组成，负责支撑企业的共享业务；
- 后台：由企业内部业务系统组成，如生产、库存、物流等管理系统。

前台与中台的关系是：业务中台负责提供企业范围内共享的基础业务服务，前台应用会对这些基础业务服务进行组织编排，快速地在前端以产品形式将业务能力展开，以适应日新月异的市场变化。

中台与后台的关系并不像前台与中台的关系那样紧密，中台架构是为了让企业拥有开放、创新和灵活的市场应变能力而提出的，这对于生产、库存、物流等后端系统的影响并不大，并且这些系统需要严谨和规范的组织与管理，因而会保持相对传统的组织架构与生态。

由此可见，中台在企业的整体业务体系中起着核心作用，而建设中台的最大挑战也来自对中台层各服务中心业务能力的提炼和萃取。

以零售和消费品行业的企业为例，往往会有如下一些面向市场和终端消费者的服务中心：

- 用户中心：负责用户信息的全面管理，建设和维护会员体系，制定并推行会员运营策略；

- 商品中心：负责商品的全面管理，包括 SKU、品类及商品相关的各种属性、标签的管理；
- 交易中心：负责统一管理线上和线下所有的购物车、订单及交易数据，并提供交易相关的各种服务；
- 营销中心：负责全渠道的营销，对营销活动的全过程进行管理。

以上四个是比较有代表性的业务中心，每一家企业还可能会基于自己的业务模式组织其他诸如支付、门店、内容、促销等中心。从服务中心的职责和定位我们也可以发现中台的一个重要特征，那就是应用系统的边界被彻底地打破了，不会再有 CRM 和 OMS 这样的孤立业务系统了，而是将它们所承载的共享业务能力分拆并重组到了各个业务中心，每个业务中心对接和服务的是来自企业全渠道的需求，如何能支撑这些复杂多变的前端需求是建设中台的挑战之一。针对每个业务中心，在业务和技术上都必须要有专业的架构师带领团队来统一梳理这些需求，识别哪些需求应该由中台实现，哪些需求应该由前台实现，这是确保中台架构能够合理存在并稳定发挥作用的重要前提，这个过程不会一蹴而就，而需要在不断的迭代和试错中逐渐明了。不难想象，如果这种切分不够合理就会出现如下两种结果：

- 如果本应属于共享的服务与逻辑切分到前台，就会导致前台应用过“重”，且不可避免地会出现重复建设问题，因为前台应用无法从中台获得相关支持；
- 如果过多的非共享服务与逻辑切分到中台，就会导致中台服务的复用性变差，前台应用无法直接调用，因此会产生很多“副作用”和“连带后果”。

以上两种情形在现实里时有发生，这是企业打磨中台的一个必经阶段，也是团队磨炼对业务认知和对技术把控能力的一场“修行”。

就“服务”这个概念而言，中台对外提供的“服务”与 SOA 中倡导的“服务”并没有本质上的差别。在某种程度上，中台的定位会更加有助于实现真正可重用的“服务”，因为中台不再局限于某一个应用上，而是超脱于应用之上，宏观地看待一个“服务”如何能支持不同场景下的共性需求。因此，那些在 SOA 中对服务粒度进行界定和组织的方法依然是值得借鉴的，特别是对基础服务、复合服务及业务流程服务这三个服务层次的划分是非常实用的。

作为一个呼应，我们来看一下中台架构下“会员管理”是如何进行的：原有的 CRM 系统将不复存在，取而代之的是“用户中心”，用户中心沉淀了与用户相关的共享服务，会员注册就是其中之一，前台应用系统进行会员注册时会调用用户中心上的会员注册 API 来实现，当然，前台应用可能需要对用户数据进行一定的处理、转换以适配统一的 API 规范，这样前台各个应用不再维护自己的“用户模块”，因此也不再需要同步会员数据。

> 中台不同于 SOA 的地方在于：中台是一种平台化思维，它并不是从系统集成的角度去思考问题的，而是从架构层面上重构了整个 IT 生态。SOA 所有的理念都是基于现有应用系统展开的，不管是对服务的梳理还是服务之间的交互，都是以现有应用系统为载体的，相比之下，中台无疑是一种更深刻、更底层的变革，因为它完全破除了应用之间的壁垒，把企业的核心业务能力“中心化”，把它们提炼并沉淀到中台的各个业务中心上，而不是面向单一业务方向或渠道的应用系统上。这在 SOA 架构下是很难实现的，因为中台的业务中心与 SOA 的服务载体（即应用系统）之间有着本质区别，它们的定位和服务对象都不同，这些区别决定了 SOA 依然是一种相对松散的分治式的架构，很难与中台这种更加中心化、更为强力的架构体系相抗衡。

前面我们讨论的“中台”更具体地说是指业务中台，对于中台的另一个组成部分“数据中台”来说，它更侧重于企业数据的统一收集和处理。相对于应用系统而言，数据的平台化要相对容易一些，这也是很多企业早期就能建立数仓这种中心化、平台化的系统，而在应用系统上却陷入烟囱式的生态的原因之一。不过数据中台并不是传统数仓升级换代那么简单，从技术上讲，数据中台完全构建在大数据平台上，数仓是数据中台的重要组成部分，但远远不是全部。数据中台通常还要具备实时的数据处理能力和高级的算法分析能力，当数据处理完成后，数据中台还要提供强大的“数据服务”，能将结果数据通过各种协议以实时或批量的方式提供给业务中台或应用前台。

此外，业务中台的建立也会对数据中台的建设起到很大的促进作用。一方面由于业务的梳理和中心化，使采集业务数据变得相对简单，业务中心的后台数据库将是数据中台主要的外围数据源；另一方面，业务中台对业务的切分和领域建模将对构建数据中台上的数仓和数据服务有很大的指导意义，例如，每个业务中心天然就是一个大的数据主题，相应地，也有会有一个独立的 API 的 namespace 等。

下面我们把业务中台和数据中台放在一起，结合前面举例的零售和消费品行业来看看一个完整的中台架构，如图 2-11 所示。

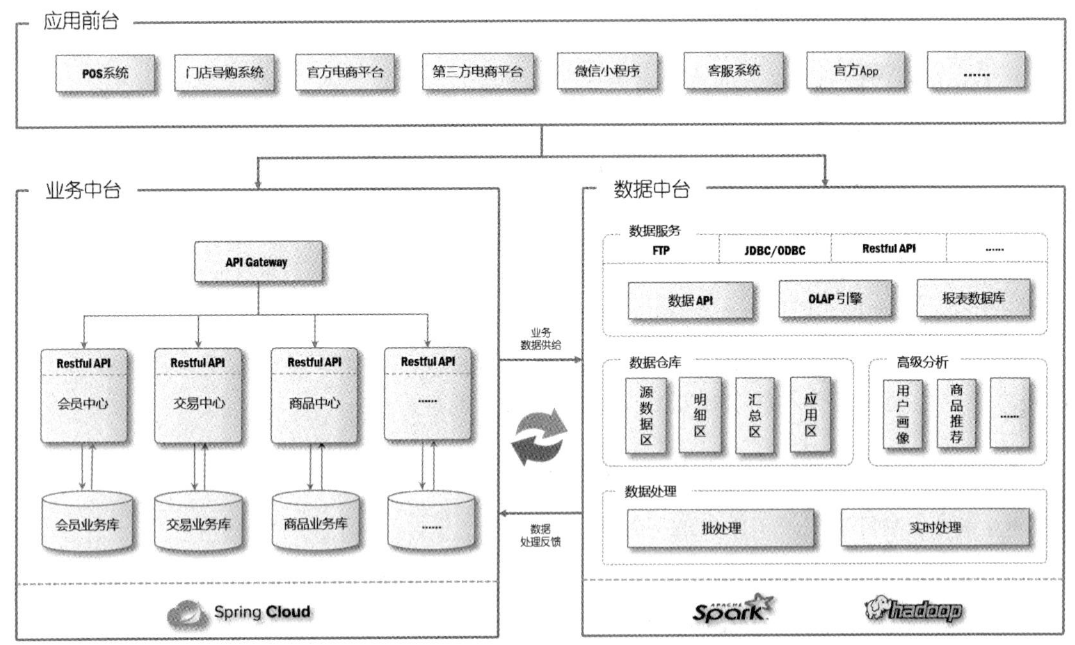

图 2-11 中台逻辑架构示意图

这是一张混合了技术和业务的中台逻辑架构示意图，前台应用部分我们将零售和消费品行业需要对接消费者的若干应用系统一一列举了出来，但是在中台架构下它们已经和传统的“应用系统”有了很大的差别，变得非常“轻量”。过去很多自行实现的业务功能都通过调用业务中台的各个业务中心完成了，如前面列举的会员注册功能，在中台架构下都是调用会员中心上的统一接口完成的。与此同时，各业务中心的数据都将通过数据中台上的数据采集组件采集到大数据平台上，然后通过批处理和实时处理机制构建出企业的数仓体系和高级数据分析能力，最后通过构建数据 API（Web 服务）、OLAP 及专有的报表数据库等手段，将结果数据以 Restful API、JDBC/ODBC 或 FTP 等形式提供给外部使用。

2.5.2 中台的技术体系

中台由阿里巴巴提出并在业界获得广泛认可之后，阿里巴巴就一直希望通过阿里云平台向企业用户推广一整套的中台技术解决方案，这套方案就是 Aliware——面向企业级互联网架构的 PaaS 服务。Aliware 包含了企业级分布式应用服务（EDAS）、消息队列（MQ）、全局事务服务（GTS）等，这些服务涵盖了企业应用开发涉及的各个方面。但是中台并非必须构建在阿里云的这些 PaaS 服务上，实际上，Aliware 是将当前企业级应用开发的主流技术和框架封装成 PaaS 服务供开发者直接使用，所以本质上 Aliware 与中台架构并没有必然的关系。

中台作为一种生态系统级的架构，不会受底层技术的制约，反而倚重和遵循业界主流的技术体系，特别是开源的技术平台与框架。简单地说：

- 业务中台的主要技术体系是：微服务；
- 数据中台的主要技术体系是：大数据。

与技术相配套的是设计思想和方法论，现在微服务的主流设计思想是领域驱动设计，大数据的主要设计思想是数据仓库理论。我们来分别介绍一下这两种技术与它们使用的设计理论。

2.5.2.1 业务中台技术体系

1. 微服务

微服务架构最大的特征是解构了过去的单体应用，按照业务功能对系统进行了更细粒度的切分，每一个微服务都是一个可独立部署的单元，微服务内部高内聚，微服务之间低耦合。系统被微服务化之后会在很多方面得到提升和改善，过去在单一应用服务器和数据库服务器上部署的系统将转变为纯正的分布式系统，部署于多台服务器上，这相当于赋予了系统水平伸缩能力，同时局部节点的失效也不会再导致整个系统宕机，而是可以被限制在有限影响范围之内。

微服务的这些优势使其在最近几年几乎成了企业级应用的架构标准，与之相配套的是一系列基础设施服务和支撑技术。

- 服务注册与发现；
- 服务配置管理；

- 服务网关（API Gateway）；
- 事件/消息总线；
- 负载均衡；
- 容错与熔断；
- 监控与报警；
- 安全和访问控制；
- 日志收集与处理。

经过多年的沉淀和积累，业界在上述领域有很多成熟工具和框架，其中最主流的一站式方案非 Spring Cloud 莫属。

在微服务架构逐渐形成规模之后，就会对硬件资源虚拟化和自动化部署提出要求，与此同时，伴随着 Docker 的崛起，人们发现容器化与微服务是一组绝佳搭档，再配合 DevOps 技术的推动，最终在业界形成了“微服务 + 容器技术（Dockers + Kubernetes）+ DevOps”三位一体的微服务生态体系，这些技术汇集在一起为微服务的落地和持续演进铺平了道路。

2. 领域驱动设计

恰到好处的微服务设计是一项很有挑战性的工作，识别、界定与设计微服务考验的是开发人员对业务的理解和设计能力，这需要对业务反复梳理和提炼，再经过仔细地斟酌和拿捏才能有一个比较好的方案。这与技术框架没有太大的关系，考验的是设计人员的“内功心法”，也就是设计能力和对业务理解的透彻程度。以往诸多项目的经验表明，糟糕的设计会极大地削弱微服务的作用，让其变得粗糙、难以被复用。过去，开发人员一直使用一些常规的方法论来设计微服务，如面向对象（OOD）的设计思想，但是取得的效果并不理想，直到后来领域驱动设计（Domain-Driven Design，也被简称为 DDD）被社区发掘出来，逐渐成了微服务事实上的设计理论。

领域驱动设计最早起源于 Eric Evans 在 2003 年撰写的一本名为 *Domain-Driven Design: Tackling Complexity in the Heart of Software* 的著作，这本书全面系统地阐述了领域驱动设计的思想和方法论。早年间 DDD 还较为小众，没有在业界得到推广，但是伴随着微服务的崛起，人们意识到领域驱动设计的诸多思想对于设计微服务有莫大的帮助，一个特别典型的例子就是根据限界上下文（Bounded Context）来划定微服务边界。

简单总结一下，在技术上微服务是实现业务中台的最佳技术方案，再借助领域驱动设计，中台的业务中心可以构建得足够灵活和强大。

2.5.2.2 数据中台技术体系

在数据中台上，目前的技术选型也是非常统一的，基于 Hadoop、Spark 的大数据技术是当前构建数据中台的主流方案，本书也是以大数据技术为基础来讨论如何建设数据中台的。

大数据涉及的技术非常多，在数据采集、存储、消息队列、批处理、实时处理、作业调度等诸多环节上都有对应的技术和工具来完成相关工作，在后续的章节里我们会逐一讨论它们，但通常人们会用 Hadoop、Spark 来指代大数据技术，因为两者不单单是技术，更代表着一个技术生态圈，在它们背后有一组相关的配套工具。

对于建设数据中台的方法论（确切地说是数据中台的批处理部分），传统的数据仓库理论依然是主要的方法论。数据中台的使命是将企业的全域数据收集起来，然后规范地处理它们，最后给到前端应用。对于如何规范地处理数据，目前业界最为成熟的理论是数据仓库（数仓）。在经过数仓体系的治理之后，最终会在数仓的最上层得到高质量的数据集，然后通过 Web Service、ODBC、JDBC 等多种数据服务对外发布出去。

简单总结一下，在技术上 Hadoop、Spark 是实现数据中台的主要技术方案，遵循数据仓库理论对数据进行组织和处理，在最上层封装为数据服务的形式去支持前台和业务中台对数据的需求。

2.5.3 中台的组织架构

> 中台不是单纯的 IT 架构，集中共享业务需要企业调整组织架构才能推进，这种组织架构调整的波及面广，对企业核心业务部门的影响也很深远，而且在中台的建设前期也不会有明显的业务收益，更多的成效体现在企业日后的战略转型和持续增长上，所有这些因素叠加在一起决定了建设中台是一个很大的挑战，需要企业决策层具备足够的勇气和魄力。

组织架构无疑是一个重大而敏感的问题，但确实是在建设中台过程中不得不面对的，一家企业如果想要在中台化转型上取得成功，就必须直面这个问题。我们前面探讨烟囱式的生态系统和SOA架构时提到的诸多问题和挑战都与组织分工、团队协作有关，这些问题的根源都是组织架构。在过去的烟囱式生态系统下，每一个应用系统都由一个专职的团队负责，团队的核心任务与首要KPI是确保本系统持续稳定地运行，这使得每一个团队都必然地从本应用系统的立场和角度看待和思考问题。然而企业的业务流程是一个有机的整体，这在客观上必然要求各个应用系统和运维团队紧密协作，这时候组织架构的问题就会显现出来。过去不管是点对点式的集成还是SOA改造，当它们作为一个项目交付之后，随着时间的推移，在集成新系统时又会变得像以前一样举步维艰，究其原因是并没有一个长期有效的组织架构在持续地推动系统融合。

中台架构的提出对企业的组织架构产生了巨大的影响，有了与中台相适应的组织架构，企业才能很好地完成中台建设并从中受益。中台架构有一很鲜明的特点，那就是它彻底破除了应用系统的边界，从企业的全业务领域着手，切分出业务中心，每一个业务中心所支撑的不是一个孤立的应用系统，而是企业在该领域的全部核心业务，所以每一个业务中心都需要非常专业的团队来负责，团队必须对这部分业务非常了解，而且必须站在企业的全局去支撑和把控这一业务领域。

我们来看一下阿里巴巴共享业务事业部的故事。2003年阿里巴巴首先成立了淘宝事业部，伴随着B2C业务的兴起，2008年从淘宝团队中拆分出了天猫事业部，但是这两大事业部依靠的都是淘宝的技术团队，这样带来的问题是技术团队会优先响应来自淘宝的业务需求，影响了天猫事业部的发展。另外一个问题也是很典型的，那就是这两个电商平台是完全独立的，都有各自的商品、交易、支付等功能模块，可见阿里巴巴也曾经走过烟囱架构的老路。为了解决这个问题，阿里巴巴开始了第一次大胆的尝试，在2009年成立了“共享业务事业部”，主要由淘宝的技术团队构成，但是这个事业部与淘宝和天猫两个事业部是平级的，这一架构调整的用意很明确，阿里巴巴希望通过共享业务事业部来梳理和沉淀两个电商平台的业务，抽离出公共的部分，避免重复建设。但事情的发展却出乎阿里巴巴的预料，由于淘宝和天猫作为核心业务部门，显然拥有更大的主导权，共享业务事业部发展缓慢。这一状况的转变源自聚划算的出现，聚划算作为阿里巴巴的团购业务事业部，在成立之初拥有强大的引流能力，淘宝和天猫的产品一旦进入聚划算，销售额就会暴增，因此两大事业部都迫切地想要将自己的平台和聚划算对接。此时阿里巴巴做出了一个重要决定，其他业务平台如果要和聚划算平台对接，必须通过共享业务事业部，正是这一举措让共享业务事业部找到了发展的抓手，进而将自己提升到与其他业务事业部同等的公平位置上。

从阿里巴巴共享业务事业部的故事中我们可以看到，组织架构对于中台战略的有效实施至关重要，在整个组织架构中，企业需要仔细梳理和界定关键部门的职责及相关部门之间的关系。

1. 中台事业部

由于中台的定位在于支持企业的共享业务，所以必须要由一个专职的实体部门对其负责，而不能是一个虚拟组织，这个部门必须要被赋予足够大的权限，过去分散于多个业务部门和系统运维团队的部分职责需要拆分并重组到中台部门，由中台统一管理和负责。

2. 中台各业务中心

中台各业务中心的人员一般来自该中心对应的过去某个核心业务系统，如用户中心团队的骨干应该来自原 CRM 系统，被划归到中台的个人和团队将面临一次内部转型，他们过去只对单一业务系统负责，而现在需要站在企业的全局来看待和梳理相关业务，这需要中台团队在广度上要能触达各个业务渠道的前端需求，同时要在深度上不断地挖掘和提炼共享业务，并最终落地到中台服务上。中台各个业务中心的职责划分必须清晰明确，特别是在一些关联性较强的业务领域上一定要做好切割，将各方的职责界定清楚。

3. 中台与前台团队的关系

前台团队直接面向市场和终端用户，从这个角度来看前台团队扮演着中台用户的角色。一方面，前台团队经常会提出各种各样的需求，有些需求可以在团队内部消化，有些则需要中台团队的支持，这时候前台团队就会对中台团队产生依赖；另一方面，对于中台团队来说，也非常需要来自前台的业务“滋养”。因此两个团队应该维持紧密的合作关系，这对于能否成功建立中台架构是非常关键的，如果两个团队之间在合作上出现问题就会导致两种可能的后果：

- 如果前台团队强势，就会组织力量在自己可控的范围内实现自己的需求，导致一些本该出现在中台上的共享服务被放在了某个前端应用上，这在客观上弱化了中台的“威力”，同时会导致其他前台应用重复建设该功能，这是在“开倒车”；
- 如果前台团队弱势，就会放弃或推迟新的构想和尝试，这会让企业逐渐失去抓住市场机遇的能力。

2.5.4 中台不是“银弹”

前面花了大量的篇幅讨论了中台的各种优势，但是我们也必须理性客观地看待它，就像讨论以往出现过的任何新技术和新理论一样，我们可以看重或推崇它们的优势，但不能过分笃定或夸大它们的作用。中台是一种非常理想化的架构，当企业进化到这样先进的架构时自然可以借助中台创造巨大的业务价值。也可以反过来说，因为企业自身的组织和业务足够先进而催生了中台架构（从某种意义上来说这才是中台的真正由来），两者是相辅相成的。建设中台的难度是非常大的，其难度并不技术上，更多是在业务和组织架构上。

> 本质上，中台是一种中心化、平台化的企业组织架构和业务形态，当这样的组织和业务架构投射到IT系统上时会自然地形成我们今天讨论的IT意义上的“中台”。笔者曾经参与过不少定位为统一平台的项目，其中有不少失败的案例，对于这个问题有一点个人的思考：也许中心化系统都是反传统管理体制的，烟囱式的生态系统是企业组织架构在IT上的投影，小到“数据湖”，大到中台，没有强力对等的中心化组织去主导，结果是很难预料的。

最近两年，中台的火爆让很多企业都跟风尝试，但真正成功的案例还不多，业界对中台的讨论也很激烈，有人认为中台可能仅仅是一种“乌托邦”，因为它过于理想化，在现实中缺乏生存的土壤，很多企业的现有组织形态与中台是不符甚至是对立的，这样的企业盲目上马中台项目必然是要失败的。

这里我们不妨思考一下：为什么烟囱架构在企业中普遍存在？尽管我们在前面讨论了它的各种问题，但是至少有一点是烟囱架构的优势，那就是它的目标指向性极强，它是专门用于解决某一业务问题的，相应地，它背后的技术和业务团队的职责也是高度清晰的，这种目标指向性会驱使组织高效地运转，即使在不同的团队和环节上存在重复建设，在某些时候，付出这种代价也是值得的。在这种视角下反观中台，我们会看到，业务中心在对业务的广度和深度上都有一个介入度的问题。从广度上看，不同业务部门、不同业务方向上的业务需求都可能全部或部分落地到中台上，而中台部门需要根据自身的情况来指定开发的优先级，这就决定了在中台建设过程中，并不是所有的业务请求都能得到及时的响应，业务端的体验会与之前烟囱架构有一定的落差；从深度上看，在垂直方向上的业务问题一部分是由前台应用处理掉的，另一部分是由中台解决的，这一点我们在前面讲如何进行前台和中台切分时也提到过，这会导致过去的单一业务问题由单一系统负责变成前台和中台两个参与方或团队负责，如果我们用目标指向性来度量这一状况，显然中台不如烟囱架构有优势，简单地说就是容易出现前台和中台之间的“扯皮”现象。

本节的讨论主要是提醒读者客观理性地看待中台架构，毕竟它还是相对新的一种思想，业界需要更多的时间去实践和检验，对于这个行业的从业者而言，我们应该保持一种积极的、谨慎乐观的态度看待它。不过相较于业务中台，本书着重讨论的数据中台并没有这么多不确定的挑战，不管是理论还是实现技术都是比较明朗和确定的。

2.6 数据中台

数据中台的定位是中心化的企业数据处理平台，企业所有的数据需要输送至数据中台，由数据中台统一进行收集、验证、清洗和转换并集中存储，然后经过数据仓库体系的层层治理将数据按业务主题重新组织，为业务系统和数据分析提供高质量的数据集。同时它具备实时数据处理能力，能在极短时间内完成从数据采集到终端呈现的全链路数据处理，并有能力处理一些基于数据的业务请求，它还配备了人工智能与机器学习的相关基础设施，支持高阶的数据洞察与预测。最后，数据中台通过丰富的接口和协议对外提供完备的数据服务，支撑业务中台与前台应用对数据的全方位需求。

回顾企业数据平台的发展史，我们可以梳理出三个重要阶段。最初是以关系型数据库为基础的“数据仓库”，包括由此衍生出的商业智能（BI）和各类报表工具，这可以认为是第一代数据平台，它技术可靠、理论成熟，在数据体量不大、实时性要求不高的场景下有很好的适用性，多年发展积累下来的生态优势（包括技术、工具、人才等）使得它直到今天依然在很多企业中广泛应用着。后来，随着大数据技术的崛起，数据平台在技术上有了新的选择和发展空间，特别是在实时数据处理和人工智能方面有了质的突破，与之相对应的是理论上的更新换代，人们从数据仓库理论延伸出了“数据湖”的设想，数据湖以大数据技术为支撑，在数据仓库理论上做了一些适当的扩充，提倡保留数据的原始形态以便为未来的各种分析留下空间，同时它更加倾向于使用 Schema on Read 而不是关系型数据库使用的 Schema on Write 进行数据处理。从理论上看，数据湖不足以像数据仓库一样成为一个独立的理论体系，人们更多的时候将它与大数据放在一起讨论，用来指代使用大数据技术构建的数据平台。再之后就是随着中台架构一起提出的“数据中台”了。

今天企业的 IT 生态可以自然地分为应用和数据两大部分，前者指的是各类业务应用系统，后者指的是数据仓库、数据湖等中心化的数据平台。由于这两类系统的设计思想和实现技术都有很大的差异，所以中台架构顺势分成了业务中台和数据中台两部分，这就是数据中台产生的大背景。

目前数据中台的主流架构都是以大数据技术为基础搭建的，具体来说，它是以 Hadoop 生态圈内的各种工具和 Spark 作为主要的技术堆栈，有的企业还会基于自身情况再搭配使用 Elastic search、MongoDB、Cassandra、Kudo 等其他数据处理和存储引擎。从技术架构上看，多以 Lambda 架构为主，划分批处理和实时处理两条数据处理通道。同时数据中台还往往具备人工智能及机器学习相关的能力，它会涵盖数据仓库和数据湖的全部职能，会提供强大的数据服务供业务中台和前台应用使用。

2.6.1 企业数据资产的现状

目前，大多数企业特别是传统行业里的甲方企业，由于信息化水平的制约其数据生态还停留在较为落后的状态，存在着不少问题，以下是一些典型状况：

- 数据离散分布，信息孤岛的问题还没有完全得到解决；
- 依然在大量使用文件进行数据交互，没有实时 API，制约了上层业务流程的时效性；
- 企业数据处理平台依然依赖传统技术，负荷已经达到上限，无法进行水平伸缩；
- 大量数据离散于业务用户手工维护的文件中，难以自动化收集并处理；
- 同类型数据在多个业务系统中同步，数据冗余严重，一致性差，需要重复采集、核查、去重，成本高；
- 没有实时数据处理能力，无法快速及时地处理数据并反馈给业务用户；

- 没有健全的数据安全保障机制，面临数据泄露的风险；
- 缺乏完善的数据治理机制，数据质量参差不齐。

在过去，企业通过建立自己的数仓系统来统一存储和处理企业数据，这一过程要经历数年，并且会伴随着新数据源的产生持续进行。但是随着大数据时代的来临，传统数仓系统已经越来越难以支撑企业对数据处理的需求了，这体现在如下几个方面：

- 随着信息化的不断深入，企业产生的数据每年都在爆炸式的增长，传统数仓系统缺乏简单有效的水平伸缩能力，导致系统容量已经过饱和，系统性能遇到了“天花板”；
- 传统数仓系统只能处理关系型数据，很难处理非关系型数据；
- 企业对数据分析提出了更高的要求，在人工智能及机器学习等诸多新型领域都有迫切的需求，传统的数仓系统很难支撑这些新型的分析需求；
- 实时的数据分析越来越受到企业的重视，尤其是在一些大促等关键业务周期，传统数仓系统都是基于批量的离线处理，无法满足实时数据分析的需要。

这些因素都促使企业加大了对新一代数据平台的投入，通过构建基于大数据技术的新平台来应对新的挑战，而数据中台则成了目前大数据平台建设中最新、最热的方法论。

2.6.2 数据中台具备的能力

数据中台必须具备如下能力。

1. 平滑自如的水平伸缩能力，从容应对海量数据

平滑自如的水平伸缩能力是数据中台必须具备的，特别是在数据体量迅速膨胀的今天，不具备存储和计算水平伸缩能力的平台是很难生存的，好在今天几乎所有的大数据技术都是分布式的，这赋予了数据中台天然的水平伸缩能力。

2. 对资源拥有细粒度的控制能力，支持多任务、多用户下的作业处理

作为中心化的平台，企业不同部门和团队的数据都会存放在上面，每天会有大量的定时和

即席作业运行，因此数据中台必须具备“多租户”的数据管理能力，对资源能进行细粒度的切分和调控。以 Hadoop 上的资源管理平台 Yarn 为例，通过定义各种动态资源分配策略，可以很好地协调各种作业之间的资源使用情况，确保各个业务线和不同用户的数据处理任务能及时有序地执行。

3. 强大的实时处理能力

实时数据处理能力是以往传统数据平台所不具备的，这是数据中台的一大优势和亮点，通过实时处理我们可以将业务情况实时地反馈给用户，极大地缩短了业务用户的等待时间，提升了用户体验，在一些大促活动期间（如双 11），实时计算的时效性对于业务决策的支持作用会更加重要。

4. 参与业务请求处理的能力

依托于实时计算能力，数据中台将有机会参与在线的业务处理，特别是在那些需要基于大量数据处理才能给出响应的业务请求（如用户积分的实时计算），过去这些处理都是通过批处理作业在夜间完成的，时效性和用户体验很差，现在通过数据中台可以实时地计算出结果并反馈给业务系统，这使得数据平台也开始参与在线的业务处理了。

5. 具备人工智能及机器学习的数据分析能力

这是目前数据分析和应用领域最看重的能力，是当前数据分析领域的“皇冠”，它所带来的数据洞察能力是以往传统数据分析方法无法企及的，没有这种能力的数据中台是不完善的。这部分能力一般是通过在大数据平台上集成相关组件实现的（如 Spark MLib），但也有很多算法不能满足实际需要，因此需要集成一些第三方的算法库和集群环境作为补充。

6. 以数据仓库理论管理和组织各类数据

数据仓库无疑是企业对于数据组织和管理的事实标准，不管是传统平台还是大数据平台，数据仓库理论都是科学有效的数据管理方法，可以说“没有数据仓库的大数据平台是没有灵魂的”。通过数据仓库体系的治理，企业数据的质量会得到大幅提升，也更利于前台的使用。

7. 对外提供强大的数据服务，支持多种协议的数据传输与交互

过去的数据平台基本上都是将处理好的数据存放在关系型数据库中，供外围系统通过连接数据库的方式自行获取，可以说这是最低水平的数据服务，一个好的数据平台一定要提供强大的数据服务以便让数据需求方更容易和便捷地获取数据。平台支持的协议和方式越丰富，越能容易地帮助各业务中心和前台应用，加速集成和对接，降低企业整体的研发成本。而灵活便捷的数据获取方式又会吸引企业的数据供给方将数据主动放到数据中台上，从而享受数据中台带来的“红利”。

8. 拥有完善的数据治理体系，数据质量能够得到有效保障

数据治理是贯穿数据平台建设全过程的一项工作，它是技术和管理方式的一种综合手段。数据中台一般会引入一些专业的数据治理工具对数据质量进行把控，这些工具会根据预定义的业务和技术规则定期抽检目标数据进行验证，并给出数据质量报告。为了配合数据治理，企业在管理上也应该成立相应的组织或机构来负责，这是建设数据中台在管理方面要做的工作之一。

9. 精准的细粒度安全控制

数据中台要提供技术和管理上的多重机制保障企业的数据安全。从技术上看，数据中台需要提供严格的认证与授权机制来管理每一个使用平台的用户（包括自然人账户和应用系统账户），提供健全的数据加密与脱敏机制对敏感数据进行特殊处理，同时对每类数据的所有人、使用者和读写权限都要有明确的记录和追踪，对账户创建和授权申请都要有完备的审批机制。

2.6.3 数据中台建设策略

数据中台是企业的一个战略性的基础设施，建设周期长，牵涉范围广，从过去的实践中我们总结了一些宝贵的经验，作为中台的建设策略分享给读者。数据中台的建设可以分为三个阶段，如图 2-12 所示。

- 起步阶段：搭建基础设施；
- 积累阶段：汇集数据，确立数据中台的核心地位；

- 发力阶段：基于丰富的数据集和完善的分析模型，产出大量有价值的分析结果，推动业务增长。

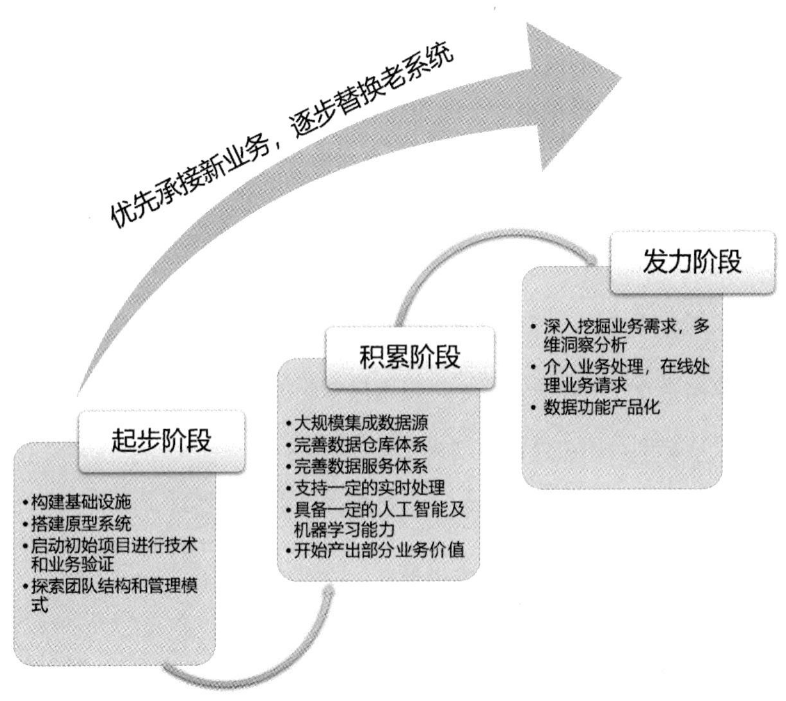

图 2-12　数据中台建设策略

下面来分别看一下每个阶段要做的事情和注意事项。

1. 起步阶段

起步阶段的首要工作是进行基础设施建设，包括服务器的采购、安装和配置，网络规划，集群搭建，各类工具的安装和调试，资源和权限配置等。自建的 IT 团队通常会自行完成这些工作，使用供应商模式的甲方公司可以通过一个大数据项目完成初始的基础设施建设工作。当然，也有的企业会选择使用云上的大数据 PaaS 服务，直接跳过基础设施的建设和维护工作。

在有了大数据集群之后，需要通过一个到几个项目来验证平台的各项组件和服务是否能满足业务需求，对于在平台上工作的团队和个人来说也是一个熟悉和磨合的过程。初始阶段应该使用迭代思想，不断地调整平台的技术堆栈、管理模式，为平台以后的发展壮大积累经验。

2. 积累阶段

积累阶段是一个相对艰苦而漫长的过程，数据中台的团队要在这个阶段不断地将企业的各个数据源接入进来，逐渐完善数据中台上的数据版图。中台接入的数据越多、越全，就越能发挥出威力，最终的理想状态是企业的全部数据都聚集在中台上，前台的任何数据需求都可以直接或稍做处理即可满足。具体来说，这一阶段需要完成如下工作：

1）广泛对接企业的各个数据源；

2）不断完善数据仓库体系，对企业数据规范管理；

3）不断完善数据服务体系，丰富数据供给的协议和形式；

4）搭建实时处理基础设施，提供部分实时处理服务；

5）搭建人工智能及机器学习基础设施，提供高级数据分析服务；

6）开始实现部分业务需求，产出业务价值。

3. 发力阶段

当数据中台的数据版图足够完善时，就会自然地进入发力阶段，这也是数据中台的收获期，在这一阶段，数据中台的优势会体现得淋漓尽致，基于全面和完善的数据体系和强大灵活的数据分析能力，前台和各业务中心对各种数据的需求都可以通过数据中台满足。前台可以集中精力关注业务层面，快速敏捷地实现新业务功能。在发力阶段，团队需要着重开展如下工作：

1）与业务部门和业务中台紧密合作，深入挖掘业务需求，利用丰富全面的企业数据开展多维度的洞察与分析，对业务决策提供强力支持；

2）深度介入业务的在线处理，通过数据中台的实时处理能力解决应用系统很难实现的业务需求（如用户积分的实时计算）；

3）将数据平台上某些成熟的功能产品化，推广到更多部门和业务场景中。

在发力阶段，中台团队也将被锤炼得更加专业和成熟，对于所管辖的数据会更加了解，对对接的业务更加熟悉，这也是中台架构培育出的另一项重要资产：专业的人员和团队。

以上三个阶段是较大时间尺度上的切分，但并不意味着只有前一个阶段彻底完成之后才可以启动后一个阶段的工作，企业可以通过项目的方式驱动数据中台建设，在项目实施过程中可以完成数据采集、处理、存储、分析等一系列工作。每一个阶段又可能会涉及一些基础设施的建设，只要合理地安排好项目计划，有规划、有组织地推进项目开发与平台建设之间的工作，就可以实现长期的战略发展和短期业务需求之间的平衡。另外，数据中台是对既有系统的改造，在建设过程中会面临新业务需求由谁来实现及新老系统将如何更迭的问题，对此我们建议的做法是：

让数据中台优先承接新业务，逐步替换老系统。

意思是说，当有新的业务需求时，如果与原有系统的关联不是很大，应该优先安排在数据中台上实现，因为这可以让数据中台尽快地产生业务价值，帮助企业建立对数据中台的信心，如果只是一味地迁移遗留系统的功能，作为一个持续的投入过程，在业务端很难看到 ROI，这对于企业决策者和数据中台团队来说压力是很大的，也是不明智的。

最后，我们对数据中台做一个简单的总结，数据中台是数据平台发展到现在的最新的理论模型和技术架构，它以大数据技术作为支撑，提供数据仓库、实时处理、数据服务和一定的人工智能及机器学习能力。我们会在本书接下来的章节中着重讨论数据中台的技术实现，也就是如何构建一个大数据平台。

第3章 基础设施

在完成了对数据价值的探讨和数据中台的介绍之后，从本章开始我们将进入实现阶段，首先要做的就是构建基础设施，具体工作包括架设服务器、安装操作系统、组建网络及安装大数据集群。过去，企业都是通过自建机房或租用数据中心的服务器来建设自己的IT基础设施的，随着云计算的兴起，很多企业已经将自己的基础设施逐步迁移到了云平台上。由于大数据系统存储和处理的数据体量很大，集群规模比一般的应用系统要大很多，如果使用物理机搭建集群，一次性的硬件投入会比较高，但是从长期来看，硬件成本要比云平台低。此外，在云平台上可以很快地构建出所需的实例，直接进入开发阶段，如果项目失败，还可以直接释放资源，规避一次性硬件投入带来的风险，同时在云平台上托管硬件设施也会让企业节省在IT基础设施运维上的人力成本。

总的来说，对于大数据而言，搭建本地物理集群和使用云服务各有优劣，企业的IT决策者应根据业务需求、基础设施的规划及数据安全等多方面的因素综合考虑，来确定大数据平台的基础设施建设策略。本章将带领读者搭建一个标准的、以生产环境为蓝本的CDH集群。

> 如果读者已经有自己的大数据环境，可以跳过本章，但是在部署本书配套的原型项目时，需要参考本章创建的 7 节点集群，修改程序代码中的 Maven profile 文件 cluster.properties，将配置中出现的各种角色的节点替换为自己环境中对应的节点，或者直接创建自己的 profile 文件。

3.1 集群规划

3.1.1 集群规模与节点配置

我们把即将创建的大数据集群取名为 bdp-cluster（bdp 为 big data platform 的首字母缩写），本书配套的原型项目也将部署在这个集群上，它由 7 个节点（服务器）组成，这个集群规模是权衡以下两方面因素后确定的。

一方面，我们希望带领读者尽可能按生产环境的标准搭建这个集群，生产环境的安装复杂度是最高的，它的规模往往要比开发和测试环境都复杂，而且还要进行高可用配置，为了能介绍并展示生产集群的节点规划和角色分配，3 个主节点是必需的。

另一方面，如果读者是出于学习的目的搭建一个实验性的集群，并不需要这么高的资源配置，大规模集群产生的硬件费用是个人用户难以负担的，而且也没有必要，所以我们安排 3 个 worker 节点（因为默认 HDFS 数据保存 3 份副本，低于 3 个节点会影响数据副本的存储）。如果还要再节约一些成本，可以将 worker 节点缩减至 1 个，甚至理论上，将整个集群安装在一个节点上也是完全可行的，但是这个节点的配置要高一些，否则很难承载全部服务。

至于节点的硬件配置，这和集群负载及节点数量有关，在负载一定的情况下，节点配置越高，节点数量就可以相对减少，反之亦然。如果在云平台上构建集群，也可以对节点进行透明的硬件升级（升级实例类型），还有一个需要考量的因素是软件版权费用，很多企业会选择 Hadoop 的商业发行版，商业版（如 CDH 的企业版）是按节点数量收费的，出于成本考虑，企业可以选择将硬件配置提高，减少节点数量，从而降低在软件版权上的花费。回到我们将要创建的这个集群，我们选择的是可以支撑运行的最低配置：4 核 CPU，16GB 内存。

> 友情提示：担心费用的读者可以只用一个节点来练习集群的安装及部署本书配套的原型项目，但这一节点的配置最好不要低于 8 核，32GB 内存，否则很难支撑 CDH 的正常运行。

综上所述，集群的物理架构如图 3-1 所示。

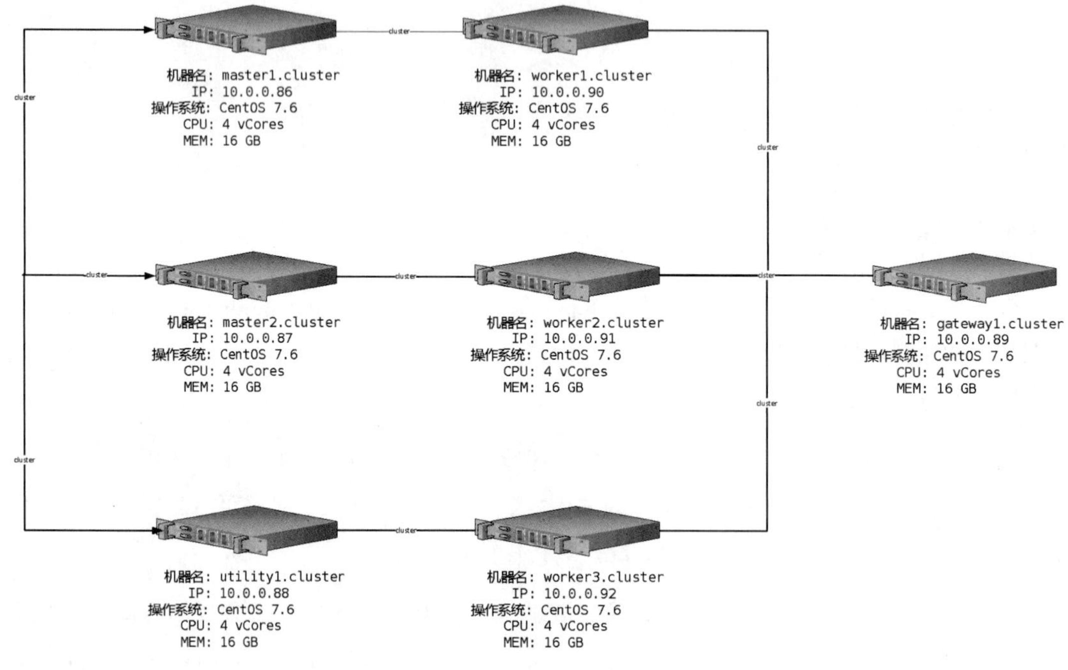

图 3-1　集群的物理架构

除 7 个节点外，还有一个前端的负载均衡实例（其实就是虚拟 IP 地址），主流云平台上都提供这一服务，我们用它来辅助一些组件实现高可用。

但这是一个单一集群，它只适用于批处理作业，而对于流计算、NoSQL 存储和消息队列而言，通常我们建议单独组建集群，而不应该和批处理集群混合在一起，因为它们之间存在资源竞争，运行时会相互影响。以我们的原型项目为例，我们在实时处理方向上将会使用 Kafka、Spark Streaming（Over Yarn）和 HBase，按照上述原则，如果要安装一个标准的生产环境，建议的集群物理架构如图 3-2 所示。

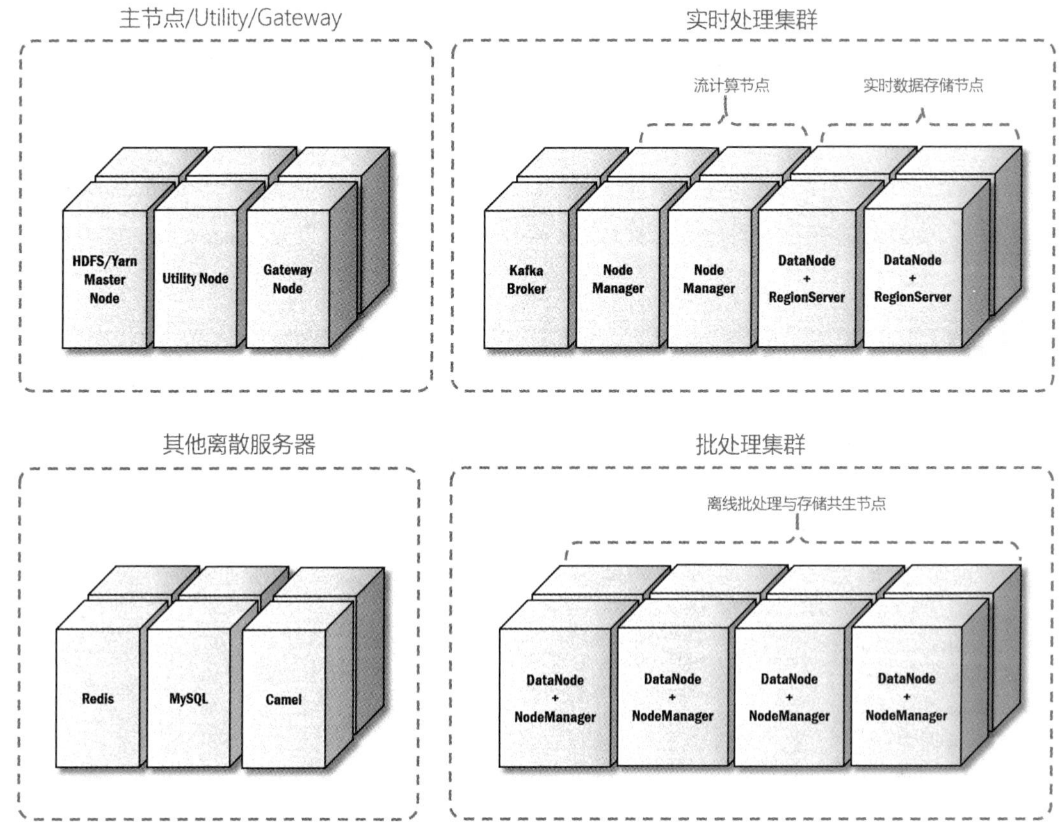

图 3-2 实时处理集群架构

对于这个集群的物理架构，有两点需要特别解释一下。首先，为了避免实时处理和批处理相互影响，它们两个是独立的 HDFS+Yarn 的集群，在 CDH 中是可以通过一组主节点管理多套集群的。其次就是流计算节点上只需要安装 NodeManager，不需要安装 DataNode，因为流计算节点只负责运算，不存储数据，在进行流计算时是不存在数据存储与计算资源的“共生（co-locate）问题的，但是与之形成对比的是在批处理集群上，NodeManger 一定是要和 DataNode 共生的。

3.1.2 节点角色分配

节点的命名决定了节点将扮演的角色，而节点的角色决定了将来要在其上面运行哪些服务，如何分配节点角色是安装集群前要仔细规划好的，CDH 官方文档中给出了针对不同规模的集群角色分配方案，具体可以去查看文档。

我们将以“3 - 20 Worker Hosts with High Availability”这个规模的标准来分配角色，尽管我们只有 3 个 worker 节点，但是建议大家在初始安装集群时按照可预见的、足够大的规模来分配节点角色，为以后的扩容留下余地，图 3-3 展示了 3～20 个工作节点方案的详细划分。

Master Hosts	Utility Hosts	Gateway Hosts	Worker Hosts
Master Host 1: • NameNode • JournalNode • FailoverController • YARN ResourceManager • ZooKeeper • JobHistory Server • Spark History Server ~~• Kudu master~~ **Master Host 2:** • NameNode • JournalNode • FailoverController • YARN ResourceManager • ZooKeeper ~~• Kudu master~~ ~~**Master Host 3:**~~ ~~• Kudu master (Kudu requires an odd number of masters for HA.)~~	**Utility Host 1:** • Cloudera Manager • Cloudera Manager Management Service • Hive Metastore ~~• Impala Catalog Server~~ ~~• Impala StateStore~~ • Oozie • ZooKeeper (requires dedicated disk) • JournalNode (requires dedicated disk)	**One or more Gateway Hosts:** • Hue • HiveServer2 • Flume • Gateway configuration	**3 - 20 Worker Hosts:** • DataNode • NodeManager ~~• Impalad~~ ~~• Kudu tablet server~~

图 3-3　CDH 3～20 个工作节点的集群配置

鉴于原型项目并不会用到 Kudu、Impala 等服务，我们会去除这些服务，同时移除 Master 3 节点。这一方案有如下一些特点。

- Master 节点主要承载的是 NameNode 和 YARN ResourceManager，两个服务都需要启用 HA，所以需要两个 Master 节点组成双主架构。为了保证双主节点的稳定性和负载均衡，不建议再安装其他主服务（一些相对较轻量的服务除外，如 ZooKeeper）。

- 其他组件的主服务基本会安装在 Utility 节点上，如 Hive Metastore、Oozie 等。
- 特别地，Cloudera Manager 也安装在 Utility 节点上，Cloudera Manager 占用的资源相对较大，在集群规模较小时可以安排在 Utility 上与其他服务共存，以后随着规模的扩展，可以考虑将其迁移到单独的节点上。
- Gateway 节点是专门供各类应用程序部署和提交作业的，所以上面安装的都是各个组件的 Client，如 Spark Client、HiveServer2、HBase Thrift Server 等。Gateway 的主要负载并不是客户端的服务，而是应用程序的客户端本身。例如，如果我们在 Gateway 节点上使用 Client 模式提交 Spark 作业，则 Driver 的负载都会落在 Gateway 上。
- 特别地，Hue 也被建议安排在 Gateway 节点上，Hue 有时也会被建议放在 Utility 节点上。对于 Hue 的安排取决于我们如何看待及使用它，如果 Hue 的用户很少，仅仅由运维或管理员使用，我们可以将 Hue 视为某种 Master 服务；如果 Hue 被作为大数据平台的一个终端开放给很多用户使用，就应该将其安装在 Gateway 节点上，方便日后扩容。

在本书的 3.3.7.10 节，将介绍详细的节点角色分配。

3.2 创建实例与组网

我们将选择阿里云作为集群的宿主环境，只选择云平台上一些最基础的 IaaS 服务，这些服务在所有主流云计算平台上都有，读者可以根据自己的情况灵活选择，不一定非要选择阿里云。本书选择阿里云，主要是因为其面向国内的个人用户比较友好，在注册、使用和付费方面都很便捷。接下来，我们就要进入实操阶段了。

3.2.1 登录云控制台

首先，登录阿里云的云服务器 ECS 控制台页面，如果是初次使用，浏览器会跳转到阿里云的账号页面进行注册，也可以使用淘宝、支付宝或微博等账号直接登录，成功之后，就会进入云服务器 ECS 服务的主页面，如图 3-4 所示。

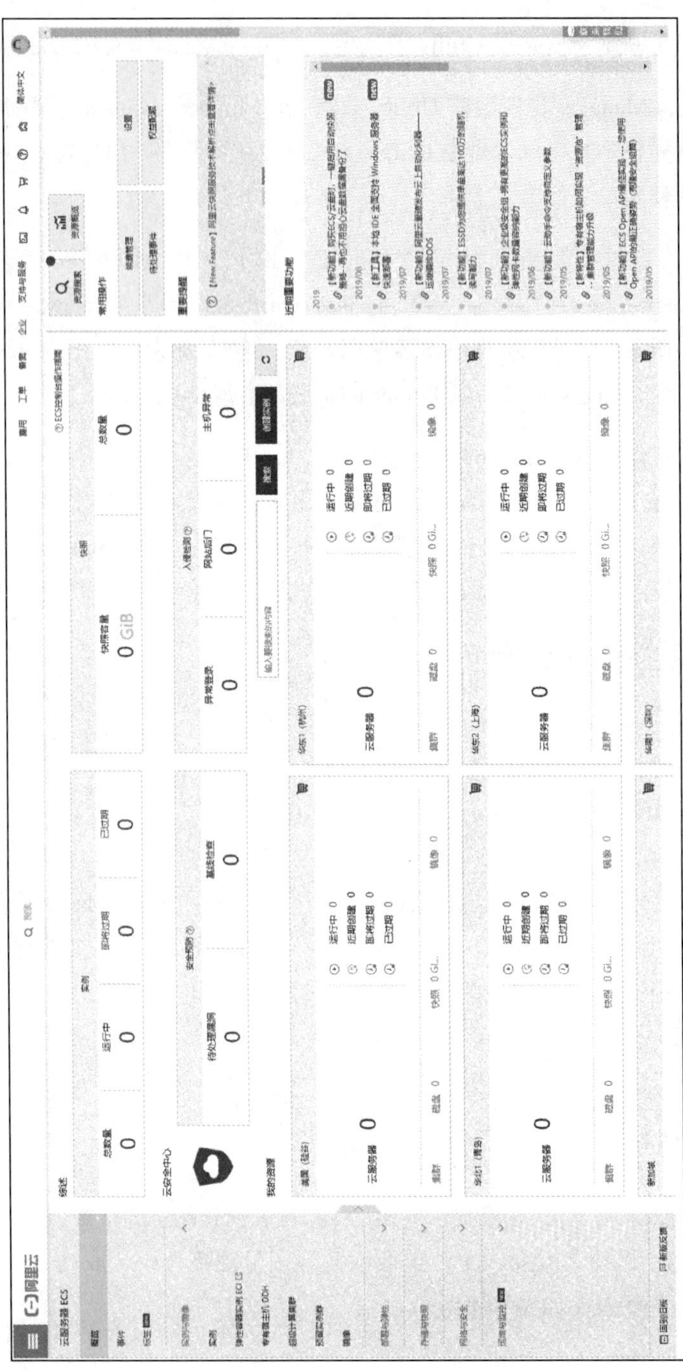

图 3-4 阿里云 ECS 服务的主页面

云服务器 ECS 是专门构建云服务器及相关虚拟网络（VPC）的服务，它的主页面上展示了当前账号所拥有的实例情况，因为是新注册的账号，暂时没有任何实例。在开始创建实例之前，首先需要为集群建立一个专用的虚拟网络（VPC），然后将后续创建的实例加入这个网络，尽管在云服务器上 ECS 会创建默认的 VPC，但还是建议大家建设一个专有的 VPC。在操作前，请先确保个人账号有至少 100 元以上的余额，这是阿里云的要求。

3.2.2 创建专有网络

阿里云有详细介绍如何创建专有网络的官方文档，不熟悉云平台的读者可以搜索一下该文档以便参考。首先，在云服务器 ECS 控制台页面左侧的菜单面板中单击“网络安全”→“专有网络 VPC”菜单项，跳转到“专有网络”页面，然后单击页面上的“创建专有网络”蓝色按钮，此时会在页面右侧弹出“创建专有网络”表单，可以按如图 3-5 所示进行填写。

我们给新建的专有网络取名为 bdp-cluster-vpc，IPv4 网段选择 10.0.0.0/8，给配备的虚拟交换机取名为 bdp-cluster-vsw，IPv4 网段使用 10.0.0.0/24，bdp-cluster-vsw 代表 bdp-cluster-vpc 下的一个子网。表单填写完毕后单击“确定”按钮就创建好了。

3.2.3 创建安全组

接下来我们要为新创建的 VPC 添加一个安全组，安全组相当于云平台上的防火墙，可以控制云平台上服务器之间及服务器与互联网的连通性。还是在云服务器 ECS 控制台页面左侧的菜单面板中单击“网络安全”→“安全组”菜单项，跳转到“安全组列表”页面，然后单击页面右上角的“创建安全组”按钮，此时会在页面正中弹出“创建安全组”表单，可以按如图 3-6 所示进行填写。

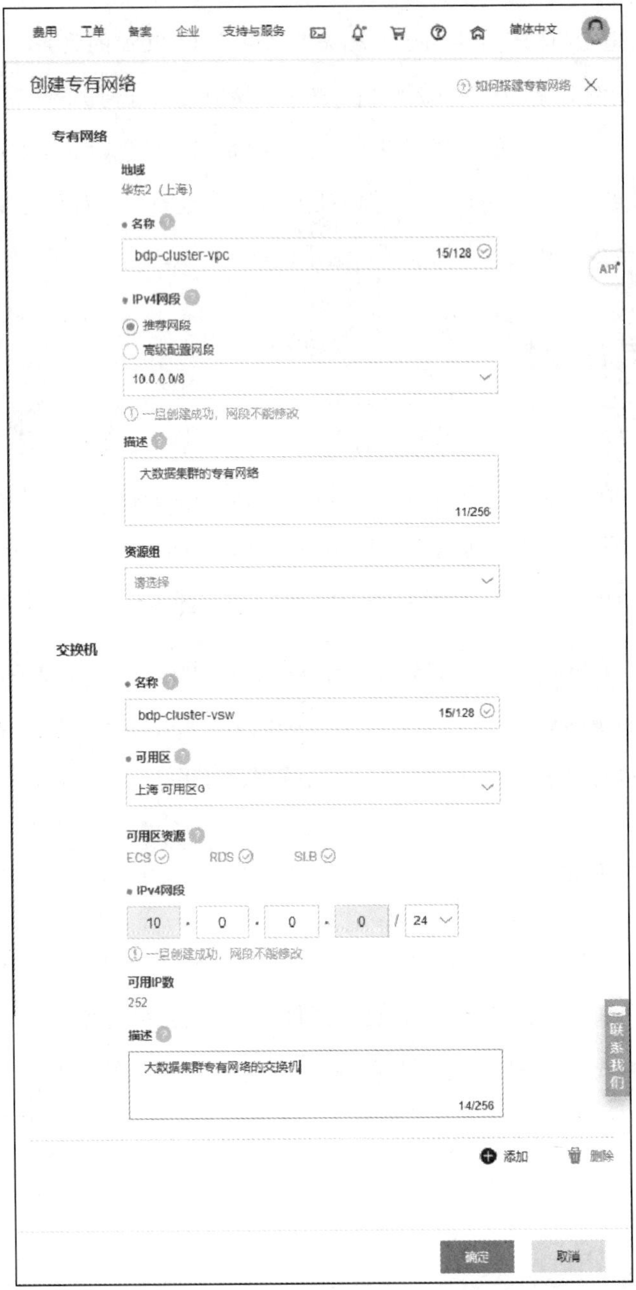

图 3-5　阿里云“创建专有网络”表单

图 3-6 阿里云“创建安全组”表单

我们为新建的安全组取名为 bdp-cluster-sg，在“模板”下拉列表框中选择“自定义”，在“专有网络”下拉列表框中选择 bdp-cluster-vpc，这样就将这个安全组和新建的 VPC 关联在一起了，然后单击“确定”按钮，之后页面会提示用户“立即创建安全组规则，否则可能会无法访问内、外网”，单击“立即设置规则”按钮，进入“安全组规则”页面，安全组的规则分为“入方向”和“出方向”，也就是防火墙配置中所说的“inbound”和“outbound”，所谓“入方向”是指从外部访问云服务器，同理，“出方向”指的就是从云服务器向外访问外部地址。真实的生产环境会配置非常严格和细致的安全组。对于我们将要构建的大数据集群来说，在“入方向”上它会对外提供很多基于 Web 页面的管理服务（如 CM、Hue 等），在“出方向”上，当安装 CDH 等组件时，Yum 需要访问公网上的 Repository，主要是 80/443 端口，那么我们要怎么配置安全组规则呢？这里我们给读者两种选择。

1）如果怕麻烦，可以直接在“入方向”和“出方向”上各设定一条规则，允许所有 IP 地址访问所有端口，配置如图 3-7 和图 3-8 所示。

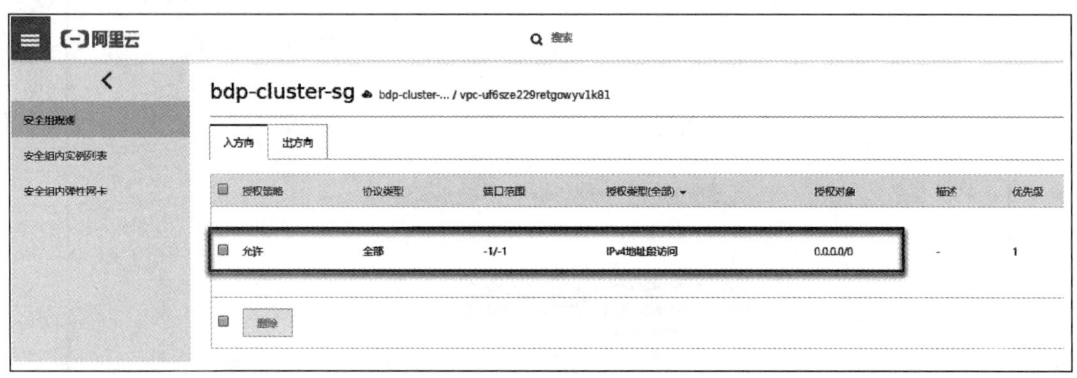

图 3-7　阿里云安全组“入方向”配置：允许来自外部的所有访问

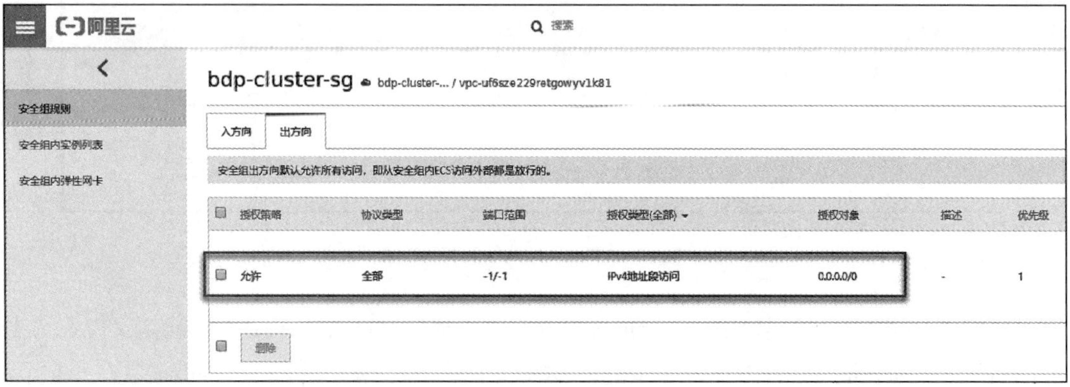

图 3-8　阿里云安全组“出方向”配置页面：允许访问外部的所有地址

但这样做确实不够安全，如果你的本地网络有固定公网 IP 地址，则可以将“入方向”规则中的 0.0.0.0/0 替换为自己的公网 IP 地址，这样会稍微好一些。

2）更加安全的做法是在“入方向”上只开通 22 端口用于 SSH 登入，在“出方向”上开通 80 和 443 端口用于安装软件，安装结束后再关闭这两个端口，配置如图 3-9 和图 3-10 所示。

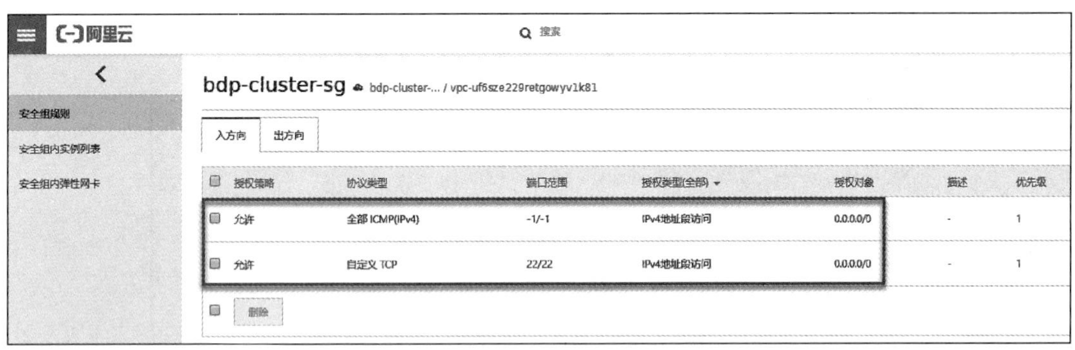

图 3-9　阿里云安全组“入方向”配置：允许外部从 22 端口访问

图 3-10　阿里云安全组“出方向”配置：允许访问外部的 80 和 443 端口

入方向上的第一条 ICMP 协议的规则是为了允许 ping 通服务器而设的，该规则一旦被删除就无法 ping 通服务器。至于在只开通 22 端口的情况下如何访问各种 Web 管理页面和连接 MySQL、Redis 等数据库，可以通过 SSH Tunnel 建立端口转发，将远程主机上的端口映射到本地，对此本书不再过多介绍，请有余力的读者自行去学习和配置。至此，构建大数据集群所需要的网络配置都已完成，接下来就是创建实例了。

3.2.4 创建实例

再次回到云服务器 ECS 控制台页面，在左侧的菜单面板中单击“实例与镜像”→“实例”菜单项，跳转到“实例列表”页面，然后单击页面右上角的“创建实例”按钮，页面会跳转到“创建实例”向导页面，分为五步。

第一步，基础配置，可以参照图 3-11 进行配置。

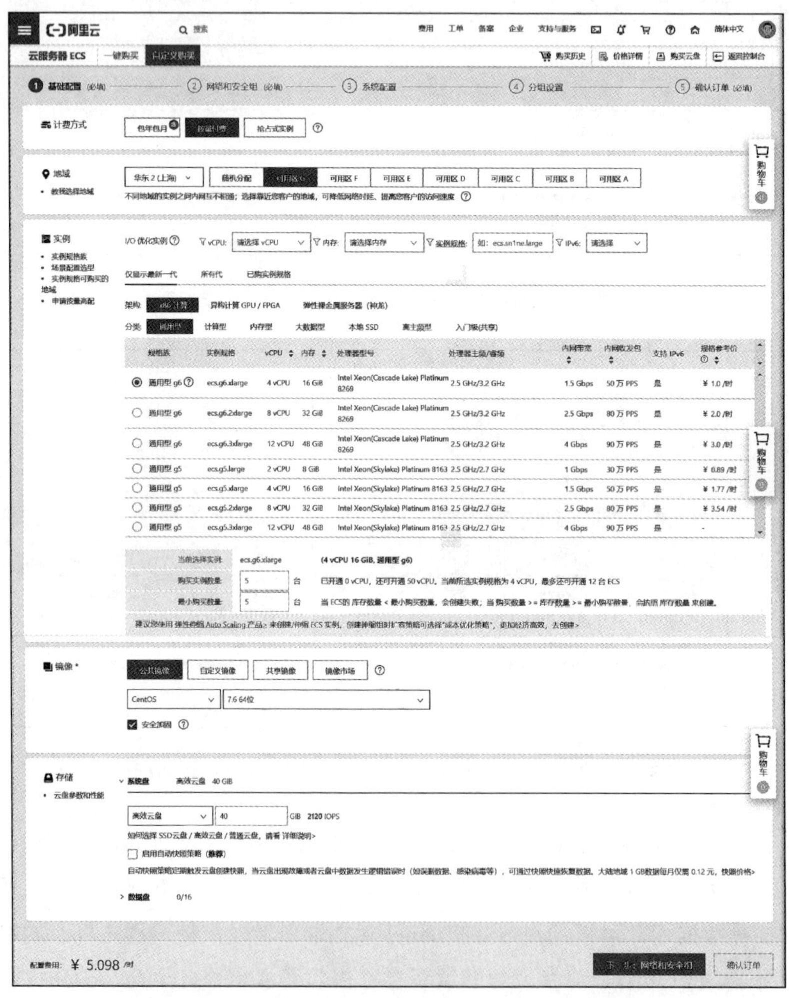

图 3-11 阿里云“创建实例”向导的第一步：基础配置

在第一步的配置中需要注意以下几点：

- 计费模式：选择“按量计费”，在不使用集群时将节点关停会大大节省费用，适合个人学习和研究时使用；
- 地域：在区域选择时一定要选择与之前创建的虚拟交换机（即 bdp-cluster-vsw）所在的同一区域，否则创建出来的实例无法被之前创建的虚拟交换机所管理；
- 实例：如果用于个人学习和研究，选择能够支撑集群运行的最小配置就可以了，在本例中，我们选择的是 4 核 16GB 内存的通用型实例，如果用于实际的开发和生产，则要根据实际负载选型配置更加强劲的实例类型；
- 镜像：CentOS 是首选，目前最新的版本是 7.6；
- 存储：云平台上的实例都会自带一个系统盘，同时会根据实际需要加挂一到多个数据盘，出于成本考虑，我们只使用一个 40GB 的系统盘就可以了。

完成配置后单击“下一步”按钮。

第二步，网络和安全组配置，可以参照图 3-12 进行配置。

在第二步的配置中需要注意以下几点：

- 网络：一定要选择我们之前专门新建的虚拟专用网络 bdp-cluster-vpc 和虚拟交换机 bdp-cluster-vsw；
- 公网带宽：一定要勾选“分配公网 IPv4 地址”，以便后续能通过公网登入。这里分配的公网 IP 地址是浮动的，每次重启节点之后公网 IP 地址都会变更，如果想给服务器绑定一个固定的 IP 地址，请参考下一节；
- 安全组：在选择了虚拟专用网络 bdp-cluster-vpc 和虚拟交换机 bdp-cluster-vsw 之后，会自动应用配套的安全组 bdp-cluster-sg，所以无须再配置。

完成配置后单击“下一步”按钮。

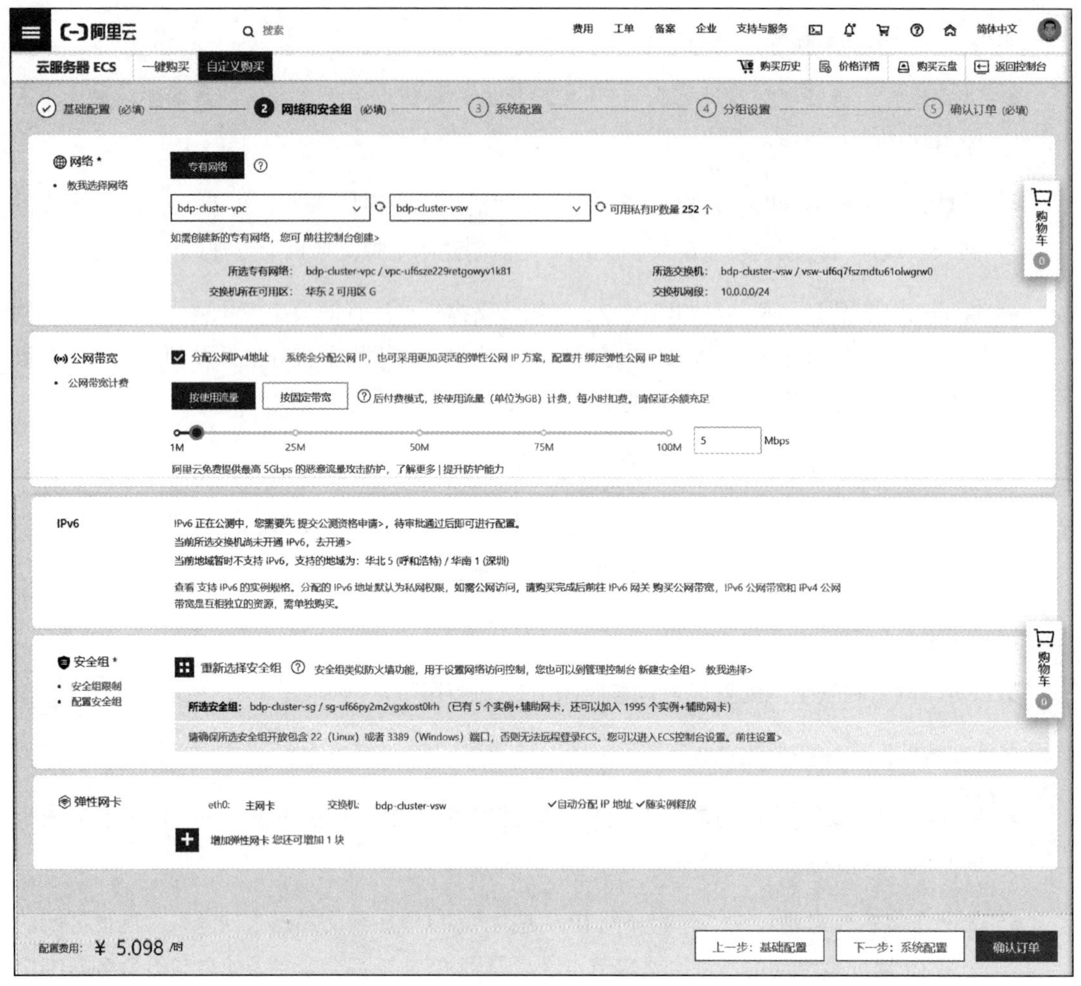

图 3-12　阿里云“创建实例”向导的第二步：网络和安全组配置

第三步，系统配置，可以参照图 3-13 进行配置。

在第三步的配置中需要注意以下几点：

- 登入凭证：这里的配置是关于使用 SSH 登录服务器的配置，我们选择“自定义密码”，给 root 账号设定一个密码；
- 实例名称：实例创建后在云控制台上显示的名称，可以自行指定；

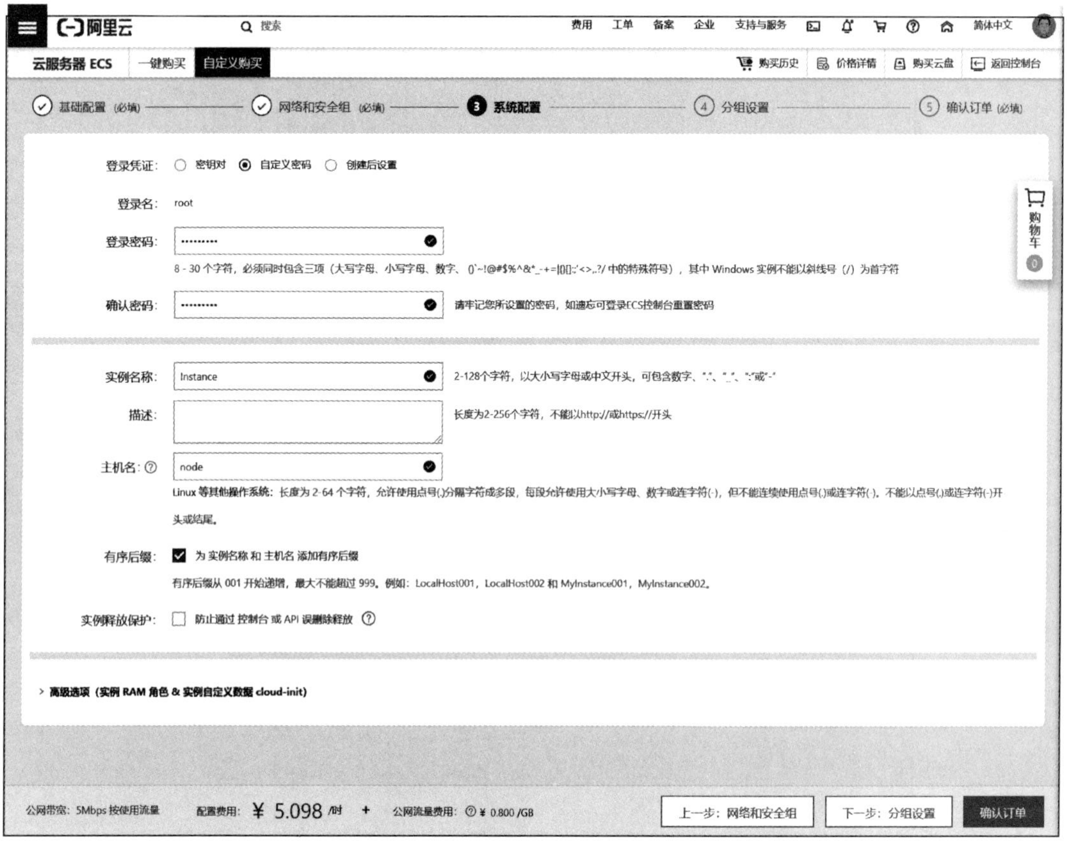

图 3-13 阿里云“创建实例”向导的第三步：系统配置

- 主机名：服务器的机器名。

如果一次要同时创建多个实例，可以勾选“为实例名称和主机名添加有序后缀”，这样创建的实例名和主机名会以 001、002 等作为后缀，便于区别。

完成配置后单击“下一步”按钮。

第四步，分组设置，可以参照图 3-14 进行设置。

由于我们的集群单一，实例也比较少，不需要特别的分组设置，直接单击“下一步”按钮。

第五步，确认订单，如图 3-15 所示。

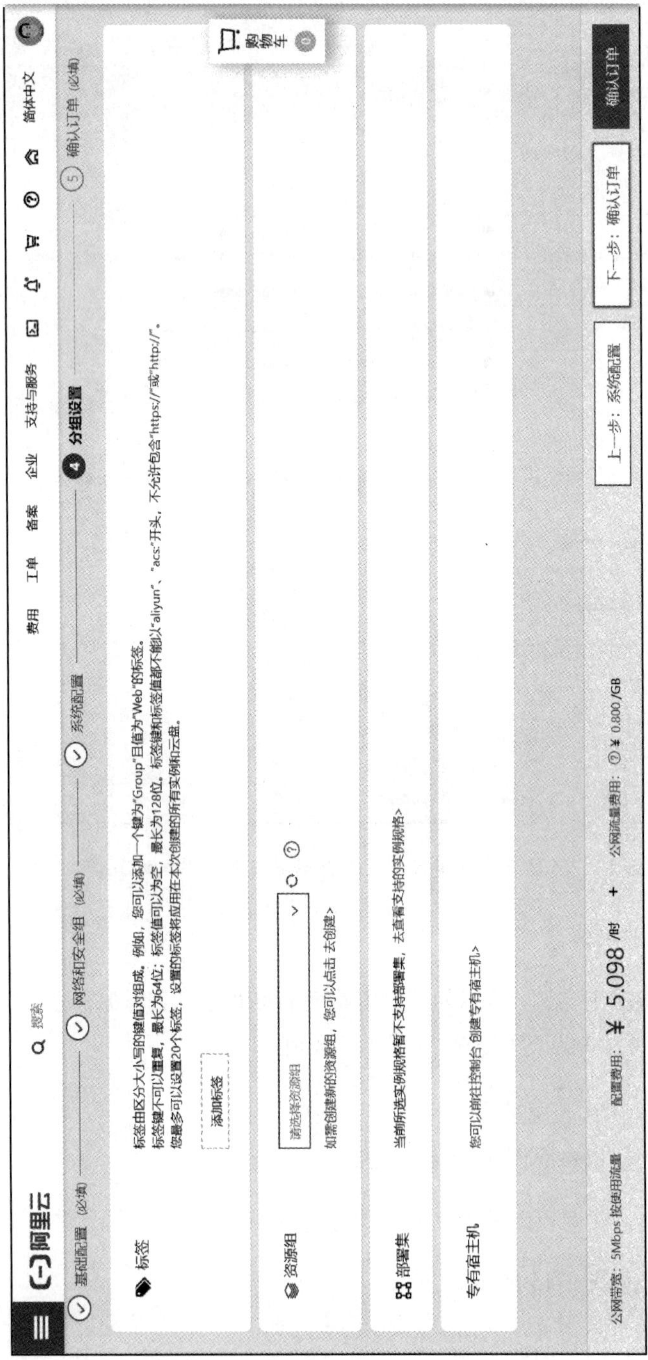

图 3-14 阿里云“创建实例”向导的第四步：分组设置

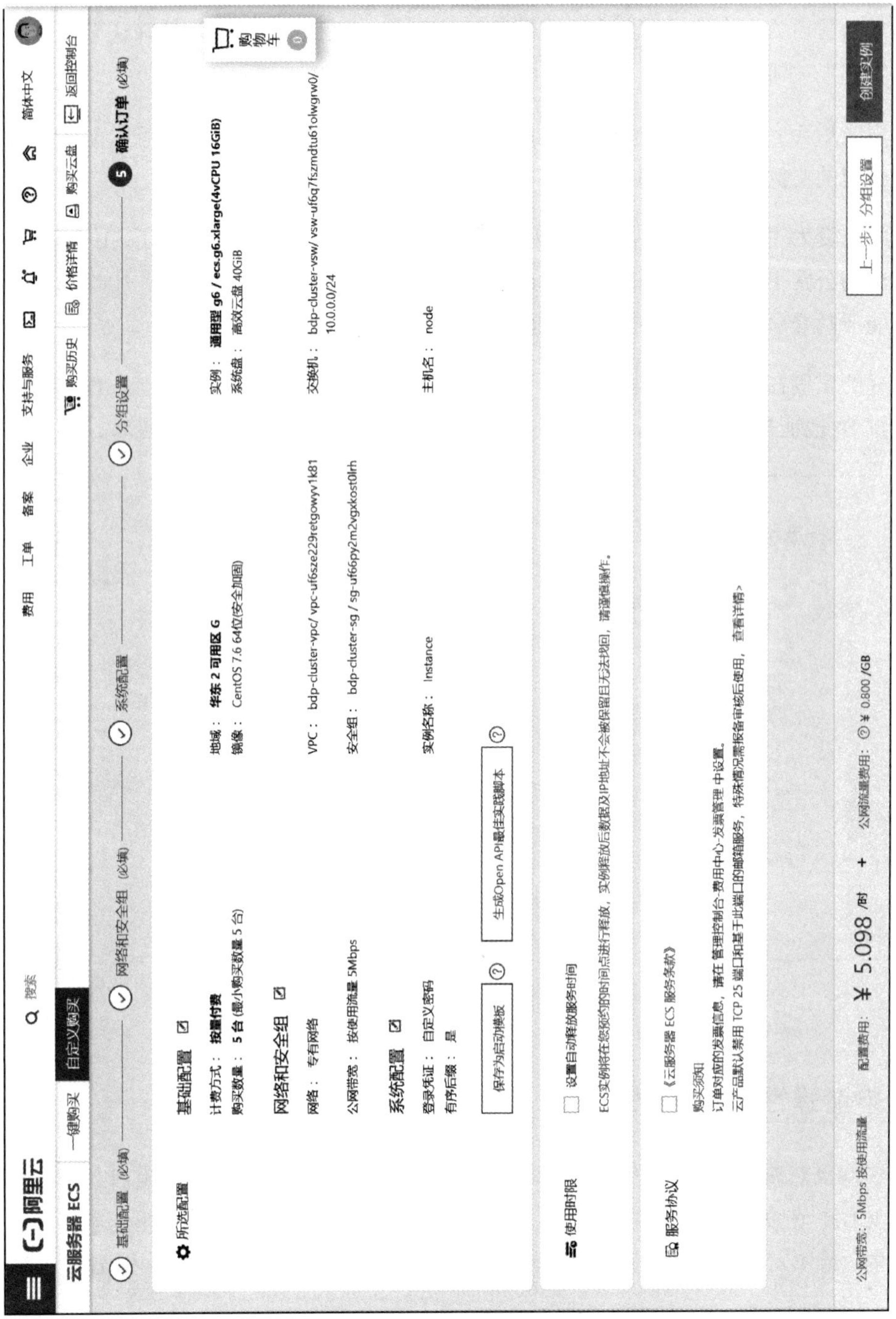

图 3-15 阿里云“创建实例”向导的第五步：确认订单

这是向导的最后一步，把前面所有的配置汇总显示出来供用户再次核对，确认无误后可以单击“创建实例”按钮。

订单提交之后会立即开始实例创建工作，并且很快就可以创建完毕，此时可以前往“实例列表”查看新建的实例，如图 3-16 所示。

当实例状态变为“运行中”后，就可以从本机通过 SSH 远程登录这些节点了，IP 地址是实例列表中给出的公网 IP 地址，SSH 用户为 root，密码是在“第三步 系统配置”中填写的 root 密码。如果能成功登录，就意味着为集群创建的 7 台服务器都已就绪了。

刚刚建好的实例在实例名、机器名和 IP 地址上并没有必然的递增关系，为了方便管理，可以将机器名按 IP 地址升序重命名一下，我们会在后续安装 CDH 时统一重命名机器。

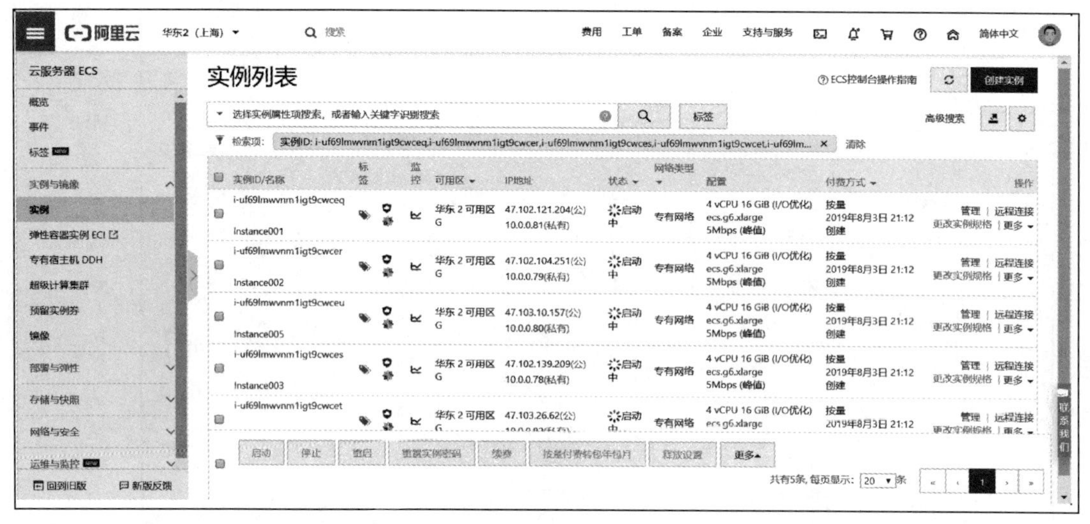

图 3-16　阿里云“实例列表”列出的新建实例

3.2.5　申请弹性公网 IP 地址

新建的实例虽然获得了公网 IP 地址，但是它们的 IP 地址是浮动的，每次重启之后就会变更，考虑到 CDH 在安装过程中需要多次重启服务器，并且对读者来说如果是出于学习目的搭建这个集群的，就不可避免地会经常启停。为了避免每次重启导致 IP 地址变更，建议大家为实例申请弹性公网 IP 地址。所谓弹性公网 IP 地址就是固定的公网 IP 地址，节点重启后公网 IP 地址不变，但是弹性公网 IP 地址是需要付费的，读者可根据自己的情况决定是否开通。

3.3 安装集群

服务器建好之后，接下来就要安装集群了，安装过程将分为四个环节：首先，对每个节点做一些必要的前期处理；然后，安装一个 MySQL 集群，因为后续很多服务都需要使用关系型数据库存储数据；接下来，安装 Cloudera Manger，通过 Cloudera Manger 来安装 CDH；最后，针对某些核心服务再进行必要的高可用配置，整个集群就可以交付使用了。

我们将在三个 Master 节点上安装 NameNode、ResourceManager 等主服务及 MySQL 集群，在 Worker 节点上安装 DataNode、NodeManager 等从服务，在 Gateway 节点上安装所有服务的客户端组件，原型项目也将部署到这个节点，并在这个节点上提交作业。

3.3.1 软件清单

在安装之前，我们先了解一下集群所要安装的软件和工具，如表 3-1 所示。

表 3-1　集群所要安装的软件和工具

安装项	名称	版本
操作系统	CentOS	7.6
JDK	Oracle JDK	8u221
大数据平台管理	Cloudera Manager	5.15.2
大数据平台	CDH	5.15.2
关系型数据库	MySQL	5.7.26
MySQL 集群方案	Galera	25.18
Web 服务器	Nginx	1.17.9
缓存服务器	Redis	5.0

其中，Cloudera Manager 我们没有选择最新的 CDH6，原因是本书大量使用了 Spark SQL，

并通过 spark-sql 命令行来提交作业，最新的 CDH6 使用的是 Spark 2.4，在写作本书时，Spark 2.4 还没有支持 Hadoop 3 和 Hive 2，也就是说在 CDH6 上还不能启用 spark-sql 的命令行工具，所以笔者选择了 CDH5 的最新版 5.15.2。另外，对于 MySQL 的版本也要提醒读者，目前 Hue 不支持 MySQL 8，因此笔者选择的版本是 5.7.26。

3.3.2 环境预配置

现在，我们要登录新建的 Linux 实例开始环境配置工作了，由于本章的所有操作都是软件安装和系统配置，几乎所有的命令都需要 root 权限，**所以从现在开始到本章结束，出现的所有命令和脚本都是在 root 账号下执行的，请大家知悉**。

3.3.2.1 修改机器名

为了便于管理，我们重新命名 7 个新建实例，它们的 IP 地址与新机器名如表 3-2 所示。

表 3-2 新建实例的 IP 地址与机器名

IP 地址	正式域名（FQDN）	新机器名
10.0.0.86	master1.cluster	master1
10.0.0.87	master2.cluster	master2
10.0.0.88	utility1.cluster	utility1
10.0.0.89	gateway1.cluster	gateway1
10.0.0.90	worker1.cluster	worker1
10.0.0.91	worker2.cluster	worker2
10.0.0.92	worker3.cluster	worker3

我们从 10.0.0.86 这台机器开始，使用 hostnamectl 将其修改为 master1.cluster，命令如下：

```
hostnamectl set-hostname master1.cluster
```

然后通过 vim 编辑器打开/etc/hosts 文件：

```
vim /etc/hosts
```

将如下 IP 地址与机器名映射粘贴到文件中：

```
10.0.0.86    master1.cluster    master1
10.0.0.87    master2.cluster    master2
10.0.0.88    utility1.cluster   utility1
10.0.0.89    gateway1.cluster   gateway1
10.0.0.90    worker1.cluster    worker1
10.0.0.91    worker2.cluster    worker2
10.0.0.92    worker3.cluster    worker3
```

然后重启系统：

```
reboot
```

这样就完成了 10.0.0.86 这台机器的重命名工作，其余 6 台机器进行同样的重命名操作。由于后续的讲解和演示都将使用修改后的机器名，所以请大家务必先完成所有节点的机器名修改工作，再进行下一步操作。

3.3.2.2 配置 SSH 免密登录

在安装与管理 CDH 集群的过程中，会有大量的命令和脚本通过 SSH 推送到集群所有节点上执行，而出于安全考虑，SSH 不允许直接在命令行中以参数形式传递密码进行身份认证，只能以交互（即询问和应答）的方式输入密码并通过认证，这会阻碍脚本的自动运行。为此，SSH 支持另外一种身份认证：基于密钥文件的认证方式，即通过工具生成一对密钥文件，一个是公钥，交由被请求服务器保存，另一个是私钥，由请求方持有，每次请求方访问被请求方时会出示自己持有的私钥，被请求方将得到的私钥和自己持有的公钥放在一起验证，如果匹配就认证通过，这就是 SSH 基于密钥文件的身份认证。通过密钥文件进行远程登录就不再需要输入任何密码，也就是我们常说的“免密登录”。配置免密登录分为两步，第一步生成本机的密钥对，命令为：

```
[root@master1 ~]# ssh-keygen
```

这是一个交互式的命令，执行之后会询问用户密钥文件存放的位置及相应的密钥短语，这些都可以使用默认值，“一路回车”就可以了，执行完毕会在当前用户的home目录下创建一个.ssh文件夹，并生成两个文件：id_rsa和id_rsa.pub，前者是私钥文件，后者是公钥文件。

第二步是将公钥分发给所有要被访问的节点，这个集群有7个节点，包括master1自己在内，一共要分发7次，分发密钥不需要手动复制文件，SSH有专门的命令ssh-copy-id做这件事：

```
[root@master1 ~]# ssh-copy-id master1
```

ssh-copy-id后面的参数是目标主机和目标用户，以user@host的格式书写，如果省略用户则默认为当前用户，执行时需要输入目标用户在目标主机上的登录密码。这条命令是把当前root用户的公钥分发给自己。为什么要分发给自己呢？因为在每个用户的.ssh目录下都有一个专门存放所有授权登录本机的公钥文件authorized_keys，SSH只会比对这个文件中的公钥，所以如果想让自己免密登录自己的服务器，也需要把公钥分发给自己，也就是将自己的公钥复制到这份文件中。得益于ssh-copy-id命令，我们不再需要手动去做了，执行这个命令就能自动完成这件事，执行成功之后，打开authorized_keys就能看到id_rsa.pub文件中的内容已经复制进去了。

完成本机的密钥分发之后，我们还需要继续给剩余的6台机器分发密钥：

```
[root@master1 ~]# ssh-copy-id master2
[root@master1 ~]# ssh-copy-id utility1
[root@master1 ~]# ssh-copy-id gateway1
[root@master1 ~]# ssh-copy-id worker1
[root@master1 ~]# ssh-copy-id worker2
[root@master1 ~]# ssh-copy-id worker3
```

完成以上所有操作后，就可以在 master1 上以 root 身份免密登录集群内的所有机器了。但是，这不等于在其他机器上能以 root 身份免密登录 master1，身份认证是单向的，所以要实现集群内的所有节点之间的免密登录，需要在其他 6 个节点上做与在 master1 上一样的操作，也就是说总计要执行 7 次 ssh-keygen 和 7×7=49 次 ssh-copy-id 操作。

3.3.2.3 禁用 SELinux

Security-Enhanced Linux（SELinux）允许用户通过设置一些策略来控制访问，但这会导致 CDH 在安装和运行期间出现一些问题，Cloudera 官方并不保证 CDH 一定可以在 SELinux 下正常运行，所以关闭它是必要的。

首先，通过命令：

```
setenforce 0
```

关闭当前正在运行的 SELinux，然后打开 SELinux 的配置文件/etc/selinux/config：

```
vim /etc/selinux/config
```

将 SELINUX=enforcing 改为 SELINUX=disabled，禁止其重启之后自动运行。

友情提示

阿里云的 CentOS 镜像已经禁用了 SELinux，此步操作可以省略。

3.3.2.4 禁用防火墙

使用如下命令关闭防火墙：

```
systemctl disable firewalld
systemctl stop firewalld
```

友情提示

阿里云的 CentOS 镜像中已经禁用了 firewalld，此步操作可以省略。

3.3.2.5 开启时间同步服务

确保集群各节点时间同步是非常重要的，否则某些服务将无法正常运行。时间同步服务在所有 Linux 发行版中都提供，CentOS/RHEL 在 7.0 版本之前使用 ntpd，之后开始使用 chronyd。如果 chronyd 在运行，Cloudera Manager 会优先使用 chronyd，如果没有，再尝试使用 ntpd。对于在云平台上创建的实例来说，时间同步服务都是开启的，集群节点不需要专门配置，如果是在物理机上安装且不能连接外网的情况下，必须要配置时间同步服务，否则很多服务都会因为时间不同步而失败。

友情提示 阿里云的 CentOS 镜像中已经配置了统一的 chronyd 时间同步服务器，不必再单独配置。

3.3.2.6 在 Hue 节点上安装 Python 2.7

目前主流 Linux 版本都会自带 Python 2.7 以上版本，不必专门安装，请读者自行检查确认。

友情提示 阿里云的 CentOS 镜像中已经安装了 Python 2.7，不必再单独配置。

3.3.2.7 修改时区

云平台上的很多 Linux 镜像都使用默认的 UTC 时区，我们需要手动将操作系统的时区设置为中国时区，执行命令：

```
cp /usr/share/zoneinfo/Asia/Shanghai /etc/localtime
```

友情提示 阿里云的 CentOS 镜像中已经设置为中国时区，不必再单独配置。

3.3.2.8 安装 JDK

尽管在安装 Cloudera Manager 时可以自动安装一个 JDK，但是 JDK 作为一个基础设施，还是建议大家自行安装 Oracle 官方的 JDK，我们使用的是 JDK 8，可登录官网，下载最新的 64 位的 Linux rpm 版本，写作本书时最新版本为 jdk-8u221-linux-x64.rpm。下载完毕后使用命令

```
rpm -ivh jdk-8u221-linux-x64.rpm
```

进行安装，JDK默认被安装在/usr/java/jdk1.8.0_221下，我们需要配置环境变量JAVA_HOME，以及将Java命令行工具添加到PATH中，具体做法是在/etc/profile.d下创建一个java.sh脚本来声明Java相关的环境变量，命令如下：

```
tee /etc/profile.d/java.sh <<EOF
export JAVA_HOME=/usr/java/jdk1.8.0_221
export PATH=$PATH:$JAVA_HOME/bin
EOF
```

添加的环境变量会在服务器重启之后生效，我们会在完成所有操作之后统一重启节点。

3.3.2.9 更新系统，安装必备工具

接下来，我们要更新系统：

```
yum -y update
```

然后安装必备的工具：

```
yum -y install vim wget zip unzip expect tree htop iotop nc telnet
```

这些工具有的在运维中需要使用，有的在原型项目的脚本中会用到，这里我们一次性安装好。

3.3.2.10 重启节点

在完成了前面的操作之后，需要再次重启节点：

```
reboot
```

3.3.2.11 在其他节点上重复上述操作

以上我们完成了一个节点的预配置工作，接下来，我们要在剩余 6 个节点上重复执行 3.3.2.2 节～3.3.2.9 节的所有操作，确保集群 7 个节点的配置是完全一致的。

最后强调一下执行的操作顺序问题，“修改机器名”需要在所有节点上全部执行，然后才能进入后面的操作，后面的步骤可以在一个节点上操作完毕之后再在另一个节点上操作。当然，你也可以同时登录 7 个节点，每一步都同时在 7 个节点上执行一次，这样做会更加简捷。

3.3.3 安装 Redis

在本书的第 6 章和第 7 章中，我们会用到 Redis，因此，我们要先安装好 Redis。对于一个大数据平台而言，缓存是一层基础服务，如果使用 Redis，应该构建一个单独的集群，但是在本书中我们以 Hadoop 和 Spark 作为技术主线，不会在 Redis 上展开过多，因此我们选择在 gateway1 节点上安装一个 Redis 实例，确保相应的程序能运行即可，这一点请读者注意。

接下来我们开始安装，首先进入/opt 目录，将 Redis 的源代码下载到/opt 中并进行解压，然后进入解压后的目录进行编译和安装，命令如下：

```
cd /opt
wget http://download.redis.io/redis-stable.tar.gz
tar -xvzf redis-stable.tar.gz
cd redis-stable
make
make install
```

安装成功之后，为了便于使用 Redis 命令，我们使用 alternatives 创建一些常用命令的快捷方式：

```
alternatives --install /usr/bin/redis-server redis-server /opt/redis-stable/
src/redis-server 1
```

```
alternatives --install /usr/bin/redis-cli redis-cli /opt/redis-stable/src/
redis-cli 1
```

为了便于配置，我们生成一个 Redis 的配置文件，并放置于/etc 下：

```
tee /etc/redis.conf <<EOF
bind 0.0.0.0
client-output-buffer-limit normal 0 0 0
client-output-buffer-limit slave 0 0 0
client-output-buffer-limit pubsub 0 0 0
EOF
```

接下来就可以基于配置好的文件启动 Redis Server 了：

```
nohup redis-server /etc/redis.conf &
```

启动之后可以使用 redis-cli 连接一下服务器，若能正常登录，就表明 Redis 已经安装好了。

3.3.4 安装 Galera（MySQL 集群）

CDH 中的很多组件（如 CM、Hue、Hive 等）都需要使用一种关系型数据库来存储相关数据，对于生产环境来说，必须确保数据库的高可用性。在实际应用中，CDH 集群使用最多的关系型数据库还是 MySQL、MariaDB，而针对 MySQL、MariaDB 也已经有很多成熟的 HA 方案，本书中我们选择使用 Galera，它是 Codership 公司开发的一套免费开源的高可用方案。所谓 Galera Cluster 指的是集成了 Galera 插件的 MySQL 集群，它是一种“Share Nothing＋数据冗余”的 MySQL 高可用方案，当有客户端要写入或者读取数据时，可以连接集群中的任一实例，当数据写入某一个节点时，集群会将写入的数据同步到其他节点上。

Galera Cluster 由两部分组成：一部分是用于进行 Replication 的库 galera-3，另一部分是带 Write Set Replication（WSREP）API 扩展的 MySQL。这两部分都要安装。Galera 的官网有讲解如何安装的文档，读者可自行搜索并查看。我们要将 Galera 安装在集群的三个 Master 节点上，实现一个三主集群。

注意 如果读者不想安装Galera，可以选择使用自己熟悉的MySQL HA方案，或者完全跳过这一节，安装单一MySQL服务器也是可以的，这并不影响后续其他组件的安装和运行。

3.3.4.1 生成yum repo文件

首先，在master1节点上执行如下操作：

```
tee /etc/yum.repos.d/galera.repo <<EOF
[galera]
name = Galera
baseurl = https://releases.galeracluster.com/galera-3/centos/7/x86_64
gpgkey = https://releases.galeracluster.com/GPG-KEY-galeracluster.com
gpgcheck = 1

[mysql-wsrep]
name = MySQL-wsrep
baseurl =  http://releases.galeracluster.com/mysql-wsrep-5.7/centos/7/x86_64
gpgkey = http://releases.galeracluster.com/mysql-wsrep-5.7/GPG-KEY-galeracluster.com
gpgcheck = 1
EOF
```

这一操作将生成用于安装Galera的yum repo文件。

3.3.4.2 安装Galera

接下来就可以通过以下命令安装了：

```
[root@master1 ~]# yum -y install galera-3 mysql-wsrep-5.7
```

友情提示 Galera的repo从中国境内访问会很慢，特别是mysql-wsrep-server-5.7-5.7.26-2.2.el7.x86_64.rpm包非常大，建议有条件的读者可以通过VPN工具在本地下载并上传到服务器，然后使用如下命令在本地安装：

```
yum -y --nogpgcheck localinstall mysql-wsrep-server-5.7-5.7.26-25.18.el7.x86_64.rpm
```

如果在安装过程中报出与 mysql-community-common 冲突的错误提示，可以卸载原来自带的 mysql-community-common，命令如下：

```
[root@master1 ~]# yum -y remove mysql-community-common
```

然后重新执行安装命令即可。

3.3.4.3 配置 Swap 分区

现在很多云平台上的 Linux 镜像已经不再配置 Swap 分区了，但是为了避免内存不足导致 mysqld 服务崩溃，Galera 建议最好配置 Swap 分区。首先我们可以使用 swapon --summary 来查看一下现有的 Swap 分区，如果什么都没有就说明当前操作系统还没有创建 Swap 分区，此时可以使用如下命令来创建并初始化 Swap 分区：

```
dd if=/dev/zero of=/swapfile bs=1M count=512
chmod 600 /swapfile
mkswap /swapfile
swapon /swapfile
```

执行成功之后还需要在/etc/fstab 文件中声明一下这个分区，以确保每次重启都能挂载该分区，打开/etc/fstab 文件，在最后添加一行：

```
/swapfile none swap defaults 0 0
```

然后保存文件，重启节点，再次使用 swapon --summary 来查看一下 Swap 分区状况，此时就可以看到新添加的分区了。

最后，记住务必在另外两个 master 节点完成上述同样的操作！

3.3.4.4 配置 Galera 集群

安装完成之后，我们需要对 Galera（确切地说应该是 MySQL，因为 Galera 可以看作 MySQL 上的一个插件）进行配置，主要是配置/etc/my.cnf 文件。以下是生成一份参考配置的命令：

```
[root@master1 ~]# tee /etc/my.cnf <<EOF
!includedir /etc/my.cnf.d/
[mysqld]
max_connections=1000
max_connect_errors=10000
datadir=/var/lib/mysql
socket=/var/lib/mysql/mysql.sock
user=mysql
binlog_format=ROW
bind-address=0.0.0.0
default_storage_engine=innodb
innodb_autoinc_lock_mode=2
innodb_flush_log_at_trx_commit=0
innodb_buffer_pool_size=122M
character-set-server=utf8
collation-server=utf8_general_ci
character_set_server=utf8
collation_server=utf8_general_ci
wsrep_provider=/usr/lib64/galera-3/libgalera_smm.so
wsrep_provider_options="gcache.size=300M; gcache.page_size=300M"
wsrep_cluster_name="mysql_cluster"
wsrep_cluster_address="gcomm://master1.cluster,master2.cluster,utility1.cl
uster"
wsrep_node_name="master1.cluster"
wsrep_node_address="10.0.0.86"
wsrep_sst_method=rsync

[mysql_safe]
log-error=/var/log/mysqld.log
pid-file=/var/run/mysqld/mysqld.pid
EOF
```

这份配置是 master1 节点上的，除了以 wsrep 开头的配置项，其他的都是 MySQL 原生的配置，读者可以根据自己的需求和硬件状况自行修改。下面我们着重解释几个与 wsrep 相关的配置，这些配置都是与 Replication 相关的。

- wsrep_provider：指定 wsrep provider 文件的位置，Galera 使用这个 provider 来实现数据的 Replication，本例中，其值为/usr/lib64/galera-3/libgalera_smm.so，不同操作系统下这个文件的位置可能不一样，请注意提前确定文件的位置。三个 Master 节点上的该项配置相同。
- wsrep_provider_options：为 wsrep provider 指定一些参数，如本例中指定了缓存及缓存页的大小。三个 Master 节点上的该项配置相同。
- wsrep_cluster_name：为整个 cluster 取名，所有集群内的节点都配置同样的值，不同名称会导致该节点无法加入集群。本例中，我们取名为 mysql_cluster。三个 Master 节点上的该项配置相同。
- wsrep_cluster_address：集群的 IP 地址，由于集群是由多个节点组成的，所以这个地址是由每一个节点的 IP 地址拼接出来的，中间使用“,”分割，前面加 gcomm://前缀，本例中，其值为 gcomm://master1.cluster,master2.cluster,utility1.cluster。三个 Master 节点上的该项配置相同。
- wsrep_node_name：为当前节点取一个逻辑名称，本例中，我们取名为 master1.cluster，与机器同名即可。三个 Master 节点上的该项配置是不同的，分别为 master1.cluster、master2.cluster 和 utility1.cluster。
- wsrep_node_address：当前节点的 IP 地址，本例中，其值为 10.0.0.86。三个 Master 节点上的该项配置是不同的，分别为 10.0.0.86、10.0.0.87 和 10.0.0.88。
- wsrep_sst_method：用来指明实施 State Snapshot Transfer（SST）时使用的方法，State Snapshot Transfer 指的是将一个节点的全部数据复制到新加入的节点。本例中，我们使用 rsync。三个 Master 节点上的该项配置相同。

以上述 master1 节点的配置为蓝本，针对 master2 和 utility1 修改一下 wsrep_node_name 和 wsrep_node_address 的值，然后生成对应节点的/etc/my.cnf，这样 Galera 的配置就完成了。

3.3.4.5 启动 Galera 集群

启动 Galera 集群的第一个节点和其他节点的方式是不同的。我们选择 master1 作为第一个节点，使用的命令是：

```
[root@master1 ~]# /usr/bin/mysqld_bootstrap
```

执行完成之后，可以使用如下命令来检查一下 mysqld 服务是否已经成功运行：

```
[root@master1 ~]# systemctl status mysqld
```

这里要特别提醒读者的是，在启动第一个节点之前务必先检查一下当前节点是否已经启动了 mysqld 服务，因为有的安装脚本会将 mysqld 服务设为自动启动，在安装完成或系统重启后 mysqld 服务就自动启动了，务必要先停止 mysqld 服务，同时关闭自动启动：

```
[root@master1 ~]# systemctl stop mysqld
[root@master1 ~]# systemctl disable mysqld
```

因为我们必须在 master1 上通过 mysqld_bootstrap 启动 mysqld 服务，如果 mysqld 服务已经启动了，mysqld_bootstrap 就无法成功运行！

接下来，需要登录 MySQL 检查一下集群状态，但是鉴于我们使用的是 MySQL 5.7，使用 root 初次登录时需要使用临时密码登入，然后重置密码。临时密码生成在日志文件中，在 master1 上使用命令：

```
grep -i password /var/log/messages
```

可以找到初始密码。为了便于记忆，我们的原型项目统一使用一个默认密码 Bdpp1234!，重置密码命令如下：

```
mysqladmin -uroot -p password 'Bdpp1234!'
```

命令执行后会提示输入原密码才可以执行，此时输入上一步找到的初始临时密码即可。

重置密码之后，为了便于从本地及其他节点上使用 root 账号登录数据库，还需要添加一个 root 账号：

```
DROP USER IF EXISTS 'root'@'%';
CREATE USER IF NOT EXISTS 'root'@'%' IDENTIFIED BY 'Bdpp1234!';
GRANT ALL PRIVILEGES ON *.* TO 'root'@'%' WITH GRANT OPTION;
FLUSH PRIVILEGES;
```

重置密码后，我们登录 MySQL，使用如下命令检查一下集群规模：

```
SHOW STATUS LIKE 'wsrep_cluster_size';

+--------------------+-------+
| Variable_name      | Value |
+--------------------+-------+
| wsrep_cluster_size | 1     |
+--------------------+-------+
```

此时 wsrep_cluster_size 的 size 应该是 1。

第一个节点启动成功之后，就可以分别启动第二个和第三个节点了，启动非第一个节点的命令是常规启动 MySQL 的命令，不是/usr/bin/mysqld_bootstrap，命令如下：

```
systemctl start mysqld
```

当 master2 和 utility1 上都启动了 MySQL 服务之后，我们可以再次查询一下集群规模：

```
SHOW STATUS LIKE 'wsrep_cluster_size';

+--------------------+-------+
| Variable_name      | Value |
```

```
+--------------------+-------+
| wsrep_cluster_size | 3     |
+--------------------+-------+
```

此时的集群规模已变为 3，说明新启动的 master2 和 utility1 节点已成功加入集群。

如果要重启 Galera 集群，要特别注意节点的启停顺序，首先启动的节点（也就是通过 mysqld_bootstrap 启动的节点）一定要在最后停止，停止的命令就是关停 MySQL 的命令：

```
systemctl stop mysqld
```

如果集群非正常停止，可能会造成下次无法正常启动，此时，需要以安全模式启动集群，具体的做法是，在所有节点上打开/var/lib/mysql/grastate.dat 文件：

```
vim /var/lib/mysql/grastate.dat
```

将文件里的 safe_to_bootstrap: 0 改为 safe_to_bootstrap: 1，再启动集群即可。

3.3.4.6 启用负载均衡

Galera 的多主架构实现了多个可用的数据库副本，我们离真正的 MySQL HA 集群只差最后一步了，那就是搭建一个负载均衡服务，让负载均衡服务连接到三个节点，然后对外暴露一个虚拟 IP 地址，所有客户端通过这个虚拟 IP 地址连接到数据库，再经过负载均衡服务将请求路由到其中一个节点上。这样当某个节点失效时，负载均衡服务可以保证跳过失效节点，将请求路由到正常节点，从而实现高可用。

业界已经有很多成熟的负载均衡方案了，在物理机上可以使用 HaProxy + KeepAlived 方案，在云平台上可以直接使用云平台提供的负载均衡服务。下面我们演示一下如何在阿里云上为集群创建一个负载均衡实例。登录阿里云，跳转到“负载均衡 SLB”页面，在左侧的菜单面板中选择“实例”→“实例管理”，然后在右侧的面板中单击“创建负载均衡”按钮，进入创建页面，单击“按量付费”选项卡，按如图 3-17 所示填写表单。

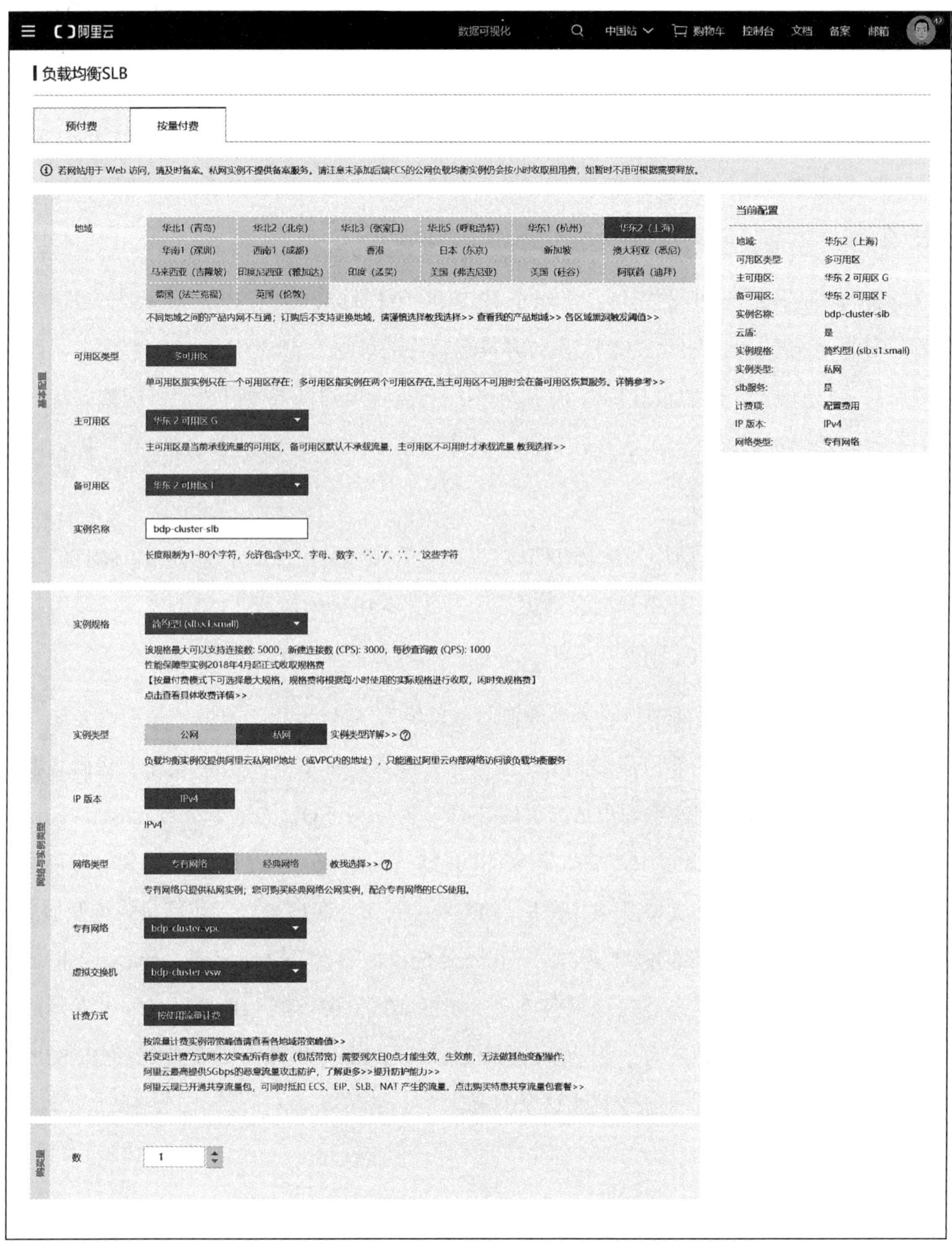

图 3-17 阿里云创建负载均衡页面

需要特别说明的是“实例规格”一栏，我们选择的是“简约型 I”，这一规格可以满足我们的基本需求，且对私有网络是免费的。对于真实的生产环境来说，大家需要结合自己的负载合理选择。表单填写并检查妥当之后，就可以单击页面右侧的“立即购买”按钮并进行支付了。这样一个负载均衡 SLB 实例就建好了，回到“实例管理”页面就可以看到新建的实例了，如图 3-18 所示。

这个名为 bdp-cluster-slb 的实例会有一个 IP 地址 10.0.0.93，这个 IP 地址就是过去传统 HA 方案中分配的“虚拟 IP 地址”，HA 服务的客户端都将通过这个 IP 地址连接后台服务，而不是实际节点的 IP 地址。新建的负载均衡 SLB 实例没有监听规则，要通过“监听配置向导”进行配置。再次回到“实例管理”页面，在右侧“操作”栏中，单击“监听配置向导”进入向导进行配置，共有 4 步。

在“①协议&监听”页面中，选择 TCP 协议，监听端口填写 3306，这是 MySQL 的默认端口，然后展开高级配置，打开“开启会话保持”，如图 3-19 所示。然后单击“下一步”按钮，进入“②后端服务器”页面。

在“②后端服务器”页面中，选择“虚拟服务器组”，这一步我们要做的是把需要参与负载均衡的所有服务器及相应的端口添加到一个组中，让负载均衡服务知道要代理哪些服务器上的哪个端口。这里我们要特别注意，正常来说应该将安装了 MySQL 的三个节点 master1、master2 和 utility1 添加到虚拟服务器组中，端口是 MySQL 默认的 3306，但是我们会遇到一个麻烦，阿里云的四层负载均衡服务不支持负载均衡后端 ECS 实例作为客户端直接访问负载均衡服务，只有负载均衡服务外部的 ECS 实例才能访问。也就是说，如果我们把 master1、master2 和 utility1 添加到虚拟服务器组中，就不能在这三台机器上访问 10.0.0.93 这个 IP 地址（经过实际测试，连接确实有问题，三个节点总有一到两个连接不上），而 CDH 集群需要连接 MySQL 的服务大都安装在这三个节点上，那么怎么解决这个问题呢？

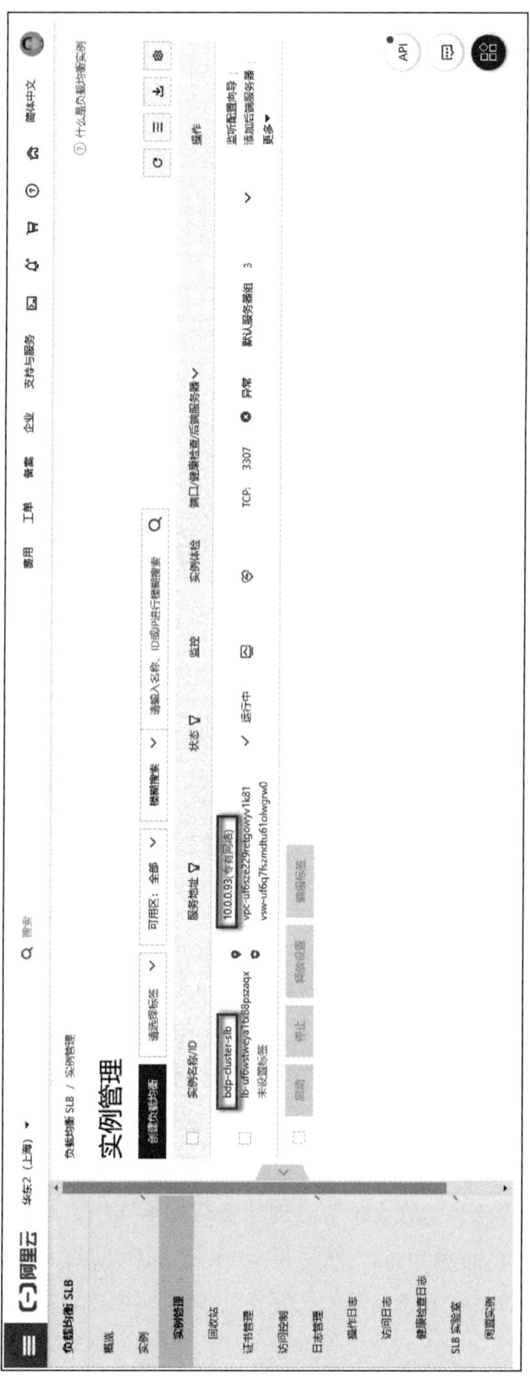

图 3-18 阿里云负载均衡“实例管理”页面

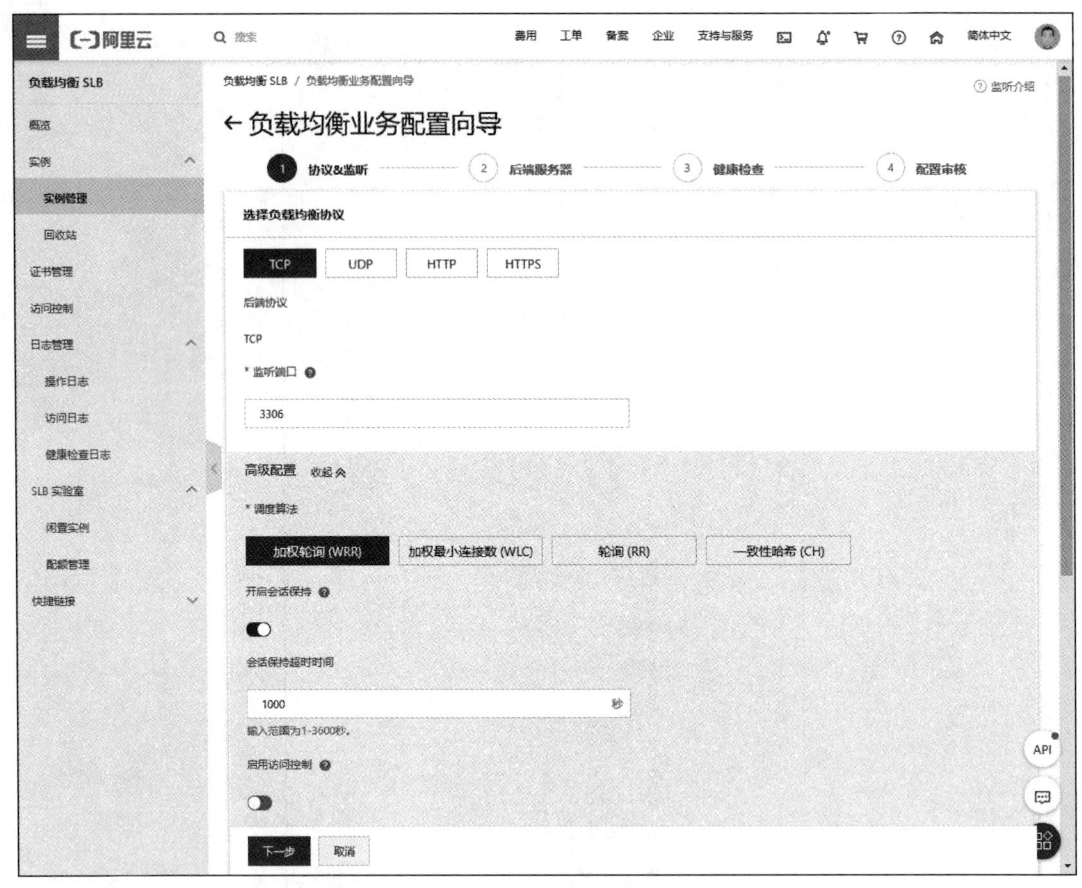

图 3-19　阿里云负载均衡配置向导之“①协议&监听”页面

首先需要解释的是，在一个真正的生产环境中，MySQL 应该安装在专职的服务器上，组建独立的集群，这样访问数据库的客户端就不会与数据库是同一台服务器，进而也就不存在我们遇到的这个问题。如果像我们这样出于节约资源的目的而将数据库与访问数据库的服务安装在同一台机器上，则可以通过 SSH Tunnel 将 master1、master2 和 utility1 三台服务器的 3306 端口分别转发到 worker1、worker2 和 worker3 三台服务器上，然后把 worker1、worker2 和 worker3 添加到虚拟服务器组中，为三个 Worker 节点创建负载均衡实例，具体操作如下：将虚拟服务器组起名为 mysql-port-forwarding-cluster，然后将 worker1（IP 地址: 10.0.0.90）、worker2（IP 地址: 10.0.0.91）和 worker3（IP 地址: 10.0.0.92）三个节点添加到组里，端口统一填写 3306，如图 3-20 所示。

图 3-20　阿里云负载均衡配置向导之“②后端服务器”页面

同时，我们分别登录三个 Worker 节点，建立指向三个 MySQL 节点的正向 ssh tunnel，操作如下。

在 worker1 上执行：

```
ssh -NfL 0.0.0.0:3306:master1.cluster:3306 master1.cluster
```

在 worker2 上执行：

```
ssh -NfL 0.0.0.0:3306:master2.cluster:3306 master2.cluster
```

在 worker3 上执行：

```
ssh -NfL 0.0.0.0:3306:utility1.cluster:3306 utility1.cluster
```

注意：如果集群重启，需要重新在上述三个节点执行这些命令。

“③健康检查”和“④配置审核”没有特别操作，依次单击“下一步”按钮，最后提交即可。配置完成后，启动监听规则让其生效。为了避免后续配置中使用 IP 地址，我们在所有节点的 hosts 文件中添加这样一条映射：

```
10.0.0.93   loadbalancer1.cluster loadbalancer1
```

此时在任意 Master 节点上使用命令：

```
mysql -hloadbalancer1 -pBdpp1234!
```

如果能正常连接，表明负载均衡服务已经完全搭建好了。在后续 CDH 的安装中，所有使用到 MySQL 连接的地方我们都会使用 loadbalancer1.cluster 作为 MySQL 的主机地址，以确保可以实现 MySQL 故障自动切换。

3.3.5 搭建本地 CDH Repository

在安装 CDH 之前我们建议最好搭建一个本地的 CDH Repository。这一步操作并不是必需的，但是很多时候在国内通过 Cloudera 的官方 Repository 安装 CDH 时经常会因为网络连接问题导致安装失败，因此搭建一个本地的 CDH Repository 是很有必要的。此外，出于安全考虑，某些企业的内网环境与公网是隔离的，在这种情况下也需要借助本地的 Repository 来完成安装。

3.3.5.1 下载 CDH Repository

首先，我们需要将 Cloudera Manager 和 CDH 两个 Repository 文件下载到本地，其中 CDH 又有两种 Repository，一种是传统的 yum repository，另一种是 parcel repository，CDH 官方建议使用后者，因为后者更便于升级和维护。我们通过 wget 来下载这两个 Repository，wget 有自动重试和断点续传的功能，操作如下。

登录 utility1.cluster，创建存放 Repository 文件的本地目录：

```
mkdir -p /opt/nginx/cloudera-repos
```

下载 Cloudera Manager 的 repo 库及 CDH 的 parcel 库：

```
nohup wget --recursive --no-parent --no-host-directories https://archive.
cloudera.com/cm5/redhat/7/x86_64/cm/5.15.2/ -P /opt/nginx/cloudera-repos &

nohup wget --recursive --no-parent --no-host-directories https://archive.
cloudera.com/cm5/redhat/7/x86_64/cm/RPM-GPG-KEY-cloudera  -P  /opt/nginx/
cloudera-repos &

nohup wget --recursive --no-parent --no-host-directories https://archive.
cloudera.com/cdh5/parcels/5.15.2/ -P /opt/nginx/cloudera-repos &
```

这些命令都是以 nohup……&的形式在后台进程中运行的，执行之后，可以在当前目录下通过 tail -f nohup.out 命令来查看下载进度。

3.3.5.2 安装并配置 Nginx

所有文件下载到本地后，需要架设一个 Web 服务器将这些文件以 Web 形式对外暴露出来。我们选择在 gateway1 上安装 Nginx，登录 gateway1，执行：

```
yum -y install nginx
```

安装完成后，需要修改一下 Nginx 的配置，将存放 Web 资源的路径从默认的/usr/share/nginx/html/改为新建的/opt/nginx，具体操作为：使用 vim /etc/nginx/nginx.conf 打开 Nginx 配置文件，找到 server 下的 root 配置项，将原默认值改为/opt/nginx，同时，为了便于通过浏览器查看文件目录，在 Location 的配置中添加 autoindex on。以下是一份参考配置：

```
server {
    listen       80 default_server;
    listen       [::]:80 default_server;
    server_name  _;
    root         /opt/nginx;

    # Load configuration files for the default server block.
    include /etc/nginx/default.d/*.conf;

    location / {
        autoindex on;
    }
}
```

我们还需要在 Nginx 的 mime 配置中添加一个针对 parcel 类型的声明，否则会出现 Hash 验证失败的错误，具体操作为：通过 vim /etc/nginx/mime.types 打开 Nginx 的 mime 类型配置文件，然后在末尾添加如下内容：

```
application/x-gzip     gz tgz parcel;
```

保存修改，然后重启 Nginx：

```
systemctl restart nginx
```

重启之后，在浏览器中打开 http://utility1.cluster/cloudera-repos/，如果能看到列出的目录结构，就表示 Nginx 的安装和配置已经就绪。

3.3.5.3 生成 Repository 描述文件

最后一步，我们需要创建一个 Repository 描述文件，来告知 yum 这个 Repository 的相关信息，可以使用如下命令：

```
tee /etc/yum.repos.d/cloudera-manager.repo <<EOF
[cloudera-manager]
name=Cloudera Manager 5.15.2
baseurl=http://utility1.cluster/cloudera-repos/cm5/redhat/7/x86_64/cm/5.15.2/
gpgkey=http://utility1.cluster/cloudera-repos/cm5/redhat/7/x86_64/cm/RPM-G
PG-KEY-cloudera
gpgcheck=1
EOF
```

这里的 baseurl 和 gpgkey 的 URL 都是以 http://utility1.cluster/cloudera-repos 开头的，也就是使用我们搭建的本地 Web 服务获取 Repository 文件。注意：本节操作需要在集群所有节点上执行。

3.3.6 安装 Cloudera Manager Server

安装 CDH 集群需要首先安装 Cloudera Manager，这是 CDH 集群的管理平台，CDH 集群是通过 Cloudera Manager 安装的。

3.3.6.1 配置 Public Repository

下载 Cloudera Manager 的 Public Repository 文件，我们选择 RHEL7 的 Repo 文件，下载命令是：

```
wget
https://archive.cloudera.com/cm5/redhat/7/x86_64/cm/cloudera-manager.repo
-P /etc/yum.repos.d/
```

这一步需要在集群的所有节点上执行，确保所有节点都可以使用 Cloudera Manager 的 Public Repository。

注意

如果你已按照 3.3.5 节的操作完成了本地 Repository 的搭建，这一步可以直接跳过。

3.3.6.2 安装 Cloudera Manager Server

在 utility1 节点上安装 Cloudera Manager Server，安装命令为：

```
yum -y install cloudera-manager-daemons cloudera-manager-server
```

3.3.6.3 创建 CDH 各服务使用的数据库

CDH 上有很多服务需要使用一个关系型数据库存储数据，这也是我们前面安装 MySQL 集群的原因，现在是使用它的时候了。安装 CDH 时需要创建的数据库如表 3-3 所示。

表 3-3 安装 CDH 时需要创建的数据库

服务	数据库	用户名	密码
Cloudera Manager Server	scm	scm	Bdpp1234!
Activity Monitor	amon	amon	Bdpp1234!
Reports Manager	rman	rman	Bdpp1234!
Hue	hue	hue	Bdpp1234!
Hive Metastore Server	hive	hive	Bdpp1234!
Sentry Server	sentry	sentry	Bdpp1234!
Cloudera Navigator Audit Server	nav	nav	Bdpp1234!
Cloudera Navigator Metadata Server	navms	navms	Bdpp1234!
Oozie	oozie	oozie	Bdpp1234!

下面的 SQL 是用来创建上面这些数据库和用户的，请读者打开 MySQL 客户端，执行这段 SQL 脚本。

```
-- 1. scm
DROP DATABASE IF EXISTS scm;
CREATE DATABASE IF NOT EXISTS scm DEFAULT CHARACTER SET utf8 DEFAULT COLLATE
```

```
utf8_general_ci;

DROP USER IF EXISTS 'scm'@'%';
CREATE USER IF NOT EXISTS 'scm'@'%' IDENTIFIED BY 'Bdpp1234!';
GRANT ALL PRIVILEGES ON scm.* TO 'scm'@'%' WITH GRANT OPTION;
FLUSH PRIVILEGES;

-- 2. amon

DROP DATABASE IF EXISTS amon;
CREATE DATABASE IF NOT EXISTS amon DEFAULT CHARACTER SET utf8 DEFAULT COLLATE
utf8_general_ci;

DROP USER IF EXISTS 'amon'@'%';
CREATE USER IF NOT EXISTS 'amon'@'%' IDENTIFIED BY 'Bdpp1234!';
GRANT ALL PRIVILEGES ON amon.* TO 'amon'@'%' WITH GRANT OPTION;
FLUSH PRIVILEGES;

-- 3. rman

DROP DATABASE IF EXISTS rman;
CREATE DATABASE IF NOT EXISTS rman DEFAULT CHARACTER SET utf8 DEFAULT COLLATE
utf8_general_ci;

DROP USER IF EXISTS 'rman'@'%';
CREATE USER IF NOT EXISTS 'rman'@'%' IDENTIFIED BY 'Bdpp1234!';
GRANT ALL PRIVILEGES ON rman.* TO 'rman'@'%' WITH GRANT OPTION;
FLUSH PRIVILEGES;

-- 4. hue

DROP DATABASE IF EXISTS hue;
```

```
CREATE DATABASE IF NOT EXISTS hue DEFAULT CHARACTER SET utf8 DEFAULT COLLATE
utf8_general_ci;

DROP USER IF EXISTS 'hue'@'%';
CREATE USER IF NOT EXISTS 'hue'@'%' IDENTIFIED BY 'Bdpp1234!';
GRANT ALL PRIVILEGES ON hue.* TO 'hue'@'%' WITH GRANT OPTION;
FLUSH PRIVILEGES;

-- 5. hive

DROP DATABASE IF EXISTS hive;
CREATE DATABASE IF NOT EXISTS hive DEFAULT CHARACTER SET utf8 DEFAULT COLLATE
utf8_general_ci;

DROP USER IF EXISTS 'hive'@'%';
CREATE USER IF NOT EXISTS 'hive'@'%' IDENTIFIED BY 'Bdpp1234!';
GRANT ALL PRIVILEGES ON hive.* TO 'hive'@'%' WITH GRANT OPTION;
FLUSH PRIVILEGES;

-- 6. sentry

DROP DATABASE IF EXISTS sentry;
CREATE DATABASE IF NOT EXISTS sentry DEFAULT CHARACTER SET utf8 DEFAULT COLLATE
utf8_general_ci;

DROP USER IF EXISTS 'sentry'@'%';
CREATE USER IF NOT EXISTS 'sentry'@'%' IDENTIFIED BY 'Bdpp1234!';
GRANT ALL PRIVILEGES ON sentry.* TO 'sentry'@'%' WITH GRANT OPTION;
FLUSH PRIVILEGES;

-- 7. nav
```

```
DROP DATABASE IF EXISTS nav;
CREATE DATABASE IF NOT EXISTS nav DEFAULT CHARACTER SET utf8 DEFAULT COLLATE
utf8_general_ci;

DROP USER IF EXISTS 'nav'@'%';
CREATE USER IF NOT EXISTS 'nav'@'%' IDENTIFIED BY 'Bdpp1234!';
GRANT ALL PRIVILEGES ON nav.* TO 'nav'@'%' WITH GRANT OPTION;
FLUSH PRIVILEGES;

-- 8. navms

DROP DATABASE IF EXISTS navms;
CREATE DATABASE IF NOT EXISTS navms DEFAULT CHARACTER SET utf8 DEFAULT COLLATE
utf8_general_ci;

DROP USER IF EXISTS 'navms'@'%';
CREATE USER IF NOT EXISTS 'navms'@'%' IDENTIFIED BY 'Bdpp1234!';
GRANT ALL PRIVILEGES ON navms.* TO 'navms'@'%' WITH GRANT OPTION;
FLUSH PRIVILEGES;

-- 9. oozie

DROP DATABASE IF EXISTS oozie;
CREATE DATABASE IF NOT EXISTS oozie DEFAULT CHARACTER SET utf8 DEFAULT COLLATE
utf8_general_ci;

DROP USER IF EXISTS 'oozie'@'%';
CREATE USER IF NOT EXISTS 'oozie'@'%' IDENTIFIED BY 'Bdpp1234!';
GRANT ALL PRIVILEGES ON oozie.* TO 'oozie'@'%' WITH GRANT OPTION;
FLUSH PRIVILEGES;
```

3.3.6.4 安装 MySQL JDBC Driver

CDH 的服务均使用 JDBC 驱动访问数据库，在安装好 MySQL 之后，我们需要下载 MySQL JDBC Driver，并放置在一个约定的公共位置/usr/share/java/，以便这些服务能找到这个驱动文件并使用它。当前 MySQL 的 JDBC 的最新版本是 5.1.48。下载并放置文件的具体操作如下：

```
wget https://dev.mysql.com/get/Downloads/Connector-J/mysql-connector-java-5.1.48.tar.gz
tar zxvf mysql-connector-java-5.1.48.tar.gz
mkdir -p /usr/share/java/
cp  mysql-connector-java-5.1.48/mysql-connector-java-5.1.48-bin.jar  /usr/share/java/mysql-connector-java.jar
```

注意 上述操作要在所有节点上执行一遍，我们用到 MySQL 的 JDBC 的地方很多。

3.3.6.5 初始化 Cloudera Manager Server 的数据库配置

前面我们创建了空的 Cloudera Manager Server 数据库 scm，启动 Cloudera Manager Server 之前需要初始化数据库的相关配置，告知 Cloudera Manager Server 如何连接 scm 数据库。为此，Cloudera Manager 提供了一个 Shell 脚本来完成这个配置工作，只需将使用的数据库类型、数据库名称、用户名和密码以参数形式传递给这个脚本，它就可以自动检测连接配置是否正确，然后生成相应的配置文件，其命令格式为：

```
/usr/share/cmf/schema/scm_prepare_database.sh  [options]  <databaseType> <databaseName> <databaseUser> <password>
```

以我们的 MySQL 为例，初始化数据库的命令是：

```
/usr/share/cmf/schema/scm_prepare_database.sh -h loadbalancer1 mysql scm scm Bdpp1234!
```

如果执行后输出：

```
All done, your SCM database is configured correctly!
```

就表示初始化成功了。注意，这里的 MySQL 主机地址是 loadbalancer1，也就是我们前面创建的负载均衡实例，前面我们也提到过，凡是要连接 MySQL 数据库时，都要使用这个机器名。另外，这个命令只为 Cloudera Manager Server 生成相应的数据库配置，并不会创建数据库的 Schema，所以这个命令执行成功之后 scm 数据库还是空的。

3.3.6.6 启动 Cloudera Manager Server

完成上述准备工作之后，就可以正式启动 Cloudera Manager Server 了，命令为：

```
systemctl start cloudera-scm-server
```

初次启动 Cloudera Manage Server 花费的时间会比较久，因为程序会执行一系列的 SQL 脚本完成数据库的初始化工作，我们可以使用命令：

```
tail -f /var/log/cloudera-scm-server/cloudera-scm-server.log
```

来持续关注 Cloudera Manager Server 在启动过程中输出的日志，当看到

```
INFO  WebServerImpl:com.cloudera.server.cmf.WebServerImpl:  Started  Jetty
server.
```

时就表明 Cloudera Manager Server 已经启动完毕。此时我们在本地浏览器上打开 Cloudera Manager Server 的控制台页面，地址是：

```
http://utility1.cluster:7180
```

初始的管理员账号和密码都是 admin，成功登录就标志着 Cloudera Manager Server 的安装已经全部完成了。

3.3.7 安装 CDH

接下来就是安装 CDH 了，CDH 的安装是通过 Cloudera Manager Server 的控制台页面完成的。初次打开 Cloudera Manager Server 的控制台页面时会引导用户接受 license 条款，然后选择将要安装的版本。CDH 有三个版本：免费版、企业试用版和企业版，我们选择“免费版”，然后就进入 CDH 的安装向导了。

3.3.7.1 为 CDH 集群安装指定主机

这一步指定由哪些主机来组成集群，可以通过 IP 地址或者机器名来指定，由于我们已经做了 hosts 映射，为了直观，我们统一使用机器名（主机名称）。在“主机名称”对话框中填入：

```
master1.cluster,master2.cluster,utility1.cluster,gateway1.cluster,worker1.
cluster,worker2.cluster,worker3.cluster
```

SSH 端口保持默认值 22，单击“搜索”按钮，正常情况下搜索结束后会列出所有填写的主机，确认无误后单击“继续”按钮。

3.3.7.2 选择存储库

这一步配置软件包存储库的位置，默认使用 Cloudera 的 Public Repository，如果前面已经配置了本地的 Repository，则“Cloudera Manager Agent”的 Repository 会自动使用本地的 Repository，但是 CDH 的 parcel 并不能自动改为本地的 Repository，这时需要单击“使用 Parcel（建议）”选项后面的“更多选项”按钮，在弹出的对话框中将“https://archive.cloudera.com/cdh5/parcels/{latest_supported}/”修改为本地的 Repository，即“http://utility1.cluster/cloudera-repos/cdh5/parcels/5.15.2/”，如图 3-21 所示。

然后单击“保存更改”按钮，回到选择存储库页面，此时还要记得在其他 Parcel 中选择 KAFKA-4.1.0-1.4.1.0.p0.4，因为我们要同时安装 Kafka。另外，我们还要特别去配置一下 cloudera-repo 的位置。要记住，Cloudera Manager 会基于这两个 URL 在所有节点上生成一个新的 cloudera-manager.repo 文件。我们之前手动配置好的那个 cloudera-manager.repo 将会被替换，如果我们不在这里进行配置，自动生成的 repo 文件将使用 public 的 repo，这样在后面的安装过程中又会重新从互联网下载安装文件，这就是我们必须配置的原因。全部完成之后，单击“继续”按钮进入下一步。

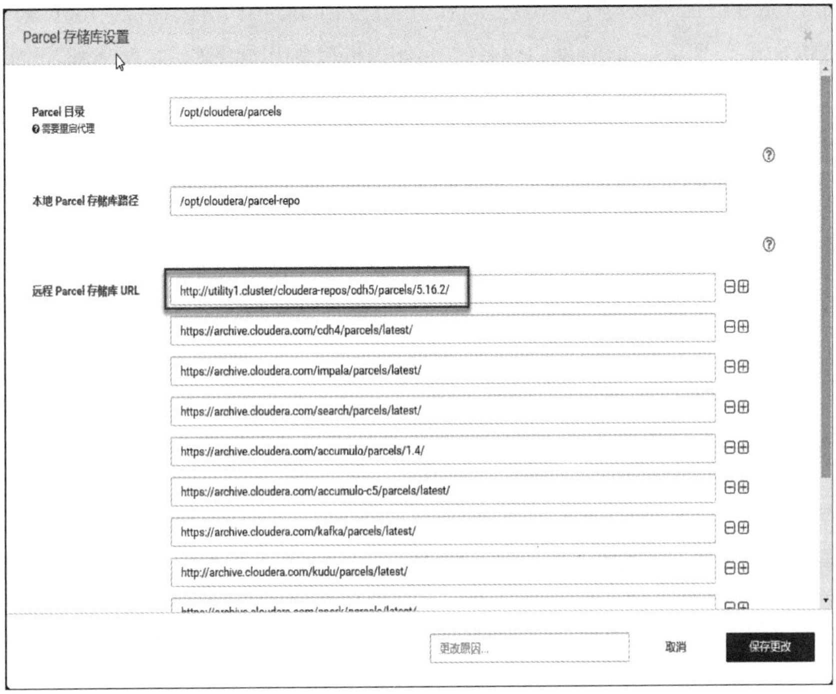

图 3-21　CDH 安装向导之“Parcel 存储库设置”

3.3.7.3　JDK 安装选项

这一步不要做任何操作，不必勾选“安装 Oracle Java SE 开发工具包（JDK）”，因为我们之前已经单独安装了 JDK，所以直接单击“继续”按钮。

3.3.7.4　启用单用户模式

这一步也不要做任何操作，不必勾选“单用户模式”，直接单击“继续”按钮。

3.3.7.5　提供 SSH 登录凭据

这一步是要告知 Cloudera Manager 所有主机的 root 账号密码或密钥文件，因为 Cloudera

Manager需要以root身份登录所有的主机执行命令和脚本。如果选择“所有主机接受相同密码”，则要求集群中所有节点的root账号密码必须是一样的，如果不一样，则可以选择“所有主机接受相同私钥”，然后自己生成一个密钥对，将公钥分发给集群中所有节点的 root 账号，再将私钥通过这个页面上传即可。本例我们选择“所有主机接受相同密码”，输入统一的 root 密码 Bdpp1234!，然后单击“继续”按钮。

3.3.7.6　安装 Agent

这一步将在集群所有节点上安装 Cloudera Manager Agent，Cloudera Manager 是通过安装在所有主机上的 Agent 来安装和管理 CDH 集群的，安装完毕之后，单击“继续”按钮。

3.3.7.7　安装 Parcel

这一步是将前面选定的 Parcel 下载并安装到集群的所有主机上，安装完毕之后，单击“继续”按钮。

3.3.7.8　检查主机的正确性

在这一步，Cloudera Manager 将会检查集群的网络和各主机的潜在问题，给出修改建议，请读者自行检查和修正，如果是出于学习的目的搭建的集群，可以暂时忽略这些警告，然后单击“完成”按钮。

3.3.7.9　选择服务

我们在这一步选择集群将要安装哪些服务。首选是“自定义服务”，通常我们可以选择安装列出的所有服务，这里我们只选择原型项目依赖的组件 ZooKeeper、HDFS、Yarn、Hive、HBase、Oozie、Kafka 及 Hue。注意，不要选择 Spark，这里的 Spark 版本是 1，后文我们会介绍如何安装 Spark 2，选好之后单击“继续”按钮。

3.3.7.10　自定义角色分配

这是非常重要的一步，在这一步，我们要为节点分配角色，通俗地说就是决定将哪些服务安装在哪些节点上。在 3.1.2 节，我们已经讨论了整体的分配方案，这里我们给出一个详细的配置参考，如图 3-22 所示。

群集设置
自定义角色分配
您可在此处自定义新群集的角色分配，但如果分配不正确（例如，分配到某个主机上的角色太多）会影响服务性能。除非您有特殊需求，如已为特定角色预先选择特定主机，否则 Cloudera 不建议改变分配情况。
还可以按主机查看角色分配。
按主机查看
Kafka
Kafka Broker × 3 新建
worker[1-3].cluster
Kafka MirrorMaker
选择主机
Gateway
选择主机
HBase
Master × 2 新建
master[1-2].cluster
HBase REST Server
选择主机
HBase Thrift Server
选择主机
RegionServer × 3 新建
与 DataNode 相同
HDFS
NameNode × 1 新建
master1.cluster
SecondaryNameNode × 1 新建
master1.cluster
Balancer × 1 新建
master1.cluster
HttpFS
选择主机
NFS Gateway
选择主机
DataNode × 3 新建
worker[1-3].cluster
Hive
Gateway × 1 新建
gateway1.cluster
Hive Metastore Server × 1 新建
utility1.cluster
WebHCat Server
选择主机
HiveServer2 × 1 新建
gateway1.cluster
Hue
Hue Server × 1 新建
gateway1.cluster
Load Balancer × 1 新建
gateway1.cluster
Cloudera Management Service
Service Monitor × 1 新建
utility1.cluster
Activity Monitor
选择一个主机
Host Monitor × 1 新建
utility1.cluster
Event Server × 1 新建
utility1.cluster
Alert Publisher × 1 新建
utility1.cluster
Oozie
Oozie Server × 1 新建
utility1.cluster
YARN (MR2 Included)
ResourceManager × 1 新建
master1.cluster
JobHistory Server × 1 新建
master1.cluster
NodeManager × 3 新建
与 DataNode 相同
ZooKeeper
Server × 3 新建
master[1-2].cluster; utility1.cluster

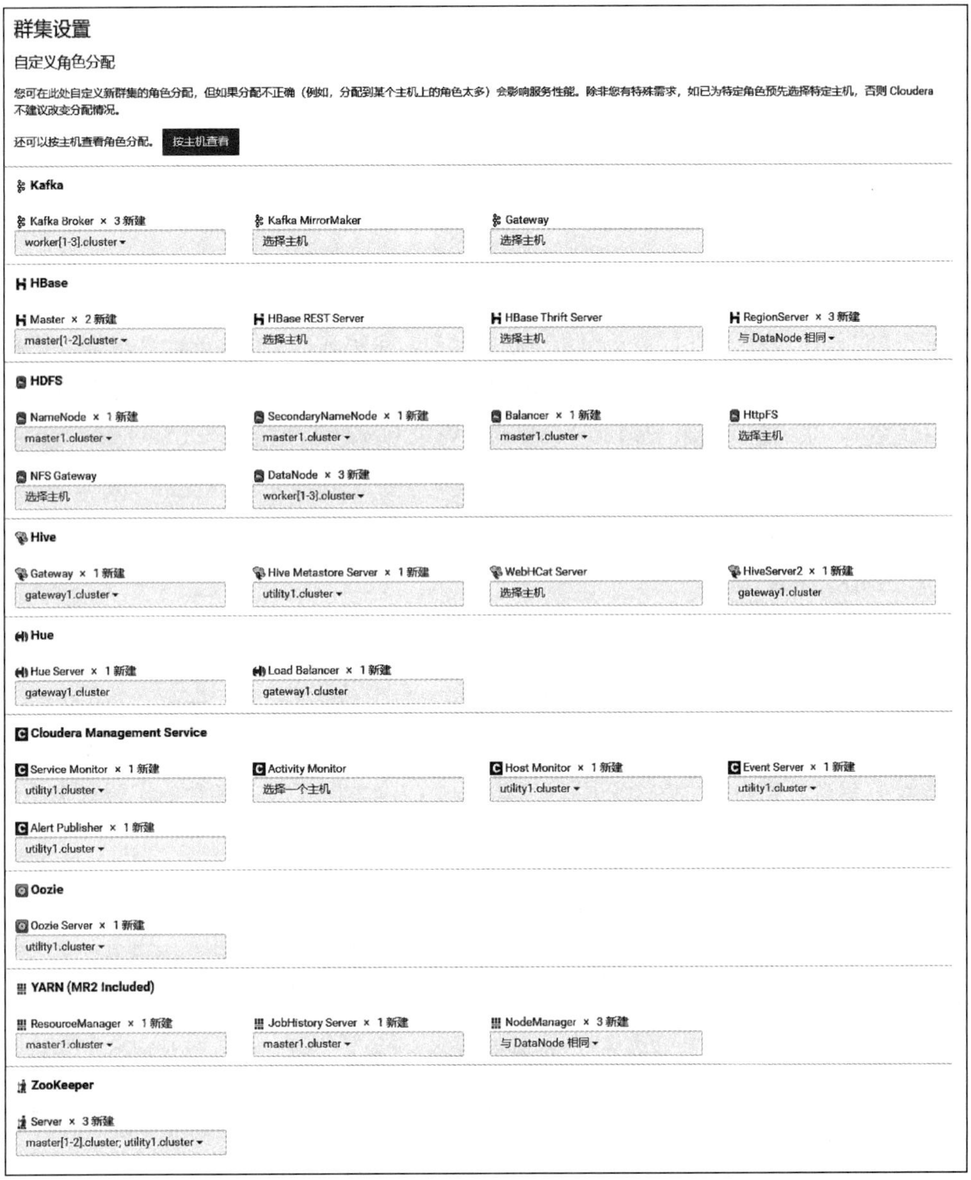

图 3-22　CDH 安装向导之“自定义角色分配”

3.3.7.11 数据库设置

在这一步需要给使用 MySQL 数据库的服务配置数据库连接信息，主要是数据库主机、数据库名、用户名和用户密码，其中数据库名、用户名和用户密码都已在 3.3.6.3 节的建库脚本中提供，基本上都是按服务名创建的同名数据库和用户，密码使用的是默认密码 Bdpp1234!。需要特别注意的是数据库主机的填写，这里一定要填写负载均衡实例的机器名：loadbalancer1。

3.3.7.12 审核更改

这一步将列出一些组件的配置信息供审核和修改，本例基本无须修改，直接单击“确定”按钮，随后进入安装阶段。最后一步会告知用户安装的结果，如果出现“服务已安装、配置并在集群中运行”，表示整个集群安装成功。单击“完成”按钮就会将进入 Cloudera Manager 的 Dashboard 页面。

3.3.8 高可用配置

对于生产环境来讲，必须启用 HA，但并不是所有的 Hadoop 组件都支持 HA，一些存在单点问题的组件可以通过配置自动重启来解决。此外，还有一些组件通过分布式集群来实现高可用，典型代表是 DataNode 和 NodeManager。各个服务使用数据库也要实现 HA（这一步在前面安装 MySQL 集群时我们已经完成了），表 3-4 来自 CDH 的官方文档，展示了所有服务对 HA 的支持方式（其中带*的服务是通过分布式集群的方式实现 HA 的）。

表 3-4 所有服务对 HA 的支持方式

支持 HA 的服务	支持自动重启的服务	需要依赖外部数据库的服务
Alert Publisher	Hive Metastore	Activity Monitor
Cloudera Manager Agent*	Impala catalog service	Cloudera Navigator Audit Server
Cloudera Manager Server	Impala statestore	Cloudera Navigator Metadata Server
Data Node*	Sentry Service	Hive Metastore Server
Event Server	Spark Job History Server	Oozie Server
Flume*	YARN Job History Server	Reports Manager

续表

支持 HA 的服务	支持自动重启的服务	需要依赖外部数据库的服务
HBase Master		Sentry Server
Host Monitor		Sqoop Server
Hue (add multiple services, use load balancer)		
Impalad* (add multiple services, use load balancer)		
NameNode		
Navigator Key Trustee		
Node Manager*		
Oozie Server		
RegionServer*		
Reports Manager		
Resource Manager		
Service Monitor		
Solr Server*		
Zookeeper server*		

3.3.8.1 启用 HDFS 的 HA

HDFS 的 HA 具体来说就是 NameNode 的 HA，它使用了一种名为“Quorum-based Storage”的技术方案，这一方案的基本思想是启动两个 NameNode，一个是 active 节点，另一个是 standby 节点，两个节点通过一组相互独立的守护进程 JournalNode 进行通信，当 active 节点的 namespace 有任何修改时，它都能记录下这个改动并告知 JournalNode，然后 standby 节点能从 JournalNode 中捕获这个修改并在本节点上同步修改。对于 DataNode 来说，它需要同时配置两个 NameNode 的位置，以便将 block 位置信息和心跳数据同时传回给这两个 NameNode，这样才能确保 NameNode 的 active 节点失效时能快速地切换到 standby 节点上。JournalNode 最少需要装在三个节点上，同时 JournalNode 服务最好与 NameNode 服务共生（co-locate），我们有三个主节点，每个都会安装 JournalNode 服务。接下来我们就开始操作，进入 HDFS 的 Dashboard 页面，在“操作”下拉列表框中选择“启用 High Availability”，然后进入向导页面。向导共分为五步。

第一步，入门：为 NameService 起一个名称，使用默认的 nameservice1 即可，单击“继续”按钮进入下一步。

第二步，分配角色：我们要为第二个 NameNode 和 JournalNode 选择主机，这里我们选择在 master2 上安装第二个 NameNode，在三个 Master 节点上安装 JournalNode，然后单击“继续”按钮进入下一步。

第三步，审核更改：这一步需要配置一下 dfs.journalnode.edits.dir 路径的值，这是 JournalNode 写入数据用的，此处填写/dfs/jn，然后单击“继续”按钮进入下一步。

第四步，命令详细信息：同其他向导一样，这一步进入命令的执行阶段，执行结束之后单击“继续”按钮进入下一步。

第五步，“Final Steps”：这一步会给出一些重要提示，主要是完成向导后必须手动执行的操作。

- 将 Hue 服务的 HDFS Web 界面角色配置为安装了 HttpFS 的节点，而非安装了 NameNode 的节点；
- 停止 Hive 服务，将 Hive Metastore 数据库备份到永久性存储中，运行服务命令更新“Hive Metastore NameNode”，然后重启 Hive 服务。

至此，启用 HDFS HA 的操作全部完成。

3.3.8.2 启用 Yarn 的 HA

Yarn 的 HA 就是 ResourceManager 的 HA，它是通过实现两个互为主备的 ResourceManager 来实现的。在启动时，两个 ResourceManager 都是 standby 状态，当其中一个切换为 active 状态时，它就会从专门的状态存储设施中加载之前持久化的状态，然后启动相关的服务。ResourceManager 的 HA 使用基于 ZooKeeper 的故障切换控制器来实现自动切换。下面我们来实际操作一下，进入 Yarn 的 Dashboard 页面，在“操作”下拉列表框中选择“启用 High Availability”，然后会进入向导页面。向导共分为两步。

第一步，入门：为 ResourceManager 选择第二个节点，这里我们选择 master2，然后单击“继续”按钮进入下一步；

第二步，命令详细信息：同其他向导一样，这一步进入命令的执行阶段，执行结束之后单击“完成”按钮。

至此，启用 Yarn 的 HA 操作全部完成。

3.3.9　安装 Spark 2

最新的 Cloudera Manager 5 自带的 Spark 版本是 1.6，我们需要单独安装 Spark 2。Cloudera 提供了 Spark 2 的 Parcel 包，但是 Spark 2 并不是 Cloudera Manager 5 的默认组件，因此需要通过 CSD 的方式进行安装。所谓 CSD 指的是 Custom Service Descriptor，这是 Cloudera Manager 为了能管理标准组件之外的服务而提供的一套标准。简单地说，如果一个服务或组件想要被 Cloudera Manager 托管，需要提供一个对应的 CSD 来作为 Cloudera Manager 和这个服务或组件之间管理和通信的桥梁，CSD 实际上是一个 jar 包文件，在提供了这个 jar 包之后，从服务或组件的安装到后期的配置管理就都可以在 Cloudera Manager 上完成了，与其他基础服务（如 HDFS、Yarn）一样。接下来我们就了解一下如何在 Cloudera Manager 5 上安装 Spark 2。首先，需要下载 Spark 2 的 CSD 文件，打开 Cloudera 官方网站上 Spark 2 的 CSD 下载页面，可以看到所有版本的 CSD 文件，我们选择安装 SPARK2_ON_YARN-2.3.0.cloudera4.jar，使用命令：

```
wget http://archive.cloudera.com/spark2/csd/SPARK2_ON_YARN-2.3.0.cloudera4.jar
```

将 CSD 文件下载至本地，然后将文件的 owner 设置为 cloudera-scm，以便于 Cloudera Manager 有权限使用该文件：

```
chown cloudera-scm:cloudera-scm SPARK2_ON_YARN-2.3.0.cloudera4.jar
```

接着，将下载后的文件放置于指定的位置/opt/cloudera/csd：

```
mkdir -p /opt/cloudera/csd
mv SPARK2_ON_YARN-2.3.0.cloudera4.jar /opt/cloudera/csd/
```

最后，在所有节点上重复上述操作。

接下来，我们需要配置 Spark 2 的 Parcel 源，在 Cloudera Manager 的管理页面上单击“主机”菜单，选择“Parcel”，然后选择“配置”，进入“Parcel 设置”页面，在“远程 Parcel 存储库 URL”中添加 Spark 2 的 Parcel 库地址 https://archive.cloudera.com/spark2/parcels/2.3.0/，如图 3-23 所示，保存之后就可以在列表中看到 Spark 2 的 Parcel 了，然后下载、分配、激活就可以了。

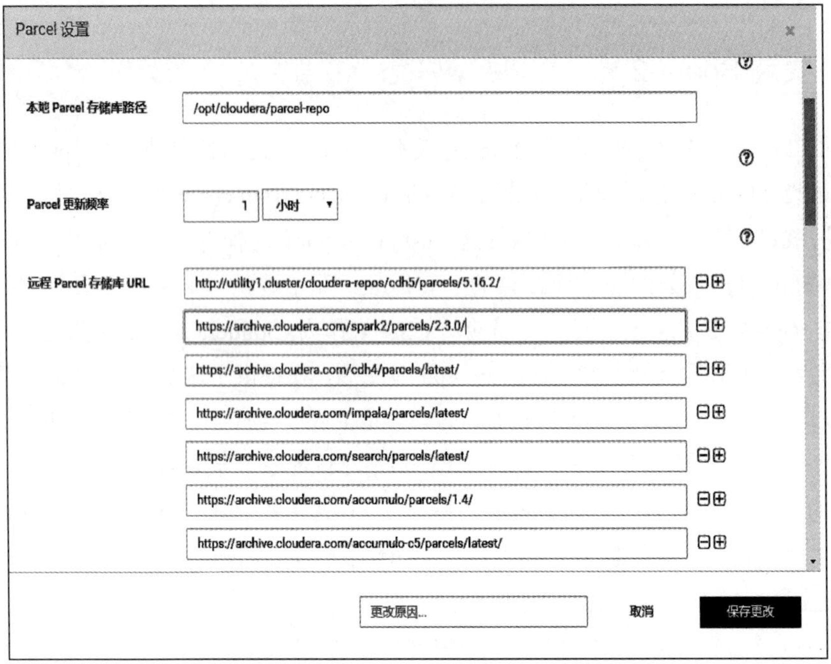

图 3-23　配置 Spark 2 的 Parcel 源

添加好 Parcel 之后回到集群的服务添加向导，将 Spark 2 服务添加到集群中。Spark 只有两个角色：一个是 Job History Server，另一个 Gateway。在我们这个小型集群上，建议将 Job History Server 安装在 utility1 上，将 Gateway 安装在 gateway1 上。

3.3.10　启用 Spark SQL

由于 Cloudera 一直在力推自己的 Impala，所以从 CDH 上去除了 Spark SQL 的命令行工具，由于我们的原型项目的数仓是基于 Spark SQL 编写的，要通过 Spark SQL 的命令行工具提交，所以必须在 CDH 上启用 Spark SQL，具体的操作如下。

1. 下载开源版本的 Spark 2

我们需要下载开源版本的 spark-2.3.0，因为里面有 CDH 缺失的 Spark SQL 相关的文件，我们需要将这些文件复制到安装好的 Spark 2 里。下载命令为：

```
wget https://archive.apache.org/dist/spark/spark-2.3.0/spark-2.3.0-bin-hadoop2.
6.tgz
```

2. 复制与SparkSQL相关的缺失文件

解压文件：

```
tar -zxvf spark-2.3.0-bin-hadoop2.6.tgz
```

我们需要将以下5个与Spark SQL有关的文件复制到Spark 2的对应目录下：

```
spark-2.3.0-bin-hadoop2.6/jars/hive-cli-1.2.1.spark2.jar
spark-2.3.0-bin-hadoop2.6/jars/spark-hive-thriftserver_2.11-2.3.0.jar
spark-2.3.0-bin-hadoop2.6/sbin/stop-thriftserver.sh
spark-2.3.0-bin-hadoop2.6/sbin/start-thriftserver.sh
spark-2.3.0-bin-hadoop2.6/bin/spark-sql
```

复制命令为：

```
cp hive-cli-1.2.1.spark2.jar /opt/cloudera/parcels/SPARK2/lib/spark2/jars/
cp spark-hive-thriftserver_2.11-2.3.0.jar /opt/cloudera/parcels/SPARK2/lib/
spark2/jars/
cp stop-thriftserver.sh /opt/cloudera/parcels/SPARK2/lib/spark2/sbin/
cp start-thriftserver.sh /opt/cloudera/parcels/SPARK2/lib/spark2/sbin/
cp spark-sql /opt/cloudera/parcels/SPARK2/lib/spark2/bin/
```

3. 修改load-spark-env.sh

使用如下命令修改load-spark-env.sh：

```
vim /opt/cloudera/parcels/SPARK2/lib/spark2/bin/load-spark-env.sh
```

打开文件，将 exec "$SPARK_HOME/bin/$SCRIPT" "$@"注释掉，因为在 start-thriftserver.sh 脚本中也会执行这个命令。

4. 创建/opt/cloudera/parcels/SPARK2/bin/spark2-sql 文件

/opt/cloudera/parcels/SPARK2/bin/下的文件是 CDH 版的 Spark 2 独有的，在开源 Spark 2 中并没有这些文件。这里面的脚本文件都很简单，只是对原 Spark 相关的命令行做了一些简单的封装，我们可以直接从其下面的 spark2-shell 文件中复制一份，稍加改动就可以生成我们需要的 spark2-sql 文件，具体操命令为：

```
cp  /opt/cloudera/parcels/SPARK2/bin/spark2-shell  /opt/cloudera/parcels/
SPARK2/bin/spark2-sql
```

从 spark2-shell 文件中复制一份，重命名为 spark2-sql，然后通过

```
vim  /opt/cloudera/parcels/SPARK2/bin/spark2-sql
```

打开文件，将最后一行的

```
exec $LIB_DIR/spark2/bin/spark-shell "$@"
```

改为：

```
exec $LIB_DIR/spark2/bin/spark-sql "$@"
```

5. 通过 alternatives 创建快捷方式

通过 Parcel 安装 Spark 2 时在系统中添加的 Spark 相关的命令行快捷方式都是以 spark2 开头的，例如，我们可以直接在操作系统的任意位置上执行 spark2-shell 和 spark2-submit 命令。但是我们没有必要同时使用 Spark 1 和 Spark 2 两个版本，在执行命令时总是使用 spark2-也不方便，所以我们可以建立 spark-shell、spark-submit 及 spark-sql 这样的快捷方式，让其指向 Spark 2 版本里的实际文件，便于我们操作，相关命令如下：

```
alternatives --install /usr/bin/spark-shell spark-shell /opt/cloudera/
parcels/SPARK2/bin/spark2-shell 1
alternatives --install /usr/bin/spark-sql spark-sql /opt/cloudera/ parcels/
SPARK2/bin/spark2-sql 1
alternatives --install /usr/bin/spark-submit spark-submit /opt/cloudera/
parcels/SPARK2/bin/spark2-submit 1
alternatives --install /etc/spark/conf spark-conf /etc/spark2/conf.
cloudera.spark2_on_yarn 1
alternatives --remove spark-shell /opt/cloudera/parcels/CDH-5.15.2-1.
cdh5.15.2.p0.3/bin/spark-shell
alternatives --remove spark-submit /opt/cloudera/parcels/CDH-5.15.2-1.
cdh5.15.2.p0.3/bin/spark-submit
```

6. 在所有节点上重复上述操作

最后，不要忘记，在所有节点上执行上述操作，然后执行 spark-sql 命令，验证操作是否成功。

3.4 安装单节点集群

在了解完如何安装一个面向生产环境的集群之后，我们来简单看一下如何安装只有一个节点的集群。单节点集群通常是个人使用的，在团队开发中也可能为每个人提供一个单节点集群作为本地环境使用。可能大多数读者并没有条件像本章前面讲述的那样安装一个 7 节点规模的集群，更多人需要的是一个小型的学习环境，这个学习环境可以只有一个节点，硬件配置最好不要小于 8 核、32GB 内存。至于安装过程和前面介绍的流程是一致的，只有两点不同：

- 所有的服务只能安装在一个节点上；
- 没有任何 HA 服务，没有负载均衡配置。

如果大家要搭建单节点集群，我们建议将机器取名为 node1.cluster，原因是原型项目中提供了一个面向单节点集群的 profile，在这个 profile 中的服务器的机器名就是 node1.cluster。

第 4 章 架构与原型

在拥有了基础设施之后，我们就可以开始从工程技术层面讨论如何建设大数据平台或者说数据中台了，这是本书的核心主题，也是后续各个章节的主线。在构思本书时，笔者一直在思考如何既能系统全面地把这个主题阐述清楚，又能深入实现细节并给出有价值的参考和建议，让本书能从理论和实践两个层面上帮助读者。在经过反复思考和打磨之后，笔者决定设计一个轻量的业务场景，然后围绕这个业务场景开发一个原型项目，在建设这个原型项目的过程中向大家展示一个完整的大数据平台应该包含哪些组成部分，以及使用什么样的技术，相信这样的写作安排能让读者找到有力的学习抓手，更容易理解一些设计思想背后的真实用意。

在为原型项目设计业务场景时，笔者花费了很多心思。一方面，这个业务场景必须足够简单，让读者能够快速理解，从而将主要精力放在技术实现上，而不用花费大量时间理解需求；另一方面，它的需求又必须能驱动整个大数据平台的运作，从数据采集到批处理和实时处理都能"用起来"，确保原型项目能演示大数据平台的各项能力。最终笔者选择了以服务器的运行指标（一般称为 Metric）作为主要外部数据源，以运维监控作为业务场景，通过设计一些与运维和监控相关的需求来构建原型项目。

不得不提的是，这个原型项目的工程结构、技术选型和设计思想都是笔者在多年大数据项目中逐步沉淀和提炼而来的，它不仅仅是本书配套的示例代码，更是一个可应用于实际项目的“脚手架”。它的源代码具有很高的参考性和可移植性，将虚拟的业务逻辑抽离之后可以很容易地转换为实际项目，帮助团队在一个良好的工程原型上快速启动开发工作，同时原型项目在设计上充分考虑了灵活性和扩展性，让项目拥有自由的演化空间。笔者之所以花大量时间编写原型项目，除了希望能让读者有一种友好的、易于切入的学习体验，更希望读者能将这个强大的原型项目带入实际工作中，发挥原型项目更大的潜力。

本章先对大数据平台的架构和原型做一个总览式的介绍，然后在后续的章节中逐一介绍平台的各个组成部分及使用的技术和组件，每个章节都有配套的子项目演示平台的相应功能。

4.1 大数据平台架构设计

大数据平台的架构和企业级应用的架构是很不一样的，使用的技术也不同，由于大多数企业都会选择建设一个统一的大数据平台，所以大数据平台的架构也往往比较宏大和复杂。经过多年的发展，业界已孕育出了一些较为成熟的架构模式，如 Lambda 架构、Kappa 架构及 Smack 架构，了解这些架构及其设计思想是非常必要的，下面我们就来逐一介绍一下。

1. Lambda 架构

毫无疑问，Lambda 架构是大数据平台里最成熟、最稳定的架构，它的核心思想是：将批处理作业和实时流处理作业分离，各自独立运行，资源互相隔离。Lambda 架构如图 4-1 所示。

标准的 Lambda 架构有如下几个层次。

- Batch Layer：主要负责所有的批处理操作，支撑该层的技术也以 Hive、Spark-SQL 或 Map-Reduce 这类批处理技术为主，另外，数据处理依赖的主数据也是在该层维护的。

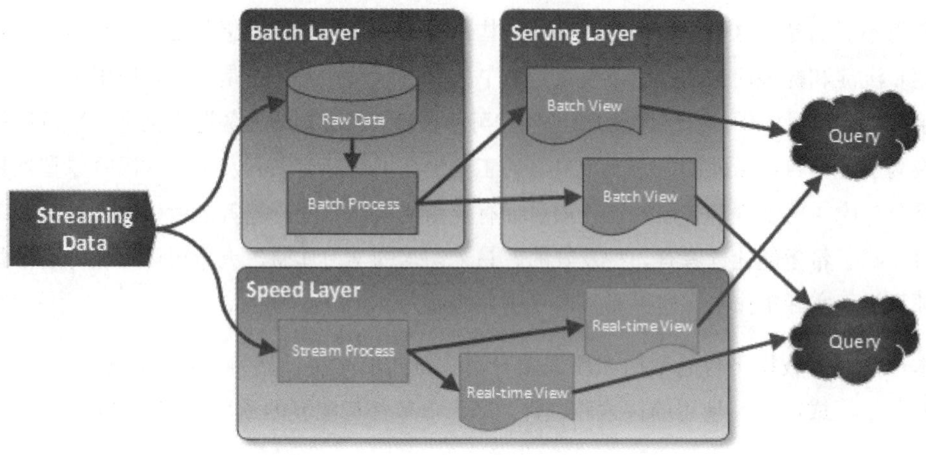

图 4-1　Lambda 架构

- Serving Layer：以 Batch Layer 处理的结果数据为基础，对外提供低延时的数据查询和 ad-hoc 查询服务，Serving Layer 可以认为是对 Batch Layer 数据访问能力上的延伸或增强。因为批处理本身是比较慢的，无法支撑实时的查询请求，从 Serving Layer 的角度看，Batch Layer 的工作本质上是一种"预计算"，即预先对大体量数据集进行处理，得到相对较小的结果集，然后由 Serving Layer 接手，提供实时的数据查询服务。Serving Layer 既可以使用包括关系型数据库在内的传统技术，也可以使用 Kylin、Presto、Impala 或 Druid 等大数据 OLAP 产品；
- Speed Layer：使用流式计算技术实时处理当前数据。Speed Layer 区别于 Batch Layer 的地方在于它能以实时或近似实时的方式处理大量的数据，但是它的局限在于只能处理当前新生成的数据，无法对全部历史数据进行操作，因为流式计算只能针对当前产生的"热数据"进行处理。Speed Layer 经常使用 Storm、Spark Streaming 或 Flink 等大数据流计算框架。

Lambda 架构使用两条数据管道来分别应对批处理和实时处理两种场景，数据因此也有两份冗余，所以 Lambda 是很健壮的一种架构，但缺点是需要开发团队针对批处理和实时处理分别进行开发，同时维护两套代码，增加了工作量和维护成本。

2. Kappa 架构

Kappa 架构可以认为是对 Lambda 架构的一种简化，它使用流计算技术统一批处理和实时处理两条数据处理的 pipeline，这样，无论从开发和维护的工作量方面看，还是从数据存储方面看，都比 Lambda 架构节约很多成本。Kappa 架构在技术选型上往往需要这些组件：首先在前端需要有一个消息队列，Kafka 几乎是不二的选择，其次在 Kafka 后要接一个流计算框架，几乎所有的数据处理都会发生在流计算框架上，主流的流计算框架有 Flink、Spark Streaming 或 Storm。Kappa 架构如图 4-2 所示。

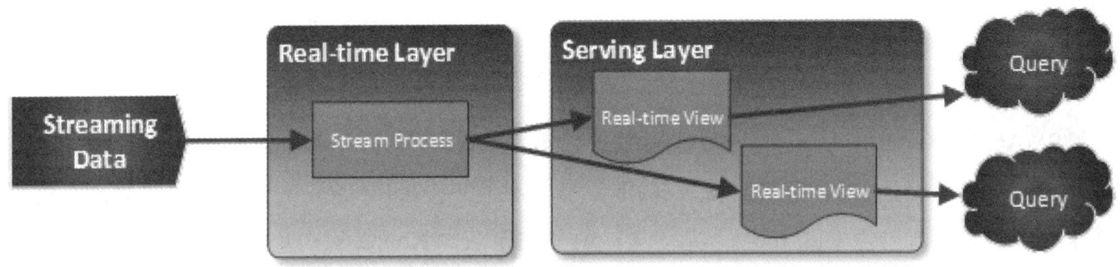

图 4-2　Kappa 架构

完全使用流计算处理所有的数据对开发和数据分析的方方面面都有影响。例如，在 Kappa 架构下，所有的数据以流计算的方式处理之后，都将以一种 append（追加）的方式写入目标位置，而之前写入的数据也没有机会再被改动，因而变成不可变的（immutable）。这种处理模式和 Kafka 对待数据的方式是完全一致的，本质上都是受流计算这种计算模式的影响。Kappa 架构在技术选型上与 Lambda 架构在 Speed Layer 上选型是类似的，都以流计算框架为主。

3. SMACK 架构

SMACK 架构是最近两三年兴起的一种新的架构，S、M、A、C、K 分别代表了这个架构使用的 5 种技术：Spark、Mesos、Akka、Cassandra 和 Kafka。SMACK 成功地融合了批处理和实时处理，但是它的融合方式与 Kappa 有很大的差别。SMACK 架构的成功之处在于它充分而巧妙地利用了选型组件的特性，用一种更加自然和平滑的方式统一了批处理和实时处理。SMACK 架构如图 4-3 所示。

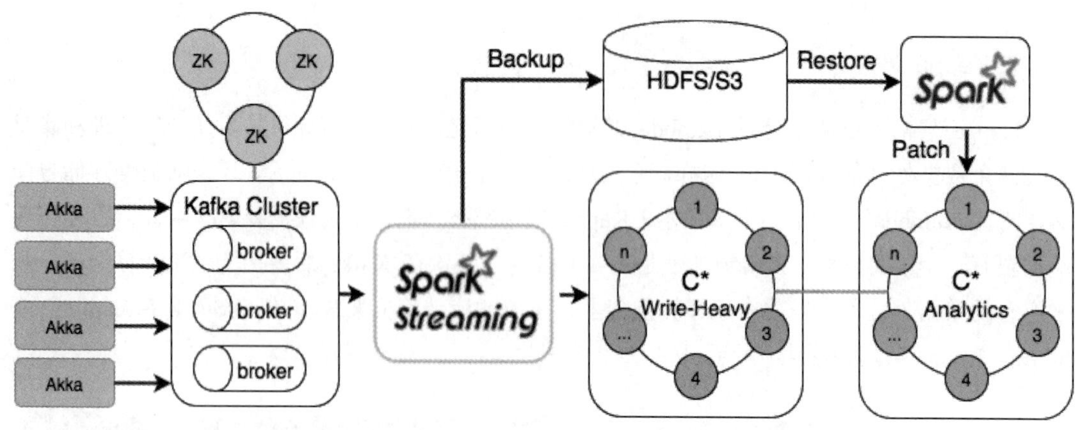

图 4-3　SMACK 架构

SMACK 架构使用 Akka 进行数据采集（Akka 可以应对高并发和实时性要求很高的场景，非常适合 IoT 领域），然后将数据写入 Kafka，接着使用 Spark Streaming 进行实时流处理，处理结果和原始数据都写入 Cassandra，到这里，所有的做法和 Kappa 架构是一样的。不同于 Kappa 的地方在于，SMACK 依然保有批处理能力，它巧妙地利用了 Cassandra 的多数据中心（Multiple Datacenters）特性将数据透明地冗余到两个 Cassandra 集群：一个集群专门用来接收流处理结果数据，另一个集群用于批处理分析，供 Spark（Spark Core 或 Spark SQL）读写。

SMACK 架构之所以可行，关键是利用了相关产品的特性保证了以下重要的三点：

- 利用 Cassandra 的多数据中心机制透明地实现数据冗余，为实时处理和批处理配置专门的存储资源，互不影响；
- 利用 Spark-Cassandra 连接器的"本地数据感知"能力，在批处理时让 Spark 尽量读取 Cassandra 上本地节点的数据，避免数据的网际传输；
- 利用 Mesos 的 Marathon 和 Chronos 来配合流式作业和批处理作业。

SMACK 架构既支持批处理又支持实时处理，在数据处理层面只依赖 Spark，在数据存储层面只依赖 Cassandra，很好地统一了技术堆栈。

4.2　原型项目业务背景

系统监控对于 IT 从业者来说并不是一个陌生的话题，近年来，随着互联网和大数据的兴起，很多企业特别是互联网公司的系统规模不断攀升，服务器从数万台到数十万台甚至更大的规模都已不再罕见。一方面，“海量运维，监控先行”，如果没有强大完善的监控工具和迅速及时的数据处理能力，是很难维护如此大规模的系统的。另一方面，虽然所有监控系统都有自己的数据采集、处理和展示界面，但是这些监控系统往往只能监控应用系统某一方面的表征，例如，有的侧重于硬件指标，有的重点放在网络通信上，有的则专注于日志分析。对于运维人员来说，更需要的是能将这些监控工具收集来的各种数据进行综合处理，从多种维度进行监测的统一监控平台，进而能更加准确和全面地度量系统的健康状况。显然，大数据技术是构建这类系统的首选，我们的原型项目就是为此而设计的。它是一个面向系统监控的综合数据处理平台，它本身并不直接监控系统，而是从第三方监控工具收集数据，然后运用大数据的海量和实时数据处理能力对目标系统进行综合的健康评估。

实际上，在大数据生态圈里已经有面向这一领域的特定工具和解决方案了，例如，时间序列数据库（OpenTSDB）可用于存储 Metric 数据、Grafana 可用于对 Metric 数据进行专业的展示等。我们设计原型项目的目的是带领大家系统地学习大数据技术，而不是在这一业务领域给出最好的解决方案，这一点读者要明白。

如前所述，监控工具会从目标系统上采集各种运行数据，但是为了能使原型项目的业务足够简单，我们只选取两类最基本的数据作为处理和分析的对象：一类是硬件运行指标，通常被称为 Metric；另一类是告警信息，我们称为 Alert。Metric 主要描述某个时刻一台服务器在某项指标上的值，如 CPU 利用率、已用内存空间等。下面看两条 Metric 记录，如表 4-1 所示。

表 4-1　Metric 记录

id	name	hostname	value	timestamp
1	cpu.usage	svr1001	86	2018-09-02 15:23:14
2	mem.used	svr1001	4066	2018-09-02 04:12:12

第一条 Metric 记录表示一台机器名为 svr1001 的服务器在 2018-09-02 15:23:14 时的 CPU 利用率（cpu.usage)是 86%；第二条 Metric 记录的含义是，同样是这台名为 svr1001 的服务器在 2018-09-02 04:12:12 时已用内存（mem.used）是 4066MB。这两条数据来自后面将会介绍的原型项目 bdp-metric 模块的后台数据库，bdp-metric 是原型项目中专门用于生成 dummy metric 数据的，我们用这个模块模拟第三方监控工具生成的数据，这里展示的样本数据来自 bdp_metric 数据库的 metric 表，id 是自增主键，name 是这个 Metric 的名称，cpu.usage 为 CPU 利用率，mem.used 为已用内存空间。hostname 是这条 Metric 记录产生的服务器名，value 是它的值，cpu.usage 的值是百分比，86 指的就是 86%，mem.used 的值是以兆字节为单位的已用内存空间，4066 的含义是已用内存空间为 4066MB，timestamp 是这条 Metric 记录生成的时间。

接下来看一下 Alert，它是指当服务器上发生某种 incident（故障或一些特殊事件，本书统一称为 incident）时，由监控工具捕获并生成的告警信息。下面看两条 Alert 记录，如表 4-2 所示。

表 4-2 Alert 记录

id	message	hostname	status	timestamp
1	free space warning (mb) for host disk	svr1001	OPEN	2018-09-03 09:43:19
2	free space warning (mb) for host disk	svr1001	CLOSED	2018-09-03 09:43:19

第一条 Alert 记录表示一台机器名为 svr1001 的服务器在 2018-09-03 09:43:19 时出现了“磁盘空间不足”的告警；第二条 Alert 记录表示，同样是这台名为 svr1001 的服务器，在 2018-09-03 10:05:21 时“磁盘空间不足”的告警解除。这两条记录同样来自 bdp_metric 数据库，是 alert 表里的两条数据，id 是自增主键，message 是消息内容，hostname 是产生这条 Alert 记录的服务器名，status 是这个 Alert 指代的 incident 的状态，它有两种取值：OPEN 和 CLOSED。我们约定，每当 incident 的状态发生变更时，都会生成一条独立的 Alert 消息，所以 id=1 的这条记录是在这个 incident 发生时生成的，而 id=2 的这条记录是在这个 incident 关闭时生成的。但是两条 Alert 记录的 timestamp 是一样的，都是这个 incident 发生的时间，这个时间在很多流计算框架中叫“事件时间”，我们将在第 7 章展示如何利用这一时间字段进行实时数据处理。

鉴于 Metric 和 Alert 有很多种，系统需要配备关于它们类型的字典表，即 MetricIndex 和 AlertIndex。在 MetricIndex 里会记录每一种 Metric 的名称、描述和分类等。下面看两条 MetricIndex 记录，如表 4-3 所示。

表 4-3　MetricIndex 记录

id	name	description	category	creation_time	update_time
1	cpu.usage	The instantaneous usage of cpu	cpu	2018-09-01 00:00:00	2018-09-01 00:00:00
2	mem.used	The instantaneous value of used memory	memory	2018-09-01 00:00:00	2018-09-01 00:00:00

第一条 MetricIndex 记录表示有一类名为 cpu.usage 的 Metric，它指的是 CPU 的瞬时利用率，属于 CPU 类的 Metric，这一类型信息创建于 2018-09-01 00:00:00，更新于 2018-09-01 00:00:00；第二条 MetricIndex 记录表示有一类名为 mem.used 的 Metric，它指的是内存的瞬时占用值，属于内存类的 Metric，这一类型信息创建于 2018-09-01 00:00:00，更新于 2018-09-01 00:00:00。不同于 Metric，MetricIndex 是关于 Metric 的元数据（metadata），它们来自 bdp_master 数据库的 metric_index 数据表。

类似地，在 AlertIndex 里会记录每一种 Alert 的名称、严重等级等信息。下面看一条 AlertIndex 记录，如表 4-4 所示。

表 4-4　AlertIndex 记录

id	name	severity	creation_time	update_time
1	free space warning (mb) for host disk	2	2018-09-01 00:00:00	2018-09-01 00:00:00

这条 AlertIndex 记录表示有一类名为“free space warning (mb) for host disk”（磁盘空间不足）的 Alert，严重程度是 2 级，这一类型信息创建于 2018-09-01 00:00:00，更新于 2018-09-01 00:00:00。与 MetricIndex 一样，它是关于 Alert 的元数据，来自 bdp_master 数据库的 alert_index 数据表。

在监控中，为了便于人工阅读和识别，通常会在 Metric 和 Alert 中直接使用 Metric 名称或 Alert 消息内容。但是在进行数据处理时，为了简化数据结构，缩小处理时的数据量，常常会查找 MetricIndex 和 AlertIndex，用它们的 ID 来指代其所对应的 Metric 或 Alert 类型。

特别地，对于 Metric 来说，如果服务器的 Metric 在一段时间内持续超过了某个设定的阈值，就会产生相应的告警，这个阈值我们称之为 MetricThreshold。下面看一条 MetricThreshold 记录，如表 4-5 所示。

表 4-5　MetricThreshold 记录

metric_name	server_id	amber_threshold	red_threshold
cpu.usage	1 (svr1001 的 id)	80	90

这条 MetricThreshold 记录规定了对于 id=1 的这台服务器（svr1001），当它的 CPU 使用率持续超过 80%时就应该给出黄色告警，超过 90%时就给出红色告警。这里的告警并不是 Alert，而是原型项目基于各方汇总数据给出的健康度评级，我们采用的是很多监控工具使用的 RAG 三级模型，即将严重程度分为 R（Red）、A（Amber）和 G（Green）三个等级。R 意为红色，表示问题严重，可能导致宕机，需要立即修复；A 意为琥珀色，表示存在问题，需要引起注意；G 意为绿色，表示健康。在后续的流计算和数仓处理中有基于 Metric 数据和阈值生成 RAG 评级的示例，到时我们再详细讲解。MetricThreshold 是系统主数据，来自 bdp_master 数据库的 metric_threshold 数据表。

最后，我们看一下在监控业务场景下的两类主体：服务器（Server）和应用（App）。Metric 和 Alert 都是针对 Server 产生的，每一台 Server 又会从属于一个 App，一个 App 可以拥有多台 Server，它们之间是典型的一对多关系。我们先来看一条 App 记录，如表 4-6 所示。

表 4-6　App 记录

id	name	description	version	creation_time	update_time
1	MyCRM	The Customer Relationship Management System	7.0	2018-09-01 00:00:00	2018-09-01 00:00:00

这条 App 记录描述了一个名为 MyCRM 的应用系统，它的详细描述是客户关系管理系统，版本是 7.0，该记录创建于 2018-09-01 00:00:00，更新于 2018-09-01 00:00:00。这里展示的样本数据来自 bdp_master 数据库的 app 表，它记录了应用系统主要的三项信息：名称（name）、描述（description）和版本（version）。creation_time 和 update_time 是所有主数据表统一要求要有的非空字段，用来记录数据的创建时间和更新时间，这两个字段在数据采集和构建缓慢变化维度表时都很有用，我们将在后续的相关章节中详细讨论。

接下来看一条 Server 记录，如表 4-7 所示。

表 4-7　Server 记录

id	hostname	app_id	cpu_cores	memory	creation_time	update_time
1	svr1001	1	16	64000	2018-09-01 00:00:00	2018-09-01 00:00:00

这条 Server 记录描述了一个机器名为 svr1001 的服务器，它从属于 id=1 的一个 App，它有 16 核、64000MB 的内存，该记录创建于 2018-09-01 00:00:00，更新于 2018-09-01 00:00:00。这条数据来自 bdp_master 数据库的 server 表，它记录了服务器的四项主要信息：主机名（hostname）、CPU 内核数（cpu_cores）、内存（memory）和从属于哪个 App（通过 app_id 关联到 app 表）。

图 4-4 是针对上述所有业务实体及它们之间的关联关系绘制的领域模型。

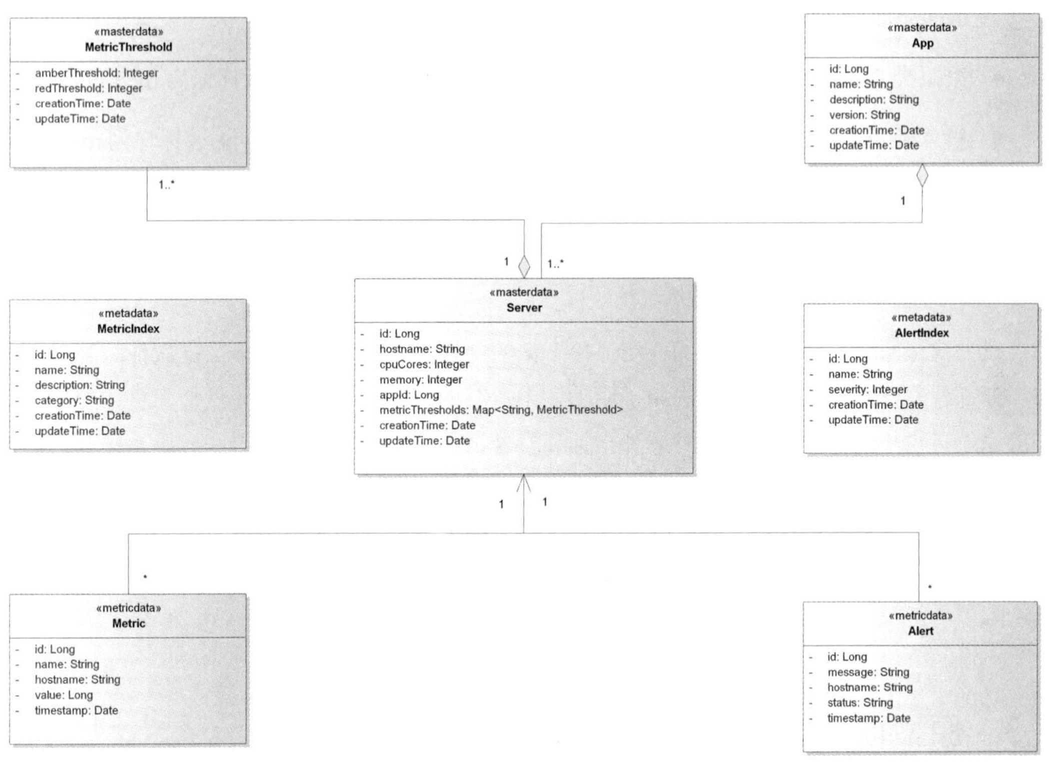

图 4-4　原型项目的领域模型

这个模型图将业务实体之间的关系描述得很清晰。App 和 Server 是被监控的主体，它们之间是一对多的关联关系。监控数据有两类，分别是 Metric 和 Alert，它们都是针对 Server 产生的。特别地，针对 Metric 数据，还要为 Server 配置 Metric 的监控阈值 MetricThreshold，只有当 Metric 超出设定阈值时才会告警，一台 Server 针对一类 Metric 配置一个 MetricThreshold，所以一台 Server 会有多个 MetricThreshold。此外，还有针对 Metric 和 Alert 的类型信息 MetricIndex 和 AlertIndex。

为了清晰地说明各类业务主体的性质，我们把它们分成三大类，在 class 的 stereotype 上进行了标记：

- 第一类是主数据，主要有 App、Server 和 MetricThreshold，它们的 stereotype 被标记为 masterdata；
- 第二类是指标数据，主要有 Metric 和 Alert，它们的 stereotype 被标记为 metricdata；
- 第三类是元数据，主要有 MetricIndex 和 AlertIndex，它们的 stereotype 被标记为 metadata。

其中，主数据和元数据来自 bdp_master 数据库，Metric 数据来自 bdp_metric 数据库，这两个数据库都是原型项目的“外部数据源”，我们将在第 5 章中介绍如何从这两个数据库中采集数据。

以上就是原型项目业务场景的介绍，接下来的问题是：我们要拿这些数据做什么呢？后面每一章都有设计好的具体业务需求用于驱动各个章节的讲解，这里我们先做一下整体介绍。我们的系统将收集来自服务器的各种硬件指标和告警消息，然后结合服务器和应用系统等基础设施主数据对它们的健康状况进行实时监控，同时会基于对历史数据的分析，找出系统的性能瓶颈或判断是否需要对硬件进行升级。其中，实时监控部分的具体业务需求和实现会在第 7 章中详细介绍，对历史数据的批量处理和分析将在第 8 章中展开。

4.3 原型项目架构方案

介绍完原型项目的业务场景之后，接下来就该考虑如何设计原型项目了。尽管原型项目的业务场景可以被设计得足够简单（如果作为一个单纯的系统去开发，只需要非常简单的架构就可以支撑了），但是如前所述，我们设计原型项目的目的并不是实现具体的业务功能，而是在原型项目的开发过程中带领读者广泛和深入地接触大数据平台上的各种技术并进行工程实践，所以我们要构建一个尽可能完善的大数据平台。一个完备的全堆栈大数据平台涵盖数据采集、主数据管理、实时处理、批处理、数据服务和数据展示等若干个重要环节。完备而通用的大数据平台架构参考如图 4-5 所示。

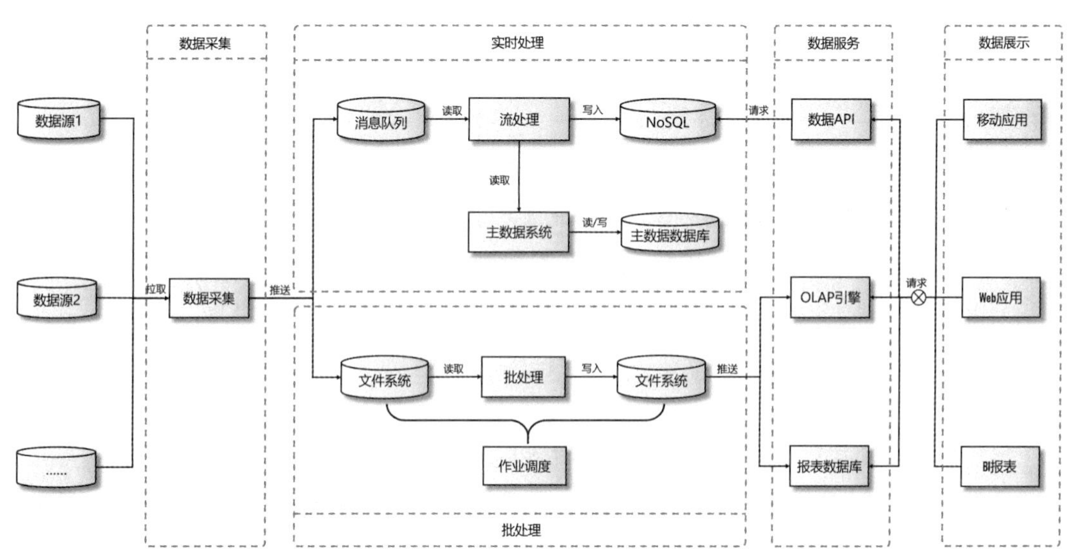

图 4-5　完备而通用的大数据平台架构参考

首先，外部数据需要被数据采集组件采集到大数据平台，然后针对实时处理和批处理分别写入消息队列和分布式文件系统两类不同的存储介质上，因此从一开始，原始数据就冗余了两份，然后在实时处理和批处理两条通道上同时对数据进行一系列的验证、清洗、转换和计算。实时处理的计算结果通常会写入一个 NoSQL 数据库，以便后续实时查询，批处理的计算结果往往写回分布式文件系统。实时处理和批处理在计算过程中都会用到主数据，批处理可以将主数据系统视为一个数据源，将全部主数据导入大数据平台上使用，这样处理主数据就与处理普通数据无异，架构上无须做改动。但是对于流处理而言，在处理原始数据时需要实时获取主数据，必须要有增强的主数据系统为其提供服务。数据经过处理之后，就需要为外部提供服务了。通俗地说，数据服务就是将处理后的数据提供给请求方，不同的数据供给方式将服务于不同的数据应用。常规的数据服务有：

- 将体量较小的结果集同步到传统关系型数据库，供报表工具或各种应用系统随时查询；
- 通过构建前端 API 向前端应用直接提供数据查询服务；
- 通过 OLAP 引擎构建 Cube，支持实时的、多维度的即时查询。

最后，在数据服务的支撑下，会有一系列的数据可视化工具将数据展示给终端用户。数据可视化工具一般分为两大类：一类是传统的报表工具，另一类是基于 Web 的页面或移动端 App。前者定制灵活，开发效率高，但是实时性较差，后者需要针对性地开发，定制性较差，成本较高，但是实时性好。

总之，一个完整的大数据平台都要有数据采集、数据处理（实时处理和批处理）、数据服务和数据展示环节，而这些环节上都有多种实现技术做支撑。每一种产品或工具又各有差异，所以我们接下来要讨论一下技术选型。不过要事先说明的是，我们以下对于平台各个环节上的技术选型只是简单地给出了最终结果，对于更多候选技术的对比和分析会在后续章节中专门展开。

1. 数据采集

数据采集的技术选型主要的考量点是看其支持的数据源种类和协议是否丰富，对接与开发是否便捷。目前业界较为主流的数据采集工具有 Flume、Logstash 及 Kafka Connect 等。其实有一个一直被人忽视但却是非常理想的数据采集组件——Apache Camel，它主要应用于企业应用集成领域，也被一些系统作为 ESB（企业服务总线）使用，其作用是在应用系统林立的企业 IT 环境中扮演“万向接头”的角色，让数据和信息在各种不同的系统间平滑地交换和流转。经过多年的积累，Camel 已经支持近 200 种协议或数据源，并且可以完全基于配置实现。我们希望原型项目未来能够对接非常多的数据源，同时尽可能地通过配置去集成数据源并采集数据，避免编写大量的代码，Camel 很好地满足了这些需求，所以，看上去选择 Camel 有一些“非主流”，但实际上这个选型是非常明智的，它特别适合企业平台。当然，作为一个非大数据组件，对于 Camel 的性能和吞吐量我们要有清醒的认识，这个问题可以通过对数据源进行分组、使用多个 Camel 实例分区采集数据来解决。

2. 消息队列

消息队列的选型是最明朗的，Kafka 几乎是唯一的选择，原型项目也不例外。

3. 流处理

流处理和批处理都是业务逻辑最集中的地方，也是系统的核心。目前用于流处理的主流技术是 Storm 和 Spark Streaming，对两者进行比较的文章很多，通常认为 Storm 具有更高的实时性，可以做到亚秒级的延迟，相比之下 Spark Streaming 的实时性要差一些，因为它以“micro batch”的方式进行流处理，但是依托 Spark 这个大平台，使用 Spark Streaming 既统一了技术堆栈，又能与其他 Spark 组件无缝交互，这使得它越来越流行。鉴于在业务上秒级延迟已经可以满足需求，我们在原型项目上最终选择了后者。另外，在写作本书时，Flink 在社区的呼声越来越高，在未来有望成为流计算领域的“新王者”。

4. 批处理

传统大数据的离线处理多选择 Hive，这在很多项目上被证明是可靠的解决方案。后来随着 Spark 的不断壮大，Spark SQL 的使用越来越广泛，并且 Spark SQL 完全兼容 Hive，这使得迁移工作几乎没有任何障碍。对于复杂的业务逻辑或非结构化数据，在 Hadoop 平台上一般通过 MR 编程处理，而在 Spark 平台上则是通过 Spark Core 的 RDD 编程实现的。如今 Spark 在大数据处理的很多方面已经取代 Hadoop 成为大数据的首选技术平台，所以在批处理的技术选型上我们选择了“Spark Core + Spark SQL”。

5. 主数据管理

为什么我们要单独把主数据管理列出来讨论呢？实际上在批处理的场景下，主数据和其他数据并没有质的区别，只是经常会被关联查询。但是，对于实时处理情况就完全不同了，实时处理也需要频繁地用到主数据，但却不能长期驻留在流计算节点上，因为流计算只能处理当前流经系统的数据，为此，我们必须构建一个统一的主数据管理模块来为流计算提供主数据服务。当然，如果企业内部已经存在主数据管理系统，也可以在原有系统的基础上进行改造，改造的重点是提供一种高性能、低延时的数据读取能力。一般来说，最为常见的做法是将主数据加载到内存数据库 Redis 中，同时考虑到主数据日常的增删查改等日常维护工作，将高性能、低延时的主数据并入主数据管理系统一起维护是常见的做法。所以主数据管理模块本质上是一个传统的 Web 应用，可以选择基于 Spring-Boot 构建，使用 MySQL 作为后台数据库，使用 Redis 同步主数据，对外通过 Restful API 提供主数据供给服务。

6. 数据服务

企业对于数据的需求是非常多样化的，尽管大数据平台提供了一致的、功能强大的数据处理体系，但当数据处理完毕供用户使用时，根据时效性、数据展示方式、用户使用习惯等诸多方面的需求，数据需要能以不同的方式和方法提供出去，这就要求企业的数据服务必须多样化。图 4-5 中的数据服务部分，给出了三种代表性的服务形态：面向结果集的关系型数据库（报表数据库）、数据 API 和 OLAP 引擎。对于批处理而言，虽然外部系统可以通过 Hive 或 Spark SQL 提供的 JDBC 或 ODBC 驱动获取数据，但是这种数据请求需要被转换为批处理作业去执行，无法满足在线的用户请求，所以批处理的结果一般都会同步到一个关系型数据库上，我们可以称之为报表数据库，通过这个数据库对外提供数据。同时，为了能够让分析人员迅速、一致、交互地从各个方面观察信息，很多企业还会建立自己的 OLAP 引擎，也就是以 Cube 模型对数据进行建模，提供多维度、实时的分析能力，在大数据平台上也有相对成熟的 OLAP 产品，如 Kylin。对于实时处理来说，处理结果一般会写入一个 NoSQL 数据库，目前能够存储大体量数据的主流 NoSQL 数据库有 HBase、Cassandra 和 MongoDB，我们的原型项目选择的是 HBase。NoSQL 数据库相较于 Hive 或 Spark SQL 具备完全的时实访问能力，但不一定有面向应用的成熟的 API 接口，所以可以基于 Web 应用技术搭建一个数据访问服务，这个服务通过 NoSQL 提供的客户端类库访问数据库，然后对外暴露 Restful API。

7. 数据展示

数据展示有很多技术可以实现，BI 报表可以使用 Tableau 或 Qlik Sense，Web 页面上可以使用 D3.js、Echarts 等 JavaScript 图形库，但这已经不是我们原型项目的重点了，本书不做过多讨论。

综上所述，基于前面的系统架构，本书推荐的技术堆栈如图 4-6 所示。

限于本书的篇幅和定位，我们不对数据服务和数据展示做深入探讨，原型项目也没有配套的实现模块，我们将集中精力处理数据采集、主数据管理、流处理、批处理和作业调度这几个环节。另外，考虑到有的系统可能只会建设批处理这一条管道，并且企业内部绝大多数的数据源以关系型数据库为主，原型项目也为批处理单独配备了一个基于 Sqoop 的采集模块，从而便于全面介绍数据导入技术，并尽可能地让原型项目便于拆分和组合。所以，本书的原型项目最终呈现的架构如图 4-7 所示。

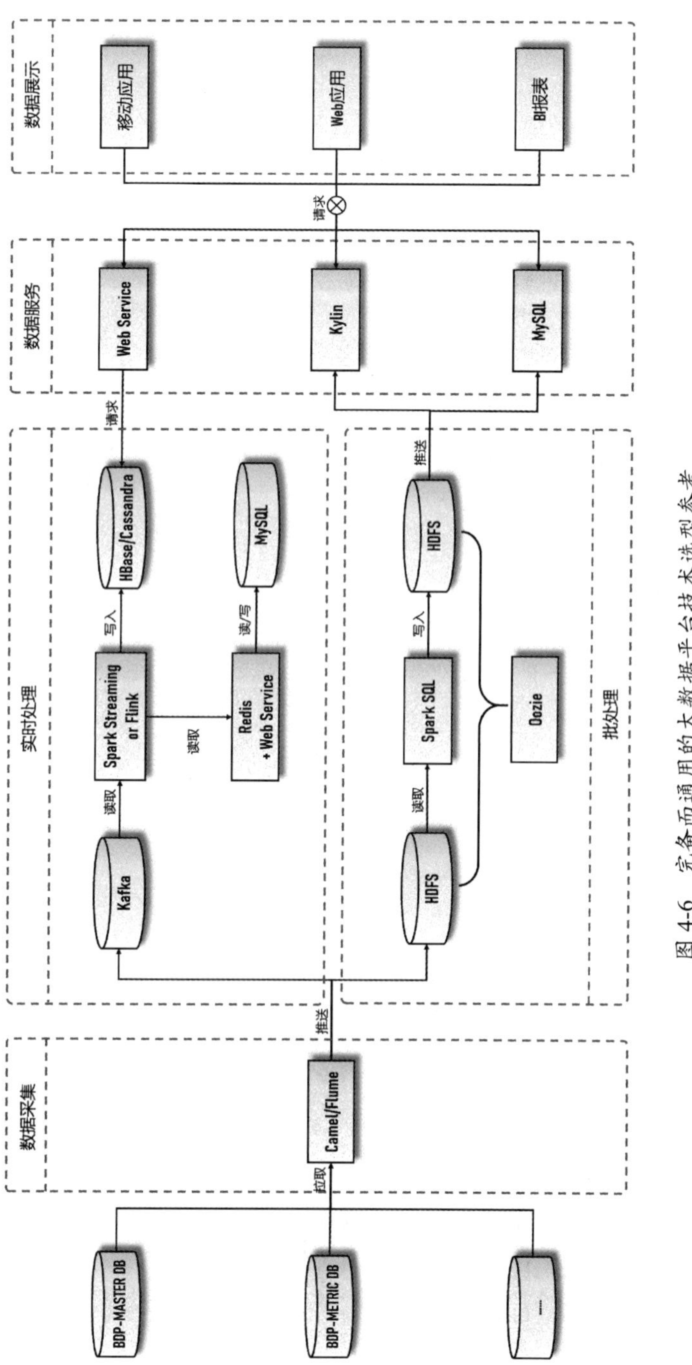

图 4-6　完备而通用的大数据平台技术选型参考

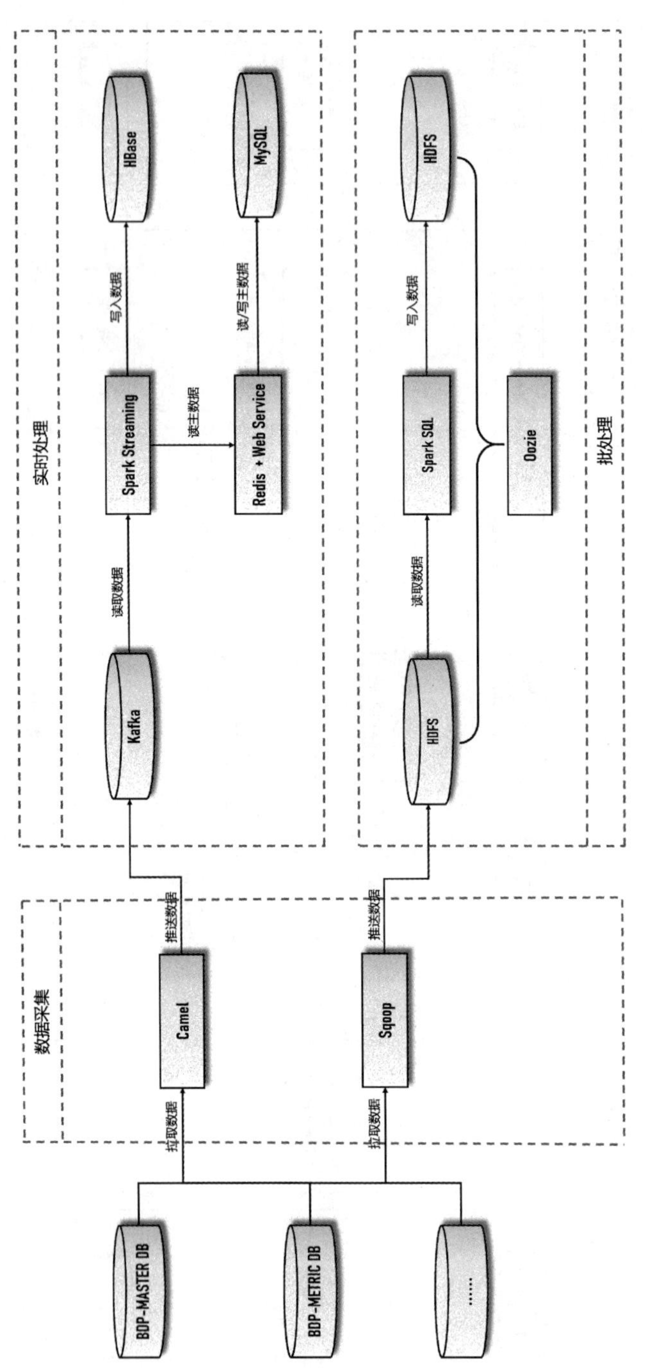
数据采集
BDP-MASTER DB
BDP-METRIC DB
......
拉取数据
拉取数据
Camel
Sqoop
推送数据
推送数据
实时处理
Kafka
读取数据
Spark Streaming
写入数据
HBase
读主数据
Redis + Web Service
读/写主数据
MySQL
批处理
HDFS
读取数据
Spark SQL
写入数据
HDFS
Oozie

图 4-7 原型项目的架构

4.4 原型项目工程结构

了解完系统架构之后，我们来看一下整个原型项目的工程结构，原型项目已在 GitHub 上开源，整个工程使用 Maven 构建，一共由 9 个子项目（模块）组成，分别如下：

- bdp-metric：这是一个用来模拟外部数据源的项目，主要用于生成 dummy metric 数据，然后写入一个 MySQL 数据库，该项目主要由 Shell 脚本组成；
- bdp-import：负责从外部数据源以批量方式采集数据，基于 Sqoop 开发；
- bdp-collect：负责从外部数据源以批量方式采集数据，基于 Camel 开发；
- bdp-dwh：负责构建数据仓库，是批处理的核心项目，基于 Spark SQL 开发；
- bdp-master-server：主数据系统的服务器端，负责维护主数据，它有两个存储介质：一个是 MySQL 数据库，另一个是 Redis 数据库，前者用于主数据的持久化存储，后者作为 Cache 为实时流处理提供主数据查询服务；
- bdp-master-client：专门为读取主数据开发的客户端程序，它从 bdp-master-server 维护的 Redis 数据库上读取数据，供流处理项目 bdp-stream 使用；
- bdp-stream：负责实时流处理，是实时处理的核心项目，基于 Spark Streaming 开发；
- bdp-workflow：负责所有批处理的作业编排和调度，基于 Oozie 开发；
- bdp-parent：负责统一维护以上所有项目的依赖类库和插件版本，这是 Maven 项目中常见的做法。

这些项目在架构中承担的职责或者说负责的范围如图 4-8 所示。

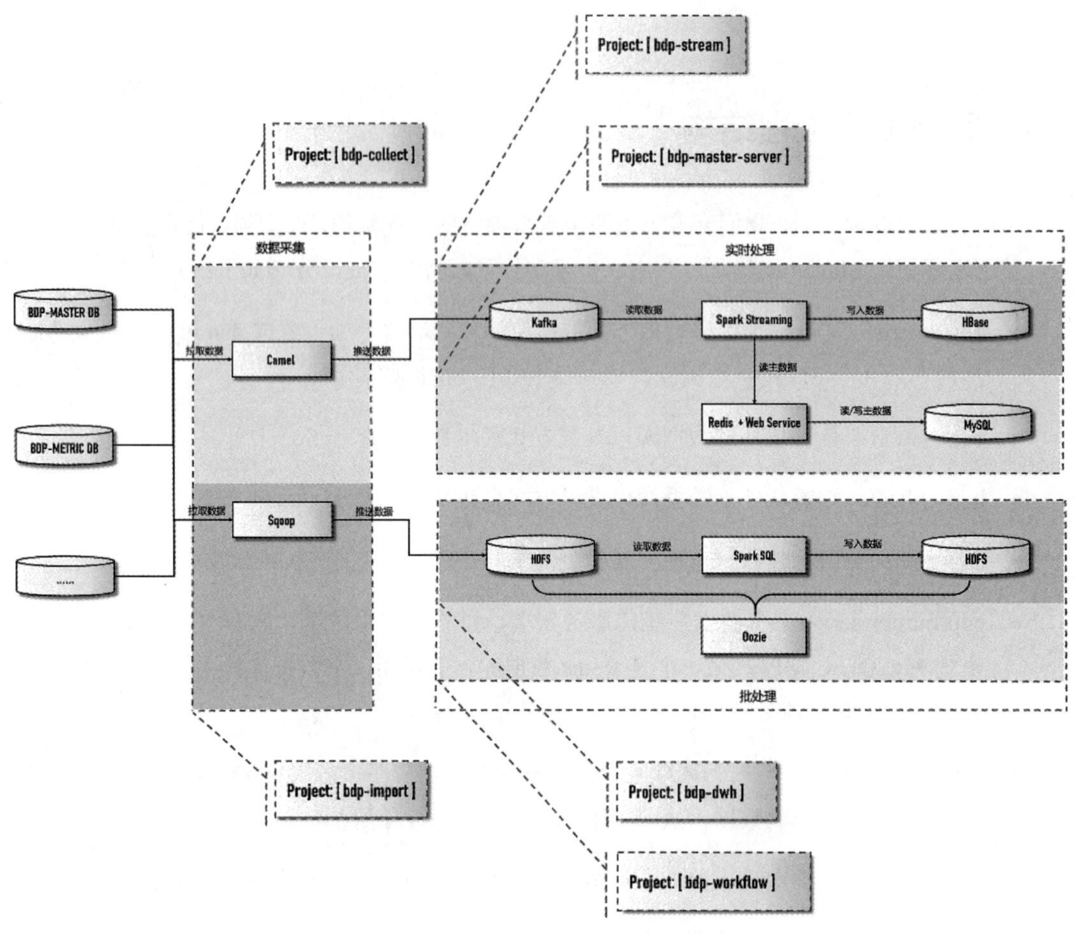

图 4-8　原型项目与系统架构映射关系

没有在图 4-8 中体现出来的是 bdp-metric 和 bdp-master-client，前者将 dummy metric 数据写入 bdp_metric 数据库，后者作为 jar 被 bdp-stream 引用。

我们将在第 5 章中介绍 bdp-collect 和 bdp-import 两个项目，在第 6 章中介绍 bdp-master-server，在第 7 章中介绍 bdp-stream 和 bdp-master-client，在第 8 章中介绍 bdp-dwh，在第 10 章中介绍 bdp-workflow。

大数据平台是非常庞大和复杂的一种技术平台，涉及很多技术，这一点在我们的原型项目上也体现得非常明显，学习本书要求大家必须具备一定的相关技术背景，你可以不必精通每一种技术，但是了解得越全面越好，我们罗列了本书用到的技术供大家参考，如图 4-9 所示。

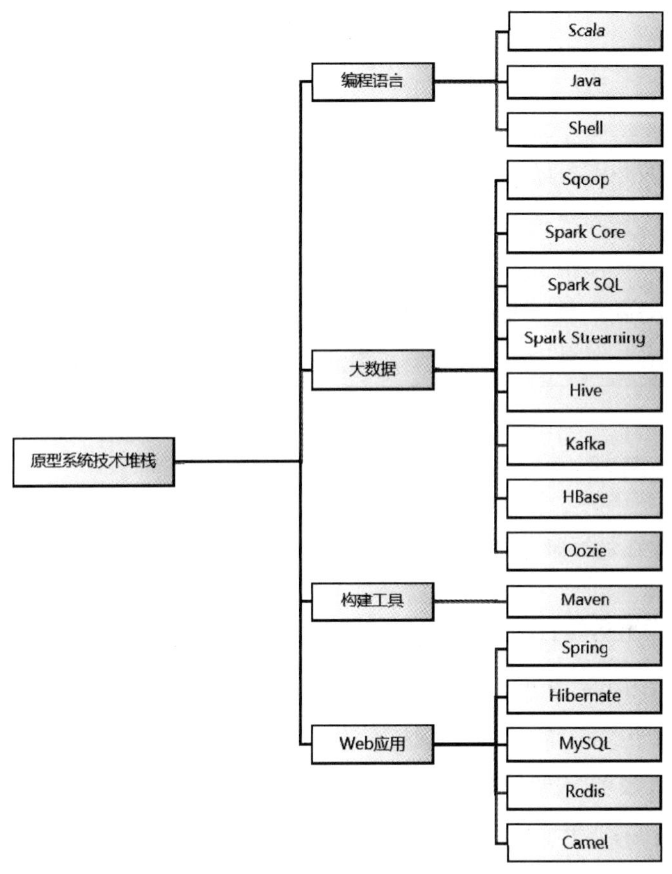

图 4-9　原型项目技术图谱

我们的原型项目用到了图 4-9 中的所有技术，可以说，这对于任何一个开发人员来说都是不小的挑战。如果你不是一个架构师，可以选择个人感兴趣的领域进行深入的钻研，如果你将要或正在从事大数据架构工作，了解并掌握这些技术是很有必要的。

4.5 部署原型项目

按下来我们将介绍如何部署原型项目，由于项目的模块众多，使用的技术也不尽相同，因此部署整个原型项目并不是一件简单的事情，请读者认真阅读并遵循后面每一节的操作。

> 在部署前读者应该准备好一个大数据集群，本书使用的集群环境是在第 3 章中介绍并安装的 7 节点集群，后续所有章节都是以这个环境为背景讲解的，但这并不意味着你必须搭建一个一模一样的集群才能学习本书，如果读者已经有一个现成的大数据环境，可以修改程序代码中的 Maven profile 文件 cluster.properties，将配置中出现的各个节点替换为你自己的环境中对应角色的节点，或者直接创建面向自己的环境的 profile 文件。

4.5.1 配置服务器

首先，我们需要在目标服务器上做一些必要的配置工作。

4.5.1.1 在远程服务器上建立应用程序专有账号

在 Linux 上部署应用程序有一些最佳实践，其中一项就是为每个应用程序创建专有的 Linux 账号，这个账号一般与应用同名，程序部署在这个专有账号的 home 目录下，所有程序文件的 owner 都是这个专有账号，同时用这个专有账号来启动应用程序。原型项目中除去 bdp-parent 和 bdp-master-client，其他子项目都会单独部署，创建的账号如表 4-8 所示。

表 4-8 创建的账号

项目名称	Linux 专有账号	账号密码	用户 home 目录
bdp-collect	bdp-collect	Bdpp1234!	/home/bdp-collect
bdp-dwh	bdp-dwh	Bdpp1234!	/home/bdp-dwh
bdp-import	bdp-dwh	Bdpp1234!	/home/bdp-dwh
bdp-master-server	bdp-master-server	Bdpp1234!	/home/bdp-master-server

续表

项目名称	Linux 专有账号	账号密码	用户 home 目录
bdp-metric	bdp-metric	Bdpp1234!	/home/bdp-metric
bdp-stream	bdp-stream	Bdpp1234!	/home/bdp-stream
bdp-workflow	bdp-workflow	Bdpp1234!	/home/bdp-workflow

所有这些项目都将部署到 gateway1 节点上，所以我们只需在 gateway1 节点上创建上述账号即可，有两点需要特别解释一下。

- bdp-import 项目使用的账号是 bdp-dwh，而非 bdp-import。原因在于，bdp-import 项目实际上只是 bdp-dwh 的一个子集，前者只负责完成数据导入，而后者则从数据采集开始完成全部的数仓操作，为了避免 HDFS 上的文件权限问题，我们直接让 bdp-import 使用 bdp-dwh 的账号。本书之所以将数据采集部分单独拆分出来做成 bdp-import 子项目，是为了提供粒度更细、针对性更强的可选组件。例如，假设读者只需要一个批量导入数据的原型项目时就可以选择 bdp-import，此时可以创建一个名为 bdp-import 的专有账号，而如果要完成从数据采集到数仓构建的完整项目时，就应该选择 bdp-dwh。
- 对于 bdp-stream 账号，除了要建在 gateway1 节点上，还要在 worker1、worker2 和 worker3 节点上创建，并配置免密登录，原因是 bdp-stream 需要远程登录这些节点进行日志文件操作。

以下是用于创建上述所有账号的脚本，在 gateway1 节点上使用 root 账号执行即可完成所有账号的创建工作。

```
# Run as 'root'
# add group if not exists
group=bdp

egrep "^$group\:" /etc/group >& /dev/null
if [ "$?" != "0" ]
then
    groupadd "$group"
    echo "Group: $group is added."
```

```
fi

users=(bdp-metric   bdp-collect   bdp-dwh   bdp-master-server   bdp-stream
bdp-workflow)
password='Bdpp1234!'
for user in ${users[@]}
do
    # add user if not exists and set password
    egrep "^$user\:" /etc/passwd >& /dev/null
    if [ "$?" != "0" ]
    then
        useradd -g "$group" "$user"
        echo "User: $user is added."
        echo "$user:$password"|chpasswd
        echo "User: $user, password is reset."
    fi
done

# enable all users of bdp group can sudo as hdfs.
echo '%bdp ALL = (hdfs) NOPASSWD: ALL'>/etc/sudoers.d/bdp
```

最后，记得在 worker1、worker2 和 worker3 节点上创建 bdp-stream 账号，并配置免密登录。

4.5.1.2 在 HDFS 上为程序专有账号创建 Home 目录

原型项目的部分应用程序需要使用 HDFS 读写文件，为此需要在 HDFS 上为这些程序的专有账号创建 Home 目录，CDH 为 HDFS 用户规划了特定根目录/user，一般用户的 home 目录都建在/user 下，需要在 HDFS 创建用户 home 目录的用户包括 bdp-dwh、bdp-stream 和 bdp-workflow，在 gateway1 节点上使用 root 账号执行以下脚本，就可以自动创建出所有的目录。

```
# create home on hdfs for users need hdfs storage
su -l hdfs
users=(bdp-dwh bdp-stream bdp-workflow)
```

```
for user in ${users[@]}
do
    home=/user/$user
    hdfs dfs -test -d $home && hdfs dfs -rm -r -f $home
    hdfs dfs -mkdir -p $home
    hdfs dfs -chown -R $user:bdp $home
done
exit
```

4.5.1.3　在 HDFS 上创建数据仓库所需目录

原型项目会创建一个数据仓库，数据仓库会划分不同的数据存储区域，每一个区域对应一个数据库，每个数据库在 HDFS 上都对应一个目录，因此需要在 HDFS 上预先创建出数据库对应的目录，这些目录包括/data/src、/data/dwh、/data/dmt、/data/app、/data/tmp 及/data/stg。使用以下脚本可以一次性地将这些目录全部建好，同时会把目录的 owner 设为 bdp-dwh 账号，这个账号是数据仓库子项目的专有账号，后续数据仓库上操作的所有数据都存放在这些目录中。

```
# create data zones
su -l hdfs
dirs=(/data/src /data/dwh /data/dmt /data/app /data/tmp /data/stg)

for dir in ${dirs[@]}
do
    hdfs dfs -test -d $dir && hdfs dfs -rm -r -f $dir
    hdfs dfs -mkdir -p $dir
    hdfs dfs -chown -R bdp-dwh:bdp $dir
done

hdfs dfs -chmod a+w /data/tmp

exit
```

4.5.1.4 创建数据仓库

紧接着，我们要创建组成数据仓库的各个分层数据库，这些数据库的名称分别是 src、dwh、dmt、app、tmp 及 stg，它们的 HDFS 路径就是上一步创建的 /data/src、/data/dwh、/data/dmt、/data/app、/data/tmp 及/data/stg。打开 Hive 或 Spark-SQL 的命令行工具，执行以下 SQL 脚本可以一次性地将数据库全部创建好。

```
drop database if exists src cascade;
create database if not exists src
location '/data/src';

drop database if exists dwh cascade;
create database if not exists dwh
location '/data/dwh';

drop database if exists dmt cascade;
create database if not exists dmt
location '/data/dmt';

drop database if exists app cascade;
create database if not exists app
location '/data/app';

drop database if exists tmp cascade;
create database if not exists tmp
location '/data/tmp';

drop database if exists stg cascade;
create database if not exists stg
location '/data/stg';
```

4.5.1.5　创建 bdp-stream 的日志目录

bdp-stream 是我们的实时处理子项目，这是一个 Spark Streaming 项目，运行在 Yarn 上，它在运行中输出的日志默认是存放在 HDFS 上的，并且在程序执行期间不能及时地将日志刷新到 HDFS 上，这非常影响日志查看。为此，我们在 bdp-stream 的日志配置中指定了一个存放本地日志文件的目录/var/log/bdp-stream，开发人员可以在本地浏览实时更新的日志文件。所有的 driver 和 executor 节点都会在这个目录下生成日志文件，所以我们需要在 gateway1、worker1、worker2 和 worker3 四个节点上创建这个目录，命令如下：

```
mkdir /var/log/bdp-stream
chown bdp-stream:bdp /var/log/bdp-stream
chmod a+w /var/log/bdp-stream
```

注意，如果读者使用单节点集群，一定要将目录权限设置为 a+w，这样做的原因是，在单机环境下，当前服务器既是 driver 又是 executor，driver 端的用户是 bdp-stream，没有问题，但是在 executor 端，执行用户是 yarn，如果不设置为 a+w 权限，yarn 用户没有权限向/var/log/bdp-stream 写入文件，executor 就无法启动。

4.5.1.6　为 bdp-stream 用户配置免密登录

这一步操作也与日志有关，bdp-stream 在开发阶段非常依赖日志的输出，而作为一个分布式系统，它的日志又很难统一处理，为此我们在 bdp-stream 项目下的 bin/bdp-stream.sh 文件中封装了一些与日志相关的便捷操作。这些操作需要免密登录 driver 和 executor 节点进行批量的日志处理，如 clean-log（清理日志）等。所以我们需要在产生日志的四个节点 gateway1、worker1、worker2 和 worker3 上创建 bdp-stream 账号，且需要为这一账号配置免密登录，这样就可以通过 SSH 推送命令到所有节点上处理日志文件了。关于如何配置免密登录，请大家参考 3.3.2.2 节，这里不再赘述。

4.5.1.7　为 oozie 用户配置免密登录

接下来，我们要为 oozie 用户配置从 Oozie 服务器到 gatway1 节点上的 bdp-dwh 用户的 SSH

免密登录，因为 bdp-workflow 项目的每一个动作都是通过 SSH 登录 bdp-dwh 所在的节点执行相应命令完成的，所以必须配置 SSH 免密登录。具体到我们的集群环境，就是配置从 oozie@utility1.cluster 到 bdp-dwh@gateway1.cluster 的 SSH 免密登录，关于如何配置免密登录，同样请参考 3.3.2.2 节。要特别提醒的是，Cloudera Manager 创建的 oozie 是一个本地账号，这意味着我们不能通过 SSH 登录这个账号，也没有相应的密码，所以在进行相关的免密登录配置时最好在 root 用户下以 sudo -u oozie 的形式进行操作。

4.5.1.8 修改 Oozie 默认时区

Oozie 的时区会影响提交作业的时间格式，其默认时区是 UTC，而我们的原型项目统一使用中国标准时间（即东八区时间），因此需要修改 Oozie 的默认时区。操作方法是打开 Cloudera Manager 页面，进入 Oozie 的配置页面，搜索 oozie.processing.timezone，如果搜索不到可以打开定制 oozie-site 的面板，然后输入自定义配置项：

```
oozie.processing.timezone=GMT+0800
```

4.5.1.9 创建 bdp_metric 和 bdp_master 数据库

我们前面数次提到 bdp_metric 和 bdp_master 两个数据库，它们分别是 bdp-metric 和 bdp-master-server 两个子系统的后台数据库，也是数据采集的目标数据库。现在我们来创建这两个数据库，使用任意的 MySQL 客户端连接到 MySQL 数据库（这个 MySQL 数据库是我们在第 3 章中安装的 Galera 集群），执行如下 SQL：

```
-- 1. bdp_metric
DROP DATABASE IF EXISTS bdp_metric;
CREATE DATABASE IF NOT EXISTS bdp_metric DEFAULT CHARACTER SET utf8 DEFAULT
COLLATE utf8_general_ci;

DROP USER IF EXISTS 'bdp_metric'@'%';
CREATE USER IF NOT EXISTS 'bdp_metric'@'%' IDENTIFIED BY 'Bdpp1234!';
GRANT ALL PRIVILEGES ON bdp_metric.* TO 'bdp_metric'@'%' WITH GRANT OPTION;
```

```
FLUSH PRIVILEGES;

-- 2. bdp_master

DROP DATABASE IF EXISTS bdp_master;
CREATE DATABASE IF NOT EXISTS bdp_master DEFAULT CHARACTER SET utf8 DEFAULT
COLLATE utf8_general_ci;

DROP USER IF EXISTS 'bdp_master'@'%';
CREATE USER IF NOT EXISTS 'bdp_master'@'%' IDENTIFIED BY 'Bdpp1234!';
GRANT ALL PRIVILEGES ON bdp_master.* TO 'bdp_master'@'%' WITH GRANT OPTION;
FLUSH PRIVILEGES;
```

4.5.1.10　创建 Kafka topic

bdp-collect 子项目实时采集的 Metric 数据会“push”到 Kafka 中，因此需要提前在 Kafka 上创建相应的 topic，根据所采集数据的种类，一共需要创建三个 topic，分别是 cpu.usage、mem.used 和 alert ，登录 gateway1，在 bdp-collect 用户下执行如下命令：

```
kafka-topics \
   --zookeeper
master1.cluster:2181,master1.cluster:2181,utility1.cluster:2181 \
   --create \
   --topic cpu.usage \
   --partitions 12 \
   --replication-factor 3

kafka-topics \
   --zookeeper
master1.cluster:2181,master1.cluster:2181,utility1.cluster:2181 \
   --describe \
   --topic cpu.usage
```

```
kafka-topics \
    --zookeeper
master1.cluster:2181,master1.cluster:2181,utility1.cluster:2181 \
    --create \
    --topic mem.used \
    --partitions 12 \
    --replication-factor 3

kafka-topics \
    --zookeeper
master1.cluster:2181,master1.cluster:2181,utility1.cluster:2181 \
    --describe \
    --topic mem.used

kafka-topics \
    --zookeeper
master1.cluster:2181,master1.cluster:2181,utility1.cluster:2181 \
    --create \
    --topic alert \
    --partitions 12 \
    --replication-factor 3

kafka-topics \
    --zookeeper
master1.cluster:2181,master1.cluster:2181,utility1.cluster:2181 \
    --describe \
    --topic alert
```

在这段脚本中需要注意的是对分区数量的设定，即 partitions 参数的取值，这个值要根据集群计算资源进行调整，示例中取 12 是面向我们这个 7 节点集群设置的。

4.5.1.11　创建 HBase 数据表

bdp-stream 项目会将流处理的结果数据写入 HBase 中，为此，我们需要预先创建好相关的 HBase 数据表。总共有三张数据表，分别是 metric、alert 和 server_state。登录 gateway1，在 bdp-stream 用户下执行如下命令：

```
hbase shell
```

打开 HBase 的 CLI，然后执行如下建表脚本：

```
disable 'metric'
drop 'metric'
create 'metric', {NAME=>'f', VERSIONS=>1, COMPRESSION => 'SNAPPY', BLOCKCACHE => 'true'}

disable 'alert'
drop 'alert'
create 'alert', {NAME=>'f', VERSIONS=>1, COMPRESSION => 'SNAPPY', BLOCKCACHE => 'true'}

disable 'server_state'
drop 'server_state'
create 'server_state', {NAME=>'f', VERSIONS=>1, COMPRESSION => 'SNAPPY', BLOCKCACHE => 'true'}
```

4.5.2　构建与部署

这一节我们将介绍如何构建并部署原型项目。在部署之前，我们需要清楚地了解这些项目在部署与运行时的上下游依赖关系，因为一些项目的运行需要依赖另一些项目提供的数据或服务，所以要先启动那些被依赖的项目。原型项目基于 Lambda 架构，实时处理和批处理是相互隔离的两条通道，因此项目依赖关系也分为两类。

1. 实时处理项目的依赖关系

实时处理项目的依赖关系如图 4-10 所示。

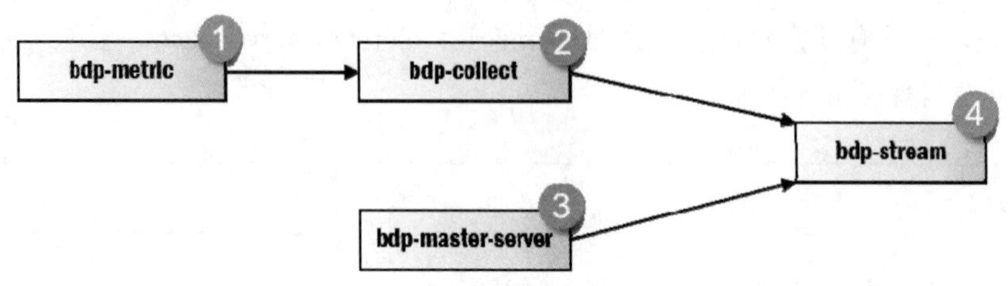

图 4-10 实时处理项目的依赖关系

首先，bdp-metric 会实时地向数据库中插入 dummy 的 Metric 数据。然后，bdp-collect 会实时地从数据库中抽取刚刚插入的 Metric 数据，再写入 Kafka 中。接下来，bdp-stream 会从 Kafka 中接收数据并进行实时处理，在处理过程中还会使用由 bdp-master-server 维护的主数据。所以针对实时数据处理这条线，项目的启动顺序是：bdp-metric→bdp-collect→bdp-master-server→bdp-stream。

2. 批处理项目的依赖关系

批处理项目的依赖关系如图 4-11 所示。

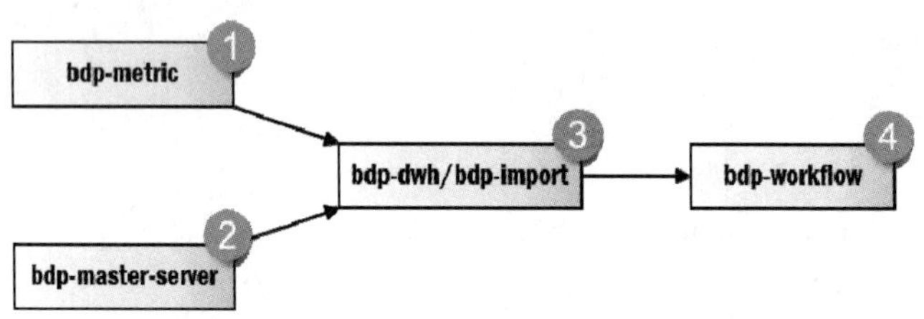

图 4-11 批处理项目的依赖关系

同样地，bdp-metric 和 bdp-master-server 都需要先运行起来，以确保它们的后台数据库在实时地写入数据。然后，启动 bdp-dwh 或 bdp-import，定期从 bdp-metric 和 bdp-master-server 的后台数据库中批量地抽取数据放入数据仓库中，再进行一系列的数据处理操作，这些操作都由工作流引擎项目 bdp-workflow 来驱动，因此还要将这个项目启动起来。所以针对批处理这条线，项目的启动顺序是：bdp-metric→bdp-master-server→bdp-dwh / bdp-import→bdp-workflow。

汇总一下，整个原型项目的启动顺序是：bdp-metric→bdp-collect→bdp-master-server→bdp-stream→bdp-dwh / bdp-import→bdp-workflow。

读者可以根据正在学习的内容选择只启动实时处理或批处理中的一条通道，它们之间没有依赖，都可以独立运行，尤其是对于只使用一个节点做集群的读者来说，这会大大缓解机器运行原型项目的压力。

接下来我们对项目的构建脚本进行一些介绍，原型项目提供了一套高度自动化的 batch 脚本，用于自动化地从本地编译、打包、上传、部署和初始化各个子项目，这极大地方便了工程师的开发和调试工作，所有子项目使用的是一致的脚本，每一个子项目的构建命令也都是一样的。我们以 bdp-master-server 这个项目构建脚本为例，介绍一下整个自动化过程是如何进行的。在所有的子项目中（bdp-master-client 除外，因为它只是一个被依赖的类库，不会独立运行），都有两个标配的 batch 脚本文件：

- build.bat
- src/main/resources/deploy.bat

这两个文件脚本联合实现了项目的自动化部署。build.bat 负责编译、打包，deploy.bat 负责将构建好的软件包部署到远程服务器，然后完成解压、安装和必要的初始化工作。之所以要把后面的操作剥离到 deploy.bat 文件中是因为它们与实际环境相关，需要基于 Maven 的 profile 进行变量替换，因此 deploy.bat 文件必须放置于 src/main/resources/目录下，接受 Maven 的管控。而 build.bat 的操作都是本地操作，与环境无关，为了便于使用，特意放在各子项目的根目录下。在执行完编译、打包工作之后，调用基于给定的 profile 编译出来的 target\deploy.bat 完成后续工作。在使用时我们只需要执行 build.bat 这一个脚本文件即可，在所有子项目里它的使用方式是都是一样的，即：

```
build.bat cluster|standalone
```

build.bat 后面可以接收多个参数，这些参数必须是在 Maven 中配置的 profile，build.bat 会将这些 profile 参数传给 Maven 进行构建。我们所有的子项目都配置了 cluster 和 standalone 两个 profile，因此 build.bat 可选的参数就是 cluster 和 standalone。接下来，我们就要正式构建、部署并运行原型项目了。

4.5.2.1 搭建本地开发环境

首先，我们必须在本地搭建出开发环境，安装一列开发工具。原型项目用到的工具如表 4-9 所示。

表 4-9 原型项目用到的工具

类型	名称	版本
JDK	Oracle JDK	8u221
构建工具	Maven	3.6.1
版本控制	Git	2.23.0
IDE	IntelliJ IDEA	2019.2
SSH 客户端	Putty	0.72
MySQL 客户端	HeidiSQL	10.2

读者可以基于自己的喜好选择 IDE 和 MySQL 客户端，对项目构建没有影响，但是 JDK、Maven 及 Putty 是必需的，因为构建脚本中用到了这些工具，如果缺失这些工具就会导致构建失败。我们相信大多数读者都有能力安装和配置这些工具，本书不再赘述。

注意 需要特别注意的是 Putty 的安装，由于构建脚本会直接使用 PSCP 向远程服务器上传程序安装包，同时会使用 PLINK 命令向远程 Linux 服务器推送命令，所以必须要将 Putty 的安装目录添加到系统环境变量 path 中，以确保在命令行中可以直接调用 Putty 的命令行工具而不必给出绝对路径。

4.5.2.2 检出源代码

原型项目已在 GitHub 开源，读者可通过 IDE 或 Git 命令将工程检出到本地：

```
git clone https://github.com/bluishglc/bdp
```

4.5.2.3 配置 Maven profile

项目基于 Maven 构建，通过 Maven 的 profile 机制为不同的环境提供不同的配置。大数据平台上有很多服务，当项目用到这些服务时，需要给出主机、端口等信息，对于不同的环境，这些服务的地址会有所不同，所以与环境相关的配置信息都被抽离出来进行了单独配置。

一个项目通常会配备 dev、stg 及 prd 三套 profile，分别对应于开发、测试和生成产环境。为了配合读者学习，原型项目面向单节点环境和集群环境分别提供了 standalone 和 cluster 两个 profile，以下是对两个 profile 的介绍。

- standalone：这个 profile 面向的是一个单节点集群，所有的服务都安装在一个服务器上，机器名为 node1.cluster，单节点集群的安装可以参考 3.4 节；
- cluster：这个 profile 面向的是我们在第 3 章创建的 7 节点集群，涉及的机器名和角色分配与第 3 章所述完全一致，本书也是围绕这个集群进行讲解的。

所有子项目都针对这两个 profile 提供了对应的属性文件，分别是：

```
src/main/profiles/standalone.properties
src/main/profiles/cluster.properties
```

在同一个子项目下，这两个 profile 的 key 都是一样的，但 value 会有所不同，其中与服务器和服务地址有关的配置如图 4-12 所示。

项目	环境相关的配置项	配置项说明	Maven Profile	
			standalone	cluster
bdp-collect	app.host	部署该应用程序的远程服务器	node1.cluster	gateway1.cluster
	bdp.metric.db.host	bdp_metric的数据库服务器	node1.cluster	loadbalancer1.cluster
	kafka.brokers	kafka的broker服务器列表	node1.cluster:6667	worker1.cluster:6667,worker2.cluster:6667,worker3.cluster:6667
bdp-dwh	app.host	部署该应用程序的远程服务器	node1.cluster	gateway1.cluster
	bdp.metric.db.host	bdp_metric的数据库服务器	node1.cluster	loadbalancer1.cluster
	bdp.master.db.host	bdp_master的数据库服务器	node1.cluster	loadbalancer1.cluster
bdp-import	app.host	部署该应用程序的远程服务器	node1.cluster	gateway1.cluster
	bdp.metric.db.host	bdp_metric的数据库服务器	node1.cluster	loadbalancer1.cluster
	bdp.master.db.host	bdp_master的数据库服务器	node1.cluster	loadbalancer1.cluster
bdp-master-client	redis.host	Redis服务器	node1.cluster	gateway1.cluster
bdp-master-server	app.host	部署该应用程序的远程服务器	node1.cluster	gateway1.cluster
	bdp.master.db.host	bdp_master的数据库服务器	node1.cluster	loadbalancer1.cluster
bdp-metric	app.host	部署该应用程序的远程服务器	node1.cluster	gateway1.cluster
	db.host	bdp_metric的数据库服务器	node1.cluster	loadbalancer1.cluster
bdp-stream	app.host	部署该应用程序的远程服务器	node1.cluster	gateway1.cluster
	app.cluster.nodes	Spark Driver+Executor的服务器列表	(node1.cluster)	(gateway1.cluster worker1.cluster worker2.cluster worker3.cluster)
	hbase.zkQuorum	HBase的zkQuorum服务器列表	node1.cluster:2181	master1.cluster:2181,master1.cluster:2181,utility1.cluster:2181
	kafka.brokerList	kafka的broker服务器列表	node1.cluster:6667	worker1.cluster:6667,worker2.cluster:6667,worker3.cluster:6667
bdp-workflow	cluster.namenode	Namenode的服务器	node1.cluster	nameservice1
	cluster.resourcemanager	ResourceManager的服务器	node1.cluster	master1.cluster
	cluster.oozie.host	Oozie的服务器	node1.cluster	utility1.cluster
	app.host	部署该应用程序的远程服务器	node1.cluster	gateway1.cluster

图 4-12　原型项目针对不同环境的服务器和服务地址配置

注意 如果读者跟随第 3 章的讲解建立了 7 节点集群，则不需要对 cluster profile 进行任何修改，如果读者使用自己的集群环境，需要根据集群的节点角色替换配置文件中的各节点名称，否则程序将无法部署和运行。

4.5.2.4 配置本地 hosts 文件

这一节的操作不是必需的，但强烈建议读者将集群所有服务器的 IP 地址和机器名映射添加到本地 hosts 文件中，这样在修改工程项目的 profile 时就不需要使用 IP 地址了。另外，在 SSH 客户端上创建到各个服务器的 session 也可以使用机器名而不是 IP 地址。所以最好在本地一次性配置好 IP 地址和机器名映射，然后本地出现的所有与远程服务器连接的配置都一律使用机器名。这样做的好处：一是使用机器名更加便于书写和记忆，二是如果机器的 IP 地址发生变更，只需要修改 hosts 文件即可。

在配置本地 hosts 文件时要注意区分远程服务器的内外网地址，远程服务器的 hosts 文件使用的都是内网地址，而本地 hosts 文件中出现的 IP 地址是需要能从本地访问的 IP 地址，这取决于我们的本机使用的是内网还是外网。如果本机与集群同属于内网，则直接使用远程主机上的 hosts 文件即可；如果本机属于外网，则需要将远程服务器的公网 IP 地址配置到 hosts 文件中。

针对我们在第 3 章搭建的 7 节点集群，需要将它们的公网 IP 地址和机器名添加到本地 hosts 文件中。另外，云平台上的服务器在重启之后公网 IP 地址都会变动，这需要我们根据新的 IP 地址修改 hosts 文件，如果觉得麻烦，可以给所有的机器分配弹性 IP 地址，将它们的公网 IP 地址固定下来。

4.5.2.5 编译安装所有 jar 包

由于工程的子项目之间存在依赖，为了避免构建时找不到依赖的 jar 包，我们需要先统一编译一下所有的子项目，并将其安装到本地的 Maven repository 中。具体的操作方法是，进入 bdp-parent 本地工程目录下，通过命令行执行如下命令：

```
mvn clean install -Pcluster
```

4.5.2.6　部署 bdp-master-server

bdp-master-server 是一个基于 Spring Boot 的 Web 应用，编译打包之后是一个 zip 包，它还有一个配套的后台数据库 bdp_master，这个数据库同时是平台的一个外部数据源。注意，bdp-master-server 依赖 MySQL 和 Redis，在部署前要确保这两项服务都已启动。部署 bdp-master-server 的具体操作是，进入 bdp-master-server 的本地工程目录，执行命令：

```
build.bat cluster
```

以上命令会编译打包该项目，并将软件包上传到远程服务器 gateway1，然后解压到 bdp-master-server 用户的 home 目录下，使用 bdp-master-server 用户登录 gateway1，在 home 目录下就可以看到部署好的工程了。

在 home 目录下使用如下命令即可启动 bdp-master-server：

```
bdp-master-server-1.0/bin/bdp-master-server.sh start
```

如需要查看程序日志了解程序运行状况，可以使用命令：

```
bdp-master-server-1.0/bin/bdp-master-server.sh tail-log
```

此时后台数据库还是空的，在初次启动 bdp-master-server 项目后，还需要为数据库插入配套的基础数据，执行以下命令：

```
bdp-master-server-1.0/bin/bdp-master-server.sh update-master-data 2018-09-01
```

这里解释一下，我们为 bdp-master-server 准备了两个版本的基础数据，按日期进行了区分，一个是 2018-09-01 的基础数据，另一个是 2018-09-02 的基础数据，其中第二个版本将修改第一版中的某些记录的值，这一设计是为了配合第 8 章讲解缓慢变化维度而设计的，到时我们会做详细解释，在这里，我们只需要执行一下上述命令确保有基础数据即可。

需要提醒的是，该命令需要使用 MySQL 的 CLI 来执行 SQL 语句，我们在第 3 章准备基础设施时并没有在 gateway1 上安装 MySQL 客户端，所以如果需要上述命令能“跑通”，还需要在 gateway1 上安装 MySQL 客户端，安装的命令也很简单：

```
rpm -ivh https://dev.mysql.com/get/mysql57-community-release-el7-11.noarch.rpm
yum -y install mysql-community-client
```

一切部署完成之后，可以通过浏览器打开 bdp-master-server 暴露的 API 地址 http://gateway1.cluster:9090/apps，如果返回如下 JSON 数据，就表明 bdp-master-server 已经就绪了。


```
[{"id":2,"name":"MyOMS","description":"The Order Management System","version":"2016","creationTime":1535760000000,"updateTime":1535760000000},{"id":1,"name":"MyCRM","description":"The Customer Relationship Management System","version":"7.0","creationTime":1535760000000,"updateTime":1535760000000}]
```


4.5.2.7 部署 bdp-metric

bdp-metric 是由 Shell 脚本组成的一个很轻量的应用，编译打包之后是一个 zip 包。它也配备一个后台数据库 bdp_metric，它的作用是生成 dummy 的 Metric 数据，能分别以实时和批量的方式生成 Metric 数据并保存到 bdp_metric 数据库。这是平台的第二个“外部数据源”（第一个数据源是 bdp-master-server 的后台数据库 bdp_master）。注意：bdp_mastr 依赖 MySQL，在部署前要确保其已经启动。

部署 bdp-metric 的具体操作是，进入 bdp-metric 的本地工程目录，执行命令：

```
build.bat cluster
```

以上命令会编译打包该项目，并将软件包上传到远程服务器 gateway1，然后解压到 bdp-metric 用户的 home 目录下，使用 bdp-metric 用户登录 gateway1，在 home 目录下就可以看到部署好的工程了。

执行成功之后程序就部署到远程服务器 gateway1 上了。在初次启动 bdp-metric 前，需要先创建 bdp_metric 数据库的 Schema，在 home 目录下使用如下命令：

```
bdp-metric-1.0/bin/bdp-metric.sh create-schema
```

然后使用如下命令启动程序：

```
bdp-metric-1.0/bin/bdp-metric.sh start
```

bdp-metric 启动之后，可以查看 bdp_metric 数据库中是否有数据写入，如果有，就表明 bdp-metric 已经就绪了。

但是后面的 bdp-import 和 bdp-dwh 都需要从 bdp-metric 的后台数据库中抽取一定的数据进行处理，所以我们需要预先插入一些数据。在 bdp-import 和 bdp-dwh 的操作实例中，我们使用了从 2018-09-01 到 2018-09-03 三天的数据，所以这里我们要先准备好这些数据。bdp-metric 提供了批量插入离线数据的命令，只需要执行：

```
bdp-metric-1.0/bin/bdp-metric.sh gen-offline-data 100 2018-09-01 2018-09-04
```

就可以生成 cup.usage、mem.used 和 alert 三种数据各 100 条，数据的 timestamp 范围是[2018-09-01 00:00:00, 2018-09-04 00:00:00)之间，这里是闭开区间，不包含 2018-09-04 00:00:00 这一时刻的数据，所以生成并导入了 2018-09-01 到 2018-09-03 三天的数据。

4.5.2.8　部署 bdp-collect

bdp-collect 是一个基于 Apache Camel 的 Java 应用，编译打包之后是一个 zip 包，它对接上游系统 bdp-metric 的后台数据库，将 Metric 数据提取出来并推送给下游的 Kafka 队列。注意，bdp-collect 依赖 MySQL 和 Kafka，在部署前要确保这两项服务都已启动。部署 bdp-collect 的具体操作如下。进入 bdp-collect 的本地工程目录，执行命令：

```
build.bat cluster
```

以上命令会编译打包该项目，并将软件包上传到远程服务器 gateway1，然后解压到 bdp-collect 用户的 home 目录下，使用 bdp-collect 用户登录 gateway1，在 home 目录下就可以看到部署好的工程了。

在 home 目录下使用如下命令即可启动 bdp-collect：

```
bdp-collect-1.0/bin/bdp-collect.sh start
```

如需要查看程序日志了解程序运行状况，可以使用命令：

```
bdp-collect-1.0/bin/bdp-collect.sh tail-log
```

bdp-collect 启动之后可以通过 Kafka 的命令行客户端来查看队列中是否有消息持续地插入：

```
kafka-console-consumer --bootstrap-server worker1.cluster:9092 --whitelist
 'cpu.usage|mem.used|alert' --property print.key=true --property key.separ
ator=,
```

如果有，就表明 bdp-collect 已经就绪了。

4.5.2.9 部署 bdp-stream

bdp-stream 是一个基于 Spark Streaming 的 Scala 应用，编译打包之后是一个 zip 包，它对接上游的 Kafka 队列，将 Metric 数据接入流计算引擎进行实时处理，然后将计算结果写入 HBase 数据库。注意，bdp-stream 依赖 Kafka 和 HBase，在部署前要确保这两项服务都已启动。由于 bdp-stream 涉及 Kafka 和 HBase，所以部署会比较复杂。首先，我们需要修改 Spark 2 与 Kafka 的有关配置，登录 Cloudera Manager 的管理页面，进入 Spark 2 配置页面，在搜索框中输入 SPARK_KAFKA_VERSION，然后可以查到 Spark 使用的 SPARK_KAFKA_VERSION，它的默认值是 0.9，我们的原型项目使用的是 0.10，所以需要改为 0.10，然后保存更改，重新部署客户端，如图 4-13 所示。

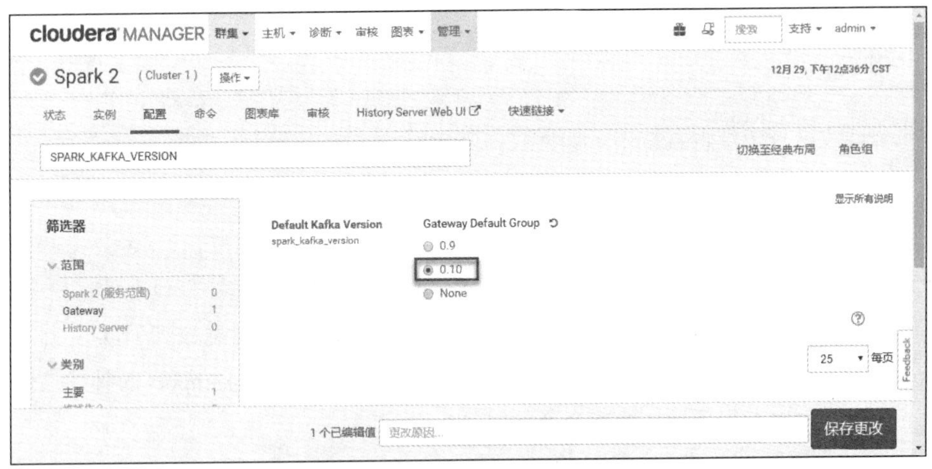

图 4-13　Cloudera Manager 的 SPARK_KAFKA_VERSION 配置页面

接下来，我们需要打开目标集群上 HBase 正在使用的 hbase-site.conf 文件，这个文件中包含连接 HBase 所需的一些信息，如 hbase.zookeeper.quorum 等，将该文件中的全部内容复制到 bdp-stream 的 conf/hbase-site.xml 中（直接覆盖源文件所有内容）。bdp-stream 中的 HBase Client 需要读取这个文件来连接 HBase，如果没有配置该文件，bdp-stream 就无法连接 HBase。然后，我们进入 bdp-stream 的本地工程目录，执行命令：

```
build.bat cluster
```

以上命令会编译打包该项目，并将软件包上传到远程服务器 gateway1，然后解压到 bdp-stream 用户的 home 目录下，使用 bdp-stream 用户登录 gateway1，在 home 目录下就可以看到部署好的工程了。使用如下命令即可启动 bdp-stream：

```
bdp-stream-1.0/bin/bdp-stream.sh start
```

如需要查看 driver 端的日志了解程序运行状况，可以使用命令：

```
bdp-stream-1.0/bin/bdp-stream.sh tail-log
```

服务启动之后，可以在 gateway1 上通过 HBase Shell 连接到 HBase 数据库，通过命令：

```
scan 'metric'
```

来查看 metric 数据表中是否有数据，如果有，则表明 bdp-stream 已经就绪。

4.5.2.10 部署 bdp-import

bdp-import 是一个由 Shell 脚本组成的基于 Sqoop 的轻量应用，编译打包之后是一个 zip 包，它通过 Sqoop 从 bdp_metric 和 bdp_master 两个数据库中批量抽取数据放到 HDFS 上。注意，bdp-import 依赖 MySQL，在部署前要确保这项服务已启动。部署 bdp-import 的具体操作是，进入 bdp-import 的本地工程目录，执行命令：

```
build.bat cluster
```

以上命令会编译打包该项目，并将软件包上传到远程服务器 gateway1，然后解压到 bdp-dwh 用户的 home 目录下，使用 bdp-dwh 用户登录 gateway1，在 home 目录下就可以看到部署好的工程了。

bdp-import 并不是以服务形式运行的，而是由若干命令组成的，正常情况下，这些命令会由工作流引擎定期调用，完成数据批量导入作业。如果想要验证程序是否可执行，可以在 home 目录下使用如下命令进行验证：

```
bdp-import-1.0/bin/bdp-import.sh init-all '2018-09-01T00:00+0800' '2018-09
-02T00:00+0800'
```

以上命令会编译打包该项目，并完成相关 Hive 表的建表操作，然后将 bdp_metric 和 bdp_master 两个数据库上的 2018-09-01 全天的数据采集到对应的 Hive 表上，需要提醒的是该命令的执行时间会比较长。

注意 bdp-dwh 已经涵盖了 bdp-import 全部的功能，单独提供 bdp-import 项目是为了便于读者基于本原型项目进行裁剪时可以选择一个独立的批量导入子项目，正常情况下，可以不必启动该项目。

4.5.2.11　部署 bdp-dwh

bdp-dwh 是一个由大量 Shell 和 SQL 脚本组成的基于 Spark SQL 的数据仓库系统，是批处理的核心系统，其编译打包之后是一个 zip 包，它也是先通过 Sqoop 从 bdp_metric 和 bdp_master 两个数据库中批量抽取数据放到 HDFS 上的，然后进行一系列数据仓库相关的处理工作。注意，bdp-dwh 依赖 MySQL，在部署前要确保这项服务已启动。部署 bdp-dwh 的具体操作是，进入 bdp-dwh 的本地工程目录，执行命令：

```
build.bat cluster
```

该命令会编译打包该项目，并将软件包上传到远程服务器 gateway1，然后解压到 bdp-dwh 用户的 home 目录下，使用 bdp-dwh 用户登录 gateway1，在 home 目录下就可以看到部署好的工程了。

bdp-dwh 并不是以服务形式运行的，而是由若干命令组成的，正常情况下，这些命令会由工作流引擎定期调用，完成数据批量导入作业。如果想要验证程序是否可执行，可以在 home 目录下使用如下命令进行验证：

```
bdp-dwh-1.0/bin/bdp-dwh.sh create-all
bdp-dwh-1.0/bin/bdp-dwh.sh build-all '2018-09-01T00:00+0800' '2018-09-02T0
0:00+0800'
```

上述操作会创建所有的数据表，然后将 bdp_metric 和 bdp_master 两个数据库上的 2018-09-01 全天的数据采集到数据仓库上，并完成全部的数据仓库处理，需要提醒的是，上述命令的执行时间会比较长。

4.5.2.12　部署 bdp-workflow

bdp-workflow 是一个基于 Oozie 开发的作业调度系统，负责统一编排并定期执行所有的批处理作业，它所调用的几乎都是 bdp-dwh 暴露出的命令行接口，所以要提醒读者的是，在部署 bdp-workflow 之前，要确保 bdp-dwh 已经就绪且 Oozie 服务已启动。部署 bdp-workflow 的具体操作是，进入 bdp-workflow 的本地工程目录，执行命令：

```
build.bat cluster
```

以上命令会编译打包该项目，并将软件包上传到远程服务器 gateway1，然后解压到 bdp-workflow 用户的 home 目录下，使用 bdp-workflow 用户登录 gateway1，在 home 目录下就可以看到部署好的工程了。不同于其他工程，bdp-workflow 部署之后需要一个初始化操作，将其工作流配置文件上传到 HDFS 才能使用，这一步操作的命令是：

```
bdp-workflow-1.0/bin/bdp-workflow.sh init
```

完成后就可以提交工作流了。由于 bdp-workflow 的全部工作流都是基于 bdp-dwh 的，为了验证工作流是否正常工作，我们在启动工作流之前可以先清空数据仓库中存在的所有表，命令如下：

```
bdp-dwh-1.0/bin/bdp-dwh.sh truncate-all
```

同时要清除之前作业执行时留下的 done-flag 标记文件，这些标记文件是用来控制有依赖关系的作业执行顺序的，如果不清除这些文件，就会导致依赖关系紊乱，使部分表的数据为空。清除所有的 done-flag 文件可使用命令：

```
hdfs dfs -rm -r -f /user/bdp-workflow/done-flags/*
```

然后我们就可以提交作业了。以下命令将提交所有的工作流，仅执行 2018-09-01 这一天的 daily 作业：

```
bdp-workflow-1.0/bin/bdp-workflow.sh submit-all '2018-09-02T00:00+0800' '2
018-09-03T00:00+0800'
```

以上命令和上一节中的

```
bdp-dwh-1.0/bin/bdp-dwh.sh build-all '2018-09-01T00:00+0800' '2018-09-02T0
0:00+0800'
```

效果一致，也会完成整个数据仓库的单日构建工作，但它是通过工作流项目来驱动的。

至此，所有服务都已部署并启动完毕！

4.5.3 最小化增量部署

在本章的最后一节，我们介绍一下原型项目中非常实用的一个构建技巧，也是从长期的开发工作中提炼出来的最佳实践：最小化增量部署。从事大数据开发工作的人对大数据项目烦琐而笨重的部署方式应该都深有体会，特别是在开发阶段，开发者需要频繁部署新编写的代码以进行调试，这会耗费大量的时间。这一问题在流计算项目或者大量使用程序代码编写的批处理项目上体现得最为明显，因为这些项目需要依赖大量的第三方 jar 包，导致构建后生成的程序发行包（就是我们项目中生成的那些 zip 包）非常大，虽然在原型项目中已经通过 build.bat 这样的构建脚本把构建和部署流程自动化了，但是动辄上百 MB 的程序发行包在上传到服务器的过程中会耗费不少时间，这在需要频繁部署并测试的开发阶段显得很笨拙。

事实上，仔细分析一下我们日常的构建工作就会发现，程序发行包中的大多数依赖 jar 包几乎从来不会改动，也就不必每次上传，真正每次都会变动的是项目自身源代码编译出来的那个 jar 包，所以一个“聪明”的做法是：通过控制项目打包的配置，生成两种类型的程序包，一类是包含全部文件的完整程序发行包，另一类是只包含频繁改动的配置文件和工程自身 jar 包的程序发行包。前者用于正式部署，以及在开发和测试环境上的初次部署，后者则用于日常开发测试，每次部署时只上传并覆盖可能变动的最小文件集合，这种程序发行包通常只有几百 KB 或几 MB，这会极大地缩短上传服务器的时间，加快部署速度。

以 bdp-stream 子项目为例，每次项目构建完成时都会在项目的 target 目录下生成两个 zip 包，分别是：

```
bdp-stream-1.0-bin.zip
bdp-stream-1.0-bin-delta.zip
```

前者有 147MB，而后者只有 202KB，这两个 zip 包就是前面所说的完整的程序发行包和只包含最小变更文件集合的程序发行包，为了和正式包进行区别，我们给第二类发行包的名称添加了一个“-delta”后缀。

控制程序打包的配置文件存放于工程的 src/main/assembly 目录下，一个包对应一个配置文件，它们分别是：

```
bin.xml
bin-delta.xml
```

这是提供给 Maven 的打包插件 maven-assembly-plugin 使用的，在这些配置文件里明确地给出了程序发行包的目录结构及包含的相关文件，感兴趣的读者可以自己比较一下两个文件有什么差别。

最后，也是我们介绍本节最根本的目的，就是告诉读者如何进行最小化增量部署。我们前面介绍的所有项目构建，使用的命令都是 build.bat cluster，这是初次部署时必需的，一旦完成初次部署，后续在修改代码并调试时，读者就可以使用我们脚本中提供的最小化增量部署功能了，方法很简单，就是使用命令：

```
build.bat -delta cluster
```

是的，区别仅在于添加了一个-delta 参数，用以告知脚本使用增量包去上传并部署。

最后，需要提醒读者的是，并不是所有的项目都需要这种增量部署，bdp-metric、bdp-workflow 和 bdp-import 这三个项目就不需要，因为它们不依赖 jar 包，构建出的 zip 包都很小，按正常方式部署即可。

第 5 章 数据采集

5

数据采集是大数据平台进行数据处理的第一个环节，是数据进入数据中台的门户，如果没有数据，一切工作都无从谈起。数据采集解决的主要问题是与各类外部数据源进行对接（集成），然后抽取数据并将其传输给后续组件处理，在这一过程中基本不对数据进行任何处理，只是单纯地“采集”。

数据采集是一项琐碎而繁重的工作，现代企业的数据源越来越多、越来越丰富，有业务系统的数据库、有文件、有各种 API，甚至还有 Web 页面。它们有的来自企业内部系统，有的是从第三方采购的，还有的是从互联网爬取的，这些都在数据采集的范畴之内，因此需要有灵活而强大的工具来完成这项工作。

我们会在本章介绍数据采集相关的技术，比较它们的优劣和适用场景，然后选取一个较为主流的工具配合原型项目讲解如何进行数据采集，这一写作模式将贯穿本书后续的各个章节。

5.1 技术堆栈与选型

受复杂数据生态的影响，数据采集需要面对的数据源和数据传输协议非常多，所以可供选择的工具也比较多，并且每一种工具都提供多种插件来对接不同的数据源与协议，首先我们来了解一下时下比较主流的数据采集工具。

1. Flume

Flume 的官方文档是这样介绍的：它是一个分布式的、可靠的数据采集工具，可以有效地收集、聚合及传送大量的事件流数据。Flume 的简单架构如图 5-1 所示。

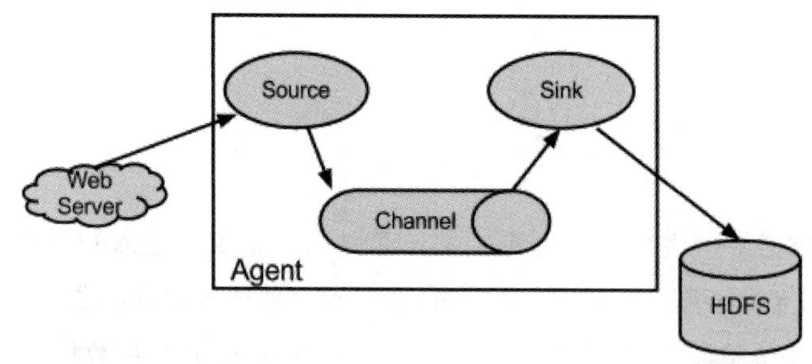

图 5-1　Flume 的简单架构

Flume 内部有三种组件：Source、Channel 和 Sink，Source 和 Sink 是面向不同数据源和外部协议的入口和出口，负责对接输入和输出的协议与格式，并适配成 Flume 内部的统一格式。当一个 Source 接收到一个 Event，它会被存储在一个或多个 Channel 里，Channel 是一种被动的存储方式，它会一直保存这个 Event 直到它被一个 Sink 消费掉。在某种程度上，Channel 像一个 Queue，扮演“缓存”角色，与 Kafka 在整个平台上扮演的角色类似。Flume 提供了很多类型的 Source 和 Sink 以适配不同的数据源和协议，常见的 Source 有 Avro、Thrift、JMS、Kafka 和 HTTP 等，常见的 Sink 有 HDFS、Hive、HBase 和 Kafka 等，此外用户还可以根据需要开发自定义的 Source 和 Sink。

另外，非常值得一提的是 Flume 的 Agent 可以组合起来灵活使用，形成一些实用的拓扑结构以解决采集阶段的一些典型问题，如日志的 Consolidation 和多路传输。我们先来看一下 Consolidation 是怎样一种场景，它的架构如图 5-2 所示（引用自 Flume 官方文档）。

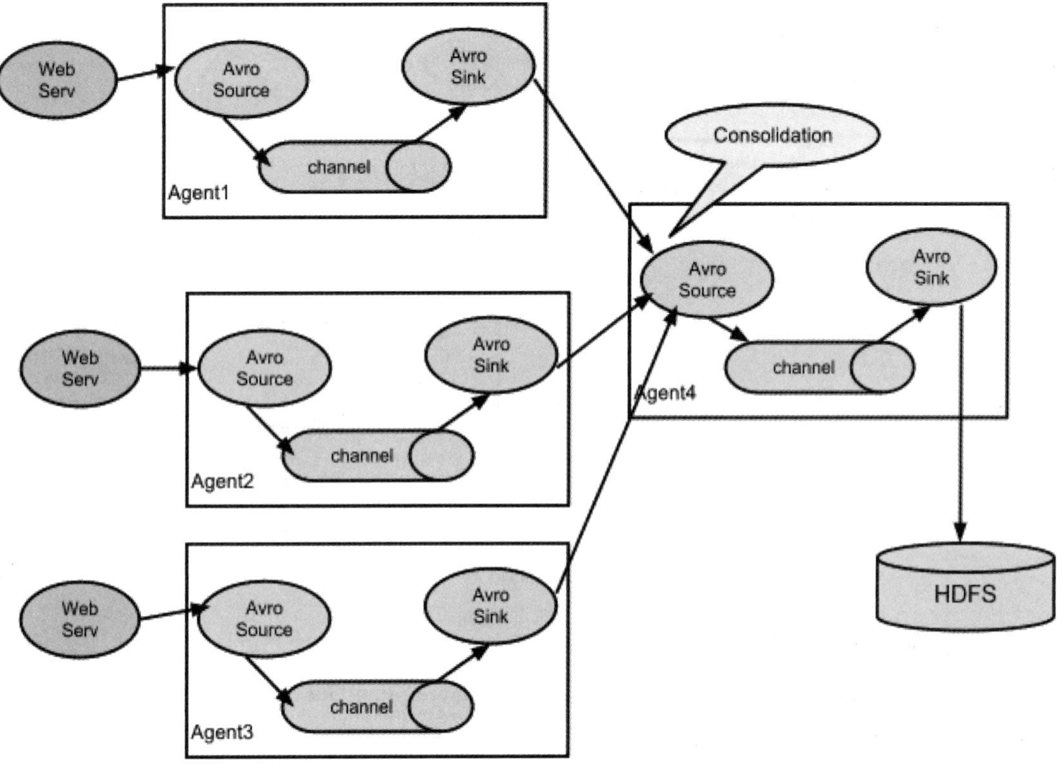

图 5-2 Flume 的 Consolidation 架构

这种架构是用来做什么的呢？举个例子，很多应用系统都会使用多台 Web 服务器构建集群，这样的话应用系统的日志将会分布在多台 Web 服务器上，只有将所有服务器的日志收集在一起才能得到这个应用系统的完整日志，Consolidation 要做的就是这件事情。

多路传输则是另一种情形，其架构如图 5-3 所示（引用自 Flume 官方文档）。

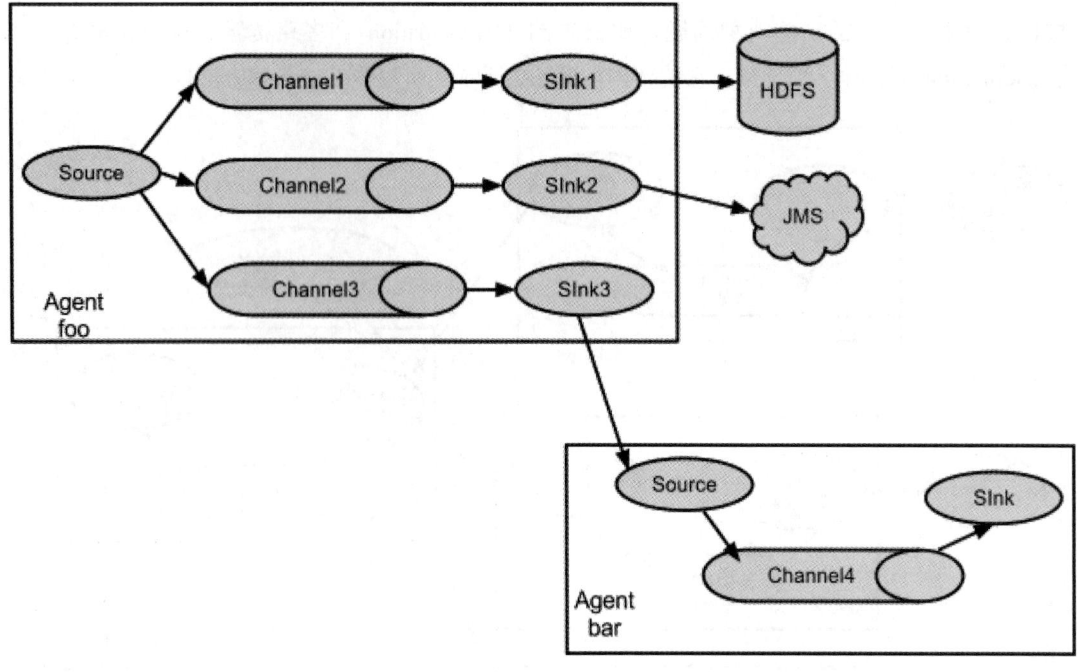

图 5-3 Flume 的多路传输架构

Agent foo 将 Source 复制了三份，分别给不同的 Sink，用于后续的再处理。再进一步分析，实际上 Consolidation 是一种 Fan-In 结构，多路传输是一种 Fan-Out 结构，在消息或事件流中，我们可以根据场景的需要灵活地组合使用 Fan-In 和 Fan-Out 实现优雅的数据流。

2. Logstash

在大数据领域有一个轻量的技术堆栈组合：ELK——Elasticsearch、Logstash 和 Kibana，其中 Elasticsearch 负责存储和分析，Kibana 负责数据展示，而 Logstash 则专注于数据采集。Logstash 提供了丰富的输入和输出插件来对接不同的数据源和协议，同时它的 Filter 机制可以在数据采集过程中嵌入很多处理逻辑。总的来说，在使用 ELK 堆栈时 Logstash 是必不可少的，但这并不意味着 Logstash 不可以单独使用。

3. Kafka Connect

Kafka 是目前大数据平台上不可或缺的消息队列组件，且地位无可撼动，Kafka 背后的商业公司 Confluent 希望能依托 Kafka 的优势地位拓展其在大数据平台上的技术疆域，于是推出了面向 Kafka 的数据采集组件 Kafka Connect 和流处理组件 Kafka Stream。Kafka Connect 专注于将外部数据写入 Kafka 或将 Kafka 数据输出到外部数据源，鉴于在实时处理时几乎所有的数据采集组件都会将收集到的数据写入 Kafka，所以使用 Kafka Connect 也是一个不错的选择。不过目前 Kafka Connect 还不够成熟，很多 Source 和 Sink 有待完善。

4. Camel

最后，我们来介绍 Camel。可能很多读者并没有听说过 Camel，而知道它的人又会觉得困惑，因为它并不是常规的数据采集工具。Camel 是一个基于规则的消息路由引擎，是为企业应用集成而设计的一套成熟而强大的工具，很多时候它也被一些系统作为 ESB（企业服务总线）使用，它的作用就是在应用系统林立的企业 IT 环境中扮演“万向接头”的角色，让数据和消息在各种不同的系统间平滑流转和交换。

对于一个数据采集工具来说，支持的数据源和协议越多就越有优势，如果还能以配置的方式实现，避免编写大量的代码，那就更加完美了。Camel 经过多年的积累已经支持近 200 种协议或数据源，并且能完全基于配置来定义路由规则，这使得它足以胜任数据采集的工作，并且可以做得很好。

综合上述的介绍与分析，在本书的原型项目里，我们选择了 Camel 而不是 Flume，根据笔者在实际项目中使用这两个工具的经验，Camel 给我们的惊喜程度远远超出意料，它灵活而强大，几乎可以放在任何场景下承担数据采集工作，我们希望本书的原型项目可以方便地迁移到一些正式的项目上，Camel 的适用性和实用性是我们特别看重的。

5.2 需求与概要设计

在第 4 章介绍整体架构时，我们已经对原型项目的业务背景进行过介绍，本节我们详细了解一下在数据采集阶段所要完成的任务有哪些。

在企业 IT 系统运维中，为了监控服务器的运行状况，一般都会安装某种监控系统的 Agent，Agent 会实时采集服务器的 Metric 数据并写入这个监控系统的后台数据库，同时 Agent 会侦测异常情况，一旦发现就会生成 Alert 信息并写入数据库。

Metric 数据种类很多，我们选取了 CPU 使用率 cpu.usage 和已用内存 mem.used 作为分析对象；而 Alert 是这样一类数据，当某种 incident（事故）发生时监控工具会发出相应的告警信息，告警信息会包含这个 incident 的描述信息、发生源（目标主机）、发生时间及严重程度。除此之外，它还有一个状态字段 STATUS，也就是说 Alert 是一种有状态的信息，当 incident 发生后，状态字段 STATUS 的值为 OPEN，在 incident 被解决之前，会持续地生成 Alert 消息，状态字段的值一直保持 OPEN 直到 incident 消失，最后一个 Alert 消息的状态值会变为 CLOSED，我们引入的 Alert 主要用于后面演示有状态的流处理，本章不会涉及。Metric 和 Alert 两类数据存储在 bdp_metric 数据库的 metric 和 alert 表中，结构如图 5-4 所示。

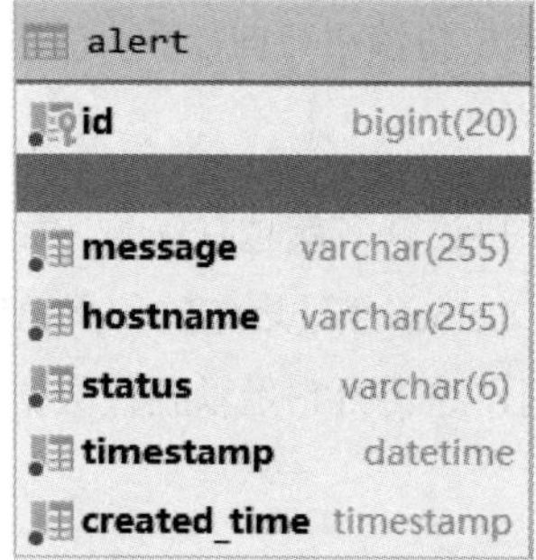

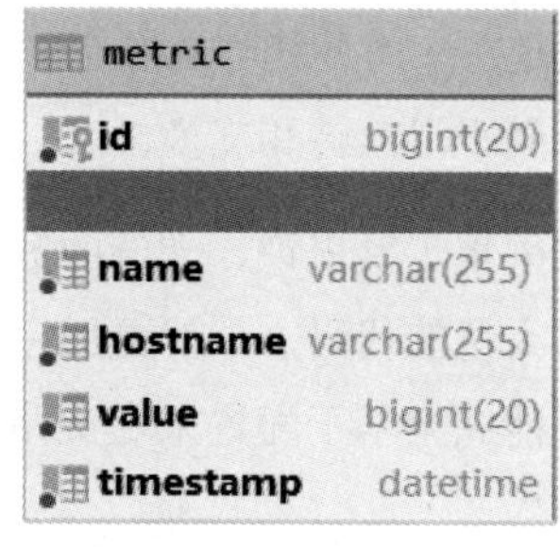

图 5-4　metric 和 alert 数据表结构

Metric 的两条样本数据如表 5-1 所示。

表 5-1　Metric 的两条样本数据

id	name	hostname	value	timestamp
1	cpu.usage	svr1001	86	2018-09-02 15:23:14
2	mem.used	svr1001	4066	2018-09-02 04:12:12

Alert 的两条样本数据如表 5-2 所示。

表 5-2　Alert 的两条样本数据

id	message	hostname	status	timestamp	created_time
1	free space warning (mb) for host disk	svr1001	OPEN	2018-09-03 09:43:19	2018-09-03 09:43:19
2	free space warning (mb) for host disk	svr1001	CLOSED	2018-09-03 10:05:21	2018-09-03 09:43:19

我们在数据采集阶段需要完成的工作是，同时提供面向历史数据的批量导入和面向流处理的实时数据采集功能，把历史数据批量写入 HDFS，把实时数据送入 Kafka，为此我们需要两个独立的子模块分别实现这两个场景的数据采集任务。

监控系统数据采集示意如图 5-5 所示。

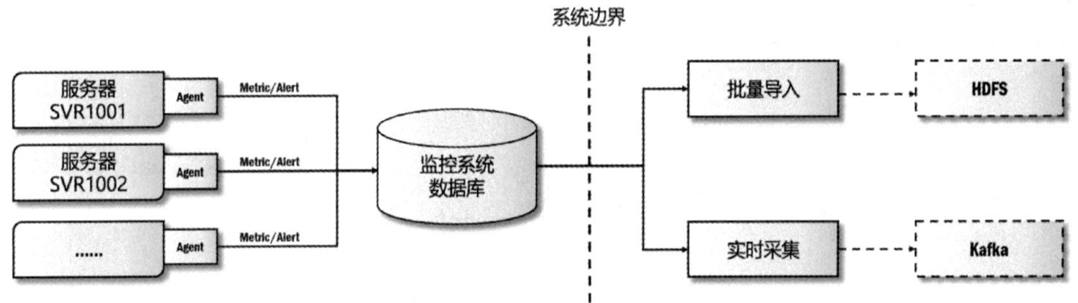

图 5-5　监控系统数据采集示意

5.3　原型项目设计

我们需要提供两个子项目分别实现批量导入和实时采集两方面的要求。其中负责批量导入的子项目名为 bdp-import，鉴于给定的数据源是一个关系型数据库（我们设计的这个案例特意选择了一个关系型数据库作为数据源，因为关系型数据库在企业现存数据源中最为普遍），bdp-import 使用 Sqoop 进行批量导入；对于实时采集，对应的子项目名为 bdp-collect，它会使用 Camel 实时地从数据库中抽取数据。

为了能驱动后续所有的数据处理环节，我们需要一个 Mock 组件来模拟第三方监控系统实时生成一些 dummy 数据，并写入一个 Mock 数据库 bdp_metric，这个数据库就是数据采集的目标源之一，我们把这个产生 dummy 数据的组件称为 bdp-metric。

外部监控系统数据采集与原型项目的映射关系如图 5-6 所示。

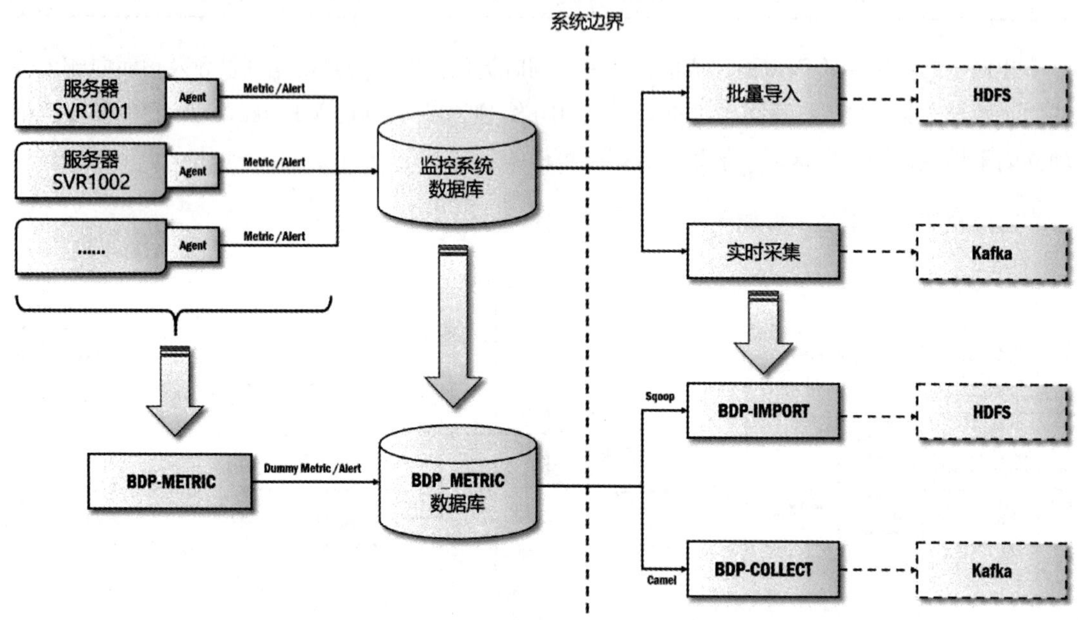

图 5-6 外部监控系统数据采集与原型项目的映射关系

下面就正式进入项目实施阶段，首先需要生成 dummy 数据。

5.4 生成 dummy 数据

dummy 数据的生成由 bdp-metric 这个子项目来实现，生成的数据包括 cup.usage、mem.used 及 alert。这个项目的工作方式是，基于预定义的 SQL 模板，通过 Shell 脚本动态替换里面的变量（如时间戳）生成实际可执行的 SQL 脚本，并在数据库上执行。让我们实际运行一下 bdp-metric。

首先，检出代码之后，进入 bdp-metric 项目的根目录，执行命令：

```
build.bat cluster
```

开始构建并在远程服务器上部署项目，执行成功之后，使用 bdp-metric 用户登录服务器，这时在 home 目录下就会出现已经部署好的 bdp-metric 工程目录，我们可使用 tree 命令来查看一下部署好的工程结构：

```
[bdp-metric@gateway1 ～]$ tree bdp-metric-1.0/
bdp-metric-1.0/
├── bin
│   └── bdp-metric.sh
└── sql
    ├── gen-alert.sql
    ├── gen-cpu-usage.sql
    ├── gen-mem-used.sql
    └── schema.sql
```

bdp-metric 项目非常简单，它包含一个可执行的 Shell 脚本 bdp-metric.sh 及一系列 SQL 模板文件，进入 bin 目录下，使用命令./bdp-metric.sh help 可以查看这个脚本的使用方法：

```
[bdp-metric@gateway1 ～]$ bdp-metric-1.0/bin/bdp-metric.sh help

==================== [ BDP-METRIC USAGE ] ====================

# 启动程序生成 dummy 的 metric 和 alert 数据，并持续运行给定的分钟数，如果没有指定时间，默认是 60 分钟
bdp-metric-1.0/bin/bdp-metric.sh start [MINUTES]

# 终止程序
bdp-metric-1.0/bin/bdp-metric.sh stop
```

```
# 重启程序
bdp-metric-1.0/bin/bdp-metric.sh restart

# 生成指定时间区间内的 dummy 的 cpu.usage、mem.used 和 alert 数据
bdp-metric-1.0/bin/bdp-metric.sh gen-offline-data COUNT START_DATE END_DATE

# 生成 dummy 的 cpu.usage 数据，并持续运行给定的分钟数，如果没有指定时间，默认是 60 分钟
bdp-metric-1.0/bin/bdp-metric.sh gen-online-cpu-usage [MINUTES]

# 生成指定时间区间内的 dummy 的 cpu.usage 数据
bdp-metric-1.0/bin/bdp-metric.sh gen-offline-cpu-usage COUNT START_DATE END_DATE

# 生成 dummy 的 mem.used 数据，并持续运行给定的分钟数，如果没有指定时间，默认是 60 分钟
bdp-metric-1.0/bin/bdp-metric.sh gen-online-mem-used [MINUTES]

# 生成指定时间区间内的 dummy 的 mem.used 数据
bdp-metric-1.0/bin/bdp-metric.sh gen-offline-mem-used COUNT START_DATE END_DATE

# 生成 dummy 的 alert 数据，并持续运行给定的分钟数，如果没有指定时间，默认是 60 分钟
bdp-metric-1.0/bin/bdp-metric.sh gen-online-alert [MINUTES]

# 生成指定时间区间内的 dummy 的 alert 数据
bdp-metric-1.0/bin/bdp-metric.sh gen-offline-alert COUNT START_DATE END_DATE
```

虽然有这么多命令，其实我们只需要掌握两个命令即可。

一个命令是：

```
bdp-metric-1.0/bin/bdp-metric.sh start
```

这个命令一旦执行，将会实时生成 cpu.usage、mem.used 和 alert 三类数据并写入数据库，这个命令是为配合第 7 章而设计的，在 start 后面还可以跟一个参数，告知程序运行多少分钟，如果省略，默认运行 60 分钟。

另一个命令是：

```
bdp-metric-1.0/bin/bdp-metric.sh gen-offline-data 100 2018-09-01 2018-09-04
```

这个命令将会一次性生成 cpu.usage、mem.used 和 alert 三类数据各 100 条，所有数据的 timestamp 控制在[2018-09-01,2018-09-04)区间内，也就是批量生成指定时间范围内的 dummy 数据。这条命令是为配合第 8 章而设计的，为了驱动 daily 级别的数据仓库操作，我们需要通过这条命令生成三天的历史数据。

其他命令是为单独生成某一类数据而设计的，读者感兴趣的话可以自己尝试一下，这里不再赘述。至此，生成 dummy 数据的工作就完成了。

5.5　基于 Sqoop 的批量导入

Sqoop 命令的组织方式有两种方案：一种是写成 Shell 脚本，通过 Shell 脚本简化 Sqoop 的调用，然后通过 Oozie 集成 Shell 脚本；第二种是直接在 Oozie 中配置 Sqoop 作业。相比较而言，第一种做法更好一些，有两方面的原因：一个原因是使用 Shell 封装后，调用 Sqoop 作业会更加简洁，在开发阶段和运维的某些特殊时刻，我们需要通过命令行手动导入数据，这时如果有封装好的 Shell 脚本，会大大减少工作量；第二个原因是使用 Oozie 配置 Sqoop 作业较为复杂，不如使用 Shell 封装简单。

5.5.1　项目原型

在 dummy 数据就绪之后，我们将分两条主线介绍数据导入，一条是批量导入，另一条是实时数据采集。批量导入会使用 Sqoop 完成从关系型数据库到 HDFS 的导入工作，实时数据采集将使用 Camel 实现从关系型数据库到 Kafka 的数据采集，前者对应的子项目是 bdp-import，后者对应的子项目是 bdp-collect。

我们先来详细地了解一下 bdp-import 子项目。首先，检出代码之后，在本地进入项目的根目录，执行脚本：

```
build.bat cluster
```

脚本会构建项目并部署至远程服务器，执行成功之后，使用 bdp-dwh 用户登录服务器，这时在 home 目录下就会出现已经部署好的 bdp-import 工程目录，我们可以使用 tree 命令来查看一下部署好的工程结构：

```
[bdp-dwh@gateway1 ~]$ tree bdp-import-1.0
bdp-import-1.0
└── bin
    ├── bdp-import.sh
    ├── bdp-master-import.sh
    ├── bdp-metric-import.sh
    └── util.sh
```

bdp-import 项目主要使用 Sqoop 从关系型数据库导出数据到 HDFS，由于 Sqoop 本身就是命令行工具，所以我们通过 Shell 脚本将 Sqoop 的各项作业进行封装，变成了更加易用的命令行。鉴于我们需要导入两个数据库——bdp_metric 和 bdp_master，为了便于为每个库创建一个导入脚本，我们将每个库的导入操作封装到一个文件里，对应的就是 bdp-master-import.sh 和 bdp-metric-import.sh 两个文件。然后，为了便于一次性地完成所有数据源的导入，我们提供一个负责全局性操作的脚本 bdp-import.sh，它主要提供 init-all、create-all 和 import-all 这一类操作，这个脚本本身并不完成具体的操作，而是调用前面两个脚本去实现。关于它们的使用方法可以通过如下命令进行查看：

```
[bdp-dwh@gateway1 ~]$ bdp-import-1.0/bin/bdp-import.sh help

===============  PROJECT [ BDP-IMPORT ] USAGE  ===============

# 说明：创建所有表在 tmp 上的 Schema，并将从数据源导入的指定时间范围内所有表的数据放入 tmp 的对应表中
bdp-import-1.0/bin/bdp-import.sh init-all
```

```
# 示例：创建所有表在 tmp 上的 Schema，并将从数据源导入的 2018-09-01 所有表的数据放入 tmp
的对应表中
bdp-import-1.0/bin/bdp-import.sh init-all '2018-09-01T00:00+0800' '2018-09
-02T00:00+0800'

# 说明：创建所有表在 tmp 上的 Schema
bdp-import-1.0/bin/bdp-import.sh create-all

# 说明：将从数据源导入的指定时间范围内所有表的数据放入 tmp 的对应表中
bdp-import-1.0/bin/bdp-import.sh import-all START_TIME END_TIME

# 示例：将从数据源导入的 2018-09-01 所有表的数据放入 tmp 的对应表中
bdp-import-1.0/bin/bdp-import.sh import-all '2018-09-01T00:00+0800' '2018-
09-02T00:00+0800'


===============  MODULE: [ BDP-MASTER-IMPORT ] USAGE  ===============

# 说明：创建 app 表的 Schema，并将从数据源导入的指定时间范围内的 app 数据放入 tmp 的对应表
中
/home/bdp-dwh/bdp-import-1.0/bin/bdp-master-import.sh init-app
...

===============  MODULE: [ BDP-METRIC-IMPORT ] USAGE  ===============

# 说明：创建 metric 表的 Schema，并将从数据源导入的指定时间范围内的 metric 数据放入 tmp
的对应表中
/home/bdp-dwh/bdp-import-1.0/bin/bdp-metric-import.sh init-metric
...
```

在打印出的使用说明中，全局性的操作显示在 PROJECT [BDP-IMPORT] USAGE 部分，bdp-master-import.sh 的各种操作显示在 MODULE: [BDP-MASTER-IMPORT] USAGE 部分，

bdp-metric-import.sh 的各种操作显示在 MODULE: [BDP-METRIC-IMPORT] USAGE 部分，它们都是针对表的操作，我们省略了它们的详细内容，读者可以在终端自行查看。

在解释这些具体的命令前，建议读者先跳转到 8.4 节，了解一下对“临时数据层”的定位，以及它在整个数据仓库架构中所处的位置，因为批量导入的数据就是落在临时数据层的。临时数据层的表结构与源头数据保持一致，所以它的 Schema 是可以通过工具自动映射生成的。很多导入工具都有这一功能，包括 Sqoop，原型项目也利用了这一机制来自动生成临时数据层的各数据表。另外，临时数据层的所有数据表都是以文本形式存储的，因为多数据采集工具（包括 Sqoop）在 HDFS 一端写入数据时只支持文本格式。bdp-import 数据导入的流程如图 5-7 所示。

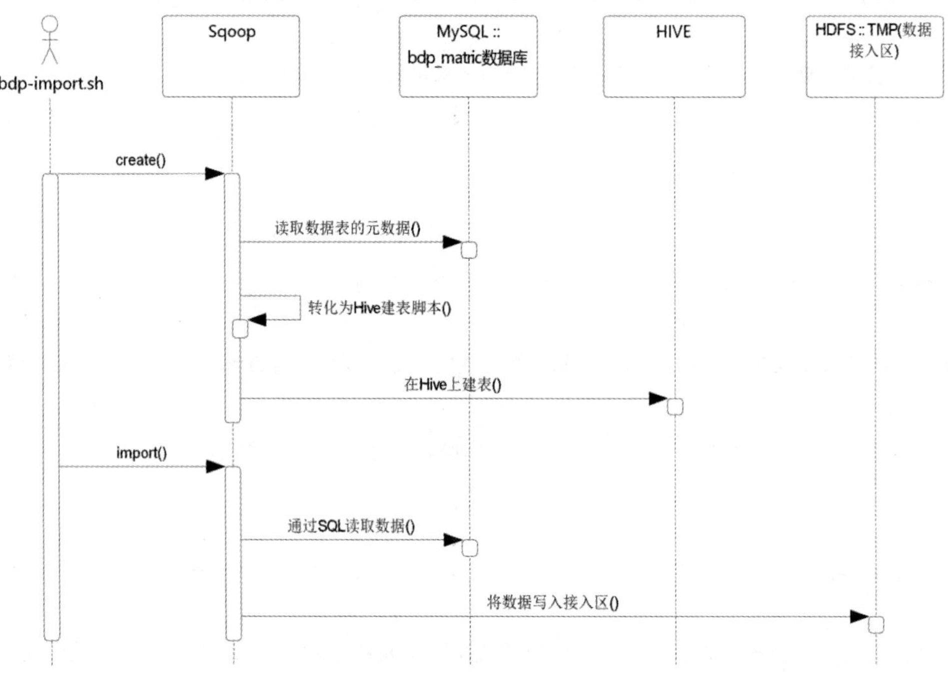

图 5-7　bdp-import 数据导入的流程

5.5.2　使用 Sqoop

Sqoop 是 Hadoop 生态圈里比较古老的一个工具，它也是基于广泛的需求而被创造出来的。

在十多年前大数据技术刚刚兴起时，遇到的第一个问题就是如何把大量的存放于企业各类 IT 系统后台数据库中的数据抽取出来放到大数据平台上，Sqoop 应运而生。

Sqoop（Sqoop1）的工作原理也比较简单，它从数据库获取被导出数据的元数据（数据表的字段、类型等 Schema 信息）后，生成只含有 Map 的 MR 作业，每个 Map 读取一定区间内的数据，进而并行地完成数据的导入和导出工作。

Sqoop 主要以命令行的方式使用，在 Sqoop 的官方文档中列举了各种用于导入和导出的命令工具。最常用的是 sqoop import 和 sqoop export。

我们以 Metric 的导入为例，详细了解一下 bdp-import 是如何使用 Sqoop 的。bdp-import 通过 Sqoop 完成两类工作：一类是自动建表，另一类就是数据导入。当系统初次部署时，我们首先需要建立 Metric 数据在 tmp 数据库上的表 tmp.bdp_metric_metric，命令是：

```
bdp-import-1.0/bin/bdp-metric-import.sh create-metric
```

这一命令最终是通过调用一个名为 createToTmp 的函数完成的，它的具体实现如下：

```
createToTmp()
{
    srcTable="$1"
    sinkTable="$2"
    printHeading "job name: create table ${sinkTable}"

    sqoop create-hive-table \
    -D mapred.job.name="job name: create table [$sinkTable]" \
    --connect '${bdp.metric.jdbc.url}' \
    --username '${bdp.metric.jdbc.user}' \
    --password '${bdp.metric.jdbc.password}' \
    --table "$srcTable" \
    --hive-table "$sinkTable" \
    --hive-overwrite
}
```

这个函数接收两个参数。第一个是源数据表名，即被采集的数据表名称，对于 Metric 来说指的是 bdp_metric 数据库中的 metric 表，由于数据库已经在 JDBC 连接信息中给出，所以这里只需要传入 metric 即可。第二个参数是目标表名，即数据要被写入的表，对于 Metric 来说指的是其在临时数据层的 tmp.bdp_metric_metric 表，因此 create-metric 操作将会这样调用这个函数：createToTmp "metric" "tmp.bdp_metric_metric"。参数就位后，接下来就是通过 Sqoop 自带的命令行工具 sqoop create-hive-table 实现在临时数据层的自动建表工作了，具体我们看一下第 7～14 行，其中：

- 第 9～11 行是源数据库 JDBC 连接的配置信息，Sqoop 需要这些信息连接目标数据库；
- 第 12 行指定源数据表名；
- 第 13 行指定目标表名；
- 第 14 行告知系统直接覆盖现有 Hive 表，这一配置很有必要，我们总是希望数据导入工作可以重复执行且没有副作用。

在完成 metric 表的创建之后，就要进行导入操作了，执行命令：

```
bdp-import-1.0/bin/bdp-metric-import.sh import-metric '2018-09-01T00:00+0800' '2018-09-02T00:00+0800'
```

将会把 MySQL 数据库 bdp_metric 中 2018-09-01 这一天的 Metric 数据导入 Hive 的 tmp.bdp_metric_metric 表中，这一命令最终是通过调用一个名为 importToTmp 的函数完成的，它的具体实现如下：

```
importToTmp()
{
    srcTable="$1"
    sinkTable="$2"
    splitColumn="$3"
    validateTime "$4"
    validateTime "$5"
    startTime=$(date -d "$4" +"%F %T")
```

```
    endTime=$(date -d "$5" +"%F %T")
    sinkTablePath="$TMP_DATA_BASE_DIR/$sinkTable/"
    jobName="subject: $SUBJECT -- import [ $srcTable ] data from data source to tmp layer via sqoop"

    printHeading "${jobName}"

    sqoop import \
    -D mapred.job.name="${jobName}" \
    --connect '${bdp.metric.jdbc.url}' \
    --username '${bdp.metric.jdbc.user}' \
    --password '${bdp.metric.jdbc.password}' \
    --table "$srcTable" \
    --where "timestamp between '$startTime' and '$endTime'" \
    --split-by "$splitColumn" \
    --hive-import \
    --hive-overwrite \
    --hive-table "$sinkTable" \
    --target-dir "$sinkTablePath" \
    --outdir "/tmp" \
    --delete-target-dir
}
```

这个函数接收 5 个参数，第一个参数是源数据表名，第二个参数是目标表名，第三个参数指定一个列作为导入作业 Map 端的切分依据，通常情况下这个列的数值分布要均匀，通常可以选择 ID 或时间列，这个后面后详细解释，第四和第五个参数指定导入数据的范围，Metric 数据都有时间戳，我们通过指定时间范围来告诉 Sqoop 导出哪个范围的数据。所以 import-metric 操作会这样调用这个函数：

```
importToTmp "metric" "tmp.bdp_metric_metric" "id" "2018-09-01T00:00+0800"
"2018-09-02T00:00+0800"
```

参数就位后，接下来就是通过 Sqoop 自带的命令行工具 sqoop import 实现数据导入了，具体我们看一下第 15～28 行，其中：

- 第 17～19 行还是在配置源数据库的 JDBC 连接信息；
- 第 20 行指定源数据表名；
- 第 21 行指定 where 子句，Sqoop 是通过 SQL 从关系型数据库中提取数据的，通过这个参数开发者可以补充细粒度的控制条件，只采集那些需要的数据；
- 第 22 行指定按哪个列进行切分，Sqoop 的采集作业会转换为多个 Map 组成的 MapReduce 作业，每个 Map 作业抽取一定区间内的数据，这时候需要我们告诉 Sqoop 按哪个列来划分 Map 作业抽取的区间，例如，我们这里设定的是 ID 列，则 Sqoop 在启动作业前会基于 where 条件查出目标数据集中最小和最大的 ID 值，然后基于--num-mappers 设定的 Map 作业数量，均等地分出每一个 Map 作业抽取 ID 的区间，然后并行地去抽取；
- 第 23 行告知系统将数据导入 Hive 表（Sqoop 也可以反过来把数据从 Hive 表写入关系型数据库，这就是需要这个参数的原因）；
- 第 24 行告知系统直接覆盖现有 Hive 表，同前面的解释一样，这一配置很有必要；
- 第 25 行指定目标表名；
- 第 26 行指定目标表的 HDFS 路径，也是数据文件在 HDFS 上落地时的存储目录；
- 第 27 行指定生成代码的存放目录，Sqoop 会在执行作业期间生成一些代码文件，可以将其放在/tmp 下；
- 第 28 行指定如果目标表的 HDFS 目录已存在则可以直接删除。

至此，Sqoop 的导入操作我们就介绍完了。实际上，Sqoop 还有很多丰富的命令和配置，大家可以参考它的官方文档，原型项目的目的不在于展示所有的操作细节，而是给出一个黏合 Sqoop 的方案，读者可以在这个项目的基础上基于实际项目的需要集成更多操作。

5.5.3 增量导入与全量导入

在这里我们延伸一个小话题：数据是增量导入好还是全量导入好。增量导入的好处是数据量小，能快速完成采集和处理作业，但是采集较麻烦，容易出差错，并且后续在数据仓库中的处理逻辑也会比较复杂，因为需要将增量数据“merge”到数据仓库中的全量表（这一点会在第8章中介绍）；全量导入的好处是简单、可靠，后续的数据处理比较容易，但是代价也是很大的，每次全量导入对目标数据源造成的压力、对带宽资源的挤占及在大数据平台上消耗的存储和计算资源都会超过增量导入。

数据表是否能进行增量导入，要看数据表有没有能明确标识“增量”数据的字段。由于面向批处理的数据采集都是以时间为周期执行的，所以有时间相关字段的表是最适合进行增量导入的，这类字段往往与记录的创建或修改时间有关。此外，自增ID或其他有连续增长值的字段也是可以的（但前提是数据一旦写入便不再更新，否则靠自增ID只能识别新增数据，不能识别更新数据），但是需要在采集时记录上次采集的截止数值，以便下次采集时以此为起点继续工作。

所以，我们在实际项目中应该秉承这样一条原则：如果目标数据源有增量导入的条件，应该优先进行增量导入，没有条件时再选择全量导入。

5.6 基于Camel的实时采集

接下来我们开启本章关于数据采集的另一条主线：实时采集。相对于批量数据导入，实时数据采集具有更加重要的地位：一方面，它对于实时处理是不可或缺的；另一方面，实时采集的数据同样可以传输给批处理，这样就不需要再进行批量导入了。我们在前面介绍技术选型时已经解释过为什么会选择Camel，这里针对关系型数据库的实时采集还有一些补充，对于一个关系型数据库来说，如果要做到实时的数据采集，必须让数据供给以“Push”的模式工作，也就是说，当在数据库中生成数据时主动将数据推送到收集端，要做到这一点只能在数据库层面上实现，一般有两种方案：一种方案是使用数据库触发器和存储过程，另一种方案是使用特定数据库产品的日志同步机制。后者显然更加优雅和简洁，一些主流的数据库都有相关的产品，如Oracle有OGG、MySQL有Canal，但并不是所有的数据库都提供这种机制，并且这种方式实现起来也很复杂。如果系统对实时性要求不是很高，达到近似实时即可，我们可以使用“Pull”模式，以比较密集的周期在数据库上主动抓取数据，bdp-collect子项目就采用的这种工作方式。

5.6.1 项目原型

我们先看一下 bdp-import 项目的结构。首先，检出代码，在本地进入项目的根目录，执行命令：

```
build.bat cluster
```

项目构建完成后，使用 bdp-collect 用户登录部署服务器，这时在 home 目录下就会出现已经部署好的 bdp-collect 工程目录，我们可使用 tree 命令来查看一下部署好的工程结构：

```
[bdp-collect@gateway1 ~]$ tree bdp-collect-1.0
bdp-collect-1.0
├── bin
│   └── bdp-collect.sh
├── conf
│   ├── bdp-collect.properties
│   ├── camel-context.xml
│   └── log4j.properties
├── lib
│   ├── activation-1.1.jar
│   ├── ....
│   └── ....
└── log
    ├── bdp-collect.error.log
    └── bdp-collect.log
```

和其他工程基本类似的部分是 bin 下的执行脚本 bdp-collect.sh，这是驱动整个项目运行的入口，在 conf 目录下是三个配置文件。bdp-collect.properties 是项目用到的配置参数，我们统一放在 properties 文件中管理，文件中的某些值是与环境相关的，如 kafka.brokers，对于这样的配置项，它们的值会使用 Maven 的变量进行替换，并把真实值写到 Maven 的 profile 文件中，以便根据不同的部署环境在构建时动态地替换，这在我们后面的项目中普遍存在。

camel-context.xml 是整个项目中最重要的一个文件，我们在前面讨论数据采集的技术选型时提到过，Camel 的一大优势是基于配置的，在 camel-context.xml 中几乎实现了全部的数据采集逻辑，后面会详细解读。log4j.xml 是 log4j 的配置文件，lib 是存放项目自身构建的 jar 包和所有第三方 jar 包的目录，前面我们介绍的 bdp-metric 和 bdp-import 两个项目都通过纯 Shell 脚本黏合各种命令行工具，而 bdp-collect 会用少量的程序代码来辅助数据采集工作，例如，像 com.github.bdp.collect.processors.DateShiftProcessor 这样的 Camel 自定义处理器。

总的来说，bdp-collect 依然是一个非常轻量级的项目，它的大多数逻辑都通过配置文件实现。同样地，使用 help 命令可以查看命令行的使用方法：

```
[bdp-collect@gateway1 ~]$ bdp-collect-1.0/bin/bdp-collect.sh help

================== [ BDP-COLLECT USAGE ] ==================

# 启动程序
bdp-collect-1.0/bin/bdp-collect.sh start

# 终止程序
bdp-collect-1.0/bin/bdp-collect.sh stop

# 重新启动程序（先终止先启动）
bdp-collect-1.0/bin/bdp-collect.sh restart

# 监控日志输出
bdp-collect-1.0/bin/bdp-collect.sh tail-log

# 重新启动程序并持续监控日志输出
bdp-collect-1.0/bin/bdp-collect.sh restart-with-logging
```

start/stop 命令用来启动/关闭程序，restart 命令会先关闭再启动程序，tail-log 命令使用 Linux 的 tail 命令来监控日志输出，便于在开发过程中进行调试，restart-with-logging 是一个非常有用的命令，它先重启程序，然后使用 tail-log 来监控日志，这在开发时使用会非常方便。

5.6.2 基本的数据采集

本节我们会结合 bdp-collect 项目演示一个 Camel 的基本使用示例，了解我们是如何利用 Camel 来进行数据采集的。在前面介绍 bdp-metric 项目时，我们设计了三种不同的数据：cpu.usage、mem.used 和 Alert。本节我们会为三种数据预设不同的场景来展示 Camel 的数据采集能力。cpu.usage 被设定为数据采集环境最优、供给及时并稳定的场景，这样的场景对数据采集来说是比较轻松的，适合首先拿来讲解。cpu.usage 的采集工作由定时器触发，每 5s 发起一次，从目标数据库中查询过去 5s 的数据，这个作业的配置在 conf/camel-context.xml 文件中，我们来看一下它的具体内容：

```
<route id="cpuCollectingJob">
    <from uri="timer:cpuCollectingTimer?period={{job.cpu.period}}"/>
    <to uri="bean:dateFormatter?method=format(${header.firedTime})"/>
    <log message="Job Name: cpuCollectingJob, Start Time: ${in.body}"/>
    <setHeader headerName="timestamp">
        <simple>${in.body}</simple>
    </setHeader>
    <to uri="sql:{{job.cpu.sql}}"/>
    <log message="SQL Returned Results: ${in.body}"/>
    <split>
        <simple>${in.body}</simple>
        <log message="Split Message: ${in.body}"/>
        <marshal>
            <json library="Jackson"/>
        </marshal>
        <setHeader headerName="kafka.KEY">
            <simple>{{kafka.prefix.cpu.usage}}|${random(100)}</simple>
        </setHeader>
        <to uri="kafka:{{kafka.topic.cpuUsage}}"/>
    </split>
</route>
```

route 是 Camel 中一个完整的消息路由的定义。我们知道，Camel 是用来进行应用集成的，在应用集成的语境中 route 就是一类消息从 A 系统到 B 系统的完整的消息传递路径，在数据采集的场景下，route 就是数据从外部数据源落地到大数据平台的过程。一个 route 中往往会有多个不同的组件对消息进行加工处理，组件（component）是 Camel 的重要组成部分，Camel 中有将近 200 个组件，功能非常丰富和强大。独立的组件无法完成工作，需要很多支撑机制，如消息传递等，这些支撑机制都是应对应用集成中普遍存在的场景的，经过提炼之后形成了固定的模式，即企业应用集成模式（EIP），下面让我们结合上述配置了解一些 Camel 的组件和集成模式。

cpu.usage 采集作业的起点是一个定时器：cpuCollectingTimer。定时器是一个 Camel 组件，它以指定的周期触发，把触发时的时间写入一个消息容器供下游使用。这个消息容器在 Camel 中叫作 Exchange，它是专门用于信息交换的数据结构，Exchange 会在整个 route 过程中持续存在，为不同组件之间互相通信提供支持。Exchange 的主要组成部分如图 5-8 所示。

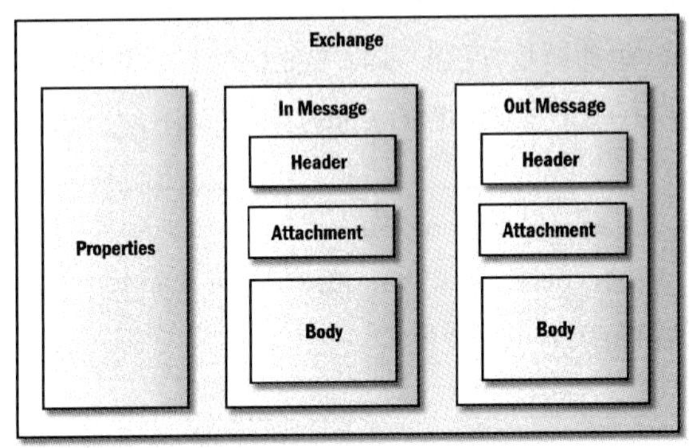

图 5-8　Exchange 的主要组成部分

- In Message：代表输入数据，代表一个请求消息，这是一个非空属性。每个 Message 的数据结构会细分为 Header、Attachment 和 Body 三部分。
- Out Message：代表一条响应数据，它是一个可选的属性，只有当 Exchange 的 MEP（MEP 是指 Message Exchange Patterns，它有两种取值：InOnly 和 InOut）是 InOut 时才会有 Out Message。
- Properties：它和 Message 的 Header 在结构上是一样的，但是它是伴随整个 Exchang 存在的，所以 Properties 通常用来存放全局变量，而 Message 的 Header 只属于某个特定的 Message。

配置的第 3 行，Camel 使用一个 Spring 配制的 Bean（一个 java.text.SimpleDateFormat 实例）把 timer 生成的时间戳做了一个格式转换，这是 Camel 另一个强大的地方，通过配置 Bean 组件和提供自定义的 processor，Camel 可以实现任何复杂程度的消息处理。

第 5～7 行，将 dateFormatter 输出的格式化后的时间戳写到消息的 Header 里，因为 dateFormatter 的 format 方法返回的结果会被 Camel 写到消息的 Body 里，下游的 SQL 组件需要这个时间参数去查询数据库，但是 SQL 组件只会按以下两种方式从消息里查找参数：

- 如果消息的 Body 是一个 java.util.Map，则 Camel 会试图从这个 Map 中查找；
- 从消息的 Header 里查找。

为了使 SQL 组件能准确地接收从 dateFormatter 传来的时间戳，我们把它设到了消息的 Header 里。接下来，SQL 组件会执行预配置的 SQL，从目标数据库中提取数据并写入消息的 Body 里。第 9 行代码我们打印了一下消息的 Body，样式如下：

```
[{id=8662, name=cpu.usage, hostname=svr1001, value=64, timestamp=2018-09-0
1 02:41:16.0}, {id=8663, name=cpu.usage, hostname=svr1001, value=3, timesta
mp=2018-09-01 02:41:16.0}, {id=8664, name=cpu.usage, hostname=svr1001, val
ue=22, timestamp=2018-09-01 02:41:17.0},...]
```

SQL 组件 select 的查询结果是一个 List<Map<String, Object>>，我们需要对这个数据结构进行整理，然后发送给 Kafka。整理的第一项工作是将聚集在一起的消息数组“切分”成单一的消息，这也是企业应用集成中常见的一项工作，有一个模式 Splitter 是专门应对这类场景的，如图 5-9 所示（引自 *Enterprise Integration Patterns: Designing, Building, and Deploying Messaging Solutions* 一书）。

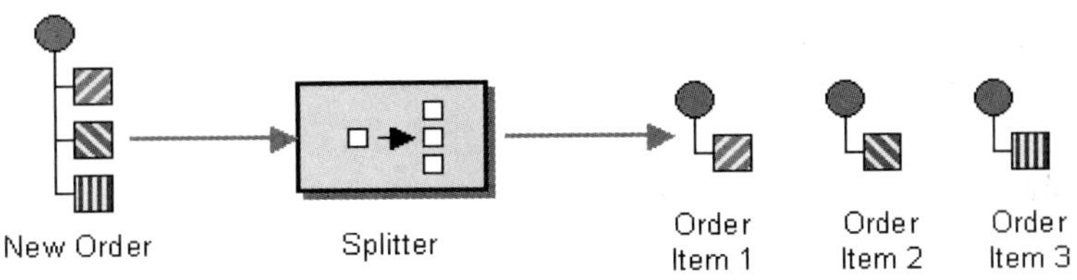

图 5-9 企业应用集成中的 Splitter 模式

图 5-9 对 Splitter 模式已经展示得非常形象了，一个订单经过 Splitter 的处理之后，每一个 Item 被单独梳理出来，以便后续针对单一 Item 进行进一步的处理。Camel 提供了对 Splitter 模式的内置支持，使用<split>标记即可实现，正如我们在代码第 10～20 行做的那样，一旦被<split>...</split>包裹，则标签内的数据将变为切分后的单一 cpu.usage 记录，然后第 11 行会把消息体中的单一 cpu.usage 记录取出，交给第 13～15 行的<marshal>...</marshal>进行 JSON 解析。正常情况下我们可以直接将这个 JSON 字符串推送给 Kafka，但在我们的原型项目中，后续的流处理环节需要针对 cpu.usage 和 mem.used 进行不同的计算，所以需要在数据采集时标记它们是哪种 Metric，所以我们利用 Kafka 消息的 Key 来指明一个 Metric 的类型，如果记录是 cpu.usage 数据，它的 Key 的前缀是 cu，如果记录是 mem.used 数据，它的 Key 的前缀就是 mu。同时，要考虑到 Kafka 的消息是按 Key 进行散列的，由于总的 Metric 类型并不多，而不同的 Metric 的数据量相差也比较悬殊，所以我们需要通过更加严格的方式确保消息在 Kafka 上均匀分布，一个简单的做法就是生成一个随机数（小于 100 即可）后缀，同时在前缀和后缀之间加一个分隔符“|”，便于后续流计算的解析，所以 Header 的设置如下：

```
<setHeader headerName="kafka.KEY">
    <simple>{{kafka.prefix.cpu.usage}}|${random(100)}</simple>
</setHeader>
```

设置好 Header，消息体的 JSON 数据也就绪了，最后推送给 Kafka 组件就完成了 cpu.usage 的数据采集工作。

总结一下 cpu.usage 数据的采集流程，如图 5-10 所示。

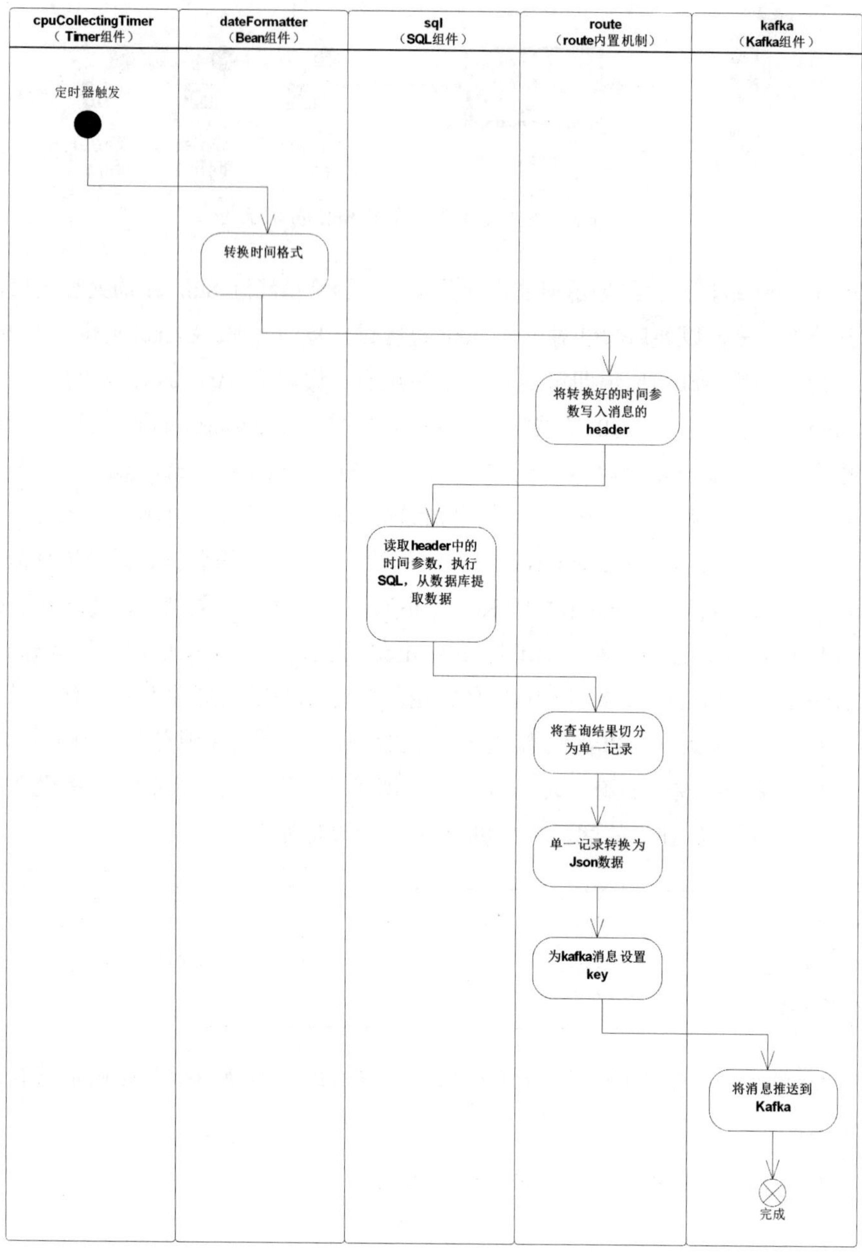

图 5-10 cpu.usage 数据的采集流程

5.6.3 应对采集作业超时

数据采集要对接外部系统，受影响的因素较多，需要应对一些由外部系统问题引起的复杂问题。我们在上一节展示了一个较为简单的示例，它的预设条件是目标数据库性能良好，每次发起查询时，都能在定时器的一个周期内返回结果。但在实际环境中，很多业务系统的数据库会出现响应延迟问题，一旦查询响应超时，数据采集工作就会受到影响，严重时会造成数据丢失。

我们以 Alert 为例来假设这样一种场景，采集 Alert 的作业依然像采集 cpu.usage 一样，每 5s 从数据库抓取一批数据，假定当前时间是 00:00:08，正在执行的作业在 00:00:00 就已经启动了，但由于目标数据库响应超时，SQL 执行了 8s 才返回，如果按 cpu.usage 的配置进行处理，当前时间已经晚于预定的启动时间 00:00:05，所以下一个 Job 会立即执行，启动时间是 00:00:08，这样推送给 SQL 的时间参数就是 00:00:08，查询数据的时间窗口就是[00:00:03, 00:00:08)，如此一来，位于时间窗口[00:00:00, 00:00:03)内的数据就被遗漏了。

看上去这个问题并不难解决，我们只要将作业的执行变成异步非阻塞的方式就可以了，但是这会带来另一个问题，那就是数据将无法保证按生成的时间有序！而确保数据按生成时间有序对我们这个原型项目来说非常重要。特别是在后续的流处理环节，会有一系列基于时间窗口的计算，虽然我们可以在流处理时再对数据进行排序，但是流处理组件无法判定某个时间窗口内的数据是否都已就绪，所以这是一个需要在数据采集阶段解决的问题。

总结一下这个场景下我们需要解决的两个问题：一个是要确保每个时间窗口内的数据都能被采集到，不能有遗漏；另一个是数据采集作业必须是串行的，只有这样才能保证在流处理时拿到的都是已经完全就绪的数据！基于这样的需求，一个理想的设计方案如下。

将这个 Job 切分成两个子 Job：第一个 Job 负责制定周期性的计划，准确地说是周期性地生成时间窗口参数，第二个 Job 负责读取时间窗口参数并执行查询，这部分工作并不是周期性的，原则上，只要有时间参数生成就应该立即执行，如果执行超时，在超时期间我们需要缓存第一个 Job 生成的时间参数，而当所有的查询都及时完成、没有待执行的查询计划时，第二个 Job 需要等待新的查询参数到达，是的，这实际上是一个“生产者-消费者”模型，只是生产者是在“有节奏”地生产，在这个模型里，第三个参与者——仓库或者说传送带，起到了关键的调节作用，而一个现成的实现就是 JDK 自带的 BlockingQueue！于是我们的落地方案如下：

- 第一个 Job 由定时器周期性触发，每次触发时会把当前时间放到一个 BlockingQueue 的队尾；
- 第二个 Job 循环执行，每次执行的工作就是从 BlockingQueue 的队头取出时间参数，组装 SQL 并执行，当队列为空时，由 BlockingQueue 来阻塞当前线程，等待时间参数进入队列；
- 当第二个 Job 执行完一次时，如果队列中还有时间参数，会继续执行上一个步骤，出现此类情况就说明前一次的执行超时了。

我们看一下 Alert 采集作业的具体实现：

```
<route id="alertSchedulingJob">
    <from uri="timer:alertSchedulingTimer?period={{job.alert.period}}&amp;delay=6s"/>
    <to uri="bean:dateFormatter?method=format(${header.firedTime})"/>
    <log message="Job Name: alertSchedulingJob, Scheduled Time: ${in.body}"/>
    <to uri="bean:alertDateParamQueue?method=put(${in.body})"/>
</route>

<route id="alertExecutingJob">
    <from uri="timer:alertExecutingTimer?delay=-1"/>
    <to uri="bean:alertDateParamQueue?method=take()"/>
    <log message="Job Name: alertExecutingJob, Executing Time: ${in.body}"/>
    <setHeader headerName="timestamp">
        <simple>${in.body}</simple>
    </setHeader>
    <!-- delay for a while to simulate sql executing elapsed time -->
    <delay>
        <simple>${random(10000)}</simple>
    </delay>
```

```
19      <to uri="sql:{{job.alert.sql}}"/>
20      <split>
21          <simple>${body}</simple>
22          <marshal>
23              <json library="Jackson"/>
24          </marshal>
25          <setHeader headerName="kafka.KEY">
26              <simple>{{kafka.prefix.alert}}|${random(100)}</simple>
27          </setHeader>
28          <to uri="kafka:{{kafka.topic.alert}}"/>
29      </split>
30  </route>
```

第 1～6 行是第一个 Job，其中第 5 行将定时器生成的时间参数写入一个名为 alertDateParamQueue 的 BlockingQueue，这是一个关键性动作。第一个 Job 没有任何阻塞因素，会非常规律地运行。

第 8～30 行是第二个 Job，它也由一个定时器触发，但是它的定时器没有指定周期，这意味着这个 Job 的当前批次执行完会立刻启动下一个批次，没有任何时间间隔。接下来第 10 行又是一个关键性动作，它从前面那个 BlockingQueue 里取出队头的时间参数，注意，当队列为空时，当前线程会被阻塞，一直到队列又变成非空，这一点是由 BlockingQueue 来保证的。

第 12～14 行把取到的时间戳放到 Header 里以便 SQL 组件读取，但是和 cpu.usage 不一样的是，在执行 SQL 之前，我们加了一个不超过 10s 的随机延时，用来模拟后面的 SQL 组件在目标数据库上响应延时的场景（再次强调，这是为了模拟而添加的，在实际上项目中没有理由这样做），由于每 5s 生成一个时间参数，如果第二个 Job 没有延时操作，即相当于目标数据库响应良好，每次请求都可以在极短的时间内返回，则此时与 cpu.usage 的场景是一致的，BlockingQueue 会规律性地接收一个时间戳，消费一个时间戳。当添加了不超过 10s 的随机超时后，事情就变得有趣起来，因为执行作业的耗时开始变得没有规律，最长可能要 10s，最短不会超过 1s，这很好地模拟了目标数据库性能不稳定的场景，在这种执行时长发生剧烈“抖动”的场景下，BlockingQueue 起到了绝佳的“稳定器”的作用。我们来看一段 Alert 作业输出的日志：

```
[2018-09-01 17:07:43] -- Job Name: alertSchedulingJob, Scheduled Time: 2018
-09-01 17:07:43
[2018-09-01 17:07:43] -- Job Name: alertExecutingJob, Executing Time: 2018-
09-01 17:07:43
[2018-09-01 17:07:48] -- Job Name: alertSchedulingJob, Scheduled Time: 2018
-09-01 17:07:48
[2018-09-01 17:07:53] -- Job Name: alertSchedulingJob, Scheduled Time: 2018
-09-01 17:07:53
[2018-09-01 17:07:58] -- Job Name: alertSchedulingJob, Scheduled Time: 2018
-09-01 17:07:58
[2018-09-01 17:07:59] -- Job Name: alertExecutingJob, Executing Time: 2018-
09-01 17:07:48
...
[2018-09-01 17:08:28] -- Job Name: alertSchedulingJob, Executing Time: 2018
-09-01 17:08:18
[2018-09-01 17:08:30] -- Job Name: alertSchedulingJob, Executing Time: 2018
-09-01 17:08:23
[2018-09-01 17:08:31] -- Job Name: alertExecutingJob, Executing Time: 2018-
09-01 17:08:28
[2018-09-01 17:08:33] -- Job Name: alertSchedulingJob, Scheduled Time: 2018
-09-01 17:08:33
...
```

可以看到在系统刚刚启动时，Scheduling 作业的 Scheduled Time 和 Executing 作业的 Executing Time 是一样的，从 17:07:48 开始，三个连续的 Scheduling 作业被执行，这说明前一个 Executing 作业（也就是 17:07:43 对应的那个 Executing 作业）严重超时了，在这一刻，BlockingQueue 中的时间戳数量是 3，再往后我们可以观察到从 17:08:28 到 17:08:31 的 3s 中有 3 个 Executing 作业执行完毕或正在执行中，这说明这段时间内超时的作业较少，相当于数据库响应变得及时，队列中积压的时间戳被迅速地消化了一部分。配置中再往后的部分和 cpu.usage 是一样的，不再赘述。

5.6.4 应对数据延迟就绪

我们应对外部复杂环境的数据采集之路还没有走完，因为现实环境往往比我们想象得要严苛很多，很多时候外围系统会因为种种原因导致数据迟迟不能在数据库层面落地，这会让数据采集工作变得非常被动。以我们的原型项目为例，我们的增量采集是以时间戳为依据的，每个批次采集过去 5s 新生成的数据，如果数据从业务系统的应用服务器生成到写入数据库的时间差超过了 5s，那么就会错过采集的时间窗口。这一问题并不是我们上一节介绍的方案可以解决的，相对而言，这一状况更加棘手，因为这已经完全不在数据采集组件的控制范围内了。

对于这种问题我们可以使用这样的应对策略：如果数据及时就绪，我们要保证能及时地捕获；如果数据延迟就绪，我们要保证至少不会丢掉它。可以把同一个数据源的数据采集分成两“波次”进行，第一“波次”的采集紧紧贴近当前时间，并且保持极高的频率，这一“波次”要保证最早最快地采集到当前的新数据；第二“波次”采集的是过去某个时间区间上的数据，时间偏移可能在十几秒到几分钟不等，这取决于目标数据源的数据延迟程度，第二“波次”是一个“补录”操作，用于采集在第一“波次”进行时还未在数据库中就绪的数据。对于某些数据“延误”较大的系统，甚至可以添加第三“波次”作为最后的“托底”操作，它的时间偏移会更大，目的是最后一次补全数据，保证数据的完整性。

我们已经在前面两节分别为 cpu.usage 和 Alert 指定了预设场景来展示不同场景下的应对方案，在本节，我们以 mem.used 为例来演示如何应对上述数据延误就绪的问题。为了满足要求的预设条件，在 bdp-metric 生成 mem.used 时，我们特意将插入数据库中的时间戳从当前时间向前偏移了不超过 60s 的随机值，用来模拟数据延误就绪，这段代码在 bdp-metric.sh 的 genOnlineMemUsed 函数中。

```
actualTime=$((curTime-$RANDOM%$MEM_USED_MAX_LANDING_SECONDS))
timestamp=$(date -d @$actualTime +'%F %T')
```

下面我们来看一下 mem.used 采集作业的配置，同样是在 conf/camel-context.xml 中：

```
<route id="memWave1SchedulingJob">
```

```
    <from uri="timer:memWave1SchedulingTimer?period={{job.mem.wave1.period}}&amp;delay=2s"/>
    <to uri="bean:dateFormatter?method=format(${header.firedTime})"/>
    <log message="Job Name: memWave1SchedulingJob, Scheduled Time: ${in.body}"/>
    <to uri="bean:memWave1DateParamQueue?method=put(${in.body})"/>
</route>

<route id="memWave1ExecutingJob">
    <from uri="timer:memExecutingTimer?delay=-1"/>
    <to uri="bean:memWave1DateParamQueue?method=take()"/>
    <log message="Job Name: memWave1ExecutingJob, Executing Time: ${in.body}"/>
    <setHeader headerName="timestamp">
        <simple>${in.body}</simple>
    </setHeader>
    <to uri="sql:{{job.mem.sql}}"/>
    <split>
        <simple>${body}</simple>
        <marshal>
            <json library="Jackson"/>
        </marshal>
        <setHeader headerName="kafka.KEY">
            <simple>{{kafka.prefix.mem.used}}|${random(100)}</simple>
        </setHeader>
        <to uri="kafka:{{kafka.topic.memUsed}}"/>
    </split>
</route>

<route id="memWave2SchedulingJob">
    <from uri="timer:memWave2SchedulingTimer?period={{job.mem.wave2.period}}&amp;delay=4s"/>
    <setHeader headerName="offset">
```

```
31            <simple>{{job.mem.wave2.offset}}</simple>
32        </setHeader>
33        <process ref="dateShiftProcessor"/>
34        <to uri="bean:dateFormatter?method=format(${header.shiftedTime})"/>
35        <log message="Job Name: memWave2ScheduleJob, Scheduled Time: ${in.body}"/>
36        <to uri="bean:memWave2DateParamQueue?method=put(${in.body})"/>
37    </route>
38
39    <route id="memWave2ExecutingJob">
40        <from uri="timer:memExecutingTimer?delay=-1"/>
41        <to uri="bean:memWave2DateParamQueue?method=take()"/>
42        <log message="Job Name: memWave2ExecutingJob, Executing Time: ${in.body}"/>
43        <setHeader headerName="timestamp">
44            <simple>${in.body}</simple>
45        </setHeader>
46        <to uri="sql:{{job.mem.sql}}"/>
47        <split>
48            <simple>${body}</simple>
49            <marshal>
50                <json library="Jackson"/>
51            </marshal>
52            <setHeader headerName="kafka.KEY">
53                <simple>{{kafka.prefix.mem.used}}|${random(100)}</simple>
54            </setHeader>
55            <to uri="kafka:{{kafka.topic.memUsed}}"/>
56        </split>
57    </route>
```

在这份配置中，明显有两个相似的部分，第 1～26 行是第一“波次”的采集作业，第 28～57 行是第二“波次”的采集作业，这两个作业与 Alert 作业的配置几乎是一模一样的，我们复用了 Alert 作业的处理模式，让 mem.used 的处理也能获得动态平衡 SQL 执行延时带来的问题。略有不同的是第 30～33 行，由 timer 生成的时间戳在发送给 dateFormatter 之前进行了一个时间偏移处理：首先在第 30～32 行读取了配置文件中指定的偏移量，即 job.mem.wave2.offset，它的实际值是 60s，这个值正是我们在 bdp-metric 生成 dummy 的 mem.used 数据时设定的最大延迟时间，我们把这个 offset 写到 header 里，接着一个自定义的 Processor 会对时间进行偏移处理。这是我们第一次使用 Camel 的 Processor，它是 Camel 灵活性的另一个体现，当数据处理中包含了一些相对复杂的自定义逻辑时，Camel 允许开发人员使用编程的方式实现这些逻辑。对于本例中的时间偏移，我们引入了 Joda 时间库进行，下面是 DateShiftProcessor 的具体实现：

```
public class DateShiftProcessor implements Processor {

    @Override
    public void process(Exchange exchange) throws Exception {
        Message message = exchange.getIn();
        Integer offset = message.getHeader("offset", Integer.class);
        Date firedTime = message.getHeader("firedTime", Date.class);
        DateTime dateTime = new DateTime(firedTime);
        DateTime shiftedTime = dateTime.minusSeconds(offset);
        message.setHeader("shiftedTime", shiftedTime.toDate());
    }

}
```

Camel 的自定义 Processor 必须实现 Processor 接口，这个接口要求实现一个 process 方法，Exchange 会以参数的方式传进去，以便于 Processor 能获取所需的信息。在这个 Processor 中，我们从 In Message 中获取了两个参数：一个是 timer 生成的时间戳“firedTime”，另一个是配置的“offset”，然后将时间戳按偏移量向回推，把新生成的时间戳以“shiftedTime”作为 Key 写到 Header 里，后续的 dateFormatter 会取出这个时间戳进行格式化，后面的处理流程就与其他无异了。

这种多“波次”采集的方案会导致出现重复数据，因此需要进行去重操作。我们把这项工作交给了流处理组件，利用 Spark Streaming 的 Watermark 机制和 dropDuplicates 操作可以将指定时间范围内的重复数据移除，这些内容会在后面介绍流处理时进行详细的讨论。

最后，我们简单回顾一下，5.6 节我们设计了三种场景来展示 Camel 是如何实现数据采集的，相信大家已经体会到了 Camel 的灵活与强大，这源于 Camel 三个方面的特性：

- 丰富的组件，用于对接各种协议和数据源；
- 内置的 EIP 模式，可以应对常见的消息处理需求；
- Processor 机制和与 Bean 的良好集成，可以轻松地实现自定义的逻辑。

最后，作为一个非大数据组件，大家可能会对 Camel 的性能和吞吐量有所担忧，在实际项目中，我们也要保持清晰的认识。但是这个问题是很容易解决的，我们可以对数据源进行分组，使用多个 Camel 实例分区采集数据。

第 6 章 主数据管理

6

主数据指的是要在整个企业范围内各个应用（操作或事务型应用系统及分析型系统）间共享的数据，如产品、门店、供应商、销售渠道等。主数据需要在整个企业范围内保持一致、完整及可控，因此很多企业会构建自己的主数据管理（Master Data Management，MDM）系统来统一管理主数据，并对外围应用提供主数据服务。本章我们会讨论在大数据系统背景下的主数据管理问题。

6.1 主数管理据系统的建设策略

对于大数据平台来说，主数据是非常重要的一类数据，几乎出现在所有的数据处理和分析中，具体到批处理和实时处理又有所不同。对于批处理来说，主数据可以同步自主数据管理系统的数据库，在数仓（数据仓库）体系下，几乎所有的主数据都是维度数据，需要建立相应的维度表以支撑业务查询和分析；对于实时处理来说，在各种流式计算的过程中也需要获取主数据进行关联处理，而实时处理要求主数据的获取也必须是实时的，这对系统的架构设计提出了挑战。如果原始的主数据管理系统对外提供了获取主数据的 API，对于普通的应用系统这是很有利的条件，它们可直接通过 API 实时获得主数据。但是对于大数据系统来说，情况就不那么乐观了，因为大数据处理过程中的巨大吞吐量和流计算处理中对主数据的使用频率都远远超过一般的应用系统。如果大数据平台通过主数据管理系统的 API 获取主数据，无论是从并发压力还是从响应的及时性上都可能无法满足要求，还有可能给主数据管理系统带来过大的负载，导致其响应缓慢甚至宕机。

为满足实时计算对主数据的需求，有两种可选的技术方案。

- 方案一：如果主数据体量不大，变更也不频繁，可以考虑将这些数据通过 API 读取到大数据工作节点的内存中，在数据处理过程中直接使用，然后周期性地从主数据管理系统同步最新状态的主数据。
- 方案二：改造主数据管理系统，引入内存数据库，如 Redis，针对所有主数据，除常规持久化的业务数据库外，再配备一个内存数据库的副本，将这个内存数据库开放给大数据平台使用。

方案一的优点是架构简单，易于实现，但是对主数据有预设条件，不能成为一种广泛使用的方案。方案二是一套很完备的技术方案，可以满足各种主数据获取需求，代价是架构比较复杂，如果企业正在构建的是一整套大数据平台，方案二是值得一试的，我们的原型项目也是按这一方案给出了参考实现。

从技术上讲，主数据管理系统是一个相对传统的 Web 应用，负责维护主数据的增删查改，同时对外提供获取主数据的 API，对于大数据平台，最好提供以内存数据库为依托的数据读取服务。综合这些因素，企业在建设大数据平台时应该结合现状灵活地选择方案。

- 如果企业已经建设了主数据管理系统，则依托于现有主数据管理系统为大数据分析提供主数据服务是最明智的。
    - 对于批处理，可以直接将其数据库作为普通数据源开放给大数据平台，通过标准的 ETL 流程实现主数据的集成。
    - 对于实时处理，如果通过 API 周期性地更新大数据端的主数据可以满足需要，则对主数据管理系统而言几乎没有改造成本。但在大多数情况下，流计算引擎需要高频地、实时地获取主数据，主数据的 API 接口往往很难支撑，此时在现有主数据管理系统的基础上创建共享的内存数据库是最好的选择。

- 如果企业没有统一的主数据管理系统，从大数据平台的建设需要出发，可以自行构建一个轻量级的、只面向大数据的主数据管理系统，通过这个系统实时收集主数据，同时内置一个内存数据库，将主数据存放于内存数据库中，为流计算提供支持。

我们的原型项目也提供了一个主数据的管理组件 bdp-master-server，从定位上讲，它可以发展成为一个独立的主数据管理系统，但是作为大数据平台的一个非核心组件，我们并没有在这个子项目上投入过多，只是针对平台需要的几类主数据提供了最基本的增删查改操作，同时引入了内存数据库 Redis，将所有主数据写入 Redis，为后续的流计算做好准备。在第 8 章建设数据仓库时，我们也会从 bdp-master-server 的后台数据库采集数据来建立各类主数据的维度表，这些都会在后续的章节一一介绍，本章我们只聚焦于 bdp-master-server 本身。

6.2 原型设计

bdp-master-server 的业务功能在前文已经提及，这里我们再简单复习一下。在原型项目的业务背景下，主数据主要有 App、Server、MetricThreshold、MetricIndex 和 AlertIndex，它们之间的关系请参考 4.2 节的领域模型。所有这些主数据的维护、基本的增删改查都是在 bdp-master-server 这个主数据项目中完成的。

bdp-master-server 是一个基于 Java 的 Web 应用，使用 Spring Boot 技术构建，存储层面对接一个 MySQL 数据库 bdp_master 及一个 Redis 数据库，数据双写，对外提供 Restful API。引入 Redis 的目的是为后续流计算提供高性能的主数据读取能力。整个项目是一个典型的 Java Web 应用，架构上分为 Controller、Service 和 Repository 三层，各种实体类对应于各种主数据，使用 Hibernate 进行 ORM 处理。原则上，我们不会介绍过多的关于 Java Web 应用开发的内容，因为这偏离了本书的主题，我们会把注意力集中在大数据背景下对主数据处理的一些特殊要求上，例如领域模型的设计和领域对象的粒度把握等。

6.3　项目构建与运行

检出项目代码之后，进入模块的根目录，输入：

```
build.bat cluster
```

脚本会构建项目并部署至远程服务器，执行成功之后，使用 bdp-master-server 用户登录服务器，这时在 home 目录下就会出现已经部署好的 bdp-master-server 工程目录，我们可以使用 tree 命令来查看一下部署好的工程结构：

```
[bdp-master-server@gateway1 ~]$ tree bdp-master-server-1.0/
bdp-master-server-1.0/
├── bin
│   └── bdp-master-server.sh
├── conf
│   ├── application.properties
│   ├── bdp-master-data-2018-09-01.sql
│   ├── bdp-master-data-2018-09-02.sql
│   └── logback.xml
├── lib
│   ├── antlr-2.7.7.jar
│   ├── ...
│   └── ...
└── log
    ├── bdp-master-server.log
    ├── ...
    └── ...
```

启停及相关的操作命令都集成在 bdp-master-server-1.0/bin/bdp-master-server.sh 文件里，使用

help 命令可以查看各类操作：

```
[bdp-master-server@gateway1 ~]$ bdp-master-server-1.0/bin/bdp-master-serv
er.sh help

==================  PROJECT [ BDP-MASTER-SERVER ] USAGE  =================
# 说明：启动应用
bdp-master-server-1.0/bin/bdp-master-server.sh start

# 说明：停止应用
bdp-master-server-1.0/bin/bdp-master-server.sh stop

# 说明：重启应用
bdp-master-server-1.0/bin/bdp-master-server.sh restart

# 说明：持续读取日志文件并输出到控制台
bdp-master-server-1.0/bin/bdp-master-server.sh tail-log

# 说明：重启应用并持续读取日志文并输出到控制台
bdp-master-server-1.0/bin/bdp-master-server.sh restart-with-logging

# 说明：读取指定日期版本的主数据文件，更新到数据库中
bdp-master-server-1.0/bin/bdp-master-server.sh update-master-data DATE

# 示例：读取 2018-09-01 的主数据文件，更新到数据库中
bdp-master-server-1.0/bin/bdp-master-server.sh update-master-data '2018-09
-01'
```

我们可以使用 restart-with-logging 来启动应用：

```
bdp-master-server-1.0/bin/bdp-master-server.sh restart-with-logging
```

该命令在启动应用服务之后会持续监听日志文件并输出到控制台，便于调试错误。

应用启动之后，会对外暴露一系列针对主数据增删查改的 Restful API，这些 API 如下：

```
# Server 相关的 API

GET /servers：获取所有的 Server
GET /server/{id}：根据指定 ID 获取 Server
GET /server?name=SERVER_NAME：根据 name 的值查找相应的 Server 并返回
POST /server：新建一个 Server
DELETE /server/{id}：根据指定 ID 删除 Server

# App 相关的 API

GET /apps：获取所有的 App
GET /app/{id}：根据指定 ID 获取 App
GET /app?name=APP_NAME：根据 name 的值查找相应的 App 并返回
POST /app：新建一个 App
DELETE /app/{id}：根据指定 ID 删除 App

# MetricIndex 相关的 API

GET /metricIndexes：获取所有的 MetricIndex
GET /metricIndex/{id}：根据指定 ID 获取 MetricIndex
GET /metricIndex?name=METRIC_INDEX_NAME：根据 name 的值查找相应的 MetricIndex 并
返回
POST /metricIndex：新建一个 MetricIndex
DELETE /metricIndex/{id}：根据指定 ID 删除 MetricIndex

# AlertIndex 相关的 API

GET /alertIndexes：获取所有的 AlertIndex
```

```
GET /alertIndex/{id}: 根据指定 ID 获取 AlertIndex
GET /alertIndex?name=ALERT_INDEX_NAME: 根据 name 的值查找相应的 AlertIndex 并返回
POST /alertIndex: 新建一个 AlertIndex
DELETE /alertIndex/{id}: 根据指定 ID 删除 AlertIndex
```

细心的读者会发现，上述 API 列表中并没有 MetricThreshold 相关的操作，我们把 MetricThreshold 作为了依附于 Server 的从对象和 Server 一起处理了。也就是说，对于 MetricThreshold 的使用都是先定位到某个具体的 Server 对象，再从 Server 对象中直接获取 MetricThreshold，这也正是 bdp-stream 中使用 MetricThreshold 的方法，具体可以参考 com.github.bdp.stream.service.MetricService#evaluate 方法的实现细节。

上述 API 其实并没有在我们的原型项目中使用，大数据平台上的组件（如 bdp-stream）是通过 Redis 直接读取主数据的，而 Redis 的维护也是 bdp-master-server 的职责的一部分。当 bdp-master-server 启动时，一个重要的初始化动作就是将 MySQL 中的全部主数据加载到 Redis 中，这一动作是通过注册 Spring 的 ApplicationListener 来完成的。具体的操作方法是，首先 @Component 注解注册一个 Bean，然后提供一个方法完成相关的初始化操作，在该方法上添加 @EventListener 注解即可。这部分代码封装在 com.github.bdp.master.server.controller.AppStartupListener 类里：

```
@Component
public class AppStartupListener {
    @EventListener
    public void onApplicationEvent(ContextRefreshedEvent event) {
        logger.info("Start to load all data into Redis....");
        appService.loadAll();
        serverService.loadAll();
        metricIndexService.loadAll();
        alertIndexService.loadAll();
        logger.info("loading all data into Redis is done!");
    }
}
```

实际的数据加载工作是通过每一类主数据的 Service 类的 loadAll 方法实现的，这些方法的实现逻辑是一样的，都是通过 JPA 的 reposiotry 从 MySQL 数据库中加载所有的数据，然后通过 Redis 的 repository 写入 Redis 中。

6.4 使用主数据

当 bdp-master-server 启动之后，在 Redis 中就会加载好全部数据供外围应用使用，我们的 bdp-stream 也不例外。为了便于读取主数据，我们还特意编写了一个主数据的客户端组件 bdp-master-client，这个组件主要做两件事：

- 通过 Redis 的 Java 客户端连通 Redis 数据库；
- 实现所有主数据的实体类，从 Redis 中取出对应的主数据后，反序列化出对应的实体类供调用端使用。

bdp-master-client 是以 jar 包依赖的形式添加到项目中的，然后在项目中使用 Client 提供的位于 com.github.bdp.master.client.service 包下的各类 Service 进行主数据的读取。这些 Service 都较为简单，大多数都是通过 ID 或 name 来获取对应实体对象的。除了因为我们的原型项目业务较为简单，主要的原因是 Redis 自身没有二级索引机制，除了以 ID 作为 Primary Key 的查询，所有基于其他属性或属性组合的查询都需要手动建立二级索引，这和我们将在后面介绍的 HBase 的情形非常类似。但总的来说，通过 ID 获取对应的主数据已经可以满足绝大多数情况的需要了。在使用 Redis 时，我们要尽可能地简化对象的查询条件。在原型项目中，实际用到 bdp-master-client 的是 bdp-stream 子项目，我们会在第 7 章介绍实时计算时展示如何使用主数据。

6.5 围绕主数据进行领域建模

长久以来，软件工程领域在业务逻辑建模方面有两种主流的方法论：一种是面向数据库的实体关系模型，另一种是以面向对象思想为基础的领域模型。前者是关系型数据库的建模理论，一个实体或业务概念对应一张数据表，实体间的关联关系通过外键实现，不存在继承、多态等更加丰富的关联关系。后者是基于面向对象思想对业务领域进行建模的方法论，领域模型能更加准确地描述业务系统，合理承载业务逻辑，业务系统越复杂，其优势就越大。但是由于数据最终需要以关系模式存储到关系型数据库上，所以使用领域模型建模的系统还需要通过特定的“对象-关系”模型映射（ORM）工具进行转换，实现上较为复杂。

对于大数据系统而言，领域建模似乎是一个“不搭界”的话题，因为以分析为导向的系统有自己成熟的方法论（如数据仓库中的维度模型）。但是在业务性较强的实时流计算领域，领域建模有着广泛的适用场景，特别是主数据部分，因为主数据都具有很强的业务属性，每一类主数据都代表着一个业务实体或业务概念，实时的数据分析和处理往往会以主数据为主体展开，能围绕主数据建立一个领域模型去支撑数据分析与处理是一种很明智的做法。

以我们的原型项目为例，所有的 Metric 数据都出自或描述了某一类主数据的状态或行为，或者说它们都是主数据所代表的业务实体的产物，如 Metric 描述的就是业务对象“服务器”的状态。从面向对象建模的角度来思考这个问题的话，如果监控系统需要建立针对该服务器的一整套监控和报警规则，那么所有逻辑必然会追加到“服务器”，以及一些和它相关联的实体上，这就是我们所说的“围绕主数据进行领域建模”。

领域建模在应对复杂业务场景时非常有效，因为它是对业务逻辑的一种自然的梳理和划分，最能够反映领域的本来面目，越是复杂的业务场景越能体现它的优越性。而实现领域建模最好的方法论就是“领域驱动设计”（Domain Driven Design，简称 DDD），DDD 起源于应用系统设计领域，但是从笔者积累的项目实践经验来看，以领域模型为核心驱动业务处理和数据分析同样是非常明智的，它所带来的收益可能会远远超出你一开始的设想。

为了很好地说明领域建模在数据处理中能够发挥的作用，让我们在原型项目现有业务的基础上设想一些更加复杂的场景：现在原型项目的流处理可以针对每台 Server 的 Metric 数据和预设的告警阈值进行监控，但是现实的场景可能要比这复杂得多，例如，对于一个应用系统而言，通常会有 Web 服务器、应用服务器和数据库服务器，而每一种类型的服务器都有可能是多台服务器组成的集群，这时候单一的 Server 状态是不能全面反映一个应用系统整体的健康状况的，为此，业务部门定义了这样一组业务规则：

- 一个“应用”（App）是由多种“组件”（Component）组成的，“组件”指 Web、应用（App）或数据库（Database）等。
- 每一类组件都由一到多台“服务器”（Server）组成。
- 每一台服务器会产生两类数据：Metric 和 Alert，前者是数值数据，记录的是服务器在某个时刻的硬件指标（如 CPU 使用率），后者是监控终端产生的告警信息（如磁盘空间不足）。
- 系统会基于 Metric 和 Alert 数据进行健康状态评估，评估结果使用 RAG 三级模型展示，即有三种评估结果——Green 表示健康、Amber 表示需要引起注意、Red 表示情况严重。
- 在服务器级别上，针对 Metric 会有预定义的 Amber 和 Red 阈值（分别为 Amber Threshold 和 Red Threshold），一旦 Metric 在某段时间内的均值超过阈值，随即给出相应告警；针对 Alert 数据，会有预定义的关键警告列表（Critical Alert List），这个列表将一些影响面大、后果严重的 Alert 收录进来，是运维人员认为的需要引起高度重视的 Alert，一旦出现这类 Alert，系统需要立即告警。
- 在组件级别上，有两种类型的告警规则。第一种是汇总其所辖服务器的健康状况，基于统计结果进行评估，评估结果也分 Green、Amber、Red 三级，评估规则是这样的，针对 Amber 和 Red 设定阈值（分别为 Amber Threshold 和 Red Threshold），当出现问题的服务器的数据量超过对应阈值时，则针对组件进行告警，我们称这一类规则为统计性阈值（Statistical Threshold）规则。第二种是与服务器一样的关键告警列表（Critical Alert List），区别在于，只要组件下的任何一台服务器出现关键告警，整个组件就会整体告警。这样的告警虽然是从某一台服务器上发现的，但是它的波及面较大，例如网络连接相关的问题，告警的服务器相当于一个“目击者”。
- 在最上层的应用级别上，采用与组件高度类似的做法，同样包含统计性规则和关键告警列表规则，只是统计规则基于的是组件的健康状况，不是服务器的健康状况。

基于这样的业务规则，我们可以抽象出一样重要的业务实体：App、Component（Web Component、Application Component、Database Component）、Server、Statistical Threshold、Critical Alert List，其中前三者是标准的主数据，后两者是从运维监控的业务场景抽象出的依附在主数据上的业务规则。

我们可以设想：如果系统使用“常规”的思路来设计这套告警机制，一定会存在对应的主数据表和业务规则表，在底层的服务器上，系统可以通过关联查询得到其对应的阈值和关键告警列表，然后与收集到的 Metric 和 Alert 的数据表进行 JOIN 得到一个包含 Metric、Alert、主数据及业务规则的结果集，在这个大的结果集上再将 Metric、Alert 和规则一一进行比对，对于 SQL 来说，并非不能实现这样的逻辑，只是会很困难，代码的可读性也会很差。更大的麻烦是，在组件和应用级别的分析上，它们的分析需要建立在服务器的分析结果之上，是自下向上的层层汇总，这会让 SQL 语句变得更加复杂。

如果使用面向对象的方式来构建领域模型又会怎样呢？首先，模型中必定存在需求中提及的几个重要的业务对象：App、Component（Web Component、Application Component、Database Component）、Server、Statistical Threshold、Critical Alert List。前三者存在着鲜明的层级关系，围绕它们的业务规则是一种明显的从属关系。App、Component、Server 三层监控体系如图 6-1 所示。

图 6-1 很好地将前面的 7 点业务规则归纳总结了出来，基于这张图，我们几乎得到了需要的“领域模型”，它包含了 App、Component（Web Component、Application Component、Database Component）、Server、Statistical Threshold、Critical Alert List 等关键的业务实体，我们只需要将它们实现，再添加上关键的业务方法，即接收一系列的 Metric 和 Alert 数据，并基于自身的属性值进行判断，给出 RAG 结果，这个模型就算完成了。最后我们把这个模型作为一个数据处理引擎嵌入流计算框架（如 Spark Streaming），让它实时地进行数据处理，至此，一切似乎都已经完成了。

但是，别急，如果事情这么简单，我们实在无法证明领域驱动设计的力量，那就让需求来得更“猛烈”一些吧！我们前面谈论的只有 Metric 和 Alert 数据，对于一个监控系统来说，它们只是一类数据源，我们构建的基于大数据的监控平台有一个无可比拟的优势，就是可以聚合多种监控数据对应用系统进行多维度的检查。除硬件运行指标外，还有监控应用系统页面响应状况的监控工具，如 Website Pulse，它是一款可以对应用系统页面进行监控的工具，可以监测从不同的 Location（如大洲或国家）访问不同页面时的响应状况，也就是监测一个 Web 站点在全球范围内的可用性。无独有偶，Website Pulse 的“监测体系”也是一个层级结构，最上层是整个应用系统，下面一层是 Location，如亚太区、北美区等，再下面一层就是每一个页面了，Website Pulse 称之为 Label。如果在某个 Location 下的某个 Label 不可访问或响应变慢，Website Pulse 就生成告警。对于业务人员来说，他们也希望能够使用与处理 Metric 数据一致的模型来处理 Website Pulse 的告警信息，按 App→Location→Label 这样的层级结构对模型进行健康状况评估。App、Location、Label 三层监控体系如图 6-2 所示。

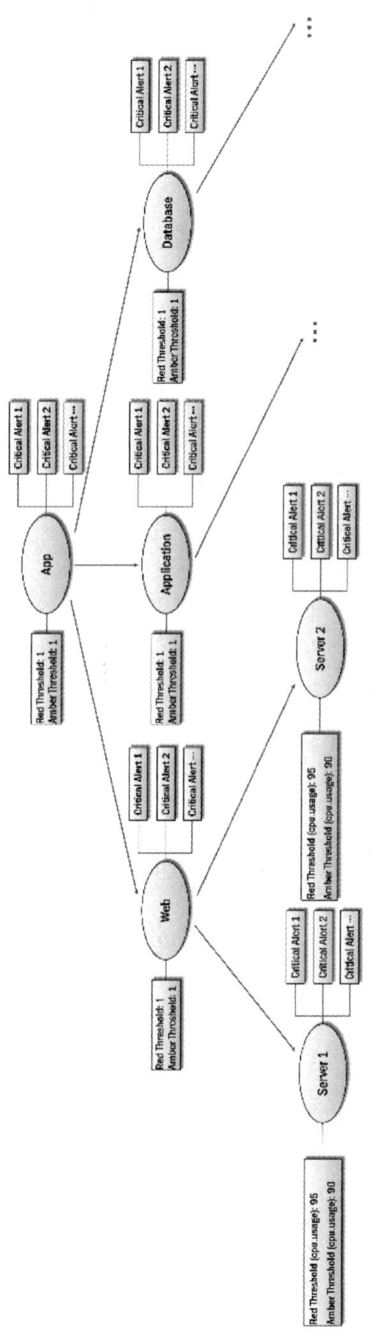

图 6-1　App、Component、Server 三层监控体系

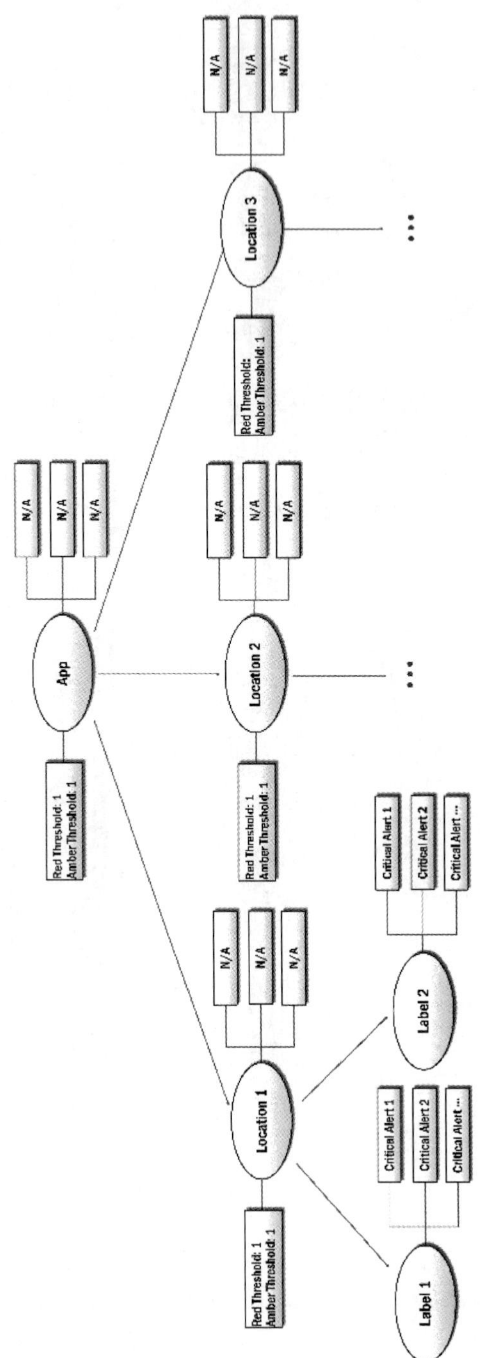

图 6-2 App、Location、Label 三层监控体系

Website Pulse 的业务模型与 Metric、Alert 模型的相似之处在于，它也是一种层级结构，上层的健康状况是基于下层健康状况的统计进行评估的；不同之处在于，对于 Location 或 App 这样的非叶节点是没有关键告警列表的。

现在有两个选择摆在设计人员面前：第一个选择是保留前面基于 Metric、Alert 数据源设计的领域模型，为 Website Pulse 数据源重新建立一套模型，各自拥有自己的领域对象；第二个选择是在类似的业务需求下抽象出共性需求，建立一个可以同时应用在两类数据源上的统一模型，并具备一定的扩展和适配能力以应对未来的新数据源。显然，第二个选择更有吸引力，但同时也意味着更大的设计难度。

我们的“故事”当然是沿着第二个选择继续下去，要设计出这个通用的模型就必须思考两套业务模型的最大共性是什么，业务人员在两套业务模型背后想要表达的最真实的“动机”是什么。仔细梳理一下，我们可以得到如下一些结论：

- 监控体系往往都具备树状的层级结构；
- 层级体系中的非底层节点都要依赖其下层的健康状况统计才能给出一个评估结果；
- 体系中的所有节点都可以配置关键告警列表，也可空缺，这是可选的。

上述三点对已知的两套模型都是适用的，所以理论上建立一个通用的树状结构应用于这两个模型是可行的。但是我们还面临一个关键问题，那就是虽然它们在结构上是类似的，但是各自的节点在业务上是完全不同的，也没有任何关联，例如，Location 与 Component 之间、Server 与 Label 之间没有任何关系，也不可能做任何映射，那么这个统一树状结构上的“节点”到底要怎么定义呢？我们这样来分析，不管这些“业务实体”代表着什么，从监控的视角观察，它们都是产生告警信息的信息源，或者说是被监控的主体，它们本身具体是什么对于监控系统来说不太重要，重要的是在它们身上都会产生监控信息！这就好像我们每个人在社会上会扮演学生、教师、职员等各种不同的角色，但是当我们的身体出现了问题而住院的时候，对于医生而言，我们都是病人，在医院的场景里，病人的社会角色并不重要。同样地，对于我们的监控系统来说，抓住了这些业务实体的关键特征就可以在设计上突破限制，把它们高度抽象为一类事务——事件源（Event Source），使用这个概念能精准地界定所有参与到这个监控系统中的业务实体，这也是它们参与这个系统所呈现的本质“特征”。Event Source 的提出为建立统一模型铺平了道路，结合前面提到的三点共性，一个通用的树状层级监控体系如图 6-3 所示。

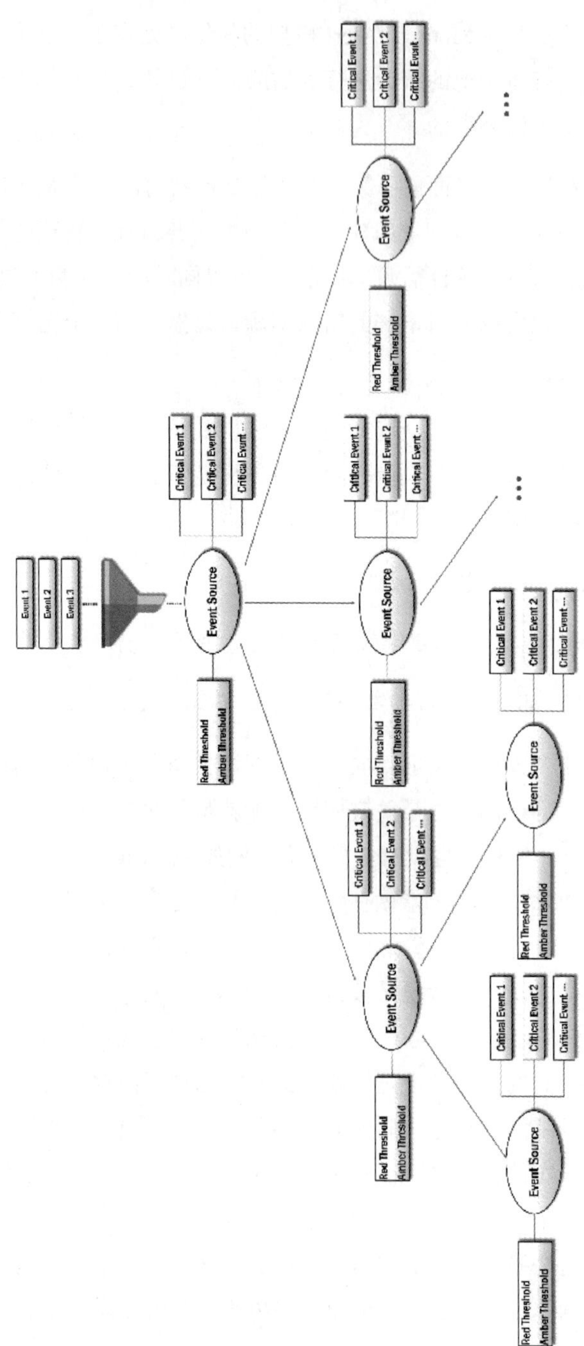

图 6-3　通用的树状层级监控体系

这个模型是这样工作的：外层的流计算框架会实时地将刚刚发生的事件消息梳理好，按照应用和数据源进行分组，将分组后的一连串的 Event 数据分配到这个树状模型上，树上的每一个节点都可以根据分配给它的 Event 和其自身配置的 Threshold 及 Critical Event List 进行自我评估（也就是将逻辑封装在了领域对象里），然后给出 RAG 结果，如果是非叶子节点，在用到统计性规则时，它会递归调用子节点的自我评估方法先得到子节点的健康状况，再计算自身的健康状况，这一过程其实就是一个树的深度优先遍历。

以我们的 MyCRM 应用为例，在 Metric、Alert 这一类数据源上，基于它的主数据和配置规则会在内存中构建出这样一棵树：顶层的 Event Source 代表 MyCRM 这个 App，第二层代表 Web、App、Database 三类组件，第三层代表对应组件下的服务器，第一个节点都根据预定义的配置加载了 Threshold 和 Critical Event List，在进行流计算时，外层程序会将 MyCRM 应用的 Metric、Alert 数据通过 Group By 操作分离出来，然后将这些数据提供给这棵树进行实时的评估。

图 6-3 是模型的逻辑示意图，将它使用 UML 的类图展示出来，我们就得到了领域模型，如图 6-4 所示。

这个模型就像一个分析引擎，它封装了最核心的业务规则，在这种设计下，外层的流计算部分将变得非常轻薄和简洁，只需要对数据进行预分类即可，后面所有的处理都是由这个引擎处理的。这个设计方案非常优秀，模型经过抽象变得简洁而通用，可以轻松地适配很多不同的数据源。相比一个数据源一套模型的做法，它的代码量会小很多，引入新数据源时只需要配置一套相关的主数据即可。比起基于 SQL 或 case-by-case 设计的方案，我们可以从中深刻地体会到一个强大的领域模型所带来的巨大收益。

最后补充一点思考，在传统企业级应用里进行领域驱动设计有诸多困难，其中一个比较突出的问题就是领域对象的持久化。由于数据存放在关系型数据库中，领域对象的写入和加载都存在一个“对象关系映射”问题，尽管有很多成熟的 ORM 框架能在一定程度上缓解这个问题，但是在传统企业级应用里落地一个纯正的领域模型依然是一个不小的挑战。而大数据平台为领域驱动设计提供了一个更加自由的空间。例如，大数据的计算节点可以提供充足的内存空间（或者在架构层面上引入内存数据库）将领域对象一次性地全部加载到内存中，免去了 ORM 中对关联对象加载策略的“纠结”，而在数据处理过程中由于需要反复使用领域对象，客观上也倾向于把它们直接加载到内存中。再例如，在业务处理和分析阶段，几乎所有领域对象都是只读的，它们只会在同步主数据时被更新，这天然地形成了读写分离，更加适合 CQRS 架构。

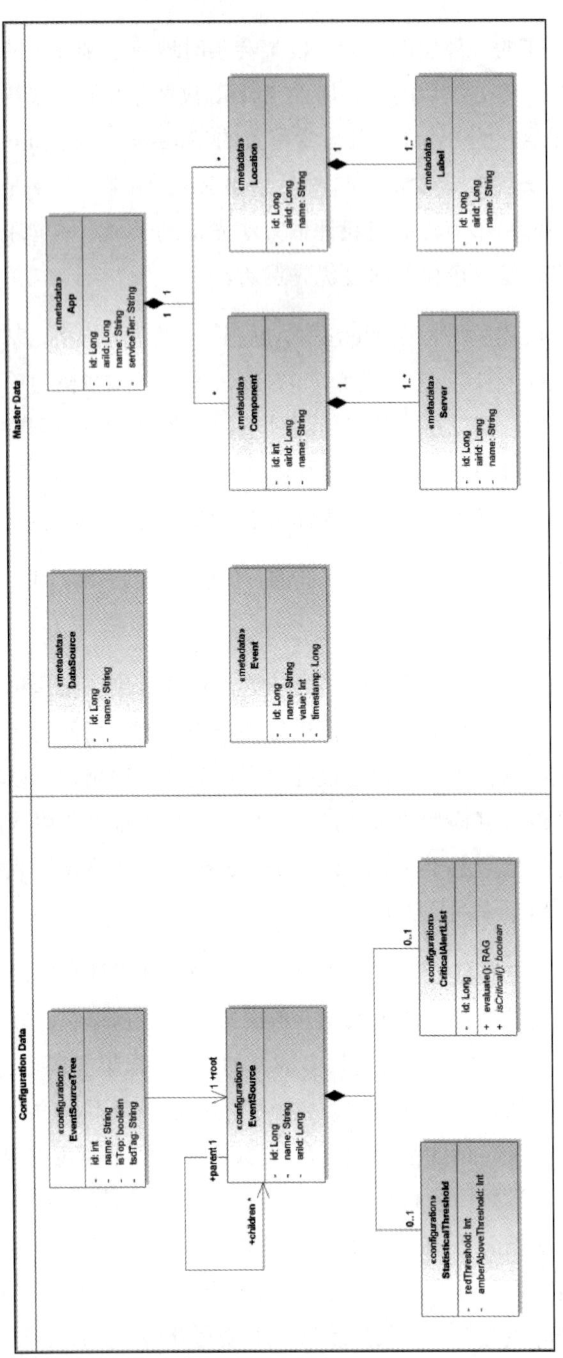

图 6-4　通用的树状层级监控体系领域模型

6.6 主数据在内存数据库中的组织粒度

在经历了精彩的领域建模之旅后，让我们回到原型项目，从 bdp-master-server 的源代码上你应该已经看出来了，我们并没有引入 6.5 节提出的领域模型，甚至都没有引入领域驱动设计中所倡导的"富领域模型"。其原因很简单，这个模型预设了太多的业务逻辑，实现起来比较复杂，这背离了我们要求原型项目在业务上必须足够简单的原则，否则我们将花费大量的时间和精力在一些不太可能复用的东西上。

我们的原型项目实际采用的是"贫血"的领域模型，所谓"贫血"是指由没有任何业务方法，只封装数据的类组成的对象模型，甚至对象之间也没有关联关系，而通过一个关联对象的 ID 来描述关联关系，就像关系型数据库上的表间关系一样。我们选择"贫血模型"的原因是它足够简单，适合我们的原型项目，对于实际项目，如果逻辑非常复杂，"富领域模型"是更好的选择。

现在我们要讨论的问题是：不管是"富领域模型"还是"贫血模型"，我们要在内存数据库中以什么样的粒度来组织这些模型里的对象呢？之所以存在这样一个问题是因为即使数据存放于内存数据库中，将其从中提取出来还原成内存中的对象模型还涉及一个序列化和反序列化的问题，而在一个对象模型中往往会存在很深的对象关联关系，当我们提取一个对象 A 时，它可能会关联到另一个对象 B，而对象 B 还可能会关联到对象 C，如此延伸下去，就会出现仅仅使用一个对象也可能导致很大的序列化和反序列化开销，所以这个问题我们需要深入讨论一下。

其实这个问题的实质与"对象-关系"模型中的"阻抗失配"问题是一样的，内存中的模型是一个对象模型，而内存数据库却不能完全以对象模型的方式来组织和存储对象，ORM 框架除了要完成将数据表和实体类一一映射的工作，还要小心地处理对象间的关联关系及加载方式。以 Hibernate 为例，当对象间存在一对多或多对多的关联关系时，如何加载多端集合就是一个比较棘手的问题。Hibernate 提供了 Eager 和 Lazy 两种策略，顾名思义，前者的做法是总是伴随着依赖方一同从数据库中加载，后者的做法是总是延迟多端集合的加载，直到真正使用它时再触发加载操作，而且这些策略在每次数据查询时还可以单独指定，灵活应用。

但是目前还没有基于 Redis 的比较成熟的映射框架来透明地完成上述动作，这就需要开发人员自己来控制加载对象的粒度。这些动作是可以封装到 Repository 中的，Repository 可以提供针对不同应用场景的不同粒度的实体加载方法，有的只加载对象本身，有的加载所有的关联对象，更多的还会根据上层的业务加载必需的最小粒度的对象。

对于一个“富领域模型”来说，实现上述分场景的对象加载是比较困难的，因为“富领域模型”中的对象都包含丰富的业务操作方法，在这些方法中往往会用到其依赖的对象，这就意味着这些依赖对象都要将被加载。领域驱动设计很早就给出了确定关联对象边界的方法，就是“聚合”的概念，所以对于“富领域模型”来说，从聚合根开始加载整个聚合可能是一个常规的操作，虽然有些时候这会带来很多不必要的性能开销。

对于我们的原型项目而言，由于使用的是“贫血模型”，情况会简单很多，我们几乎总是单独加载每一个实体对象，对象之间也没有依赖关系，都是通过关联的 ID 单独去查找关联对象的，这会杜绝任何不必要的对象加载。但是有一个特例，就是 MetricThreshold，鉴于它和 Server 的密切关系，我们将它和 Server 放在一起加载。

至此，关于主数据管理的讨论就全部结束了。这一章的话题和大数据的关系并不是特别紧密，我们谈论到的一些技术和思想也都是偏应用系统的，但是在构建一个大数据平台时，主数据管理是一个必须考虑的问题，大数据平台的实现也不仅仅只依赖大数据技术，那些在传统领域积累的宝贵设计思想和方法在大数据领域会持续发挥作用。对于一名架构师而言，广阔的技术视野是很重要的一项技能，这可以帮助团队在面临新的问题时能从过去的经验中找到解决问题的思路和灵感。

第 7 章 实时计算

本章我们开始进入实时数据处理环节，这是大数据平台产生实际业务价值的一个重要环节，也是大数据平台上最有趣和挑战最大的环节之一。从技术实现上看，实时处理不像批处理那样大量通过 SQL 处理数据，更多的时候通过编程实现相关逻辑。实时处理使用的技术叫“流计算”，数据会像水流一样流经这种计算引擎，开发人员在引擎上编写各种处理逻辑，数据流过之后就得到了相关的处理结果。每一种流计算引擎都有自己的一套处理模型，但总体上可以分为两大类：一类是以 Storm 和 Flink 为代表的真实时处理引擎，另一类是以 Spark Streaming 为代表的基于 micro-batch 的流处理引擎。我们会在本章对流计算的概念和编程模型进行全面的介绍，同时通过原型项目详细讲解流计算的一些通用场景。

7.1 ETL 已死，流计算永存

作为开启本章的第一节，我们先从架构的角度来认识一下流计算的重要性。本节的标题

“ETL 已死，流计算永存”是 Neha Narkhede（Narkhede 是 Confluent 的联合创始人和 CTO）在 2016 年 QCon 旧金山会议上演讲的题目，在这个演讲中他讨论了 ETL 在数据处理领域面临的挑战，并对比阐述了流计算平台的优势，最后提出了基于 Kafka 流处理平台进行数据转换和处理的方案，用来完全取代传统 ETL。

笔者很认同这个观点，从长远的技术发展上看流式计算取代 ETL 只是时间问题，因为所有 ETL 可以做的事情流计算都有能力完成并且可以做得更好。在 Lambda 架构中，如果流计算是业务上必需的，则可以将批处理的 ETL 工作迁移到流上实现，省去批处理上的重复开发工作，还能简化系统架构，可以说是一举两得的。

狭义的 ETL 是来自于数据仓库中的一个概念，在大数据技术和数据湖概念兴起前，传统的数据仓库在企业数据分析中扮演核心平台的角色。建设数据仓库的第一个动作就是将外部数据源中的数据进行抽取（extract）、转换（transform）并加载（load）到数据仓库中，这个过程就是 ETL，简而言之，它就是数据库与数据仓库之间的数据传输与处理技术。

随着大数据时代的到来，ETL 在当前企业 IT 环境中面临着如下挑战：

- ETL 限定在以关系型数据库为数据源的数据采集上，对于日志、消息队列、应用接口等类型的数据源无能为力；
- ETL 是批处理技术，无法满足实时处理的要求；
- ETL 需要预定义 Schema（即 Schema on Write），数据从抽取到落地都要有清晰明确的格式定义，这使得它开发成本较高，效率低（某些图形化的 ETL 工具的开发效率其实是很高的，这里是针对 Schema on Write 说的）。

在大数据平台上，ETL 的工作是由多种组件协同完成的，每一种组件都提供了足够的弹性来应对多样和灵活的需求，这体现在：

- 数据采集工具可以针对不同的数据源与协议使用不同的预设接口；
- 数据采集工具也能完成一些初步的数据转换与清洗工作，减少不必要的数据传输与重复处理；
- 流计算提供了绝佳的数据清洗和转换的场所，强大的编程环境可以在流上实现任意复杂程度的 ETL 工作；

- 流计算可以将清洗转换后的数据分别传输给批处理和后续流计算环节继续处理，并最终写入各自的目标数据源，如 NoSQL 数据库或 HDFS。

综合以上对比分析不难看出，流计算要比传统 ETL 更有优势，有能力成为数据进入大数据平台的“门户”。

7.2 技术堆栈与选型

当前主流的流计算工具非 Flink 和 Spark Streaming 莫属，两者的实现思想和编程模型都是不同的，因此适用场景也有差异。Storm 在早期的大数据平台上使用得较多，除此之外，还有一些新兴的流计算框架，如 Kafka Stream，我们稍后也会简单介绍一下。

7.2.1 Storm

Storm 曾经是大数据平台上唯一的流计算框架，它是一个真正的实时计算框架，并且已经非常成熟，业界积累了很多成功案例。

Storm 的计算模型被称为“Topology”，它是一种类似于 Map-Reduce 的分布式计算模型，但与 MR 不同的地方在于，MR 是作为 Job 的形式提交的，最终都会结束，而一个 Topology 则会永远地执行下去（除非你手动停止它）。Topology 从结构上看是一个由 Spout 和 Bolt 组成的有向无环图，图中每一个节点都会对流上的数据进行一定的处理，然后传递给后续节点做下一步处理。如图 7-1 所示是 Storm 拓扑模型。

1. Spout

Spout 是 Stream 的起点，是产生 Tuple 的源头，类似于 Flume 中的 Source。Spout 会对接某类数据源（如 Kafka），把数据封装成 Tuple 的形式“吐”（emit）给后续的 Bolt 进行处理，一个 Spout 可以同时为两个以上的 Stream 供给数据，这给 Topology 的设计提供了灵活的空间。

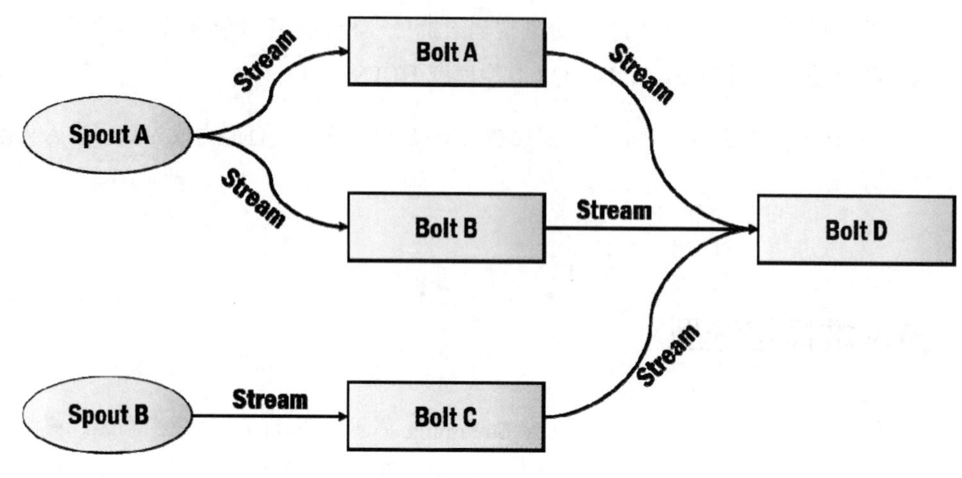

图 7-1　Storm 拓扑模型

2. Bolt

Bolt 是 Topology 中进行数据处理的单元，是实现业务逻辑的关键节点。我们可以在 Bolt 上进行过滤、清洗、转换、聚合和关联等各种操作。在一个 Topology 中，要引入多少 Bolt 及每个 Bolt 的职责是什么，是设计者要考量和把握的，在理想情况下，每一个 Bolt 对于 Tuple 的处理应该是一个简单的边界清晰的操作，然后用多个 Bolt 相互协作来构建一个复杂的 Topology。

3. Stream

几乎与所有广义的 Stream 概念一致，Storm 的 Stream 指一个没有边界的、永远向前“流动”的数据流，在一个实时计算系统里，Stream 就是刚刚生成即被采集的源源不断的数据，这些数据“流入”像 Storm 这样的流计算框架，经过各种处理并以期望的格式和方式输出给下游，这是所有流计算一致的做法。

4. Tuple

Tuple 是 Storm 中对数据的统一封装格式，是 Stream 的数据载体，一个 Tuple 中可以包含多个预定义的基本类型字段。Storm 也提供 API 让用户定义自己的数据结构，以便让自定义数据类型能够以 Tuple 字段的形式进行序列化与反序列化。

7.2.2 Spark Streaming

Spark Streaming 是继 Storm 之后一个新兴的流计算框架，虽然它是以 Micro-Batch 方式工作的，在实时性上要比 Storm 差，但是依托 Spark 这个平台，从统一技术堆栈和与其他 Spark 组件交互的角度考虑，使得 Spark Streaming 进行实时处理正变得越来越流行。Spark Streaming 目前有两套实时计算的 API，我们来逐一了解一下。

7.2.2.1 DStream 编程模型

1. 编程模型

DStream 是 Spark 早期唯一的流计算编程模型，DStream 是将极短时间间隔（Batch Duration）内的数据组织成一个 RDD，在流上的各种操作都是以 RDD 为基本单位进行的，因此 Spark 的流处理被认为是 Micro-Batch 的，并非实质意义上的“流”，这也是 Spark Streaming 只能实现近实时计算的主要原因（新一代的 Spark Streaming 正在完善一种名为 Continuous Processing 的真正流计算引擎）。由于 RDD 的计算分为 transformation 和 action 两大类，因此在 DStream 上的操作也如此。很多刚开始接触 Spark 的开发人员在编写 Spark Streaming 程序时总是希望尽快地检查已完成的代码，于是就启动了一个没有 action 的 DStream，结果就是在 Executor 端没有任何输出，因为所有的 transformation 都是“lazy”的，没有 action 的触发是永远不会被执行的。DStream 编程模型如图 7-2 所示。

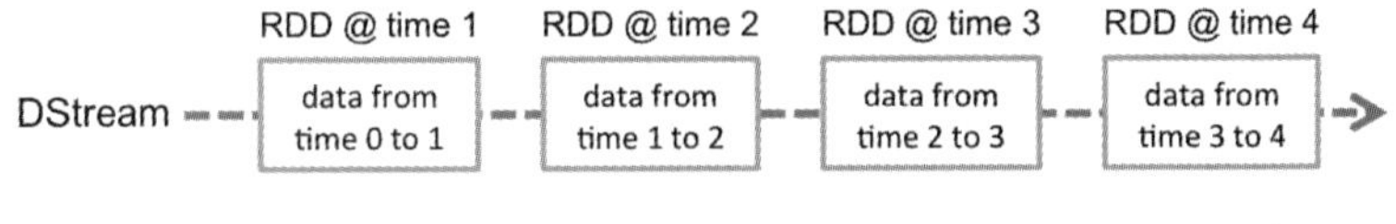

图 7-2 DStream 编程模型

2. 窗口操作

DStream 还支持流计算上普遍用到的窗口（Window）操作，它是指以一个限定的时间窗口观察流上的数据，刚好出现在这个时间窗口内的数据会作为一个整体参与计算，DStream 上的窗口计算有 countByWindow、reduceByWindow、reduceByKeyAndWindow 和 countByValueAndWindow。

因为数据是一直流动的，所以时间窗口也要跟着移动，窗口移动的步幅称为 slide interval。不管是窗口的大小还是移动的步幅都必须是 Batch Duration 的整数倍，这很容易理解。图 7-3 展示了一个 size 为 3 个 Batch、slide 为 2 个 Batch 的窗口是怎样运转的。

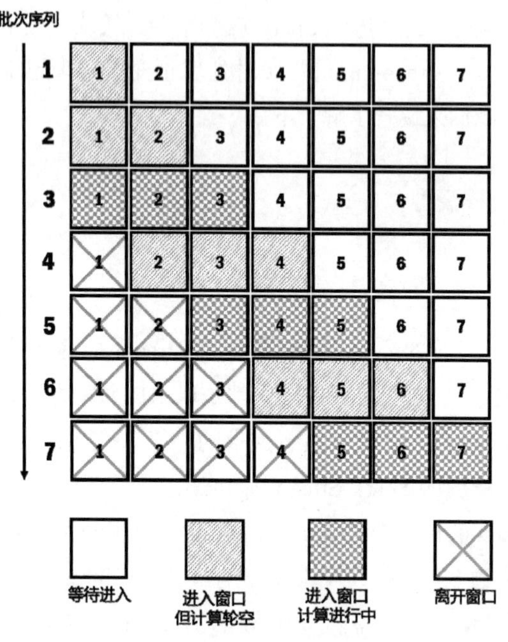

图 7-3　DStream 的窗口运转示意图

由于窗口的 size 是 3，前两个批次都不足以凑够窗口计算所需的数据量，直到第 3 个批次进入窗口时窗口计算被激活。当第 4 个批次进入窗口时，由于窗口的 slide 是 2，也就是滑动两个批次才进行一次计算，所以第 4 批次进入时，窗口计算轮空，同时，第 1 个批次已经离开窗口，不再参与后续计算。当第 5 个批次进入后，距离上次窗口计算已经滑过了两个批次，窗口计算再次被激活，依此类推。

3. 有状态的流

很多时候，在流计算过程中需要维持一种状态，每次流入或流出的数据都会基于流上维持的“状态”进行计算，并且会对状态进行更新。有状态的流最常见的应用就是维持某种 Session

或上下文，在我们后续要介绍的原型项目中就有一个示例，外部监控系统生成的 Alert 消息本身就是有状态的，当一个打开的 Alert（状态字段值为 OPEN）消息生成并进入流计算引擎时，我们需要在流上保留这个消息，并持续地生成告警信息，直到一个关闭的 Alert 消息（状态字段值为 CLOSED）生成并被流处理捕获才会将这一告警事件从流上移除，这中间的时间间隔可能长达数分钟甚至数小时，如果使用窗口计算成本会非常高。DStream 使用 updateStateByKey(func) 方法来更新流上的状态，至于这个“状态”是怎样的一种数据结构，Spark 并没有硬性规定，而是留给开发人员自行定义，只需要确保它可以被序列化即可。

7.2.2.2 Structured Streaming 编程模型

1. 编程模型

从 Spark 2 开始，Spark Streaming 引入了一套新的流计算编程模型——Structured Streaming，开发这套 API 的主要原因是自 Spark 2 之后，以 RDD 为核心的 API 逐步升级到 Dataset/DataFrame 上。另外，Spark Streaming 编程对开发人员的要求较高，而新引入的 Structured Streaming 把数据流当作一个没有边界的数据表来对待，这样开发人员可以在流上使用 Spark SQL 进行流处理，这大大降低了流计算的技术门槛。Structured Streaming 编程模型如图 7-4 所示（来自官方文档）。

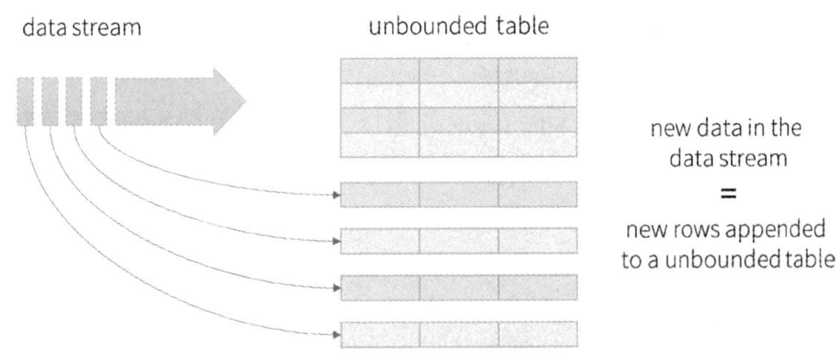

图 7-4 Structured Streaming 编程模型

图 7-4 非常直观地解释了 Structured Streaming 模型的设计思想，它把数据流当成一张没有边界的“数据表”来对待，流上的计算会被转化为数据表上的“查询”，每次的查询结果会作为

一个新的“数据表”，后续的操作将在新的数据表上执行，这种处理方式与 DStream 经过某个 transform 之后形成一个新的 DStream 是类似的，都是受函数式编程的影响，为的是确保数据的不可变性，这有利于分布式和多核并行计算。我们来看一下 Spark Streaming 官方文档上给出的一个 word count 的示例，如图 7-5 所示。

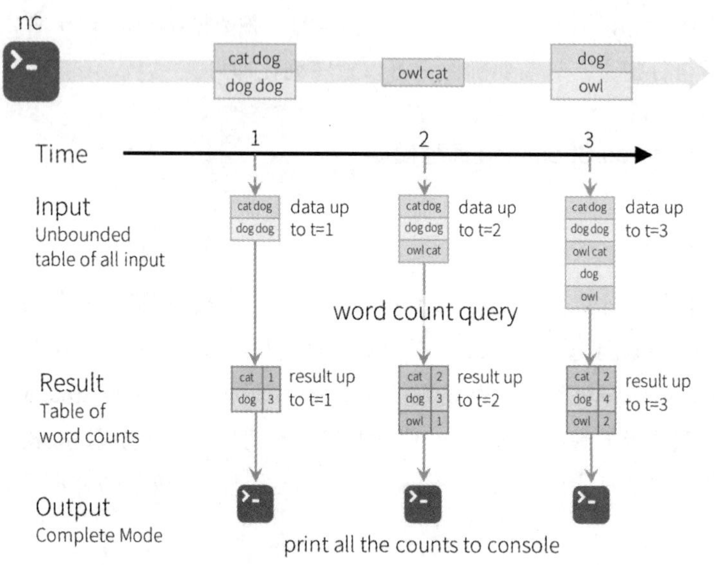

图 7-5　Structured Streaming 的 word count 演示

图 7-5 直观地展示了 Structured Streaming 的运作方式，每次流入的文本会作为一行新数据加入 Unbounded table，然后在这个表上执行 word count 查询后，把统计出的结果写到结果表中。

2. 窗口操作

Structured Streaming 同样支持窗口操作，同样是基于 unbounded table 模型来实现的，较之于 DStream 的窗口操作，新 API 显得更加实用和强大，一个显著的改进是，新的窗口计算可以基于“事件时间（Event Time）”而不再是数据进入流的时间（当然，这并不是说 DStream 不能基于事件时间进行计算，只是实现起来稍显麻烦），所谓“事件时间”是指数据所代表的事件发生时的时间，这显然更加具有实用性。同样以 word count 为例，图 7-6 展示了以 10 min 作为

window size、5 min 为 slide 的窗口计算过程。

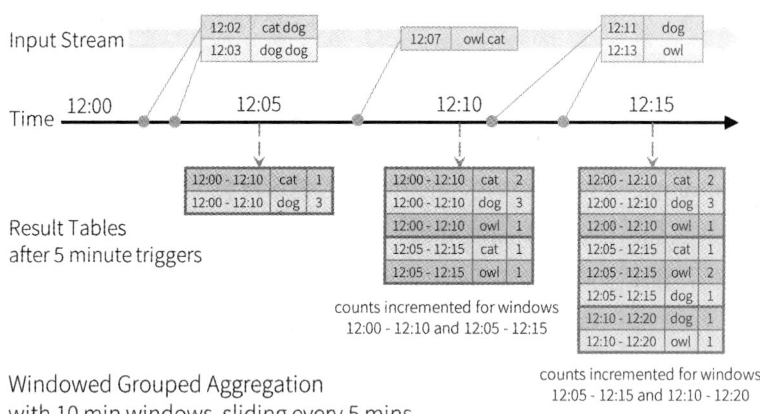

图 7-6　Structured Streaming 的窗口操作示意图

图 7-6 演示了以数据自带的时间戳（即 Event Time）为准，以 10 min 为窗口尺度，统计了 12:00～12:10、12:05～12:15、12:10～12:20 三个时间窗口上的 word count 值，而对应的实现代码非常简单：

```
import spark.implicits._

val words = ...

val windowedCounts = words.groupBy(
  window($"timestamp", "10 minutes", "5 minutes"),
  $"word"
).count()
```

3. 流关联操作

自 Spark 2.3 开始，Spark Structured Streaming 开始支持 Stream-stream Join。两个流之间的

Join 与静态的数据集之间的 Join 有一个很大的不同，那就是对于流来说，任意时刻 Join 双方（也就是两个流）的数据都是“没有边界”的，当前流上的任何一行数据都可能会和另一条流上的未来某行数据 Join 上，为此，开发人员在进行 Stream-stream Join 时必须指定时间范围。我们下面详细了解一下不同类型的 Join。

1）内关联（Inner Join）

Structured Streaming 支持任何列之间的 Join，但是这样会带来一个问题，随着 Stream 的长期运行，Stream 的状态数据会无限制地增长，并且这些状态数据不能被释放，因为如前所述，不管多么旧的数据，在未来某个时刻都有可能会被 Join 到，所以我们必须在 Join 时追加一些额外的条件来减轻 Spark 维护数据的负担。我们可以使用的方法有：

- 设定 Watermark，抛弃超过约定时限到达的输入数据；
- 在事件时间上添加约束，约定晚于指定时间的数据不再参与 Join，这种约束可以通过以下两种方式之一来定义：
    - 指定事件时间的区间：例如 JOIN ON leftTime BETWEEN rightTime AND rightTime + INTERVAL 1 HOUR；
    - 指定事件时间的窗口：例如 JOIN ON leftTimeWindow = rightTimeWindow。

在 Spark 的官方文档中有这样一个示例，在广告投放中，将用户看到一次广告页面称为一次“展现（impression）”，对应的 advertisement impressions 次数加 1，这种数据被实时采集并输送给 Spark，形成 impressions 流，如果用户看到之后点击了广告，这一行为数据也会被实时采集并输送给 Spark，称之为 clicks 流，如果我们想实时地分析一个广告的展现和点击之间的关系，就需要将这两个流按广告的 ID 进行 Join，这就是一个典型的 Stream-stream Join 的案例。现在，为了防止“无止境”的状态数据，我们做如下限制。

触达数据最多允许迟到 2h，点击数据最多允许迟到 3h。点击数据允许的延迟比触达数据长是有道理的，因为点击总是发生在用户看到广告之后，给定 1h 的时间差是一个比较合理的区间。而在流上进行 Join 时，我们应该设定将 clicks 流的当前数据与 impressions 流在过去 1h 内的数据进行关联，即下面代码中的 clickTime <= impressionTime + interval 1 hour）：

```
import org.apache.spark.sql.functions.expr

val impressions = spark.readStream. ...
val clicks = spark.readStream. ...

val impressionsWithWatermark = impressions.withWatermark("impressionTime",
 "2 hours")
val clicksWithWatermark = clicks.withWatermark("clickTime", "3 hours")

impressionsWithWatermark.join(
  clicksWithWatermark,
  expr("""
    clickAdId = impressionAdId AND
    clickTime >= impressionTime AND
    clickTime <= impressionTime + interval 1 hour
    """)
)
```

需要重点解释的是，两个流都通过 withWatermark 对数据延迟进行了限定，然后通过 clickTime >= impressionTime AND clickTime <= impressionTime + interval 1 hour 来限定 Join 时的时间界限，这样达到的效果就是，允许并只允许以当前时间为基准向前推 2h 内的触达数据和 3h 内的点击数据进行 Join，超出这个时间界限的数据不再参与相关计算，避免 Spark 维护庞大的状态数据。

2）外关联（Outer Join）

Watermark 和 Event Time 对内关联不是必需的，是可选的（虽然大多数情况下都应该设置），但是对外关联就是强制的了，因为在外关联中，如果关联的任何一方没有匹配的数据，都需要补齐空值，如果不对关联数据的范围进行限定，外关联的结果集会膨胀得非常厉害，也就是每一条没有匹配到的输入数据都要依据另一个流上的全体数据的总行数使用空值补齐。前面内关联的例子使用外关联实现的代码如下：

```
import org.apache.spark.sql.functions.expr

val impressions = spark.readStream. ...
val clicks = spark.readStream. ...

val impressionsWithWatermark = impressions.withWatermark("impressionTime",
 "2 hours")
val clicksWithWatermark = clicks.withWatermark("clickTime", "3 hours")

impressionsWithWatermark.join(
  clicksWithWatermark,
  expr("""
    clickAdId = impressionAdId AND
    clickTime >= impressionTime AND
    clickTime <= impressionTime + interval 1 hour
    """),
  joinType = "leftOuter"
)
```

区别仅在于，追加了一个参数来指定关联类型是 leftOuter。

此外，外关联结果集的生成也有这样一些重要的特点：

- 外关联的空结果集必须要等到时间过了指定的 Watermark 和 Time Range 条件之后才会生成，原因和外关联必须依赖 Watermark 和 Event Time 的原因是一样的，就是外关联下空值必须要补齐到另一方的所有行上，因此引擎必须要等待另一方的全部数据（就是 Watermark 和 Time Range 条件限定范围内的数据）就位之后才能进行补齐操作；
- 与维护任意状态的流时没有一个确定的 timeout 触发时间类似，在没有数据输入的情况下，外关联结果集的输出也会延迟，而且可能会延迟非常长的时间。

引起这些情况的原因都与 Watermark 机制有关，因为 Watermark 更新依赖每一个新进的 micro-batch 上的数据的 Event-Time，如果迟迟没有新的数据输入，就不会驱动 Watermark 的更新，所有依赖 Watermark 进行时间范围判定的动作也不会被触发，从表象上看就好像发生了延迟。

4. 应对数据延迟就绪

Structured Streaming 针对数据延迟就绪也给出了一套简捷的解决方案。在很多流计算系统中，数据延迟到达的情况很常见，并且很多时候是不可控的，因为这往往是由外围系统自身问题造成的，所有流计算引擎都面临这样一个问题：在流上我们到底允许数据“迟到”多久？这是一个需要权衡的问题，一方面，如果不容许任何延迟就会导致迟到的数据错过计算，使得计算的结果不准确，而如果允许迟到的时间过长，流计算引擎就需要长时间等待数据，迟迟给不出计算结果。为此，Structured Streaming 给出了基于 Watermark 的解决方案。在解释 Watermark 前，我们需要先解释一下“事件时间”，它指的是一条记录中的某个时间字段，这个字段记录了数据所代表的事件发生的时间，我们的 Metric 数据中的 timestamp 字段就是一个典型的“事件时间”。所谓 Watermark，指的是当一条记录进入流时，流计算引擎会检查这条记录的事件时间与当前流上最新的事件时间的差值，当这个差值大于某个设定的阈值时，就说明当前这条记录太“旧”了，从而会被排除在流计算之外，这个阈值就是 Watermark。如图 7-7 所示，这是官方文档展示的例子。

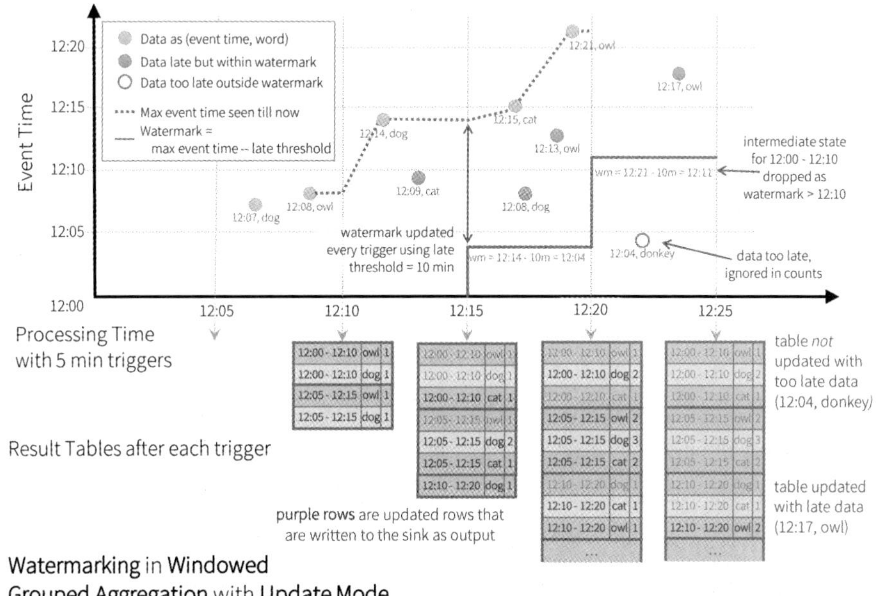

图 7-7　Structured Streaming 的 Watermark 机制示意图

在图 7-7 中，Watermark 设定为 10min，我们先看一个延迟到达但没有超过 Watermark 的例子：（12:09, cat），这个数据会最先进入 12:05～12:15 这个窗口（虽然正常情况下它在 12:00～12:10 这个窗口开启时就应该已经就绪了，显然它是一个迟到的数据），Watermark 设定为 10 min 意味着有效的事件时间可以推后到 12:14-10min，即 12:04，因为 12:14 是这个窗口中接收到的最晚时间，代表目标系统最后时刻的状态，由于 12:09 在 12:04 之后，所以被视为了“虽然迟到但尚且可以接收”的数据而被更新到了结果表中，也就是（12:00～12:10, cat, 1）。

另一个数据（12:04, dog）是迟到且超出了 Watermark 的例子，这个数据最早进入的窗口是 12:15～12:25，窗口中最晚的事件时间是 12:17，Watermark 为 10 min 意味着有效的事件时间可以推后到 12:07，而（12:04, dog）比这个值还要早，说明它“太旧了”，所以不会被更新到结果表中。

同样，在编程层面实现这些要求也是很简单的，整个 Structured Streaming 和 Dataset/DataFrame 都是声明性的。

```
import spark.implicits._

val words = ...

val windowedCounts = words
    .withWatermark("timestamp", "10 minutes")
    .groupBy(
        window($"timestamp", "10 minutes", "5 minutes"),
        $"word")
    .count()
```

基于 Watermark 进行窗口计算的最后一个问题是，Update 模式和 Append 模式怎么选。两种模式的区别是：Update 模式总是倾向于“尽可能早地”将处理结果更新到 Sink，当出现迟到数据时，早期的某个计算结果将会被更新；如果用于接收处理结果的 Sink 不支持更新操作，则只能选择 Append 模式，Append 模式就是将计算推迟到一个相对较晚的时刻，确保结果是稳定的，不会再被更新，例如 12:00～12:10 窗口的处理结果会等到 Watermark 更新到 12:11 之后才写入 Sink。

7.2.3　Flink

1. 编程模型

应该说 Flink 的 API 和 Spark Streaming DStream 的 API 是非常相似的，也抽象出了 Stream 概念来表示没有边界的数据流，针对 Stream 所施加的操作被称为 Transformation，与很多流计算模型一样，流的起点往往是数据的输入源，被称为 Source，流的终点是数据的输出目的地，称为 Sink。Flink 的流计算编程模型如图 7-8 所示。

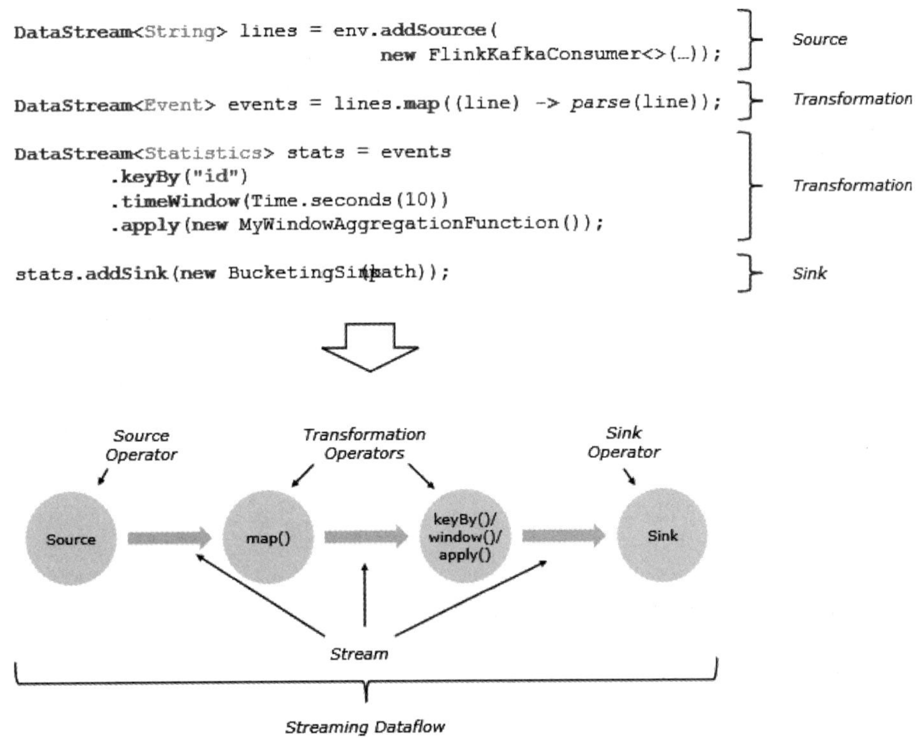

图 7-8　Flink 的流计算编程模型

2. 窗口计算

Flink 同样支持窗口计算，并且提供多种不同的时间概念供开发者选择，包括：

- 事件时间：是事件创建的时间，它通常由事件中的时间戳描述，Flink 通过时间戳分配器访问事件的时间戳；
- 摄取时间：是事件进入 Flink 数据流的时间；
- 处理时间：是每一个操作在执行时的本地时间。

这是我们第一次系统地梳理流计算对于“时间”的理解，在前面介绍 Spark Streaming 时我们提到了事件时间，在大多数时候，事件时间总是更具有实际参考价值，但是了解一下这三种时间的差别还是很有必要的，Flink 正好给我们总结归纳好了。Flink 在官方文档中针对事件时间与窗口处理时间给出了形象的解释，如图 7-9 所示。

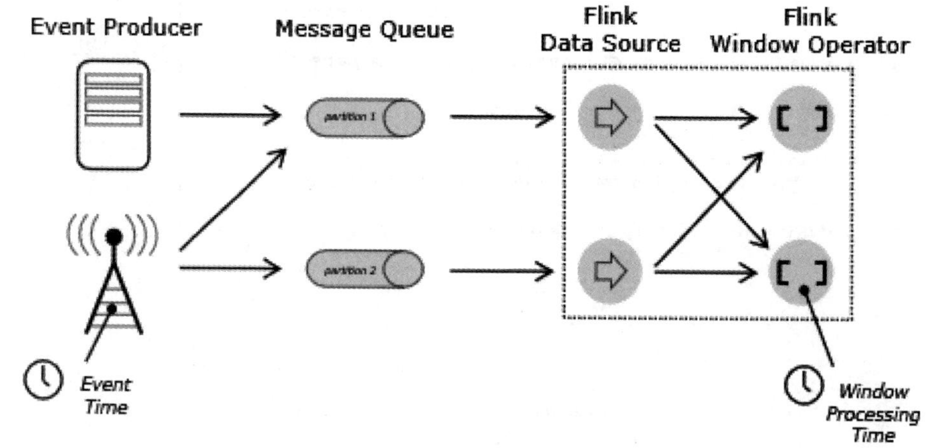

图 7-9　事件时间与窗口处理时间的关系

3. 批处理与更多的编程模型

Flink 确实走了一条“不寻常”的路，它以流计算内核为基础，将数据处理能力从流计算拓展到了批处理，同时在内核之上提供了面向不同场景的“上层接口”。Flink 整体的架构和编程接口如图 7-10 所示。

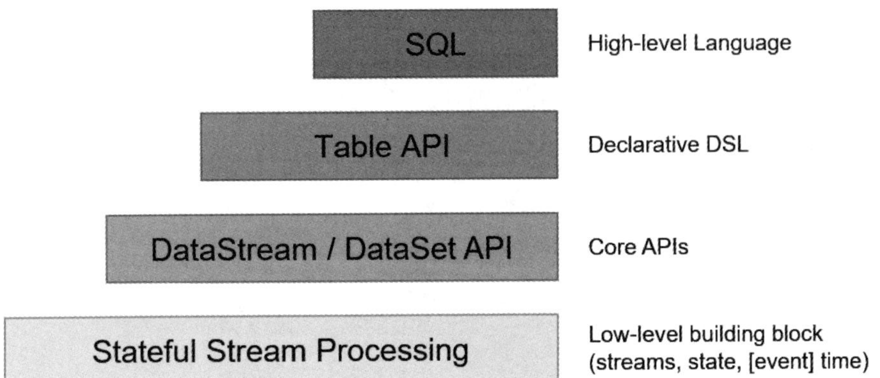

图 7-10　Flink 整体的架构和编程接口

之所以说 Flink 是一个“真”流处理引擎是因为它的底层是完全面向流计算设计的，即图 7-10 中的 Stateful Stream Processing，Flink 所有的编程接口和上层服务都是基于这层基础设施构建的，即使批处理作业也是以流计算模型运行的。在基础设施之上，是核心 API——DataStream/DataSet API，再往上，是针对结构化数据操作而封装的 Table API，是面向结构化数据而设计的一套 DSL（Domain-Specific Language，领域特定语言），顶层是直接面向 SQL 的一层封装，便于开发者可以在流上使用 SQL 语句处理结构化数据。

7.2.4　Kafka Stream

Kafka Stream 的编程模型与 Storm 的 Topology 非常类似，被称为 Processor Topology，Kafka 中的 Stream Processor 相当于 Storm 中的 Bolt，同时它有两类特殊的 Processor：Source Processor 和 Sink Processor。很显然，前者是流的源头，负责接入数据，没有上游节点，类似于 Storm 中的 Spout；后者是流的出口，负责将数据输出到目标位置。Kafka Stream 同样支持窗口计算，同样支持事件时间、摄取时间和处理时间，也可以实现有状态的流。应该说，作为一个后起之秀，当前主流流计算所需要的功能 Kafka Stream 都提供了，同时鉴于目前 Kafka 本身在大数据平台消息队列上不可撼动的位置，Kafka Stream 可能会有一个不错的前景。Kafka Stream 的编程模型如图 7-11 所示。

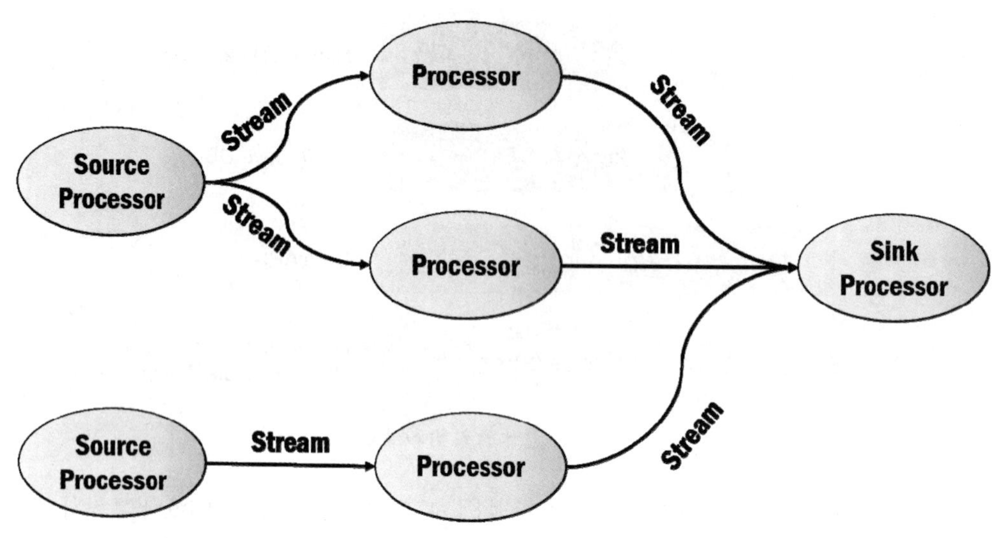

图 7-11　Kafka Stream 的编程模型

7.2.5　关于选型的考量

在实时处理领域，Storm 曾是唯一的选择，后来随着 Spark 的兴起，Spark Streaming 也变成一个比较热门的候选方案，将两者进行比较和讨论的文章也最多，好在它们的实现思想并不相同，应用场景也各有侧重，所以选择起来也不是非常困难。一般来说，Storm 是基于事件的流处理框架，如果业务上需要的实时处理是以事件驱动的，那么从编程模型上讲，Storm 是最适合的，同时 Storm 的实时性是非常高的，可以做到百毫秒级或更低的延时。而对于 Spark Streaming 来说，它的 micro-batch 编程模型决定了它只能实现近实时的计算（自 Spark 2.3 开始，Spark 引入了一种新的流计算运行模式，这是不同于 micro-batch 的一种新的被称为 Continuous Processing 的运行模式，根据官方文档提供的数据，这种新的模式可以最快做到 100ms 的延时，使用这一模式也不需要改变现有的程序逻辑，但目前该模式还处在实验阶段），但是这也能满足大多数系统的需求，同时 Spark Streaming 的“附加”优势还是很明显的，由于在 Spark Streaming 上可以无障碍地应用 Spark SQL、MLib 等 Spark 组件，从统一技术堆栈的角度出发，Spark Streaming 成为越来越多人的选择。

最近两年，Flink 作为一个后起之秀，发展势头非常迅猛，已经被很多企业列为流计算的第一选型方案，它吸取了其他流计算框架的诸多优势，在性能、实时性和编程模型的完备性上都要比 Storm 和 Spark Streaming 更胜一筹，但是 Flink 距离在业界全面推开还有一段路要走。

我们的原型项目将基于 Spark Streaming 实现，使用的是 Structured Streaming 编程模型。

7.3　实时计算需求分析

我们在 5.6 节已经把 cpu.usage、mem.used 和 alert 数据持续采集到了 Kafka 中，下面要做的就是整个大数据平台上的重头戏之一——实时业务处理。在原型项目中，我们设计了两个实时处理的场景：一个是基于时间窗口的聚合运算，另一个是有状态的流处理，前者使用 Metric 数据流进行展示，后者使用 Alert 数据流来演示，以下是详细的需求说明。

1）针对 Metric 数据，每 5s 计算一次过去 1min 内的平均值，并与规定的阈值（包含黄色和红色告警两个等级）进行比较，如果超过了阈值就要生成相应等级的告警。在 bdp_master 数据库的 metric_threshold 表中，我们预设了如表 7-1 所示的阈值。

表 7-1　bdp_master 数据库的 metric_threshold 表中预设的阈值

server_id	metric_name	amber_threshold	red_threshold
1	cpu_usage	80	90
1	mem_used	1280	1440
2	cpu_usage	80	90
2	mem_used	1280	1440

这些配置的含义是：针对两台服务器（server_id = 1，主机名为 svr1001）和（server_id = 2，主机名为 svr1002），当它们的 CPU 使用率超过 80%时发出黄色告警，超过 90%时发出红色告警；当它们的已用内存高于 1280MB 时，发出黄色告警，高于 1440MB 时，发出红色告警。

2）针对 Alert 数据，需要实时捕获从监控端发出的 Alert 消息并根据这种 Alert 消息的严重级别发出相应的告警，不同于 Metric 数据，Alert 数据是一种有状态的数据，当一个 incident 发生时，会生成一个对应的 Alert 消息，它的 status 字段的值是“OPEN”，表示这一 incident 已发生并且尚未被修复，直到之后的某个时刻，当这个 incident 被修复时，会生成一个与前面 OPEN 的 Alert 对应的消息，但是 status 字段的值变为“CLOSED”。业务要求我们能保持住这个 OPEN

的 Alert，并持续地生成告警信息。

3）Metric 和 Alert 的原生数据都会被写入 HBase 中，同时它们经过聚合计算之后生成的服务器状态信息也会被写入 HBase，服务器的状态使用如下 case class 来描述：

```
case class ServerState(serverId: Long, timestamp: Long, srcType: String, se
verity: Int)
```

serverId 是目标服务器的 ID，timestamp 是在进行聚合运算时取得的当前系统时间，然后“round”成整 5s 的区间值，即它的秒数总是 0、5、10、15 等 5 的倍数，这样处理的原因是便于后续能把基于 Metric 和 Alert 生成的 ServerState 按时间进行关联，以便对一个 Server 的健康状态进行整体的评估。srcType 是标记这个 ServerState 从何种数据而来的，它有三种取值：cpu_usage、mem_used 和 alert；

系统需要将三类数据持久化到 HBase 中：一类是原生的 Metric 数据，一类是原生的 Alert 数据，还有一类是经过聚合分析之后生成的 ServerState 数据。为此我们在 HBase 中定义了三张表：metric、alert 和 server_state，它们的 Schema 分别如图 7-12、图 7-13 和图 7-14 所示。

Rowkey(metricId)	Column Family: f			
	name	hostname	timestamp	value
1	cpu.usage	svr1001	1586228828	99

图 7-12　metric 表的 Schema

Rowkey(alertId)	Column Family: f			
	message	hostname	timestamp	status
1	free space warning (mb) for host disk	svr1001	1586224521	OPEN

图 7-13　alert 表的 Schema

Rowkey(serverId+timestamp)	Column Family: f	
	srcType	severity
11586228828	cpu_usage	2

图 7-14　server_state 表的 Schema

我们直接复用了Metric和Alert原来存储于关系型数据库中的ID作为rowkey，而server_state的rowkey由serverId和timestamp两个Long型的数字拼接而来，让serverId在前、timestamp在后有助于规避热点问题。总的来说，这三张HBase表的设计都很简陋，不足以支撑大数据量的存储与检索，我们这样设计的初衷是简化数据存储的逻辑，便于聚焦到流计算的处理。关于如何设计真正用于生产环境的HBase表结构，我们会在第9章深入介绍。接下来我们要进入工程实现了。

7.4 原型项目介绍与构建

我们的原型项目的流计算子项目是bdp-stream，是基于Spark Structured Streaming API构建的。项目的构建保持了和其他子项目一致的风格（参考4.5.2.9节，特别是关于conf/hbase-site.xml文件的处理），检出代码后进入模块的根目录，键入命令：

```
build.bat cluster
```

脚本会构建项目并部署至远程服务器，执行成功之后，使用bdp-stream用户登录服务器，这时在home目录下就会出现已经部署好的bdp-stream工程目录，我们可使用tree命令来查看一下部署好的工程结构：

```
[bdp-stream@gateway1 ~]$ tree bdp-stream-1.0/
bdp-stream-1.0/
├── bin
│   └── bdp-stream.sh
├── conf
│   ├── bdp-stream.conf
│   ├── fairscheduler.xml
│   ├── hbase-site.xml
│   ├── log4j-driver.properties
│   └── log4j-executor.properties
└── lib
    ├── activation-1.1.1.jar
```

```
    ├── ...
    └── ...
```

启停及相关的操作命令都集成在 bdp-stream-1.0/bin/bdp-stream.sh 文件里，使用 help 参数可以查看各类操作：

```
[bdp-stream@gateway1 ~]$ bdp-stream-1.0/bin/bdp-stream.sh help

====================== [ BDP-STREAM USAGE ] ======================

# 创建数据库
bdp-stream-1.0/bin/bdp-stream.sh create-schema

# 启动程序
bdp-stream-1.0/bin/bdp-stream.sh start

# 终止程序
bdp-stream-1.0/bin/bdp-stream.sh stop

# 重新启动程序（先终止先启动）
bdp-stream-1.0/bin/bdp-stream.sh restart

# 监控日志输出
bdp-stream-1.0/bin/bdp-stream.sh tail-log

# 重新启动程序并持续监控 Driver 端日志输出
bdp-stream-1.0/bin/bdp-stream.sh restart-with-logging

# 查看程序运行状态
bdp-stream-1.0/bin/bdp-stream.sh status

# 查看程序进程
bdp-stream-1.0/bin/bdp-stream.sh show-ps
```

在启动项目前，我们必须保证前序依赖的模块都已启动，这些模块包括为流计算提供主数据查询服务的 bdp-master-server、负责生成 dummy 数据的 bdp-metric 及负责将 dummy 数据写入 Kafka 的 bdp-collect。在确保这些模块都已启动之后，还需要在 HBase 中创建相关的表，具体命令是 bdp-stream-1.0/bin/bdp-stream.sh create-schema。这些都准备就绪后，我们就可以启动项目了，命令为：

```
bdp-stream-1.0/bin/bdp-stream.sh restart-with-logging
```

该命令会在提交 Spark 作业后，持续监听 Driver 端的日志文件并输出到控制台，便于调试错误。

7.5　流计算工程结构[1]

在开始研究源代码前，我们先花一些时间讨论一下流计算项目的工程结构，这是本章特有的一个章节，因为很多团队在初次使用流计算框架时往往会对如何组织工程结构感到迷茫。不同于传统企业级应用经过多年积累形成的“套路”，流计算项目的工程尚没有一个约定俗成的组织结构，在本书中，我们分享的这个原型项目的工程结构（如图 7-15 所示）可以作为一个参考，希望对读者能有所启发。

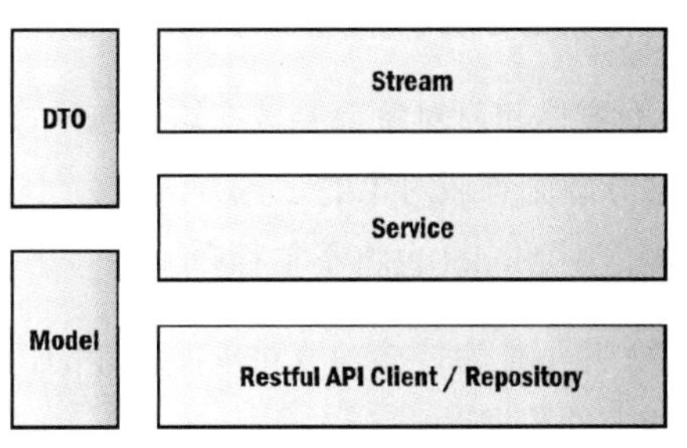

图 7-15　原型项目流计算工程结构

[1] 本节内容引用了作者于 2018 年 1 月在《程序员》杂志上发表的文章《时间序列大数据平台建设经验谈》中的部分内容。

相信很多读者会觉得这个工程结构非常面熟，是的，我们充分借鉴了传统企业级应用的分层结构，每一个模块都代表着一类组件，映射到工程上就是一个 Package，让我们逐一介绍一下。

- Stream：系统中的每一条流都会封装在一个类中，我们把这些类统一按“XxxStream”的形式命名，放在 Stream 包，Stream 类里出现的大都是与 Spark Streaming 相关的 API，在涉及实际的业务处理时，会调用相应的 Service 方法，这种设计反映了我们对流计算的一个基本认识，那就是流计算中的 API 是一个“门面（Facade）”，厚重的业务处理不应该在这些 API 上直接编写，而应该封装到专门的 Service 里，这与 Web 应用中 Action 和 Service 的关系极为类似。

- Service：与业务相关的处理逻辑会封装到 Service 类里，这是很传统的做法，如果在你的项目中深度地应用了领域驱动设计，那么绝大部分业务逻辑已经自然地委派到了领域对象的方法上，此时的 Service 会变成很薄的一层封装。有个值得一提的细节，我们把所有的 Service 都做成了 Scala 中的 object，也就是单态的，这样做的主要动机是让所有的 Executor 节点在本地加载全局唯一的 Service 实例，避免 Service 实例从 Driver 端到 Executor 端做无谓的序列化与反序列化操作。

- Restful API Client / Repository：这一层主要是为 Service 提供数据读写服务。一般的流计算程序在运行中需要对两类数据进行读写：一类是流计算要依赖的主数据，另一类是流计算的处理结果。对于这些数据，我们可以利用 Repository 直接从数据库进行读写，如果你的平台有多个组件都需要使用主数据，我们建议你务必建立统一的主数据和配置信息读写组件，如果是这样，则专属于流处理的 Repository 将不复存在。

- Model：领域模型涉及的实体和值对象都会放在这个包里，业务处理和分析的逻辑会按照面向对象的设计理念分散到领域对象的业务方法上。同样，如果建立了统一的主数据和配置信息的读写组件，则 Model 也将不复存在。

- DTO：流计算中的 DTO 并不是为传输领域对象而设计的，它是外部采集的原生数据经过结构化处理之后在流上的数据对象。

7.6 集成 Kafka

bdp-stream 项目的执行入口是 com.github.bdp.stream.Main#main，程序的第一步就是配置与 Kafka 的集成，以便从中读取消息驱动后续的流计算流程。以下是从 bdp-stream 中截取的与 Kafka 集成有关的代码：

```
sparkSession
    .readStream
    .format("kafka")
    .option("kafka.bootstrap.servers", KAFKA_BROKER_LIST)
    .option("subscribe", s"$TOPIC_CPU_USAGE, $TOPIC_MEM_USED, $TOPIC_ALERT")
    .option("startingOffsets", "latest")
    .load()
    .selectExpr("CAST(key AS STRING)", "CAST(value AS STRING)")
    .createTempView("trunk")
```

其中 KAFKA_BROKER_LIST、PU_USAGE、MEM_USED 和 ALERT 都是预定义的常量，format(“kafka”)指定了接入的数据源类型，接下来的三个 option 都是与 Kafka 相关的配置。kafka.bootstrap.servers 是 Kafka Broker 服务器的 IP 地址和端口列表，类似于连接数据库时指定的数据库服务器的 IP 地址和端口；subscribe 是指订阅哪些 topic，可以是一个也可以是多个，这类似于连接数据库后指定读取哪些表；startingOffsets 用来设定从队列中的什么位置开始读取数据，latest 是指从最晚进入队列中的消息开始，earliest 是指从队列中现存最早的消息开始，除此之外还可以自定义偏移量。

从 Kafka 取出的数据有固定的格式，其结构如表 7-2 所示。

表 7-2　从 Kafka 取出的数据的结构

Column	Type
key	binary
value	binary
topic	string
partition	int
offset	long
timestamp	long
timestampType	int

其中最常用到的是 key 和 value，我们使用 selectExpr("CAST(key AS STRING)","CAST(value AS STRING)")把 key 和 value 提取出来并转换成 string 类型。程序的最后一个操作是把筛选并转换好的数据存放在一个临时表中以便后续继续操作。

这里有一点需要特别说明，由于在后续的操作中我们会从一个流的某个中间状态开始岔开两条分支去做不同的处理，一个分支去持久化原生数据，另一个分支去做聚合运算，如果在 DStream 上，我们可以使用它的 cache 方法来实现这一需求，但是在当前版本（本书写作时使用的是 Spark 版本 2.3.0）的 Structured Streaming API 上，实现同样效果的唯一可行方法就是使用 createTempView 来创建一个临时视图，然后在支流上操作这个视图，这就是我们会在代码中创建一个临时视图的原因。关于 Spark Structured Streaming 集成 Kafka 的更多内容可以参考 Spark 的官方文档。

7.7　集成 HBase

当 Kafka 的数据引入 Spark Streaming 之后，程序会根据消息的 key 过滤出 cpu_usage、mem_used 和 alert 三类数据并形成三条“支流”。其中 cpu_usage 和 mem_used 的处理逻辑是一样的，因此使用了同一个 Stream 类 com.github.bdp.stream.MetricStream 处理，alert 数据需要维护状态，使用了另一个独立的 Stream 类 com.github.bdp.stream.AlertStream 处理。本节和下一节都会围绕处理 Metric 的支流也就是 MetricStream 展开，在讨论到自定义状态的流时，我们会使用 alert 支流来演示和讲解。

接下来我们深入 MetricStream 的方法里详细了解一下 Spark Structured Streaming 的一些基本操作。当 main 方法过滤出 cpu_usage 和 mem_used 的 Dataset 后，会把它传给 com.github.bdp.stream.MetricStream$#restream，这个方法打包了两个基本操作：

```
def restream(metric: String)(implicit sparkSession: SparkSession): Unit = {
    persist(metric)
    evaluate(metric)
}
```

一个操作是将原生的 Metric 数据持久化到 HBase 中，另一个是对 Metric 数据进行评估并生成 ServerState。本节我们将关注第一个操作：如何将 Spark Streaming 中的数据持久化到 HBase 中。

Spark 与 HBase 的集成有多种方案。一方面 Spark 本身提供了多种不同的抽象 API，既有 RDD 也有 DataFrame/DataSet，另一方面，HBase 由于版本更迭也有新旧不同的客户端 API，这两方面的因素叠加在一起导致情况有些复杂，较为普遍的做法有如下几种：

- 如果你的程序是基于 RDD 进行编程又是批处理的，你可以使用 RDD 的 saveAsHadoopFile 或 saveAsNewAPIHadoopFile 方法将 RDD 直接保存为 HFile 格式，由于 HFile 是 HBase 的物理存储格式，这种数据写入方式的性能是最高的。
- 如果是流计算程序，可以使用 HBase 的 Client 写入数据，这又会根据程序依赖的是 RDD 还是 DataSet/DataFrame 分为两种情形：
    - 如果是 RDD，则应在 RDD 的 foreachPartition 方法中获取 HBase 连接并批量写入，然后释放资源，以下是一段示例代码：

```
rdd.foreachRDD {
    rdd =>
        rdd.foreachPartition {
            records => {
                //获取 HBase Connection，创建 Table 和 BufferedMutator
```

```
            //将 records 转换成 puts，写入 HBase，关闭 Table 和 BufferedMutator
              ...
          }
      }
}
```

- 如果是 DataSet/DataFrame，则应该在自定义的 ForeachWriter 中调用 HBase Client 完成数据的写入，我们的原型项目采用的就是这一方案，稍后我们会详细地介绍如何实现。

- 使用第三方的 connector。目前可用的第三方 connector 有由 cloudera 支持的 SparkOnHBase，和由 Hortonworks 支持的 Apache Spark - Apache HBase Connector（shc）。

接下来让我们详细地看一下 bdp-stream 项目是如何基于自定义的 ForeachWriter 实现与 HBase 集成的，具体的方法是 com.github.bdp.stream.MetricStream#persist：

```
1    def persist(metric: String)(implicit sparkSession: SparkSession): Unit = {
2        import sparkSession.implicits._
3        sparkSession.sparkContext.setLocalProperty("spark.scheduler.pool",
     s"pool_persist_$metric")
4        sparkSession
5            .sql(s"select * from $metric").as[Metric]
6            .writeStream
7            .outputMode("update")
8            .foreach(MetricWriter())
9            .queryName(s"persist_$metric")
10           .start
11   }
```

在这个方法中，第 3 行为作业执行配置资源，我们将在后面的性能调优章节专门进行介绍，这里我们先跳过。第 6、7、8 三行是关于流数据输出的操作，其中 outputMode(“update”)声明使用 update 模式来写入数据，Structured Streaming 支持三种输出模式：Append、Complete 和

Update ，它们的区别如下。

- Append 模式：顾名思义，既然是 Append，那就意味着它每次都是添加新的行，也就是说它适用且只适用于那些一旦产生计算结果便永远不会修改的情形，所以它能保证每一行数据只被写入一次。由于 Append 模式要求数据已经完全就绪且不会再被更改，所以 Spark 总是要等到一个非常确定的时刻才会将数据输出，也就是 Append 模式下数据输出在时效性上会差一些。
- Complete 模式：整张结果表在每次触发时都会全量输出！这显然是要支撑那些针对数据全集进行的计算，如聚合。
- Update 模式：某种意义上它是和 Append 模式针锋相对的一种模式，它输出上次 trigger 之后发生了"更新"的数据，"更新"包含新生数据及发生了变化的数据，因此同一条记录在 Update 模式下是有可能被多次输出的，每次都是当前更新后的最新状态。Update 模式的时效性是最好的，数据输出的延迟是最小的。对于像 HBase 这样的数据库来说，其更新数据的方式是将新写入的数据作为一个新版本追加到对应"cell"上，因此这种模式可以很好地工作在 HBase 上，我们的原型项目使用的就是这种模式。

Structured Streaming 的三种输出模式和处理数据操作类型及 Sink 有密切的关系，并不是在任何情形下都可以随意使用任意的模式，对此官方文档中给出了一个说明，如表 7-3 所示。

表 7-3　Structured Streaming 输出模式说明

查询类型		支持的模式	说明
带聚合的查询	使用 Watermark，基于事件时间的聚合	Append	在此种情形下，Append 模式的工作方式是：超出了 Watermark 的聚合状态会被丢弃，但是由于是 Append 模式，Spark 必须保证聚合结果是"稳定"之后的一个最终值，所以聚合结果的输出将会被推迟到 Watermark 关闭之后的那个时刻，而不是以当前时间为终止时间的那个窗口时间
		Update	在此种情形下，Update 模式同样会丢弃超出 Watermark 的聚合状态，并总是在第一时间输出更新后的行！如果存在延时到达的数据，某一个行可能在 Update 模式下输出多次，直到超出 Watermark 的规定时间

续表

查询类型		支持的模式	说明
		Complete	在此种情形下，Complete 不会舍弃任何聚合状态
	其他聚合运算	Update，Complete	既然没有了 Wartermark，意味着我们设置一个无限长时间的 Warkmark，也就是说我们认为数据有可能会无限期地延时到达，所以也就不可能有一个“确定且稳定”的聚合状态，所以就不能以 Append 模式输出，只能要么每次触发时更新结果，要么每次输出全集
带 mapGroupsWithState 的查询		Update	无
带 flatMapGroupsWithState 的查询	Append 操作模式	Append	在 flatMapGroupsWithState 之后允许聚合操作
	Update 操作模式	Update	在 flatMapGroupsWithState 之后不允许聚合操作
带 Join 查询		Append	Update 和 Complete 两种模式不支持
其他查询		Append，Update	Complete 模式不支持

回到程序代码，接下来 foreach(MetricWriter())是注册自定义 Sink 的地方，实际的持久化操作就发生在 MetricWriter 类中。在 Structured Streaming 中，自定义的 Sink 是通过实现一个抽象类 ForeachWriter 完成的，我们以 MetricWriter 为例来看一下它是如何工作的：

```
case class MetricWriter() extends ForeachWriter[Metric] with LazyLogging {

    private var mutator: BufferedMutator = _

    override def open(partitionId: Long, version: Long): Boolean = {
        try {
            mutator = HBaseClient.mutator(METRIC_TABLE_NAME)
            logger.debug(s"Opening HBase connection & mutator for table [
$METRIC_TABLE_NAME (partitionId=$partitionId) ] is done!")
            true
        } catch {
            case e: Throwable =>
```

```
                logger.error(s"Opening HBase mutator for table [ $METRIC_TA
BLE_NAME (partitionId=$partitionId) ] is failed! the error message is: ${e.
getMessage}")
                throw e
                false
        }
    }

    override def process(metric: Metric): Unit = {
        val put = MetricAssembler.assemble(metric)
        mutator.mutate(put
    }

    override def close(errorOrNull: Throwable): Unit = {
        try {
            mutator.close()
            logger.debug(s"Closing HBase connection & mutator for table [
$METRIC_TABLE_NAME ] is done!")
        } catch {
            case e: Throwable =>
                logger.error(s"Closing HBase mutator for table [ $METRIC_TA
BLE_NAME ] is failed! the error message is: ${e.getMessage}")
                throw e
        }
    }
}
```

首先，MetricWriter 继承抽象类 ForeachWriter 需要实现三个方法：

```
def open(partitionId: Long, version: Long): Boolean
def process(value: T): Unit
def close(errorOrNull: Throwable): Unit
```

一般来说，在 open 方法中我们需要获取相应的资源，建立与 Sink 的 Connection，在 process 方法中完成数据写入，最后在 close 方法中释放资源。在 MetricWriter 中，open 方法主要用来获取一个 mutator 实例，mutator 是 HBase 客户端批量写入数据的接口类。是的，我们使用的是异步批量写入而非同步逐条插入，因为 Spark Streaming 本身就是以 micro-batch 模式工作的，同步逐条插入的意义并不大，而因异步批量写入产生的延时很小，可以忽略不计，反而可以获得更好的性能。mutator 实例是由一个 HBase 的 Connection 实例创建的，由于创建并维持一个 Connection 会消耗较多资源，通常一个应用只会维持一个 Connection。在 Spark 这种分布式计算环境下，我们会通过 com.github.bdp.stream.util.HBaseClient 这个 object 来创建并维持一个 Connection 实例，这样在 Spark 的每个 Executor 上只会有一个 Connection 实例。值得注意的是，open 方法中有一个参数 partitionId，这说明 Structured Streaming 的设计在暗示开发者要考虑是否要以 partition 为单位创建 Connection，这与 RDD 中推荐在 foreachPartition 中创建数据库连接的思想是一致的，具体到 HBase，我们选择的做法是每个 Executor 维持一个 Connection，每个 Partition 对应一个 Mutator，这样的映射关系是比较合理的。

再接下来是 process 方法，val put = MetricAssembler.assemble(metric)是通过 MetricAssembler 将 Metric 数据转换为 HBase 接受的 put 格式的数据的，然后通过 mutator.mutate(put)将 put 实例加入 Mutator 中。

最后，在 close 方法中显式地调用 mutator.close 来关闭 Mutator。Mutator 在关闭前会自动调用 flush 方法触发实际的数据写入。至此，一个分区上的 Metric 数据就被写进了 HBase。

7.8 基于时间窗口的聚合运算

研究完 MetricStream 的 persist 方法，我们将焦点转移到 evaluate 方法，这个方法展示了流计算中广泛使用的一种操作：基于时间窗口的聚合运算，前面的章节已经介绍过 Structured Streaming 的窗口计算思想，在这一节，我们从代码层面上进行更加细致的解读，evaluate 方法的实现如下：

```
1    def evaluate(metric: String)(implicit sparkSession: SparkSession): Uni
     t = {
2        import sparkSession.implicits._
3        sparkSession.sparkContext.setLocalProperty("spark.scheduler.pool",
4     s"pool_evaluate_$metric")
         sparkSession
5            .sql(s"select * from $metric").as[Metric]
6            .withWatermark("timestamp", METRIC_WATERMARK)
7            .dropDuplicates("id", "timestamp")
8            .groupBy($"hostname", window($"timestamp", WINDOW, SLIDE))
9            .agg(avg($"value") as "avg")
10           .select($"hostname", (unix_timestamp($"window.end") cast "bigi
11   nt") as "timestamp", $"avg")
             .as[(String, Long, Double)]
12           .map(MetricService.evaluate(metric, _))
13           .writeStream
14           .outputMode("update")
15           .foreach(ServerStateWriter())
16           .queryName(s"evaluate_${metric}")
17           .start
18   }
```

第6行的withWatermark("timestamp", METRIC_WATERMARK)是在进行Watermark的配置，timestamp指Metric数据结构中的"timestamp"字段，这是在告知Spark数据中的哪一列是“事件时间”列，METRIC_WATERMARK是允许数据延迟的最大阈值，在程序中设定的值是60s，即如果进入流中的 Metric 迟到超过了 60s，将会被舍弃，不参与后续的聚合运算。第 7 行的dropDuplicates("id", "timestamp")是在对数据进行去重，还记得5.6.4节中我们使用的多“波次”采集策略吗？为了不遗漏延迟就绪的数据，我们可能会采集到重复的数据，我们说把去重的任务交给流计算组件处理，具体指的就是这里了。dropDuplicates方法允许设定一到多个列作为去重时的比对列。理论上，只通过ID一个字段是能够实现去重的，但是这样做性能较差，因为这将意味着Spark需要将每一条新进记录与全体数据做比对，我们应该时刻清醒地意识到“流是没有边界的”，因此“时间”在流处理上是极为重要的一个考量尺度，落实到去重问题上，如果程序使用了 Watermark，Spark 会强烈推荐我们将事件时间列作为去重时的比对列之一，因为这样可以将数据比对的范围控制在 Watermark 限定的时间范围内，而不是全体数据，这会大大减少不必要的去重计算。接下来第 9、10 两行是最核心的代码，groupBy($"hostname", window($"timestamp", WINDOW, SLIDE))对 Metric 数据按服务器进行分组，同时在时间尺度上划定“窗口”尺寸。在前文的需求分析中规定，针对 Metric 数据，每 5s 计算一次过去 1min 内的平均值，这一需求的实现映射到代码上就是 window($"timestamp", WINDOW, SLIDE)，其中$"timestamp"是 Metric 的事件时间列，也就是前面 Watermark 中设定的那个列，WINDOW 和 SLIDE 是两个常量，分别为 60s 和 5s。window 函数返回的是一个复合的数据结构，取名就叫 window，它包含两个时间，一个是开始时间，另一个是结束时间，可以分别使用$"window.start"和$"window.end"来引用。这个 groupBy 操作的含义是，以 timestamp 列为参考，每 5s 截取过去 1min 内的数据，并按照 hostname 进行分组。然后就要在分组上进行聚合运算了，也就是 agg(avg($"value") as "avg")，这行代码对分组后组内 Metric 数据的 value 字段的值求平均值，并将计算出的平均值作为一个列，命名为 avg。经过 groupBy 和 avg 处理后，Dataset 的数据格式将变为 hostname、window 和 avg 三列，其中 window 是一个复合结构，包含 start 和 end 两个 timestamp 类型的字段，对于生成服务器状态信息 ServerState 而言，这些数据已经够了。我们只需要用 select 简单修剪一下，取出主机名、平均值及 window.end（将被作为 ServerState 的时间戳）封装成一个三元组，交给 MetricService.evaluate 方法去和阈值进行比对，就可以生成最终的 ServerState。对于 com.github.bdp.stream.service.MetricService#evaluate，我们也简单了解一下：

```
def evaluate(metric:String, row:(String, Long, Double)): ServerState = {
  val (hostname, timestamp, avg) = row
  val server = getServerBy(hostname)
  val serverId = server.id
  val amberThreshold = server.metricThresholds(metric.replace('_','.')).a
mberThreshold
  val redThreshold = server.metricThresholds(metric.replace('_','.')).red
Threshold
  val severity = avg match {
    case avg if avg < amberThreshold => GREEN
```

```
    case avg if avg >= redThreshold => RED
    case _ => AMBER
  }
  ServerState(serverId, timestamp, metric, severity.id)
}
```

这个方法会根据 Metric 的名称和服务器的 ID 查出这台服务器对应 Metric 的 Amber 和 Red 阈值，然后比较一下算出的平均值，以确定 ServerState 的严重等级是 Green、Amber 还是 Red，再封装成一个 ServerState 实例。

最后，生成的 ServerState 会被 ServerStateWriter 持久化到 HBase 中，操作与 MetricWriter 类似，此处不再赘述。

7.9 自定义状态的流

很多情况下，数据本身是有状态的，或者说在描述某种状态，例如，由一个 session id 串联起来的隶属用户某次登录后发起的一系列的请求，再比如本书展示的有 OPEN 和 CLOSED 两种状态的 Alert 数据。由于数据是有状态的，就要求流处理组件也要能相应地维持这种状态，并可以基于状态进行某些分析与处理。前面使用过的 Watermark 其实就是一种“状态”，Spark 需要在流上维持这个状态以便判断数据是否过旧而要舍弃，但是 Watermark 是由 Spark 自动管理的，不需要开发人员干预，更多的情况下人们需要自己维护某种状态来满足业务需求，为此 Structured Streaming 提供了对自定义状态的支持，具体说就是两个方法：mapGroupsWithState 和 flatMapGroupsWithState。它们用于在分组数据上建立并维护一个“状态”，区别在于前者接收的状态函数返回且只返回一个元素，而后者则可以返回 0 到多个元素。以 mapGroupsWithState 方法为例，在它多个重载的版本里，下面这个最常用：

```
mapGroupsWithState[S: Encoder, U: Encoder](timeoutConf: GroupStateTimeout)
(func: (K, Iterator[V], GroupState[S]) => U): Dataset[U]
```

该方法有两个参数，一个用来指定 GroupState 的超时策略，另一个用来维持和更新

GroupState 的函数。以下是对两个参数及 GroupState 的详细说明。

- timeoutConf: GroupStateTimeout：设定 GroupState 的超时策略。在很多场景下，当 GroupState 长时间接收不到新数据时会被认定为超时，这时需要做出一些相应的处理。timeoutConf 参数就是在指定基于哪一种时间来判定超时，它有三种取值，分别为无超时（NoTimeout）、基于处理时间的超时（ProcessingTimeTimeout）和基于事件时间的超时（EventTimeTimeout）。如果使用 EventTimeTimeout，必须要设定 Watermark（实际上，在 Spark Structured Streaming 中，只要涉及事件时间都必须设定 Watermark，因为在设定 Watermark 时会指定事件时间列，这也是 Spark Structured Streaming 的 API 中唯一一处设定“事件时间列”的地方。笔者个人认为，Spark 对于 Watermark 和事件时间列的设定存在一定的耦合，语义上不够清晰，从 API 设计上看，是有瑕疵的）。超时的阈值是由 GroupState#setTimeoutDuration(processing time)或 GroupState#setTimeoutTimestamp (event time)两个方法中的任意一个设定的。在流的运行过程中，针对每一个组，只要有一条输入数据，超时时间就会更新，如果在规定的时间内没有接收到任何数据，则被认定为超时，此时 GroupState.hasTimedOut 的值是 true。但是超时发生后负责应对的代码并不会在超时那一刻立即执行，它的执行时间是发生超时后新一批数据到达时，因为只有新数据到达才会驱动 Watermark 的更新和 func 函数的执行。关于超时相关的内容，我们将会在后面的章节做更加深入的探讨。
- func: (K, Iterator[V], GroupState[S]) => U：这个函数定义了分组内的数据如何生成或转换成状态信息，它是实现自定义状态业务逻辑的地方。随后我们会结合原型项目的代码学习如何编写这样的函数。这个函数涉及三个参数：第一个参数是当前分组对应的 key，第二个参数是一个可以迭代当前分组数据的迭代器，用于在方法中迭代数据，最后一个参数就是所谓的“自定义状态”，它可以是任意类型（也就是类型参数 S），只要能进行序列化即可，然后它会被包裹在一个名为 GroupState 的包裹类中。
- GroupState：是实际状态信息的一个包裹类，开发人员自定义的状态对象需要放在这个包裹类中，这个类会提供一系列的方法来管控状态对象的生命周期，它有如下一些方法：
    - exists：告知状态对象是否被设置；
    - get：返回状态对象，如果对象不存在，会抛出 NoSuchElementException 异常，相较而言，getOption 方法更加安全和优雅；

- update(newState: S)：更新现有状态；
- remove：将现有状态移除；
- hasTimedOut：判断是否已超时，如果超时则返回 true；
- setTimeoutDuration(...)：设置超时阈值，此方法只适用于 processing-time，即只有当 timeoutConf 被设置为 GroupStateTimeout.ProcessingTimeTimeout 时，才会使用该方法配置超时的阈值；
- setTimeoutTimestamp(...)：设置超时时刻的时间戳，此方法只适用于 event-time，即只有当 timeoutConf 设置为 GroupStateTimeout.EventTimeTimeout 时，才会使用该方法配置超时时刻的时间戳。

对于 GroupState 定义的“超时”我们需要格外留意，因为它与我们通常理解的“超时”是不一样的。一般人们对于超时的理解是，如果一个维持中的状态（如 Session）长时间没有收到更新的数据，人们会倾向于认为这个状态已经“终结”了，应当彻底移除。然而 Spark 对于状态的“超时”有另外一番理解，Spark 认为既然流是没有边界的，那么某个分组（相当于以某个 key 产生的支流）上的状态也将是“不眠不休”的，即永远不会消亡。所以，当我们在 GroupState 上检测到超时时，如果使用 remove 操作移除状态对象，并不意味着当前分组对应的 GroupState 实例被移除，既然 Spark 已经认定数据流是“无止境”的，那么在未来某个时刻可能会有新的数据流入并将它重新激活，所以 GroupState 上定义的“超时”，并非代表着一种由于流的“终结”而触发的“绝响”（超时过后，这条支流及其状态将不复存在），而只是永不消亡的 GroupState 实例上的某个中间状态。所以在对数据进行分组时，我们必须要特别注意，选定的分组必须确保“永远有数据”，否则会产生无数“僵而不死”的 GroupState 实例，这一点在后面讨论 Alert 流时会再次涉及。

回到原型项目，由于 Alert 是一种有状态的数据，我们会使用 Alert 流来演示和讲解自定义状态，它的处理流程和 Metric 流基本上是一致的，当 main 方法过滤出 Alert 的 Dataset 后，会把它传给 com.github.bdp.stream.AlertStream$#restream，这个方法同样打包了两个基本操作：

```
def restream(implicit sparkSession: SparkSession): Unit = {
    persist
```

```
    evaluate
}
```

一个操作是将原生的 Alert 数据持久化到 HBase 中，另一个操作是对 Alert 进行评估，评估时会生成并维护 Alert 状态，评估的结果就是 ServerState。Persist 操作与 Metric 的处理完全一致，本节不再赘述，我们把焦点放在 evaluate 方法上：

```
1   def evaluate(implicit sparkSession: SparkSession): Unit = {
2       import sparkSession.implicits._
3       implicit val stateEncoder = org.apache.spark.sql.Encoders.kryo[AlertRegistry]
4       sparkSession.sparkContext.setLocalProperty("spark.scheduler.pool", s"pool_evaluate_alert")
5       sparkSession
6           .sql(s"select * from alert").as[Alert]
7           .withWatermark("timestamp", ALERT_WATERMARK)
8       .groupByKey(alert => getServerId(alert.hostname))
9       .mapGroupsWithState(GroupStateTimeout.NoTimeout)(updateAlertGroupState)
10          .writeStream
11          .outputMode("update")
12          .foreach(ServerStateWriter())
13          .queryName(s"evaluate_alert")
14          .start
15  }
```

与 Metric 流上的 evaluate 方法类似，第 7 行的 withWatermark("timestamp", ALERT_WATERMARK)在设置 Watermark，timestamp 指 Alert 数据结构中的"timestamp"字段，这是在告知 Spark 哪一列是事件时间列，METRIC_WATERMARK 是允许数据延迟的最大阈值，不同于 Metric 设定的 60s，Alert 的 Watermark 达到了超长的 24h（86400 s），这是因为 Alert 的 timestamp 标识的是 incident 发生的时间，对于一个发生在凌晨 1 点的 incident，即使它在下午 5

点被修复，对应的 CLOSED 的 Alert 消息的 timestamp 依旧是凌晨 1 点。为了确保不丢失数据，我们需要设置一个足够长的 Watermark，假设正常情况下 incident 都会在 24h 内修复，我们就可以将 Watermark 设置为 24h。接下来第 8 行对 Alert 按服务器进行分组，为面向服务器的状态评估做准备。第 9 行的 mapGroupsWithState(GroupStateTimeout.NoTimeout) (updateAlertGroupState) 是该方法的核心，它的第一个参数用于配置超时策略，这里设定的是 GroupStateTimeout.NoTimeout，因为我们的分组是基于服务器的，并没有 Session，也就没有超时这一说法了，但是针对同一台服务器的同一个 incident，是有可能会发生 Alert 消息超时问题的，即在收到一个 OPEN 的消息之后，在很长时间里没有收到对应的 CLOSED 消息，针对这一情况我们将在 updateAlertGroupState 方法里解决。以下是 updateAlertGroupState 方法的源代码：

```
def updateAlertGroupState(serverId: Long, alerts: Iterator[Alert], state:
GroupState[AlertRegistry]): ServerState = {
  val alertRegistry = state.getOption.getOrElse(AlertRegistry())
  val now = System.currentTimeMillis()/1000
  alertRegistry.cleanUp(now)
  alertRegistry.updateWith(alerts)
  state.update(alertRegistry)
  val severity = alertRegistry.evaluate()
  val timestamp = (now+5)/5*5000
  ServerState(serverId, timestamp, ALERT, severity)
}
```

我们先看一下方法的参数：serverId 是分组对应的 key，alerts 是分组集合的迭代器，state 是分组对应的 GroupState 实例。其中实际的状态信息是通过 AlertRegistry 来封装的，顾名思义，它是一个注册表，记录的是一台服务器上不同种类的 Alert 在不同的时间戳上是否已经接收到了 OPEN 或 CLOSED 的消息，表中的每一条记录就是一个 incident 的状态：是已打开尚未关闭还是已打开且已关闭。我们会在下一节详细介绍这个类。updateAlertGroupState 的整体逻辑是，取出当前分组对应的 AlertRegistry，先清理掉注册表中已经逾期需要被淘汰的数据，然后基于新到达的 alerts 更新注册表状态，最后汇总注册表信息生成 ServerState。为了在时间戳上和 Metric 生成的 ServerState 对齐，我们也将由 Alert 生成的 ServerState 的时间戳“round”成 5s 的倍数，以便于后续基于时间的关联查询。

7.10 自定义状态的设计

Structured Streaming 的 GroupState 是一种开放式的状态自定义机制，因为状态的数据结构与业务逻辑密切相关，所以不可能通过一种通用的数据结构进行描述，所以当开发人员在使用 GroupState 时，要好好设计自定义状态的数据结构，使用面向对象的思想合理抽象状态所代表的业务概念，同时要善于通过细粒度的设计将业务逻辑分摊到合适的对象中去，避免在 func: (K, Iterator[V], GroupState[S]) => U 中堆积大量代码，使程序变得“丑陋”且不易维护。

在上一节里，维护 Alert 状态的逻辑是比较复杂的，但是我们的 updateAlertGroupState 函数保持了轻量和简洁，原因是状态相关的操作大都应该封装到状态对象中，而不应该在状态维护函数中实现。如果状态维护的逻辑非常复杂，在设计状态类时可以考虑设计更细粒度的对象去分摊业务逻辑，这才是遵循良好面向对象设计思想的最佳实践。下面我们就看一下 AlertRegistry 的实现：

```
package com.github.bdp.stream.model

import com.github.bdp.master.client.service.AlertIndexService
import com.github.bdp.stream.Constants._
import com.typesafe.scalalogging.LazyLogging

import scala.collection.mutable
import scala.math._

case class AlertRegistry() extends LazyLogging {

    private var registry = mutable.Map[(Long, Long), (Boolean, Boolean)]()

    def updateWith(alerts: Iterator[Alert]): Unit = {
        alerts.foreach {
```

```
        alert =>
            val id = AlertIndexService.getAlertIndexBy(alert.message).id
            val timestamp = alert.timestamp.getTime
            val status = alert.status
            val key = (id,timestamp)
            val oldValue = registry.getOrElse(key, (false,false))
            val newValue = status match {
                case "OPEN" => (true, oldValue._2)
                case "CLOSED" => (oldValue._1, true)
            }
            registry.update(key, newValue)
    }
}

def evaluate():Int = {
    registry.foldLeft(0){
        (severity,entry) =>
            val ((id,_),(open,closed)) = entry
            if (open && !closed) {

max(severity,AlertIndexService.getAlertIndexBy(id).severity)
            } else {
                severity
            }
    }
}

def cleanUp(now: Long): Unit = {
    registry = registry.filter{
        case ((id,timestamp),_) =>

logger.debug(s"(CURRENT_TIME-ALERT_TIME)-ALERT_TIME_TO_LIVE=" +s" ($now-
```

```
$timestamp)-$ALERT_TIME_TO_LIVE = ${(now-timestamp)-ALERT_TIME_ TO_LIVE}")
                if (now - timestamp < ALERT_TIME_TO_LIVE) {
                    logger.debug(s"($id, $timestamp) is kept in session
because it is LIVE.")
                    true
                } else {
                    logger.debug(s"($id, $timestamp) is removed from session
because it is EXPIRED.")
                    false
                }
        }
    }

}
```

AlertRegistry 的核心是在维护一个 Map：private var registry = mutable.Map[(Long, Long), (Boolean, Boolean)]()，它的数据结构如图 7-16 所示。

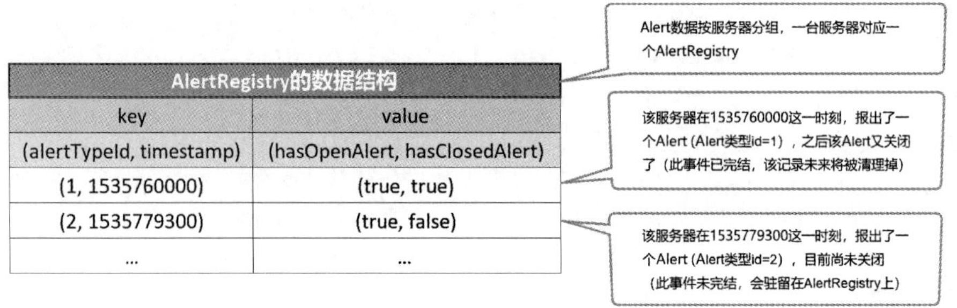

图 7-16　AlertRegistry 的数据结构

这个 Map 存储着各种已知类型的 Alert 在所有发生过 incident 的时间点上收到的 Alert 消息的状态，是“已打开尚未关闭”还是“已打开且已关闭”。它的 key 是一个二元组，第一元素是 Alert 类型的 ID，第二个元素是 UNIX 格式的时间戳，再加上分组对应的 key，也就是 serverId，这三个“坐标”可以精确定位一个 incident，即哪一台服务器在什么时间报了什么告警。Map 的 value 也是一个二元组，两个元素都是 Boolean 类型的，默认初始值都是 false，第一元素用来标记是否已经收到了 OPEN 状态的 Alert，如果已经收到则会被置为 true，第二元素用来标记是否已经收到了 CLOSED 状态的 Alert，如果已经收到则会被置为 true。

在前面的 updateAlertGroupState 方法中，每当有新的 Alert 消息到达时，函数会把它们传递给 com.github.bdp.stream.model.AlertRegistry#updateWith 方法来更新注册表，更新的逻辑是根据 Alert 消息中的内容找到这个 Alert 的类型 ID，再加上 Alert 的时间戳就可以在 Map 中找到对应的 key，然后根据 Alert 消息的状态来设置 value 二元组中的元素值，如果没有对应的 key 说明这是第一次在这个服务器的这个时间点上发生这类 incident，此时直接把这个 Alert 对应的 key 和 value 加入 Map 中即可。

当注册表更新后，就要使用 evaluate 方法对当前服务器的健康状况进行评估。评估的逻辑是逐一迭代 Map 中的每一个元素，如果存在已打开但未关闭的元素就说明当前服务器上的一个 incident 尚未被修复，此时要获取这个 Alert 的严重级别留待后用，然后继续迭代剩余元素，如果出现第二个未关闭的 Alert，则要将它的严重程度和前一个进行比较，取严重等级高的，依此类推，迭代结束时就可以获得当前分组的最高告警等级，也就是这个服务器当前的健康状态。

至此，AlertRegistry 的主要业务逻辑都讲完了，但是还有一个遗留问题就是数据清理。这与我们前面提及的超时问题有一定的关系。我们说过，Structured Streaming 分组对应的自定义状态是不会消亡的，这意味着，AlertRegistry 的注册表会伴随着时间的推移不断地膨胀，因此必须要适时地清理已经过期不会再使用的元素。前面我们在为 Alert 流设置 Watermark 时提到过，正常情况下 incident 都会在 24h 内修复，相应地，注册表维持数据的最大有效期也是 24h，所以我们专门提供一个 cleanUp 方法来清理超过 24h 的元素，这个方法会在 updateAlertGroupState 方法中被调用。

7.11 Structured Streaming 性能相关的参数

作为本章的最后一个话题，让我们花一些时间来简单地了解一些与 Structured Streaming 性能相关的几个重要参数，这些参数对作业的并发性和资源分配有很大的影响，我们会分析这些参数以怎样的方式发挥作用，同时给出一些推荐设置。首先让我们来了解几个重要参数。

1. spark.scheduler.mode

默认情况下，Spark 对于 Job 的排期策略是 FIFO，也就是 spark.scheduler.mode 的默认值是 FIFO，这一策略的含义是，先提交的作业会先被执行。但这也不是绝对的，如果当前执行的 Job 并没有占用到集群的全部资源（还有空闲的 Executors 或 CPU Core），则 Spark 会让后续的 Job 立即执行，这显然是明智的。当然，反方向上的极端情况是，当一个 Job 很“重”、需要耗用大量资源长时间运行时，后续的 Job 都会被阻塞！

从 Spark 0.8 开始引入了一种新的作业排期策略 FAIR，顾名思义就是让所有的 Job 能获得相对“均等”的机会来执行。具体的做法是，将所有 Job 的 task 按一种“round robin（轮询调度）”的方式执行。注意，这里的执行粒度“下放”到了 task，并且是跨 Job 的，这样就变成在 Job 之下按更细粒度的单位 task 进行轮询式的执行，宏观上达到了 Job 并行的效果。

应该说 spark.scheduler.mode 是一个面向 Job 级别的配置项，但又不是这么简单的，当它是 FIFO 时，我们可以认为它的“作用”粒度是 Job，当它是 FAIR 时，为了真正能使各个作业获得均等的执行机会，实际上的作业调度已经细化到了 task 级别，在 Spark 的源代码 org.apache.spark.scheduler.Pool#getSortedTaskSetQueue 中我们可以看到：

```
override def getSortedTaskSetQueue: ArrayBuffer[TaskSetManager] = {
  var sortedTaskSetQueue = new ArrayBuffer[TaskSetManager]
  val sortedSchedulableQueue =
    schedulableQueue.asScala.toSeq.sortWith(taskSetSchedulingAlgorithm.co
mparator)
  for (schedulable <- sortedSchedulableQueue) {
    sortedTaskSetQueue ++= schedulable.getSortedTaskSetQueue
  }
  sortedTaskSetQueue
}
```

在同一个 pool 中，所有作业的 task 都会依据配置的 spark.scheduler.mode 来对 task 统一进行排序，然后依次提交给 Spark Core 执行，所以说实际的控制粒度是 task，但是这种并行并不是在两个作业中频繁地交替执行 task（这样做的代价显然是巨大的），从并行作业的 Event

Timeline 上看，实际的运行状况是一个较长的作业在执行期间会允许一到两个短作业“插队”，直到它们执行完毕再切回到长作业继续执行。

2. spark.streaming.concurrentJobs

顾名思义，这是一个配置作业并行度的参数，这一配置要配合 FAIR 一起工作，另外，只有当集群有足够的资源支撑更多的并发作业时，加大 concurrentJobs 的数值才会有明显效果。这里还是要再叮嘱一下，即使 concurrentJobs=1，如果集群有空闲的计算资源，Spark 也会激活新的作业去并行执行。

3. scheduler 线程池：spark.scheduler.pool

FAIR 给每一个作业提供了均等的执行机会，但是这未必能解决这样一类问题：假定在一个 Spark Streaming 应用里有一个很重的作业，它有两三百个 task，还有几个很小的作业，可能只有几个 task，按 FAIR 的轮询调度，每个作业都有均等的机会执行各自的 task，这样形成的结果是，在一个相对固定的时间周期内，长作业与众多短作业执行完毕的数量是一样的，比例都是 1:1:1……如果我们的需求是让这些短作业执行的频率加快，以更快的速度来处理数据，那么就势必要给这些短作业更多的资源，那么此时就需要为这些作业引入独立的 scheduler pool，并配置相应的资源占比，具体的做法是在代码中加入：

```
sc.setLocalProperty("spark.scheduler.pool", "mypool")
```

这里的 myPool 是通过 xml 配置的一个自定义的 scheduler pool。这样，在当前线程中提交的作业都会使用这个指定的 pool 运行作业。在没有引入上述代码时，所有的作业实际上是在共用一个 root 的 pool，整个集群的计算资源是分配给这个 root pool 的，如果我们设置了 spark.scheduler.mode=FAIR，提交的作业中又有几个是很“重”的，那么在这种模式下短作业的执行时间会被拉长，因为长短作业获得资源的权重是均等的。解决方法是，既然 pool 是对计算资源的划分，那么我们就可以为不同的作业引入多个独立的 pool，然后给这些 pool 分配相应的权重，让它们来按比例来分配整体的计算资源，最后在 pool 内部再使用 FAIR 让其内部的 Job 以均等机会获得均等的执行机会。

在我们的原型项目中就为每一个流分配了独立的 pool，关于这些 pool 的配置都在 src\main\resources\conf\fairscheduler.xml 中，感兴趣的读者可以调整一下里面的参数做一些测试。

第 8 章 批处理与数据仓库

8

8.1 大数据与数据仓库

长久以来，在传统的企业 IT 生态里，数据仓库（简称数仓）系统普遍存在，数据仓库系统从各个 IT 业务系统中收集数据，对数据进行一系列的校验、清洗和转化，然后按“主题”对数据进行重新组织，最后以“维度模型”的方式呈现出来，上层的数据可视化和报表工具会基于这些维度模型进行数据汇总分析和展现。

传统的数据仓库都是建立在关系型数据库之上的，随着大数据时代的来临，企业的业务系统越来越多、数据体量越来越大，传统数据仓库系统的架构变得越来越不堪重负，于是在大数据体系下重新建立企业的下一代数据仓库系统成了很多企业最近几年在信息化建设上的一项重要工作。

另一方面，从大数据应用的角度来看，数据仓库是大多数企业“试水”大数据的首选切入点，其原因有两方面：一方面，数据仓库的主要编程语言以 SQL 为主，在大数据平台上，不管是 Hive 还是 Spark SQL，都是通过高度标准化的 SQL 进行开发的，这对于很多从传统数据仓库向大数据转型的开发人员和团队来说，是一种较为平滑的过渡；另一方面，数据仓库的理论和方法论已经非常成熟，在大数据平台上实现数据仓库系统遵循的依然是这些理论，只是在具体的实现细节上有所不同。

在大数据平台上实现数据仓库系统使用的主要技术工具是 Hive 或 Spark SQL，两者一向有比较好的兼容性，所以在本书中，如果没有特别说明，我们不会特别区分两者，但我们的原型项目是以 Spark SQL 编写的，这一点请读者注意。此外，在实现数据仓库的过程中，我们还需要一个工作流调度引擎将 Hive 或 Spark SQL 的作业串联起来，定时运行，这部分内容我们将放在第 10 章讨论。

从开发人员的背景来看，在大数据平台上从事数据仓库开发的人员主要有两类：一类是从传统数据仓库开发转型而来的，这类人员具备较为完备的数据仓库理论体系，如果长期在企业中负责某类业务报表的开发，那么他们往往还具有丰富的业务知识，但是他们对大数据技术特别是对底层原理的理解会比较欠缺；另一类是具备大数据开发经验的程序员，这类人员对编程和大数据底层知识了解得较深入，但是可能对数据仓库理论接触较少。通过一些数据仓库项目的实践和磨合，这两类人员都可以胜任大数据平台的数据仓库开发工作。

8.2　数据仓库的基本理论

对于很多没有接触过数据仓库的开发人员来说，并不清楚数据仓库和数据库之间到底有什么不同，所以，一些简单的对比会方便大家对数据仓库有一个初步的认识。

- 数据仓库一定是独立于业务系统数据库的另外一个数据库，业务系统的数据库主要为了支撑业务的运作，是应用程序用来读写业务数据的，而数据仓库是用来进行数据分析的。为了区别两者，数据仓库理论专门为两类数据库定义了特别的名称：OLTP 和 OLAP，应用系统的业务数据库被称为 OLTP，数据仓库的数据库被称为 OLAP；
- 数据仓库使用与业务数据库完全不同的建模方式来组织数据，这种方式被称为“维度模型”，维度模型是完全面向数据分析的；
- 数据仓库往往会存储多个数据源的数据，并且会保留历史（版本）数据；

- 数据仓库中的数据会经历分层处理，下一层数据为上一层数据提供支撑，每一层数据都是数据仓库处理流程中某个阶段性结果。

但这些笼统的介绍还不足以清楚地说明数据仓库的实质，为此我们要从数据仓库的核心“维度模型”说起。区别于标准数据库设计的 ER 理论，维度模型是一种完全反范式的关系模型，它的设计初衷如下：

- 足够简单，确保业务用户容易理解并使用；
- 面向分析设计表结构，提升查询性能。

在这两个初衷下，维度模型有两种较为主流的设计方案，一种是星型模型，另一种是雪花模型，在介绍这两种模型之前，我们需要先介绍一些数据仓库的基本概念。

8.2.1 维度和度量

维度是指审视数据的角度，它通常是记录的一个属性，如时间、地点等。度量是基于数据所计算出来的度量值，它通常是一个数值，如总销售额、不同的用户数等。分析人员往往要结合若干个维度来审查度量值，以便从中找到变化规律。在一个 SQL 查询中，group by 的属性通常就是维度，而所计算的值则是度量。

8.2.2 事实表和维度表

事实表（Fact Table）是指存储事实记录的表，如系统日志、销售记录等。事实表的记录在不断地动态增长，所以它的体积通常远大于其他表。维度表（Dimension Table），简称维表，也叫查找表（Lookup Table），是与事实表相对应的一种表，它保存了维度的属性值，可以跟事实表做关联，相当于将事实表上经常出现的属性抽取出来形成的一张专用表。常见的维度表有日期、行政区划分等。

使用维度表有诸多好处，具体如下：

- 缩小了事实表的大小；
- 便于维度的管理和维护，在增加、删除和修改维度的属性时，不必对事实表的大量记录进行改动；

- 维度表可以被多个事实表复用，可以减少重复工作。

8.2.3　维度的基数

维度的基数（Cardinality）指的是该维度在数据集中出现的不同值的个数，例如，“国家”是一个地理维度，如果有 200 个不同的值，那么此维度的基数就是 200。一个维度的基数通常在几十到几万不等，某些特别维度的基数可能会超过百万甚至千万，这类基数的维度通常被称为超高基数维度（Ultra High Cardinality，UHC），在设计维度模型和 OLAP 的 Cube 时需要特别注意。

8.2.4　Cube 和 Cuboid

Cube 是根据维度和度量做预计算的理论。对于 N 个维度来说，所有可能性的组合共有 2 的 N 次方个。对于每一种维度的组合，将度量做聚合运算，然后将运算的结果保存为一个物化视图，称为 Cuboid。所有维度组合的 Cuboid 作为一个整体，被称为 Cube。所以简单来说，一个 Cube 就是许多按维度聚合的物化视图集合。

8.2.5　星型模型与雪花模型

数据仓库理论中有几种常见的数据模型：星型模型（Star Schema）、雪花模型（Snowflake Schema）及事实星座模型（Fact-Constellation Schema）等。

星型模型中有一张事实表，有零个或多个维度表，事实表与维度表通过主键和外键相关联，维度表之间没有关联，就像很多行星围绕在一个恒星周围，故取名为“星型模型”。如果将星型模型中某些维度表再做进一步的规范，抽取成更细的维度表，然后将这些细粒度的维度表相互关联，就形成了“雪花模型”。

那么，在星型模型和雪花模型之间我们如何取舍呢？著名的 *The Data Warehouse Toolkit* 一书对雪花模型提出过这样的看法：

Snowflaking is a legal extension of the dimensional model, however, we encourage you to resist the urge to snowflake given the two primary design drivers: ease of use and performance.

也就是说，维度模型的雪花化是合法的，在某种程度上，雪花模型也更符合人们的思维模式，但是我们应该避免维度模型过分“雪花化”，这主要是出于“易用性”和“性能”两方面的考虑，理由如下：

- 过多“雪花化”的维度表会使展现数据的逻辑变复杂，业务用户将不可避免地要了解这些维度表，而维度模型的一个设计初衷就是简单易用；
- 多表关联会带来性能问题，“扁平”的单一维度能避免关联，代价是造成维度数据冗余，但这是一种用空间换时间的做法；
- 雪花模型还会影响用户在某一维度上对数据的“浏览”能力，用户通常的浏览操作是限定某一个或多个维度的属性，查看在其他维度下的数值，在“扁平”的维度模型下，这很容易做到，但是在雪花模型下就会变得很烦琐。

The Data Warehouse Toolkit 一书展示了在雪花模型下产品及其周边关联维度表的设计，如图 8-1 所示。

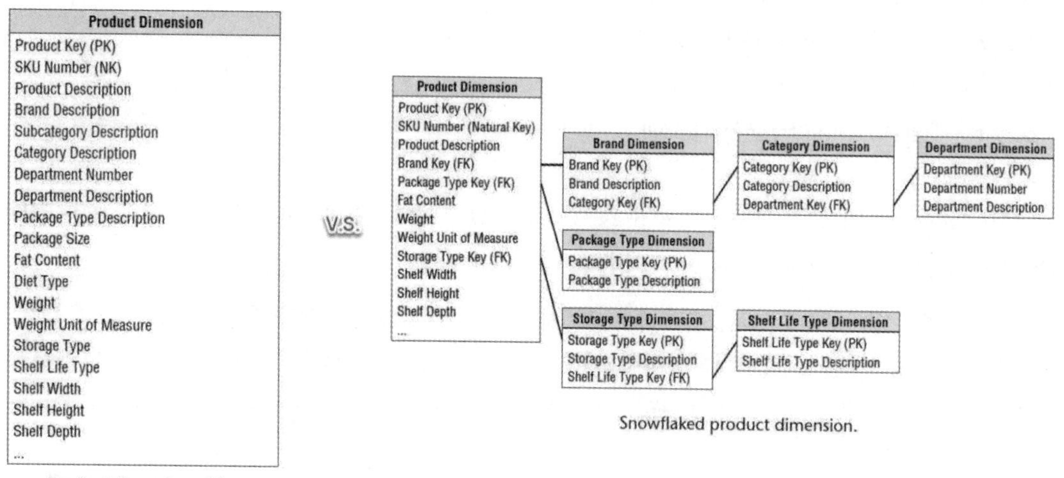

图 8-1　雪花模型下产品及其周边关联维度表的设计

通常从数据仓库的角度来说，图 8-1 中左侧这种扁平的产品维度表是比较流行的。

8.3 批处理需求分析

在介绍了数据仓库的基本理论之后，我们将继续以原型项目为依托深入地学习数据仓库体系的建设。首先从需求着手，我们的运维部门现在想要了解在过去一段时间内服务器的负载状况，有哪些服务器的 Metric 均值超过了阈值，以此来判断是否需要对硬件进行升级，他们还想进一步分析服务器经常出现哪一类告警，是 CPU、内存还是磁盘 I/O，从而找出系统的性能瓶颈。从数据仓库分析的角度来看，这些需求可以归纳为以 Metric 为事实数据，以 App、Server、Metric 类型（metric_index）为维度的汇总分析。

基于上述需求分析，我们将从 bdp-metric 和 bdp-master-server 两个数据源收集 Metric 数据和相关的主数据，然后经过一系列数据仓库环节的处理，最终构建一个以 Metric 数据为事实数据、以多种主数据为维度的星型模型。通过这个星型模型，我们可以从应用、服务器、时间、metric 类型（metric_index）等多种维度对 Metric 数据进行分析。

但是构建维度模型不是数据仓库的唯一环节，在此之前，我们需要完成一系列的前期工作，有时候还会在维度模型上再提供一层面向前端应用的数据结构。总的来说，数据仓库体系的构建有如下四大环节：

- 从数据源采集原生数据（Raw Data），存储于一个特定的区域；
- 对原生数据进行校验、清洗、转换等规范化处理，并存储于一个特定的区域；
- 基于标准数据构建星型模型需要的事实表、维度表，以及轻量的汇总表和宽表，并将这些数据存储于一个特定的区域；
- 如有必要，面向上层应用构建专用的数据结构，并存储于一个特定的区域。

接下来，我们先介绍一下数据仓库的架构设计思路，然后，自上而下地逐一介绍每一层的设计（限于篇幅，我们会跳过应用层的设计，这一层在整个数据仓库体系中并不是必需的）。

8.4 数据仓库架构

熟悉传统数据仓库的读者都应该了解数据仓库一般会有 ODS、数据仓库（Data Warehouse）和数据集市（Data Mart）这几个层次。ODS 意为 Operational Data Source，是面向对接的数据源建立的一个接入层，也叫“贴源层”。ODS 中的表结构与数据源中的表结构基本保持一致，但数据从源数据写入 ODS 中时，往往会伴随一些 ETL 工作，在落地到 ODS 时，数据结构会有所不同，但整体上和源数据基本一致。然后，数据仓库系统会以 ODS 中的数据为基础，经过更加细致的处理构建出每一类数据的正式表，这些正式表是数据仓库后续进行各种处理的基础，可以视作组成数据仓库的基本单元，我们把这些正式表所处的层称为“数据仓库层”。再往上，数据仓库会根据业务主题将业务关联性比较强的数据放在一起，数据结构也会根据应用的需要做进一步处理，如进行维度建模、创建星型模型，最终形成“数据集市层”，业务分析人员会连接到这一层进行各种数据分析。此外，在此之上，为了更好地满足上层应用的需要，有时还会面向上层应用对数据的需求再提炼一层，形成所谓的“应用数据层”。

对于大数据来说，建设数据仓库的方法论与传统数据仓库没有大的差别，也是遵从四层体系来建设的。本书推荐并采用的分层架构如图 8-2 所示，这套架构广泛参考和借鉴了一些互联网公司对外公布的方案，对于很多从事过数据仓库设计的开发人员来说，应该不会感到陌生。

图 8-2 中的每一个数据分区既是逻辑上的划分，也会映射到数据库和物理存储（HDFS）上，除中间数据层是一个共享区域外，每一层都有自己的定位，下层为上层提供服务，上层从下层提取数据，逐层构建。下面我们对每一个分层进行一下解释。

1. 源数据层（SRC 层）

与传统数据仓库中的 ODS 类似，但又有所不同。源数据层是按 DataLake 的定位设计的，这里会涉及一个经常被拿来讨论的话题，即 DataLake 与数据仓库之间有何差别。其中在数据接入这个层面上，两者有一个很明显的差别，DataLake 倾向于先将源数据采集到 DataLake 上，保持原有结构，在后续用到时再进行处理，而数据仓库的建设是一种自上至下的完整的数据处理体系，这就要求它在一开始接入数据时就要有明确的指向性。就笔者的个人理解，两者没有很大的差异，但是在对待源数据的接入与处理上确实有所不同，具体来说，如果要构建 DataLake，它的数据接入层是与源数据保持一致的，也就是说在数据采集的过程中基本没有任何数据清洗和转换操作，并且数据一旦在 DataLake 的接入层落地，随即就成为"不可变数据（Immutable Data）"，也就是说这些数据不会再被更新，如果存在下一个采集周期，下一次采集的数据也会以另一版本单独存在。所以，在我们后续给出的架构中，我们的大数据的数据仓库中没有采用 ODS 这样的叫法，而是使用了"源数据层"的叫法。

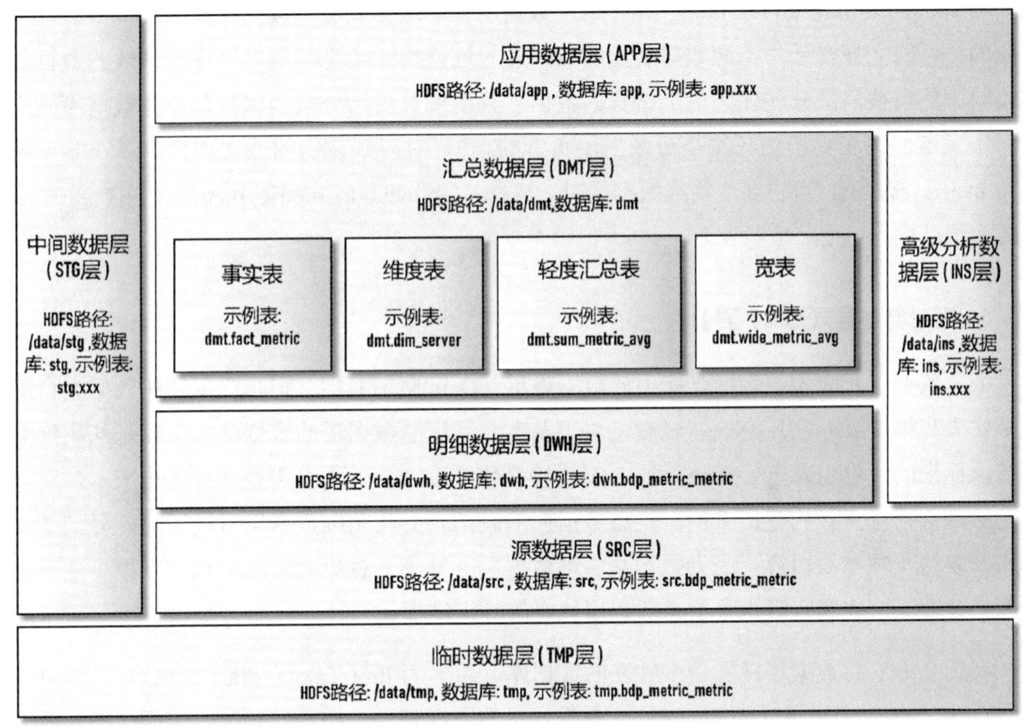

图 8-2　推荐的数据仓库架构示意图

我们会为源数据层立一个独立的数据库，命名为 src，同时为其在 HDFS 上创建根目录 /data/src。这一数据层里的数据表统一遵循这样的命名规则：鉴于源数据层的表与源系统数据库是一致的，所以表名会完全参照其原始表名，但由于源数据层会有众多不同的数据源，所以所有的表名务必要添加源数据库名（或缩写）作为前缀以示区分。在我们的原型项目中，以 bdp_metric 库的 metric 表为例，其在源数据层上的表名为 src.bdp_metric_metric。

2. 明细数据层（DWH 层）

明细数据层即标准的数据仓库区，它从源数据层中获取数据，需要经过各种校验、清洗、转化，然后以一种标准的格式沉淀下来，成为后续其他各层的基础数据。简单地说，明细数据层存放的就是数据仓库认定的各类业务数据的“正式表”。

我们会为明细数据层建立一个独立的数据库，命名为 dwh（Data Warehouse 的缩写），同时为其在 HDFS 上创建根目录/data/dwh。这一数据层里的数据表与源数据层里的表基本上是一一对应的，不同之处在于，当源数据层里的数据进入这一层时会进行更多严格和细致的数据筛查与校验，然后被清洗和转化为标准格式的数据，且明细数据层一般会保持与业务数据库同步更新，不保留任何变更历史（这是源数据层负责的事）。对应到我们的原型项目，以 bdp_metric 库的 metric 表为例，当它到达明细数据层时，其表名为 dwh.bdp_metric_metric，其中 bdp_metric 是源数据库名，metric 是源表名。

3. 汇总数据层（DMT 层）

汇总数据层对应传统数据仓库中的数据集市（Data Mart）层，但是除了传统数据集市层中的事实表和维度表，它还有一些轻度汇总表及宽表。汇总数据层的数据绝大多数是从明细数据层转换而来的，但也有一些例外，如 2 型缓慢变化维度表，这类表需要维持历史版本，所以一般是从源数据层直接构建出来的。汇总数据层的表结构会与明细数据层有较大的差异，是数据仓库开发的一项核心内容，因为数据从明细数据层上升到汇总数据层时会按维度模型重新进行组织，此外汇总表和宽表也是汇总数据层独有的数据结构。

我们会为汇总数据层建立一个独立的数据库，命名为 dmt（Data Mart 的缩写），同时为其在 HDFS 上创建根目录/data/dmt。这一数据层里的数据表统一按主题划分，遵循这样的命名规则：实事表加 fact_前缀，维度表加 dim_前缀，汇总表加 sum_前缀，宽表加 wide_前缀。对应到我们的原型项目，Metric 的事实数据表名为 dmt.fact_metric，Server 的维度表名为 dmt.dim_server，Metric 的平均值汇总表名为 dmt.sum_metric_avg，Metric 的宽表名 dmt.wide_metric_avg。

4. 应用数据层（APP 层）

应用数据层是面向特定应用提供的一层专有数据封装，其数据结构、组织粒度完全以满足前端应用需求为出发点。

我们会为应用数据层建立一个独立的数据库，命名为 app，同时为其在 HDFS 上创建根目录/data/app。这一数据层里的数据表统一遵循这样的命名规则：面向某一应用的数据表统一添加 app 名（或缩写）作为前缀。

5. 临时数据层（TMP 层）

临时数据层也常被称为"Landing Zone"，从外部数据源采集的数据都会首先放置在临时数据层。可能有的读者会问：为什么不直接写到源数据层呢？有两个原因：第一是数据采集和写入的耗时一般都较长，其间可能会因为网络连接等问题导致中途失败，一旦失败就需要重刷数据。而数据放在临时数据层的好处是，临时数据层的数据表都被设计为可直接覆盖，如果本次采集失败，可以无副作用地重跑，等到采集完成、数据落地之后，一次性地将数据移动到源数据层，这种做法较为稳妥；第二个原因是由一个技术细节决定的，以 Sqoop 为代表的数据采集工具在 HDFS 端写入数据时只支持文本文件，而出于性能考虑，数据仓库上的表都会选择以 Parquet 或 ORC 格式存储，这样一来数据采集工具就不能直接把数据写入源数据层，只能先写入以文本格式存储的临时数据层，再一次性地写入使用二进制格式存储的源数据层。

为此，我们将在临时数据层建立一个独立的数据库，命名为 tmp，同时为其在 HDFS 上创建根目录/data/tmp。对应到我们的原型项目，当使用 Sqoop 从 bdp_metric 库中抽取 Metric 数据时会先放到 tmp.bdp_metric_metric 表中，这个表的数据文件是文本格式的，再由另外一个 Job 把表中的数据抽取到以 Parquet 格式存储数据的 src.bdp_metric_metric 表中。

6. 中间数据层（STG 层）

在大量的数据处理过程中，我们不可避免地会用到中间表（staging table）来缓存处理过程中的中间数据，尽管我们可使用 Hive 和 Spark SQL 的 create or replace temporary view 来实现这一目标，但有时候，为了便于回溯和排查错误等，将中间表落地到一个特定区域也是常见的一种处理方式，这就是我们开辟中间数据层的主要目的。

我们会为中间数据层建立一个独立的数据库，命名为 stg，同时为其在 HDFS 上创建根目录/data/stg。

7. 高级分析数据层（INS 层）

这个数据层超出了数据仓库的范畴，主要是为机器学习、深度学习等模型和算法规划的数据层。在大多数情况下，这些算法都会用到数据仓库中的数据，特别是明细数据层中的标准数据，所以我们将所有的数据统一进行规划。

我们会为高级分析数据层建立一个独立的数据库，命名为 ins，同时为其在 HDFS 上创建根目录/data/ins。

> **注意** 在本书中，由于我们为每一个数据分层都创建了对应的数据库，所以我们也会用数据库的名称指代数据分层，例如，我们会在书中无差别地使用“源数据层”或者“SRC 层”，它们指的是同一件事情。

介绍完标准数据仓库架构之后，我们看一下原型项目所有数据表在该架构下的位置关系，如图 8-3 所示。

我们将从 bdp_master 数据库导入 4 张主数据表，从 bdp_metric 数据库导入一张 metric 表，这 5 张表的数据会先落地到 TMP 层对应的临时表，然后被提升到 SRC 层，再提升到 DWH 层，从 DWH 层上升到 DMT 层时，部分表的表结构会发生变化，如 fact_metric 将按照星形模型的结构改造原始的 Metric 格式，同时大部分主数据都将转变为维度表，另外，还会有一些新表产生，如由 Metric 均值构成的轻度汇总表 sum_metric_avg 和以均值为基础关联所有维度数据得到的“集大成者”:wide_metric_avg。图中的箭头指示了它们之间的依赖关系，基本上都是上层表依赖下层表，但是到了 DMT 层会有更加复杂的层间依赖，在构建数据仓库时要控制这些表的构建顺序，这项工作是由工作流负责的，我们将在第 10 章详细讨论。

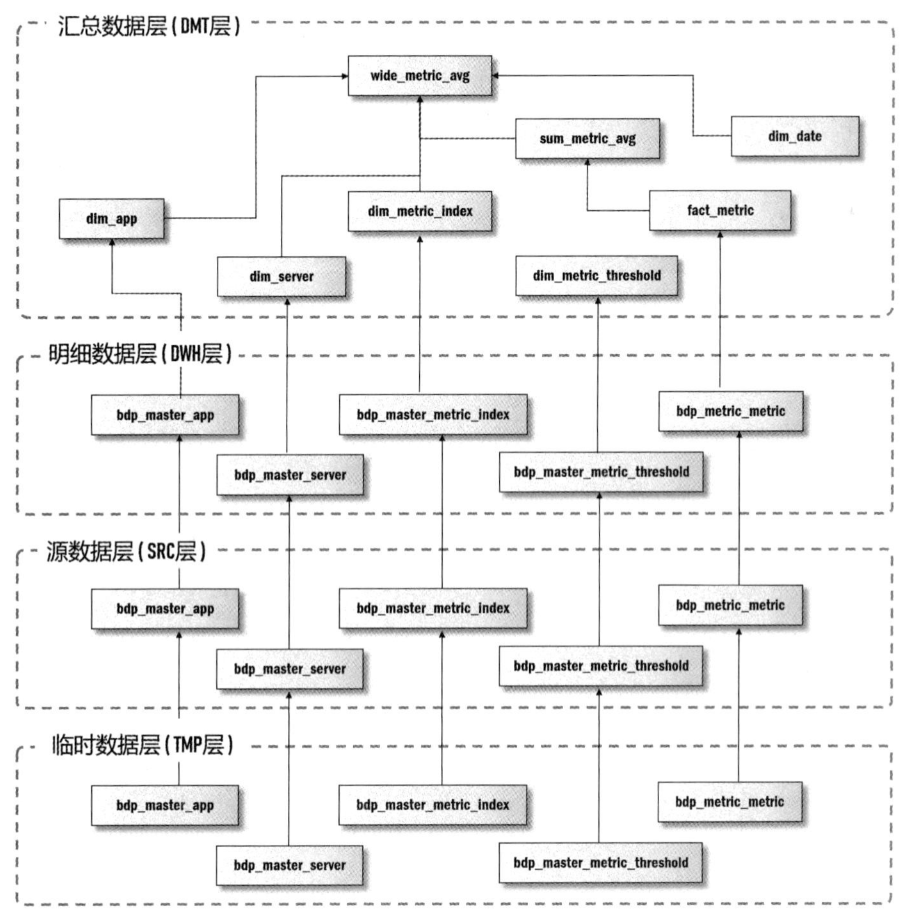

图 8-3　原型项目各表在数据仓库架构中的位置

8.5　原型项目介绍与构建

本章对应的子项目是 bdp-dwh，dwh 是 Data Warehouse 的缩写，原型项目上所有与数据仓库相关的工作都会在这个子项目中实现。这个子项目的构建保持了和其他子项目一致的风格，检出代码后进入模块的根目录，输入命令：

```
build.bat cluster
```

脚本会构建项目并部署至远程服务器，执行成功之后，使用 bdp-dwh 用户登录服务器，这时在 home 目录下就会出现已经部署好的 bdp-dwh 工程目录，我们可使用 tree 命令来查看一下部署好的工程结构：

```
[bdp-dwh@gateway1 ~]$ tree bdp-dwh-1.0
bdp-dwh-1.0
├── bin
│   ├── bdp-dwh.sh
│   ├── dmt-infra-metric.sh
│   ├── dmt-master-data.sh
│   ├── dwh-bdp-master.sh
│   ├── dwh-bdp-metric.sh
│   ├── src-bdp-master.sh
│   ├── src-bdp-metric.sh
│   └── util.sh
├── jar
│   └── bdp-dwh-1.0.jar
└── lib
    ├── dmt
    │   ├── infra-metric
    │   │   ├── action
    │   │   │   ├── build-fact_metric.sql
    │   │   │   ├── build-sum_metric_avg.sql
    │   │   │   └── build-wide_metric_avg.sql
    │   │   ├── bin
    │   │   │   └── spark-actions.sh
    │   │   └── schema
    │   │       ├── fact_metric.sql
    │   │       ├── sum_metric_avg.sql
```

```
│   │       └── wide_metric_avg.sql
│   └── master-data
│       ├── action
│       │   ├── build-dim_app.sql
│       │   ├── build-dim_hour.sql
│       │   ├── build-dim_metric_index.sql
│       │   ├── build-dim_metric_threshold.sql
│       │   └── build-dim_server.sql
│       ├── bin
│       │   └── spark-actions.sh
│       ├── data
│       │   └── dim_hour.csv
│       └── schema
│           ├── dim_app.sql
│           ├── dim_hour.sql
│           ├── dim_metric_index.sql
│           ├── dim_metric_threshold.sql
│           └── dim_server.sql
├── dwh
│   ├── bdp-master
│   │   ├── action
│   │   │   ├── build-app.sql
│   │   │   ├── build-metric_index.sql
│   │   │   ├── build-metric_threshold.sql
│   │   │   └── build-server.sql
│   │   ├── bin
│   │   │   └── spark-actions.sh
│   │   └── schema
│   │       ├── app.sql
│   │       ├── metric_index.sql
│   │       ├── metric_threshold.sql
│   │       └── server.sql
```

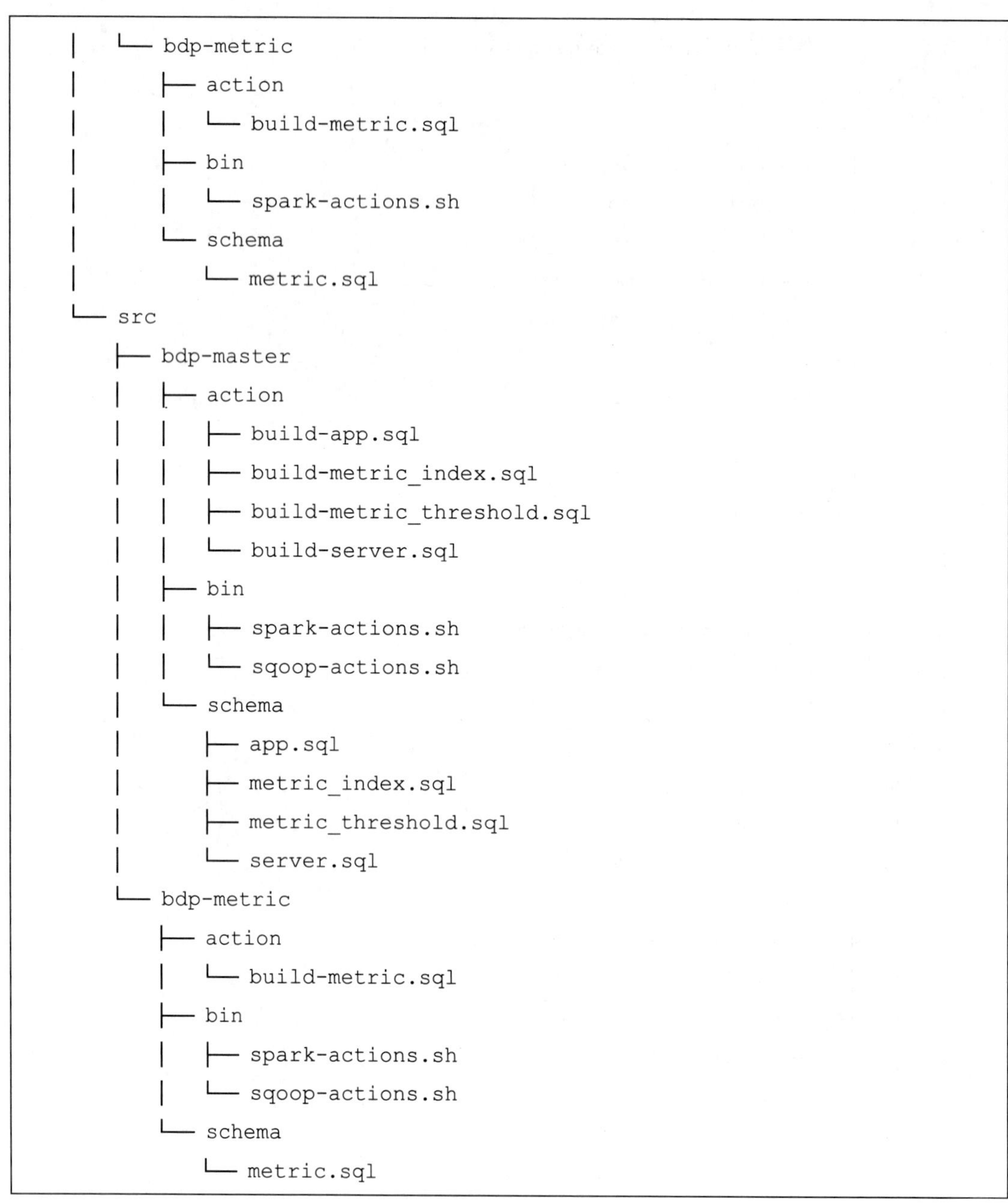

```
│   └── bdp-metric
│       ├── action
│       │   └── build-metric.sql
│       ├── bin
│       │   └── spark-actions.sh
│       └── schema
│           └── metric.sql
└── src
    ├── bdp-master
    │   ├── action
    │   │   ├── build-app.sql
    │   │   ├── build-metric_index.sql
    │   │   ├── build-metric_threshold.sql
    │   │   └── build-server.sql
    │   ├── bin
    │   │   ├── spark-actions.sh
    │   │   └── sqoop-actions.sh
    │   └── schema
    │       ├── app.sql
    │       ├── metric_index.sql
    │       ├── metric_threshold.sql
    │       └── server.sql
    └── bdp-metric
        ├── action
        │   └── build-metric.sql
        ├── bin
        │   ├── spark-actions.sh
        │   └── sqoop-actions.sh
        └── schema
            └── metric.sql
```

启停及相关的操作命令都集成在了 bdp-dwh-1.0/bin/bdp-dwh.sh 文件里，使用 help 参数可以查看各类操作（由于 bdp-dwh 的接口操作非常多，我们使用“…”代替部分操作项）：

```
[bdp-dwh@gateway1 ~]$ bdp-dwh-1.0/bin/bdp-dwh.sh help

======================= PROJECT [ BDP-DWH ] USAGE  =======================

# 说明：创建所有表的 Schema
bdp-dwh-1.0/bin/bdp-dwh.sh create-all

# 说明：从数据源导入指定时间范围内的所有数据，执行数据仓库各个分层上的所有操作
bdp-dwh-1.0/bin/bdp-dwh.sh build-all START_TIME END_TIME

# 示例：从数据源导入 2018-09-01 的所有数据，执行数据仓库各个分层上的所有操作
bdp-dwh-1.0/bin/bdp-dwh.sh build-all '2018-09-01T00:00+0800' '2018-09-02T0
0:00+0800'

# 说明：显示数据库中的所有数据表（限定 10 条）
bdp-dwh-1.0/bin/bdp-dwh.sh show-data

# 说明：清空数据库中的所有数据表
bdp-dwh-1.0/bin/bdp-dwh.sh truncate-all

# 说明：使用应用配置开启 spark-sql 控制台
bdp-dwh-1.0/bin/bdp-dwh.sh spark-sql

# 说明：创建在数据仓库各层上对应表的 Schema
bdp-dwh-1.0/bin/bdp-dwh.sh create-hour

# 说明：从 TMP 到 DMT 逐层构建 hour 对应表的数据
bdp-dwh-1.0/bin/bdp-dwh.sh build-hour

# 说明：创建 App 在数据仓库各层上对应表的 Schema
```

```
bdp-dwh-1.0/bin/bdp-dwh.sh create-app

# 说明：按指定的日期范围，从 TMP 到 DMT 逐层构建 App 对应表的数据
bdp-dwh-1.0/bin/bdp-dwh.sh build-app START_TIME END_TIME

# 示例：构建 2018-09-01 这一天从 TMP 到 DMT 各层的 App 数据
bdp-dwh-1.0/bin/bdp-dwh.sh build-app '2018-09-01T00:00+0800' '2018-09-02T0
0:00+0800'

...
```

我们在第 4 章曾经介绍过每个子项目的部署和运行方法，在运行 bdp-dwh 这个项目之前需要先执行一个建库脚本，把数据仓库用到的相关数据库创建出来，具体请参考 4.5.2 节。此外，还要保证前序依赖的模块都已部署并完成了初始化工作，这些模块是存储主数据的 bdp-master-server 和负责生成 dummy 数据的 bdp-metric，然后我们就可以初始化项目了，命令为：

```
bdp-dwh-1.0/bin/bdp-dwh.sh create-all
bdp-dwh-1.0/bin/bdp-dwh.sh build-all '2018-09-01T00:00+0800' '2018-09-02T0
0:00+0800'
```

上述操作会创建所有的数据表，然后将 bdp_metric 和 bdp_master 两个数据库上的 2018-09-01 全天的数据采集到数据仓库上，并完成全部的数据仓库处理。

待命令全部执行完毕后，我们可以通过：

```
bdp-dwh-1.0/bin/bdp-dwh.sh show-data
```

打印所有数据表的前 10 条记录，如果每张表都有数据则表明 bdp-dwh 已经部署并运行成功。

8.6 数据仓库工程结构

大数据平台上的数据仓库工程结构是很多团队不停地去探索的一个主题，一个好的工程结构可以对代码进行清晰合理的组织，便于开发人员理解工程结构和各个模块之间的关系，也利于团队协同开发。使用大数据技术开发的数据仓库项目一般是由大量 SQL 语句、Shell 脚本和少量使用 Java 或 Scala 编写的 UDF（用户自定义函数）组成的，其中 SQL 语句承载了绝大多数的业务逻辑，Shell 脚本起到黏合并驱动 SQL 脚本的作用，同时对外暴露基于命令行的接口以便工作流调度引擎集成，而 Java 或 Scala 编写的 UDF 则是针对需要反复使用的业务逻辑进行封装的自定义函数。

前面我们介绍了数据仓库的整体架构，接下来要看到的工程结构与数据仓库的层次结构是高度吻合的，bdp-dwh 工程的目录结构如图 8-4 所示。

bdp-dwh 子项目主要用 Spark SQL 开发，通过 Shell 脚本黏合 SQL 文件并通过 Spark 的命令行工具 spark-sql 提交执行。绝大多数文件存放于 src/main/resources/lib 目录下，而这个目录下的模块切分也是严格按照数据仓库分层架构来组织的，分为了 src、dwh 和 dmt 三个子目录，它们分别对应于源数据层、明细数据层和汇总数据层。下面我们详细地了解一下各个目录下存放的文件。

1. src/main/assembly

src/main/assembly 用于存放 maven-assembly-plugin 打包的配置文件，bdp-dwh 项目使用 Maven 的 Assembly 插件进行打包，构建完成时产出的是一个 zip 包，包含运行程序的所有文件，在服务器上解压之后执行相应的 Shell 脚本即可提交作业运行。

2. src/main/profiles

src/main/profiles 配合 Maven 的 profile 机制，用于存放不同 profile 对应的差异环境变量。通常该目录下包含 dev.properties、stg.properties 和 prd.properties 等面向不同环境提供的 profile properties 文件，本原型项目设计了两个 profile，一个是面向一个 7 结点集群的 cluster.properties，另一个是面向单一节点的 standalone.properties。

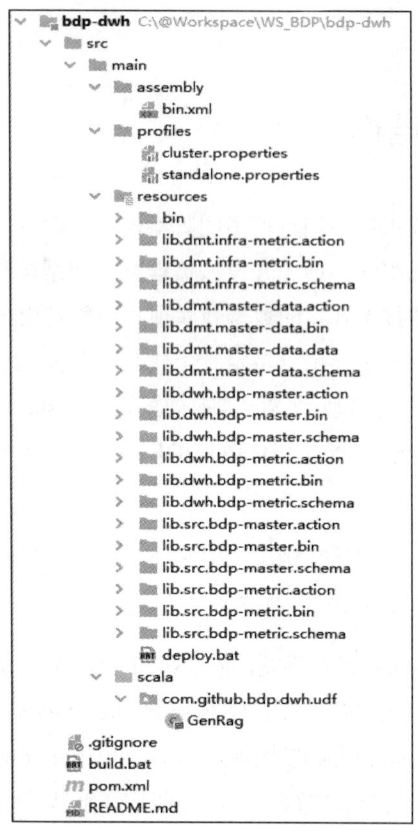

图 8-4 bdp-dwh 工程的目录结构

3. src/main/resources/bin

src/main/resources 是集中存放 SQL 文件和 Shell 文件的场所，其下有两个子目录：bin 和 lib。其中 bin 目录下包含一个名为 bdp-dwh.sh 的项目主入口文件及多个面向各个子模块不同分层的 Shell 文件，以 bdp-master 这个数据源为例，它在 src 上对应的各表操作集中封装在 src-bdp-master.sh 文件内，dwh 对应的各表操作封装在 dwh-bdp-master.sh 文件内，到达 dmt 时，各表会按主题进行重新组织，但是绝大多数与 bdp-master 相关的操作都会封装在 dmt-master-data.sh 文件中，而 bdp-dwh.sh 这个入口文件会调用所有这些模块文件，完成数据仓库内自下而上的各表构建。

需要指明的是，在 bin 目录下的所有 Shell 文件并不具体实现各表操作，实际的操作都封装在 lib 目录下对应模块的子目录中，bin 下 Shell 文件是按模块和分层将表操作组织在一起的，涉及具体操作时通过调用 lib 目录下的文件完成。

4. src/main/resources/lib

lib 目录集中存放了各个模块的 SQL 和 Shell 文件，它下面有三个子目录：src、dwh 和 dmt，分别对应于数据仓库架构中的源数据层、明细数据层和汇总数据层，在每一个子目录下是按数据源或数据主题组织的更细粒度的目录。

以 bdp-master 数据源为例，其在 SRC 层的对应目录是 lib/src/bdp-master，此外，鉴于 TMP 层与 SRC 层的关系非常紧密，且表结构几乎完全一致，因此没有必要为 TMP 层建立独立的目录，而是将其放置在了 SRC 层。当 bdp-master 数据上升到 DWH 层时，相关程序文件会放在 lib/dwh/bdp-master 下，而再次上升到 DMT 层时，会按数据主题组织到 lib/dmt/master-data 下。

在每一层中，都会再细分为三个子目录：schema、bin 和 action。schema 用来存放建表脚本，我们建议一张表对应一个 SQL 文件，这样便于专人维护，避免多人编辑同一个 Schema 文件产生冲突。action 包含从下层表中提取数据进行转换与处理的 SQL 文件。bin 下一般都会包含一个 spark-actions.sh 文件，它负责黏合 action 目录下的 SQL 文件并通过 Spark-SQL 提交作业，特别地，对于 src 下的 bin 目录还会多一个 sqoop-actions.sh 文件，这个文件封装的是 Sqoop 操作，它负责从数据源头抽取数据存放到 TMP 层，如前所述，我们把 TMP 层的相关操作放到了 SRC 层一起处理，因此多出了这个 sqoop-actions.sh 文件。

5. src/main/scala

src/main/scala 是存放 UDF 代码的位置，项目中提供了一个 UDF 示例 com.github.bdp.dwh.udf.GenRag，对于 UDF 的注册和使用我们会在后面进行专门的介绍。

8.7　临时数据层的设计与构建

临时数据层是为源头数据在大数据平台上落地而开辟的一个区域，也常被称为“Landing

Zone”。在临时数据层会建立与源头数据表几乎一致的表结构。外部数据被采集后会首先放置在临时数据层的对应表上，这种设计有以下几个初衷：

- 将数据采集与后续任何附加的处理进行隔离，让被采集数据以原始形态先落地在大数据平台上，简化采集过程中的业务逻辑；
- 以临时数据层为起点，后续所有的业务处理都是在大数据平台上运用大数据技术进行处理的，既统一了技术堆栈，又可以充分发挥大数据平台的优势；
- 对于很多数据采集工具来说，它们落地到 HDFS 上时，只支持 CSV 一类的纯文本格式，而大数据平台上的正式表多使用 Parquet、ORC 一类的二进制格式，基于这种现状，临时数据层的各表都按指定文本格式存储，以便更好地与数据采集工作对接；
- 很多数据采集工具（如 Sqoop）都能根据目标数据源的表结构在 Hive 上直接建立对等的表结构，这样会大大减少临时数据层的开发工作量，因此我们可以不必对临时数据层进行手动干预，让数据采集工具在上面自动建立数据表的 Schema 并进行导入。

回到原型项目，我们使用 Sqoop 进行数据采集，临时数据层的各表也是完全由 Sqoop 自动创建相关表的 Schema 的。但是在工程结构上我们没有为临时数据层单独设计对应的包，原因是临时数据层与源数据层关系极为密切，数据被采集到临时数据层后会立即被处理并提升到源数据层，为了削减重复的基础设施代码，简化工程结构，我们把构建临时数据层的代码安置在了源数据层对应的包里。

8.8 源数据层的设计与构建

源数据层的定位是，在数据仓库上保存来自数据源头、未经任何修改的原始数据，这些数据保持与源数据格式一致，且一旦在源数据层落地就不再变动了。同时，由于源数据层周期性地采集并存储源头数据，所以它能保存目标数据的变更历史，这为后续建立相关数据的缓慢变化维度提供了支持。

源数据层的数据表都是按采集日期进行分区的，以每天采集的数据表为例，在每天的某个固定时刻，Sqoop 会从源头数据表中采集数据并放置于临时数据层的对应表上，临时数据层上的数据表都是没有分区的，每次 Sqoop 写数据时都会直接覆盖上次遗留的数据，紧接着，后续的一个作业会将临时数据层的数据导入源数据层的对应表中，其间会有一定的数据清洗和转换工作。

8.8.1　数据模型

源数据层的数据表基本上会完全参照其在源数据系统中的定义，同时会追加一些类似“导入时间”这样的与导入操作相关的字段。源数据层的数据有一个非常鲜明的特点，即**“数据是不可变的”**，每个导入周期内放到源数据层的数据是永远不会被更新的，它代表的是那个周期内数据表全量或增量的一个快照，是只读的、不可变的。如果因为某些原因需要重新导入数据，则对应时间周期上的导入数据应该被覆盖，这样可以保持和维护源数据层数据的简洁性。

原型项目中只有两个目标数据源：bdp_master 和 bdp_metric。如前所述，数据表在采集到数据仓库时会以数据库名或库名缩写作为前缀，以便可以很容易地区分出每一张表的出处，如图 8-5 所示，便是我们在源数据层的 5 张表。

bdp_master_server	
id	bigint
app_id	bigint
hostname	string
cpu_cores	integer
memory	integer
creation_time	timestamp
update_time	timestamp
imported_time	timestamp
update_date	string

bdp_master_metric_threshold	
server_id	bigint
metric_name	string
amber_threshold	integer
red_threshold	integer
creation_time	timestamp
update_time	timestamp
imported_time	timestamp
update_date	string

bdp_master_metric_index	
id	bigint
name	string
description	string
category	string
creation_time	timestamp
update_time	timestamp
imported_time	timestamp
update_date	string

bdp_master_app	
id	bigint
name	string
description	string
version	string
creation_time	timestamp
update_time	timestamp
imported_time	timestamp
update_date	string

bdp_metric_metric	
id	bigint
name	string
hostname	string
value	bigint
timestamp	timestamp
imported_time	timestamp
creation_date	string

图 8-5　源数据层的数据表

8.8.2 建表并处理数据

SRC 层上创建数据表主要有两个环节：

- 从源头数据库读取数据表的元数据，并在 TMP 层自动创建镜像表
- 读取建表脚本，并在 SRC 层上创建对应表

我们以 bdp-master 的 Server 表为例，看一下数据表是如何创建的。负责创建 SRC 层上的 Server 表的命令是：

```
bdp-dwh-1.0/bin/src-bdp-master.sh create-server
```

该命令将同时创建 TMP 层和 SRC 层上 Server 表，前者是通过 sqoop 读取源头的 MySQL 数据库里的 Server 表元数据，然后在 TMP 层自动重建出对应名，后者则是读取 lib/src/bdp-master/schema/server.sql 文件，提交给 spark-sql 命令行去创建的。如图 8-6 所示的时序图展示了这一过程的细节。

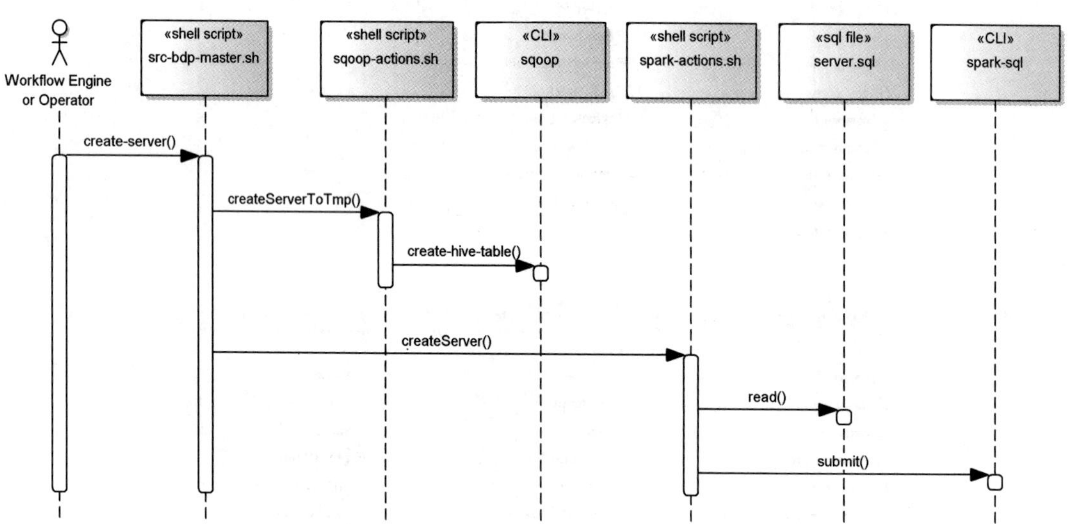

图 8-6 TMP 和 SRC 层构建 Server 表的流程

我们先来了解一下 Server 数据在源头 MySQL 数据库 bdp_master 上的 Schema：

```
create table server (
    id bigint(20) not null auto_increment,
    app_id bigint(20) not null,
    cpu_cores int(11) not null,
    creation_time timestamp not null default current_timestamp,
    hostname varchar(255) not null,
    memory int(11) not null,
    update_time timestamp not null default current_timestamp on update curr
ent_timestamp,
    primary key (id)
)
collate='utf8_general_ci'
engine=innodb;
```

然后是其在 TMP 层上的对应表 tmp.bdp_master_server 的 Schema，如下：

```
CREATE TABLE `tmp.bdp_master_server`(
  `id` bigint,
  `app_id` bigint,
  `cpu_cores` int,
  `creation_time` string,
  `hostname` string,
  `memory` int,
  `update_time` string)
ROW FORMAT SERDE
  'org.apache.hadoop.hive.serde2.lazy.LazySimpleSerDe'
WITH SERDEPROPERTIES (
  'field.delim'='\u0001',
  'line.delim'='\n',
  'serialization.format'='\u0001')
STORED AS INPUTFORMAT
```

```
  'org.apache.hadoop.mapred.TextInputFormat'
OUTPUTFORMAT
  'org.apache.hadoop.hive.ql.io.HiveIgnoreKeyTextOutputFormat'
LOCATION
  'hdfs://nameservice1/data/tmp/bdp_master_server'
```

tmp.bdp_master_server 这张表是由 Sqoop 自动创建的，其字段名称与源表一致，类型进行了自动映射。对于表格存储文件的格式设定也是由 Sqoop 自动生成的。值得一提的是，Sqoop 在 Hive 这一端落地数据时只支持文本格式的存储，也就是说 Sqoop 向 Hive 上的表写数据时，Hive 表只能声明为文本格式。在前面我们也提到过，这也是设立 TMP 层的原因之一，我们会用 TMP 作为接入数据的一个缓冲层，数据表的格式会尽量贴近源表，某些属性设置也会面向采集工具进行适配（如数据表的存储格式），一旦数据进入到 SRC 层，会按照大数据环境的标准和规范来管理数据，那么这中间具体的差别是什么呢？我们来看一下 SRC 层上 Server 数据是如何存储的。

首先看一下 Server 在 SRC 层上的表结构，这张表的建表脚本文件是 lib/src/bdp-master/schema/server.sql：

```
drop table if exists src.bdp_master_server;
create table if not exists src.bdp_master_server (
    id bigint,
    app_id bigint,
    hostname string,
    cpu_cores int,
    memory int,
    creation_time timestamp,
    update_time timestamp,
    imported_time timestamp
)
partitioned by (update_date string)
stored as parquet;
```

首先，SRC 上的这张表使用了 Parquet 格式进行数据存储，其次，对比一下 Server，我们可以看到 src.bdp_master_server 表中的 id、app_id、hostname、cpu_cores、memory、creation_time 和 update_time 均来自原始业务数据库中的对应表，字段命名保持不变，类型做了同等映射。唯一值得关注的是分区列 update_date，这个列是从 TMP 将数据导入到 SRC 时，将 update_time 字段转化为 date 类型的字符串而得到的（之所以是 String 类型是因为写作本书时的 Spark 版本尚不支持 date 类型做分区列）。

接下来，我们看一下 SRC 层的数据处理，它也有两个环节：

- 从源头数据库导入数据到 TMP 层
- 从 TMP 层导入数据到 SRC 层

我们仍以 bdp-master 的 Server 表为例，看一下具体流程，其操作是从 src-bdp-master.sh 这个入口文件的 build-server 函数开始的，下面这条命令是将源头 MySQL 数据库中 2018 年 9 月 1 日全天的 Server 数据采集到 TMP 层，然后再写入到 SRC 层上对应的 Server 表里：

```
bdp-dwh-1.0/bin/src-bdp-master.sh build-server '2018-09-01T00:00+0800' '2018-09-02T00:00+0800'
```

如图 8-7 所示的时序图详细解释了整个构建流程。

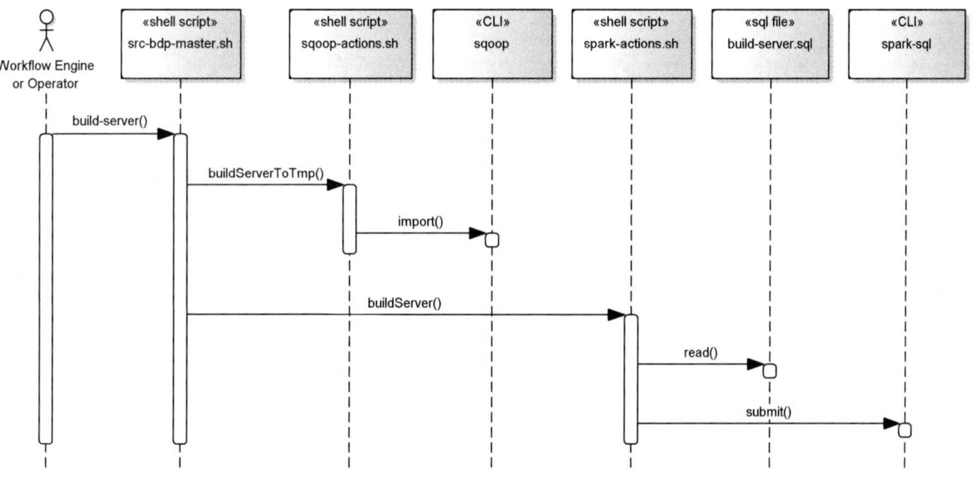

图 8-7　以 Server 表为示例的 TMP 与 SRC 层的构建流程

Server 表的构建一般由工作流引擎定时触发或者由运维人员手动启动，src-bdp-master.sh 的 build-server 函数会完成两个操作，首先是将通过 sqoop 将数据从源头数据库抽取到 HDFS 的 TMP 层，然后以 TMP 上的落地数据为基础，将使用 SQL 编写的 SRC 层的 Server 构建作业通过 spark-sql 命令行工具提交，作业执行完毕后在 SRC 层上的 Server 表就构建好了。

负责从 TMP 层将数据导入 SRC 层的 SQL 文件是 lib/src/bdp-master/action/build-server.sql：

```
1   insert overwrite table src.bdp_master_server partition(update_date)
2   select
3       id,
4       app_id,
5       hostname,
6       cpu_cores,
7       memory,
8       cast(creation_time as timestamp) as creation_time,
9       cast(update_time as timestamp) as update_time,
10      current_timestamp as imported_time,
11      cast(cast(`update_time` as date) as string) as update_date
12  from
13      tmp.bdp_master_server;
```

这个 SQL 操作中有两点需要着重说明一下：

- 由于 Sqoop 在自动生成数据表时会把日期和时间类型映射为普通的 String 类型，所以当这些数据进入 SRC 时，我们需要适时地把它们转换为其原本的类型，这就是为什么在第 8、9 行我们进行 Cast 转换的原因；
- imported_time 是用来标记数据进入大数据平台的时间，以便后续追踪和统计。虽然严格意义上的数据导入时间并不是这条 SQL 执行的时间，而是 Sqoop 作业的完成时间，但是两者相差并不大，所以在 SQL 中生成这个时间是比较合适的；
- 第 11 行将 update_time 字段转换为只含日期的字符串类型并取名 update_date 是为了给 src.bdp_master_server 作分区列用。对于 SRC 层分区列的设计，我们后面会专门进行讨论。

8.8.3 SQL 黏合与作业提交

虽然上一节我们介绍了 SRC 层上的两类主要操作：建表（如 create-server）和处理数据（如 build-server）的流程和相关 SQL 文件，但没有详细解释项目是如何通过 Shell 脚本黏合 SQL 文件去提交作业的，这一过程主要涉及三个 Shell 文件：

```
bin/src-bdp-master.sh
lib/src/bdp-master/bin/spark-actions.sh
lib/src/bdp-master/bin/sqoop-actions.sh
```

src-bdp-master.sh 是 bdp-master 模块的命令行接口文件，与 SRC 层上的 bdp-master 数据相关的操作接口都在这个文件中提供了。它只提供接口，并不实现具体操作，具体操作是调用下面两文件中的函数实现的。把它存放于项目的 bin 目录而不是模块的 bin 目录是为了便于使用。sqoop-actions.sh 是 SRC 层独有的一个文件，是专门封装 Sqoop 操作的。spark-actions.sh 在每一层的 bin 文件夹中都有，是专门用于黏合本层 SQL 文件并提交作业的 Shell 文件。

首先，关于 sqoop-actions.sh 这个文件，其内容与第四章中我们介绍的 bdp-import 模块中的 bin/bdp-master-import.sh 文件是一样的，实际上是同样的代码在两个模块中冗余了一份。由于我们已经在第四章中详细介绍过 Sqoop 的使用，所以本章我们不会再对 sqoop-actions.sh 赘述，具体内容可参考第 4 章。

但是我们有必要解释一下为什么会在 bdp-dwh 和 bdp-import 这两个模块中提供重叠的 Sqoop 操作。

原型项目的一个设计初衷是尽量让各工程模块可裁剪，能够根据不同的项目需求组合使用。bdp-import 是一个独立的基于 Sqoop 进行数据导入的模块，它可以单独运行，不会与构建数据仓库的工作耦合。而 bdp-dwh 是从一体化构建数据仓库的角度出发才把数据导入也纳入其中。如果你的平台需要构建企业级的数据仓库，所有从关系型数据库中采集的数据都要严格进入到数据仓库体系中处理，那么你只需要引入 bdp-dwh 一个模块即可。如果你需要独立的数据采集模块，后续的数据处理由其他的工具接手，那么单独使用 bdp-import 即可。

spark-actions.sh 这个文件集中完成了 SQL 文件的黏合与作业提交。我们同样以 Server 为例，列出这个文件中与 Server 相关的操作，读者可以详细地了解一下。

```
#!/usr/bin/env bash

create()
{
    target="$1"
    execSql "job name:  create schema of [ $target @ $SUBJECT ]" "${BDP_MAST
ER_SRC_HOME}/schema/$target.sql"
}

build()
{
    target="$1"
    execSql "job name: build [ $target ] data from [ $target @ $UNDER_LAYER_
SUBJECT ] to [ $target @ $SUBJECT ]" "${BDP_MASTER_SRC_HOME}/action/build-
$target.sql"
}

createServer()
{
    create "server"
}

buildServer()
{
    build "server"
}
```

spark-actions.sh 文件中的函数可以分成两大类，一类是用于创建表格 Schema 的，这类函数以 create 开头，其中 create()是用于创建 Schema 的基础函数，它接收一个表名参数，通过表名去“schema”文件夹下找到对应的建表脚本去执行，所以这个项目对于 SQL 文件的命名也进行了一些约定，这样会使整个项目更加规范和易于使用，同时也便于抽象出一些公共的基础操作，就像这里的情况，我们约定在“schema”文件夹中的 SQL 文件完全按其对应的表命名，在调用 create 函数时，直接传递表名即可自动定位到相应的建表脚本。以 Server 为例，createServer() 函数负责 Server 表的建表工作，它直接调用了 create 函数，参数是数据表的名字 server，这样 create 函数就会去“schema”文件夹中读取 server.sql 文件并执行其中的建表语句。另一类是用于数据处理的，这类函数以 build 开头，其中 build()是用于执行数据处理的基础函数，它接收的也是一个表名参数，通过表名去“action”文件夹下找到对应的脚本去执行，“action”文件夹下的文件命名同样进行了约定，文件以 action 名称开头（如 build）后接操作的表名，以处理 Server 数据为例，SQL 文件名为 build-server.sql，build 是 action 的名称，server 是表名，在 build 函数中，定位 SQL 文件的方式是固定的 action 名（如 build）加上对应表名，这样对于 buildServer() 函数来说，在调用 build()时，只需要传递表名参数 server 即可。最后补充一点的是，action 下可以有各种各样丰富的操作，只要遵守一致的命名规范，都可以仿照 build 的模式进行复制。

create()和 build()都使用到了一个核心的基础函数 execSql，它位于 bin/util.sh 中。

```
execSql()
{
    jobName="$1"
    sqlFile="$2"
    printHeading "${jobName}"
    spark-sql \
    --master yarn \
    --deploy-mode client \
    --name "$jobName" \
    --num-executors "${spark.num.executors}" \
    --executor-cores "${spark.executor.cores}" \
    --executor-memory "${spark.executor.memory}" \
    --conf spark.sql.warehouse.dir=${app.hdfs.user.home}/spark-warehouse \
    --conf spark.sql.crossJoin.enabled=true \
    --hiveconf hive.metastore.execute.setugi=true \
    --hiveconf hive.exec.dynamic.partition=true \
    --hiveconf hive.exec.dynamic.partition.mode=nonstrict \
```

```
    --hiveconf hive.exec.max.dynamic.partitions=10000 \
    --hiveconf hive.exec.max.dynamic.partitions.pernode=10000 \
    --hiveconf hive.mapred.supports.subdirectories=true \
    --hiveconf mapreduce.input.fileinputformat.input.dir.recursive=true \
    --jars "$BDP_DWH_DEPENDENCY_JARS" \
    -f "$sqlFile"
}
```

这个函数接收两个参数：作业名称和 SQL 文件路径，然后通过 spark-sql 执行 SQL 文件。spark-sql 有很多重要的参数，我们来逐一解读一下。

```
--master yarn \
--deploy-mode client \
```

以上两个参数是让 Spark 在 Yarn 上以 client 模式提交作业，这是 Spark 运行在 Yarn 上的典型提交模式，关于 Spark 在 Yarn 上的运行方式可以参考 Spark 的官方文档，本文不再赘述。

```
--num-executors "${spark.num.executors}" \
--executor-cores "${spark.executor.cores}" \
--executor-memory "${spark.executor.memory}" \
```

以上三个参数是申请集群资源的关键参数，顾名思义，num-executors 是申请 executor 的数量，executor-cores 是指定每个 executor 分配的 CPU 核数，executor-memory 是指定每个 executor 分配的内存。这三个参数的实际值是配置在 Maven 的 profile 文件里的，便于针对不同环境的配置切换相应的数值。当然，并不是所有的作业都会使用一致的资源配置，如果项目需要针对每个作业动态调整资源分配参数，我们也可以将这三个参数提取出来，在调用时动态传入，以 buildServer 为例，可以这样调用：

```
buildServer()
{
    build "server" "1" "4" "512M"
}
```

当然，这也需要调整 build 函数，接收这三个参数并传入 execSql 中，读者可以试着自行修改一下。

```
--conf spark.sql.warehouse.dir=${app.hdfs.user.home}/spark-warehouse \
--conf spark.sql.crossJoin.enabled=true \
```

在某些大数据商业发行版中，spark.sql.warehouse.dir 的默认路径往往只有 spark 用户才有写的权限，但我们提交作业的账号是应用的专有账号，是没有权限在默认路径下写入数据的，所以通常我们都会在应用的专有账号的 HDFS home 目录下指定 warehouse 的路径，在本例中其实际值是/user/bdp-dwh/spark-warehouse。spark.sql.crossJoin.enabled 是为支持 full-join 开启的！

接下来是一系列与 Hive 相关的配置。原型项目的 SQL 会尽可能地保持与 Hive 兼容，这会有很多好处，所以我们需要做一些 Hive 相关的配置：

```
--hiveconf hive.metastore.execute.setugi=true \
--hiveconf hive.exec.dynamic.partition=true \
--hiveconf hive.exec.dynamic.partition.mode=nonstrict \
--hiveconf hive.exec.max.dynamic.partitions=10000 \
--hiveconf hive.exec.max.dynamic.partitions.pernode=10000 \
--hiveconf hive.mapred.supports.subdirectories=true \
--hiveconf mapreduce.input.fileinputformat.input.dir.recursive=true \
```

这些配置并不一定都具有广泛的适用性，每个项目可以根据实际情况进行调整，这里不再赘述。

接下来是声明项目依赖的 jar 包，使用--jars 参数后接所有 jar 文件名，通过“,”分隔。在本例中，依赖的 jar 包主要是项目的 UDF：

```
--jars "$BDP_DWH_DEPENDENCY_JARS"
```

最后，通过-f 指定 SQL 文件：

```
-f "$sqlFile"
```

src-bdp-master.sh 文件是 bdp-master 模块在 src 中的入口文件，它聚合了 sqoop-actions.sh 和 spark-actions.sh 的所有操作，提供命令行入口用于调用两个脚本中的函数。

```
case $1 in
    ...
    (create-server)
        createServerToTmp
        createServer
    ;;
    (build-server)
        shift
        buildServerToTmp "$@"
        buildServer "$@"
    ;;
    ...
esac
```

与 Server 直接相关的操作接口有两个，它们分别是：

- create-server：用于创建 Server 表的 Schema；
- build-server：用于将数据源中的指定时间范围内的 Server 数据导入 SRC 层。

在本原型项目中，每张表都会配备这两个基本操作。其中 create 操作是用于初始建库时创建数据表的，在系统部署时手动执行一次即可。build 操作通常每天都运行，虽然它可以被手动执行，但其真正的使用方式是与工作流调度工具（如 Oozie）集成，周期性地被调度工具调用，其所需要的时间参数也是由调度工具生成并传入的。

8.8.4 增量导入与全量导入

在 SRC 层的数据导入中会涉及选择增量导入还是全量导入的问题，两者在处理逻辑和资源负载上都有比较大的差异，需要针对每一张表逐一梳理并确定。一般来说，我们的原则是：**如果原始数据表存在增量导入的条件，一定要优先按增量进行导入和处理**，原因是：

- 增量导入可以大大减小源头数据库的负载；
- 增量导入的数据量较全量导入要少很多，可以动用较少的资源在较短时间内完成作业，避免不必要的资源浪费；
- 由于 SRC 层会保留每次导入的数据，全量导入会占用大量的存储空间。

那么什么才算是“具备增量导入条件”呢？这主要是看数据表本身是否具有标记增量的字段。例如，很多数据库在设计时会依照规范给所有的数据表添加“创建时间”和“更新时间”字段，在记录插入数据库时，“创建时间”和“更新时间”取当前时间，当记录更新时，同步更新“更新时间”。我们的 bdp_master 数据库就是按照这样的规范设计的，所以“更新时间”就是最好的增量导入的依据字段。

如果数据表没有“更新时间”字段，但有自增 ID，这时候要看记录本身是否是不可变的，如果数据一旦生成就永远不会变更，新增的数据都是新生成的而不是更新的，那么这样的数据表也具备增量导入的条件。自增 ID 就是增量的标识字段。

如果一张表既没有更新标识，又没有增量标识，就很难进行增量导入了，此时只能按全量导入处理。

表 8-1 列出了原型项目中主要数据表的数据导入方式，后面的章节会选择其中的几张表，详细展开。

表 8-1　原型项目中主要数据表的数据导入方式

数据表	导入方式	源头数据是否会更新	是否需要构建缓慢变化维度
bdp_master.app	增量导入	是（版本升级）	是
bdp_master.server	增量导入	是（硬件升级）	是
bdp_master.metric_threshold	增量导入	是（阈值调整）	是
bdp_master.metric_index	增量导入	是（命名或描述调整）	是
bdp_metric.metric	增量导入	否	否
bdp_master.metric_index	增量导入	否	否

8.8.5 源数据层的表分区

1. 在增量导入的情况下

在增量导入的情况下，采集工具会以增量字段为依据，读取某个增量区间（一般是一天）内的所有数据写入 TMP 层。在 SRC 层中，后续作业会继续读取 TMP 层中的这批增量数据，并写入 SRC 层，SRC 层的数据表如何分区就变成一个需要好好把握的问题了。

对于 Hive 和 Spark SQL 来说，选择一张表的分区列有一个最核心的原则，就是看这个字段（或多个字段）是否总是在查询时用到，如果答案是肯定的，那么选取这个字段（或多个字段）做分区列的话，会在查询时极大地收窄数据查找区间，提升查询性能。

SRC 层的定位是有效管理和存储每次增量导入的数据，保持数据的不可变性，维持变更历史，于是一个很直白的方案是，在 SRC 层的对应表上，以增量采集的那个依据字段作为表的分区字段是非常合适的，与此同时，不管是 DWH 还是 DMT，后续从 SRC 层的表读取数据时，也是毫无例外地将某一批增量数据“merge”到 DWH 或 DMT 层的全量表中，这也要求 SRC 层的表最好按增量导入的字段做分区，以便于筛选数据。

所以对于增量导入的数据表，其在 SRC 层对应表的分区字段几乎无一例外用的都是增量导入的依据字段。

2. 在全量导入的情况下

在全量导入的情况下，SRC 层也必须要对每个导入批次加以区分，比较合适的做法是以导入的日期作为分区列。

8.8.6 SRC 层数据归档

SRC 层中的表处理最后需要留意的一点是，大量 SRC 层的数据表依据增量进行分区会产生很多分区，每个分区又会有多个文件，如果增量数据不多，随着时间的推移，会累积大量的小文件，将对 Hadoop 的性能造成影响，所以一定要对数据进行定期的归档，归档方法就是按更粗的粒度合并分区数据，以时间为例，可以由按天改为按月、季度或年进行重新分区，进而将琐碎的小文件合并为大文件。

8.9 明细数据层的设计与构建

对于每一张数据表而言，源数据层的数据就绪之后，紧接着的工作就是将源数据层的最新数据更新到明细数据层，明细数据层的数据是数据仓库对每一类业务数据的一份正式存储，每一张表的字段名称和类型都会遵守同一风格和约定，在数据从源数据层进入明细数据层的过程中会完成绝大多数的 ETL 工作，最终在明细数据层形成广泛可用的标准数据。

在数据表分区上，明细数据层各表分区字段完全根据业务情况确定，与源数据层表分区的规则完全不同。对于那些无明显分区依据的表将不会有分区字段存在，这可能是大部分明细数据层数据表的常态。

8.9.1 数据模型

如前所述，明细数据层是数据仓库中对所有业务数据的“官方”认定，作为承上启下的核心层：一方面，它需要对源数据层中的数据进行验证、清洗和转换等预处理操作；另一方面，它为构建上层星型模型做必要的准备。明细数据层的数据表按数据源进行划分，与源数据层保持一致。

明细数据层面向 bdp_master 和 bdp_metric 两个数据源一共存储了 5 张表，如图 8-8 所示。

明细数据层的表都来自源数据层，数据从源数据层上升到明细数据层时需要进行一些校验、清洗和转换工作。为了对数据进行标准化，数据仓库还会在这一层创建一些全局元数据及枚举类型数据。

由于我们的原型项目中数据结构比较简单和清晰，所以基本上明细数据层和源数据层的数据表结构差别不大。但是明细数据层与源数据层的数据表在分区字段上会有明显的区别。对于源数据层的表，如果是每天导入，不管是全量导入还是增量导入，按数据采集日期进行分区是很有必要的，因为在后续所有的处理中，使用的几乎总是源数据层上数据表某一天的导入数据，按导入日期分区将有效地提升这些数据表的读取效率。但是当数据进入明细数据层后，针对分区字段更多地要综合考虑数据的业务属性和分布的散列性，虽然大多数时候创建时间总可能是分区列的第一选择，但这并不意味着所有的业务表都应该这么做，还是要根据具体情况灵活处理。

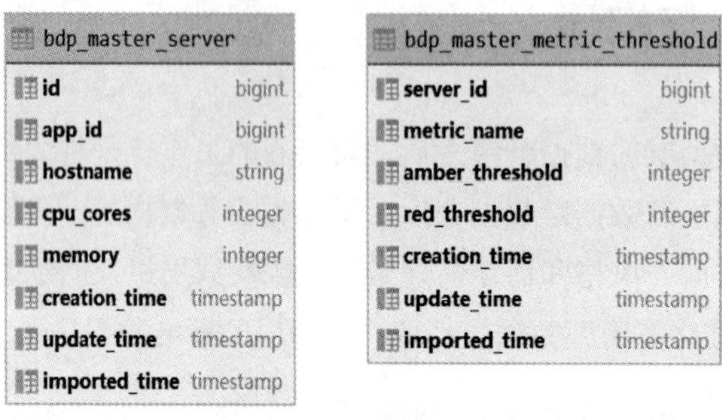

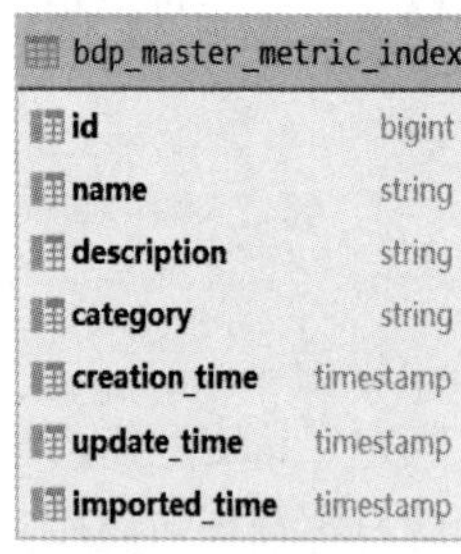

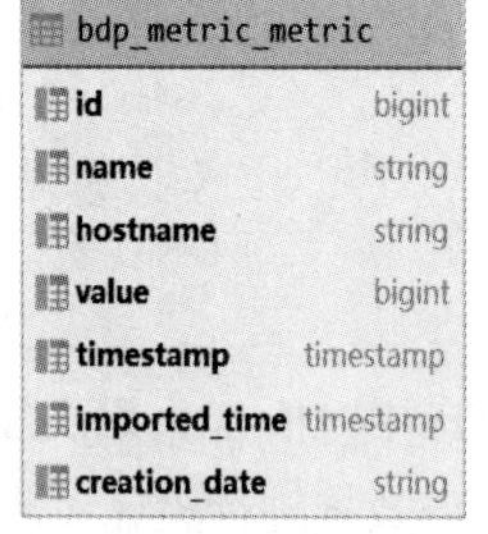

图 8-8　明细数据层的数据表

8.9.2　建表并处理数据

我们继续以 bdp-master 的 Server 数据为例，看看其在 DWH 层上的构建逻辑。看一下数据表是如何创建的。负责创建 DWH 层上的 Server 表的命令是：

```
bdp-dwh-1.0/bin/dwh-bdp-master.sh create-server
```

该命令将读取 Server 表的建表脚本 lib/dwh/bdp-master/schema/server.sql 文件，提交给 spark-sql 命令行去执行。如图 8-9 所示的时序图展示了这一过程的细节。

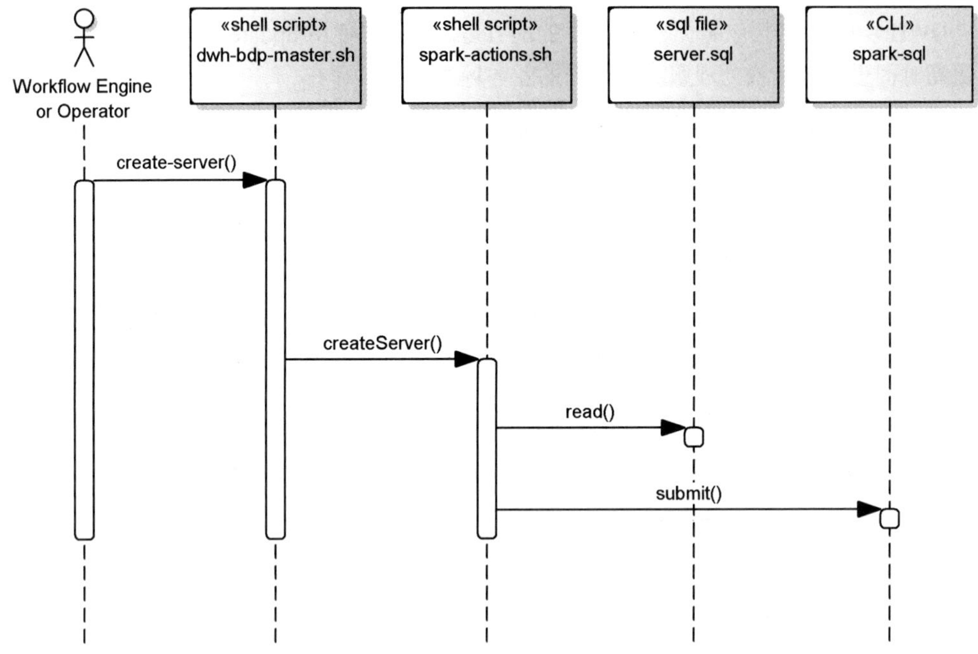

图 8-9　以 Server 表为示例的 DWH 层的建表流程

建表脚本 server.sql 的内容如下：

```
drop table if exists dwh.bdp_master_server;
create table if not exists dwh.bdp_master_server (
    id bigint,
    app_id bigint,
    hostname string,
    cpu_cores int,
    memory int,
    creation_time timestamp,
    update_time timestamp,
    imported_time timestamp
)
stored as parquet;
```

DWH 层的这张表有别于 SRC 层表的地方是，它不再使用 update_date 作为分区列，因为基于更新时间进行查询或处理服务器数据的业务场景几乎不存在。

接下来我们看一下 DWH 层上的数据处理。在正常情况下，数据在从 SRC 层跃迁到 DWH 层时，会有一系列的数据清洗、校验和转换工作，因为 SRC 层表的定位是贴近源数据，数据进入 SRC 层时是保持原始格式的，而进入 DWH 层时格式需要统一，数据质量需要提升到更高的层级，这中间的工作都是通过 DWH 层"action"目录中的 SQL 及配套的 UDF 完成的。

不过在我们原型项目中，源头数据质量都已经很高了，我们也没有再特别地去设计用例来突出这一部分。对于读者而言，需要对实际项目中这一部分的工作量有一个清晰的认识。

我们以 Server 为例，看一下它在 DWH 层上的处理流程。下面这条命令将对 SRC 层上 2018 年 9 月 1 日全天的 Server 数据进行处理，并合并到 DWH 层的 Server 表中：

```
bdp-dwh-1.0/bin/dwh-bdp-master.sh build-server '2018-09-01T00:00+0800' '2
018-09-02T00:00+0800'
```

如图 8-10 所示的时序图详细解释了整个构建流程。

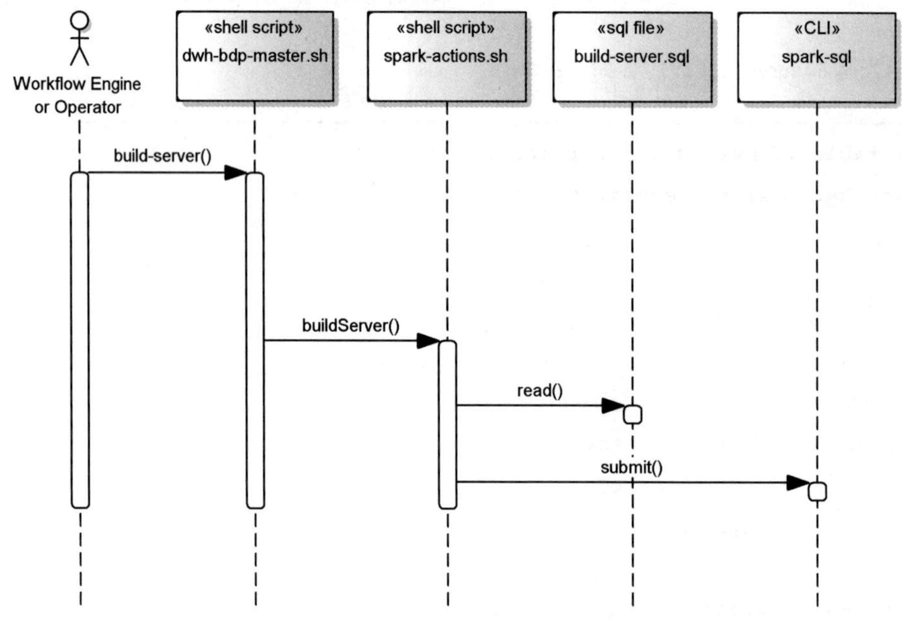

图 8-10　以 Server 表为示例的 DWH 层的构建流程

8.9.3　合并增量数据

DWH 层的一项核心工作是要把 SRC 层的增量数据合并到 DWH 层的全量表中，这一工作需要将两部分数据放在一起，找出最新的数据作为结果返回，因为增量数据中会有更新数据，所以当 SRC 层的增量数据和 DWH 层的全量数据合并后，针对同一条业务数据，可能会存在两条记录，这需要 SQL 在合并的结果集中按照业务记录的 ID 进行分组，再按更新时间进行排序，选出最新的一条记录作为结果。

以 Server 表为例，负责将 Server 在 SRC 层的增量数据合并到 DWH 层全量表的 SQL 文件是 lib/dwh/bdp-master/action/build-server.sql，它的内容如下：

```
set spark.sql.hive.convertMetastoreParquet=false;
set spark.sql.parser.quotedRegexColumnNames=true;

insert overwrite table dwh.bdp_master_server
select
    `(row_num|oc)?+.+`
from (
    select
        *,
        row_number () over (
            partition by id
            order by update_time desc, oc desc
        ) as row_num
    from (
        select
            *, 0 as oc
        from
            dwh.bdp_master_server
        union all
```

```
20          select
21              `(update_date)?+.+`, 1 as oc
22          from
23              src.bdp_master_server
24          where
25              update_date >= '@startDate@' and update_date < '@endDate@'
26      )a
27  )
28  where row_num = 1;
```

这个 SQL 看似很长，但其实并不复杂。第 1 行将 spark.sql.hive.convertMetastoreParquet 设置为 false 是为了便于直接将 select 的结果覆盖回 dwh.bdp_master_server，因为 select 语句选择的结果集的一部分来自 dwh.bdp_master_server，如果直接覆盖回 dwh.bdp_master_server，在 spark-sql 中默认是不允许的，只有配置了该项才可以这样操作。第 2 行设置 spark.sql.parser.quotedRegexColumnNames 为 true 开启通过正则式选择列名。内层的 from 子句对应的子查询（第 15～25 行）是将 SRC 层的增量数据与 DWH 层的全量数据进行合并，并按照业务记录的 ID 进行分组，再按更新时间进行排序。合并是通过第 19 行的 union all 实现的，union all 的前半部分是 DWH 层的全量数据，我们给每一行添加一个列，名为 oc，意为 Ordering Column，即排序列的意思，然后设置一个固定值 0；union all 的后半部分是 SRC 层的增量数据，同样我们也给每一行添加一个 oc 列，设置固定值 1。当两部分数据合并之后，我们会在结果集上基于原始记录的 ID 进行分组，并在分组内按照更新时间和 oc 列的值进行降序排列，然后赋予一个序号，取名为 row_num，这一操作是通过 row_number()函数实现的：

```
row_number () over (
    partition by id
    order by update_time desc, oc desc
) as row_num
```

这是整条 SQL 中最重要的技巧，通过 row_number()函数，我们可以轻松地找出合并之后 ID 相同的记录中最新的那条，这条记录的 row_num 是 1，所以外层的 where 子句条件正是 row_num = 1，意为只取最新的记录。至于前面提及的 DWH 层全量数据的 oc 固定值取 0，SRC 层增量数据的 oc 固定值取 1，原因也很简单，因为如果出现数据重复导入的情况，为了避免数据筛选的不确定性，我们永远让 SRC 层的增量数据拥有更高的被选择权，所以就赋予它比全量数据更大的 oc 值。

8.9.4　SQL 参数替换

DWH 层的 SQL 黏合与作业提交机制与 SRC 层是高度一致的，前面我们已经详细介绍过了，本节就不再赘述了。只是 DWH 层只有两个文件：

```
bin/dwh-bdp-master.sh
lib/dwh/bdp-master/bin/spark-actions.sh
```

不再有 Sqoop 相关的文件。spark-actions.sh 中的所有操作都基于 SRC 层对应表的数据去构建 DWH 层的对应表，后面提及的 DMT 层会基于 DWH 层构建，每一层都为上一层打下基础，通过层层堆叠，构建出一个完整的数据仓库体系。

本节我们要对 spark-actions.sh 中的 build 函数进行一些细致的介绍，一方面是因为这个函数的实现细节与 SRC 层的版本有所不同，另一方面，它解决问题的方式很有代表性，是 Shell 黏合 SQL 文件的一种最佳实践。

```
build ()
{
    target="$1"
    validateTime "$2"
    validateTime "$3"

    startDate=$(date -d "$2" +"%F")
    endDate=$(date -d "$3" +"%F")
    template="build-$target.sql"

    sed "s/@startDate@/$startDate/g" "$BDP_MASTER_DWH_HOME/action/$template
" | \
```

```
    sed "s/@endDate@/$endDate/g" > "$BDP_MASTER_DWH_HOME/action/.$template"

    execSql "job name: build [ $target ] data from [ $target @ $UNDER_LAYER_
SUBJECT ] to [ $target @ $SUBJECT ]" \
        "$BDP_MASTER_DWH_HOME/action/.$template"
}
```

上述脚本在提交 SQL 文件给 spark-sql 前，进行了一个非常典型的操作，就是将原始 SQL 中的时间参数占位符提取出来，使用 Shell 传入的时间值进行替换。在上一节介绍 DWH 层合并增量数据的 SQL 中第 25 行出现了 where update_date >= '@startDate@' and update_date < '@endDate@'这样一段语句，其中@startDate@和@endDate@是 SQL 中的参数占位符，它们规定了更新日期 update_date 的起止范围。对于这两个参数的处理，我们借鉴了构建工具 Maven 处理处理环境变量的做法，在实际执行时，使用 Shell 的 sed 工具将@参数@形式的内容替换成真实的参数。在上述 Shell 脚本中，两个连续的 sed 操作会将 SQL 文件中的@startDate@和@endDate@进行替换，生成了一个新的可执行的 SQL，为了避免冲突，这个 SQL 文件在原文件名前加了一个点。

处理 SQL 中的动态参数在 Hive 或 Spark-SQL 开发中是一个普遍的问题，SQL 本身是静态的，不能很好地解决这个问题。有的开发者会将 SQL 完全写到 Shell 脚本中，使用一个字符串变量指代一个 SQL 语句，同时定义一些 Shell 变量，将这些变量嵌入 SQL 语句中，这样也可以实现 SQL 脚本的参数动态化，以我们这里的 SQL 举例，可以写成这样：

```
....
startDate=$(date -d "$2" +"%F")
endDate=$(date -d "$3" +"%F")
....
sql="...where update_date >= '$startDate' and update_date < '$endDate'..."
```

这种做法实现起来比较简单，但却不是一个好的做法，原因是 SQL 完全嵌入 Shell 会导致维护不便，SQL 是主要处理逻辑的载体，我们应该保持 SQL 文件的独立性，让 SQL 文件成为工程的主体，就像我们工程中的“action”目录下的那些 SQL 文件，仅从文件名上就能很好地了解每一个 SQL 的作用，同时对于开发者而言，这也便于他们将精力集中在单一功能的开发上，当他们要专注于实现一条 SQL 语句时，就在一个 SQL 文件上编辑，同时可以得到 IDE 对 SQL 编辑的支持，而当 SQL 编写完成测试通过后，他们再转向 Shell 文件做一个简单的黏合就可以了。如果将 SQL 语句写到 Shell 中，就会将两者混合起来，不管是对于开发还是维护都是不明智的。

8.10　汇总数据层的设计与构建

数据跃迁到汇总数据层时，数据结构往往会发生比较大的变化，在汇总数据层之下，数据整体上还是以原始形态为蓝本进行组织和处理的，进入到汇总数据层后，数据将转变为以维度模型为导向的格式进行组织了，典型的代表就是实时表、维表和宽表。在前面介绍汇总数据层的设计时，我们对汇总数据层上的各种表进行了初步的介绍，本节我们将深入源代码层面了解汇总数据层的构建逻辑。

8.10.1　数据模型

汇总数据层的数据模型主要以维度模型为主，我们曾在第 4 章中详细介绍过原型项目的领域模型——使用面向对象思想建立的模型，维度模型与领域模型有很大的不同。我们的维度模型以 Metric 作为核心事实数据，围绕 Metric 会有 App、Server、Metric 类型和时间等多种维度来度量，这样构成的星型模型如图 8-11 所示。

对于汇总数据层各表的命名，我们规定：事实表添加 fact_前缀，维度表添加 dim_前缀，轻度汇总表添加 sum_前缀，宽表添加 wide_前缀。另外，由于数据仓库会根据需要保存历史数据，所以很多表，特别是那些需要做 2 型 SCD 的表（后面会做专门介绍），在汇总数据层都不能再使用原始数据的 ID 作为唯一主键（因为同一 ID 的数据可能会被多次导入数据仓库，主键不再唯一），而是要生成自己的代理主键，我们把这类代理主键统一称为 DWID。所以在 fact_metric 表中存在 app_dwid、server_dwid 及 metric_dwid 等多个外键用来关联相关维度表。

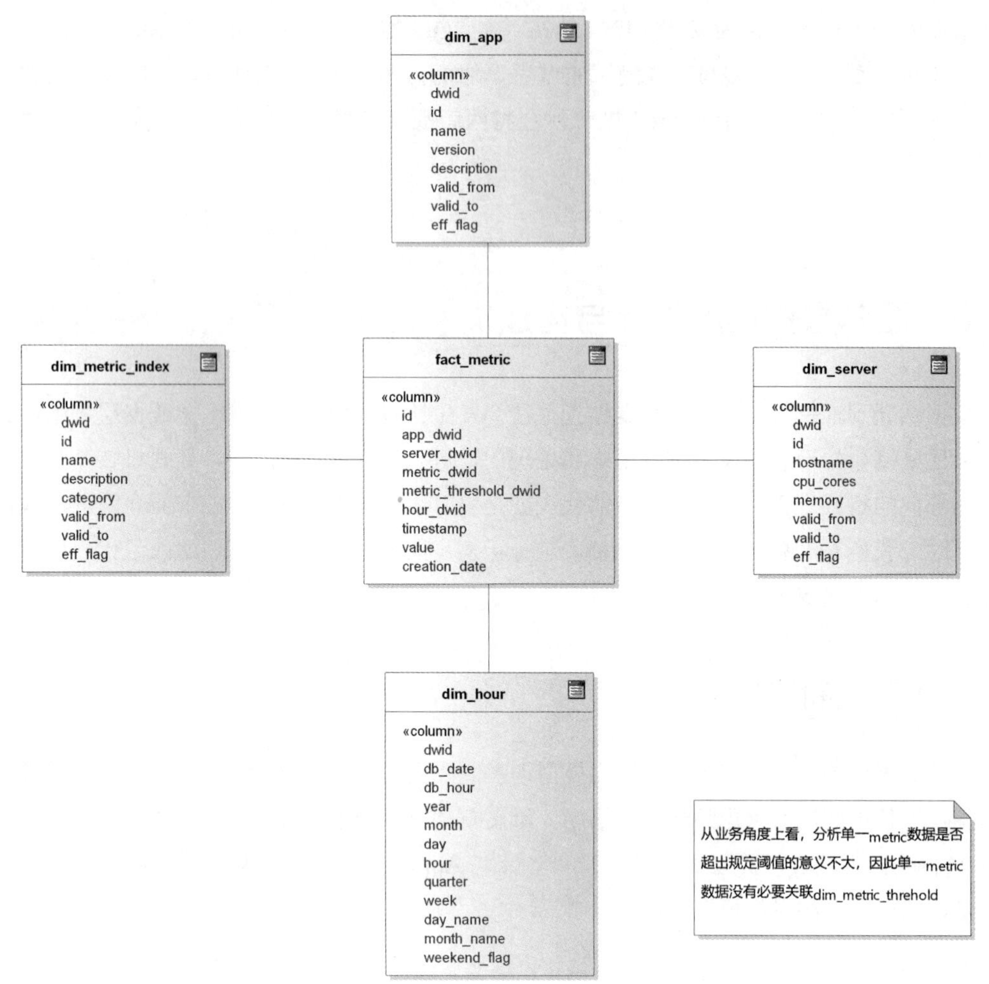

图 8-11　汇总数据层 Metric 事实数据的星型模型

除了基于事实数据的星型模型，有时还需要根据业务需求创建一些轻度汇总数据表，经过汇总的事实数据同样需要关联维度表。以 Metric 数据为例，业务上经常会以单位时间（如小时）内的 Metric 均值分析和度量服务器的运行状况，此时就出现了汇总数据的需求，即以单位时间内的 Metric 均值作为汇总表中的一条记录，再关联各种维度表，形成以汇总的事实数据为核心的星型模型。以每小时 Metric 的均值作为事实数据，关联各种维度得到的维度模型如图 8-12 所示。

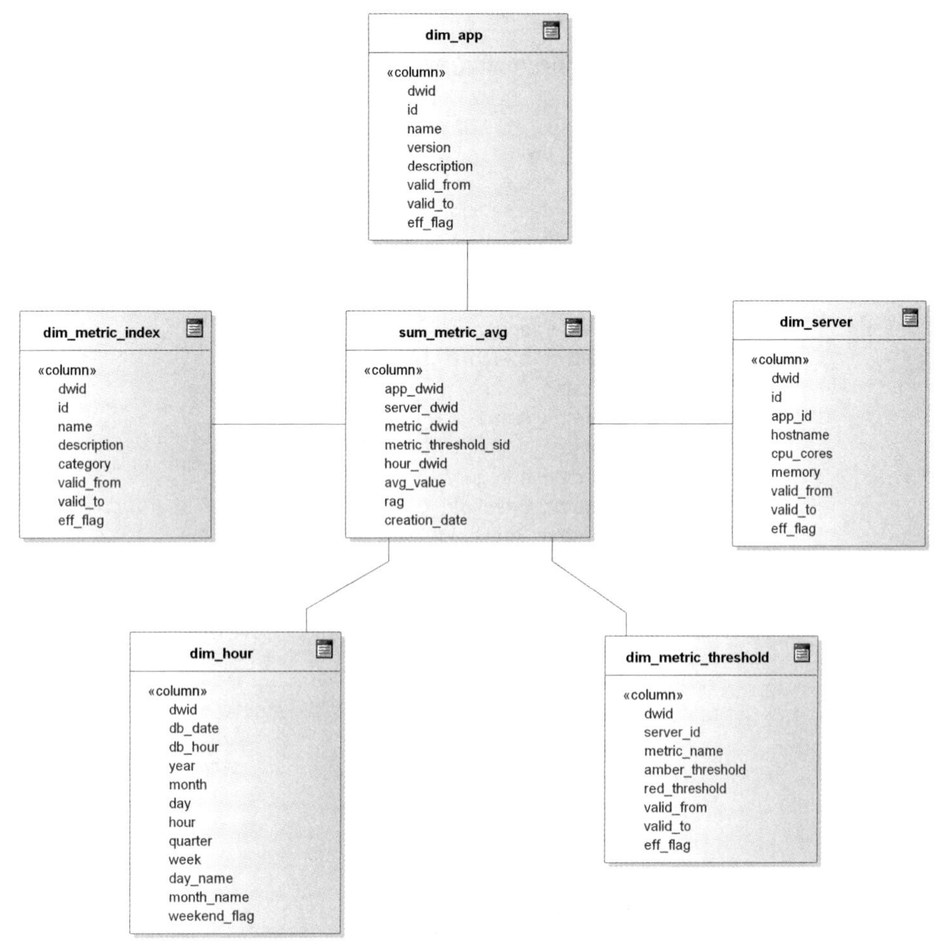

图 8-12　汇总数据层 Metric 均值数据的星型模型

除了汇总表，宽表也是大数据平台上比较流行的一类数据表。宽表，顾名思义，就是字段比较多的数据表，对于一个星型模型来说，我们可以很容易地想到如何把它转换为一张宽表：即把事实表和它所有的维度表进行 Join，形成的结果集就是一张宽表了。宽表对于终端用户来说是最简单、最易理解的表，使用起来也很方便，但是宽表会冗余大量数据，并不是所有的数据都需要建宽表，我们将 Metric 星型模型展开后可以得到一张大宽表，如图 8-13 所示。

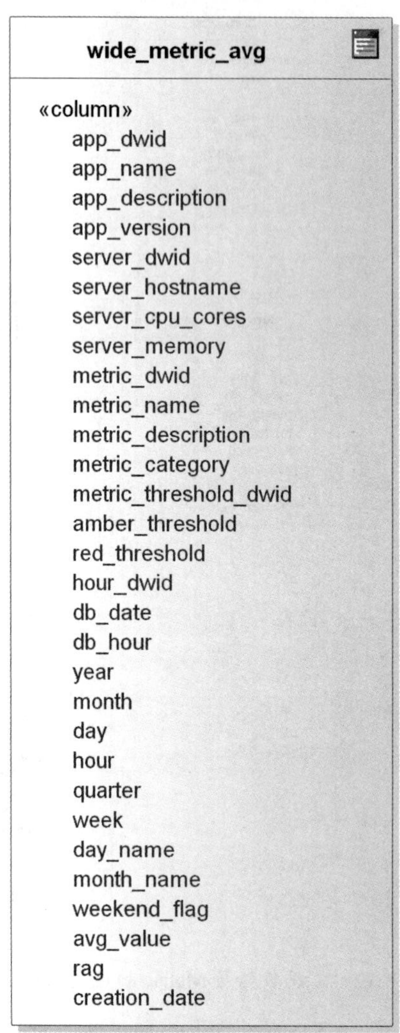

图 8-13　汇总数据层 Metric 宽表

8.10.2　建表并处理数据

在汇总层，数据结构通常会发生较大的变化，维度表和事实表会与其在 DWH 层上的对应表结构有明显不同，特别是事实表。我们把它们之间的差异放在下一节详细介绍，本节我们先把 DMT 层上的建表和数据处理流程快速介绍一下。

我们以 fact_metric 表为例，负责创建 DMT 层 fact_metric 表的命令是：

```
bdp-dwh-1.0/bin/dmt-infra-metric.sh create-fact-metric
```

该命令将读取 fact_metric 表的建表脚本 lib/dmt/infra-metric/schema/fact_metric.sql 文件，提交给 spark-sql 命令行去执行。如图 8-14 所示的时序图展示了这一过程的细节。

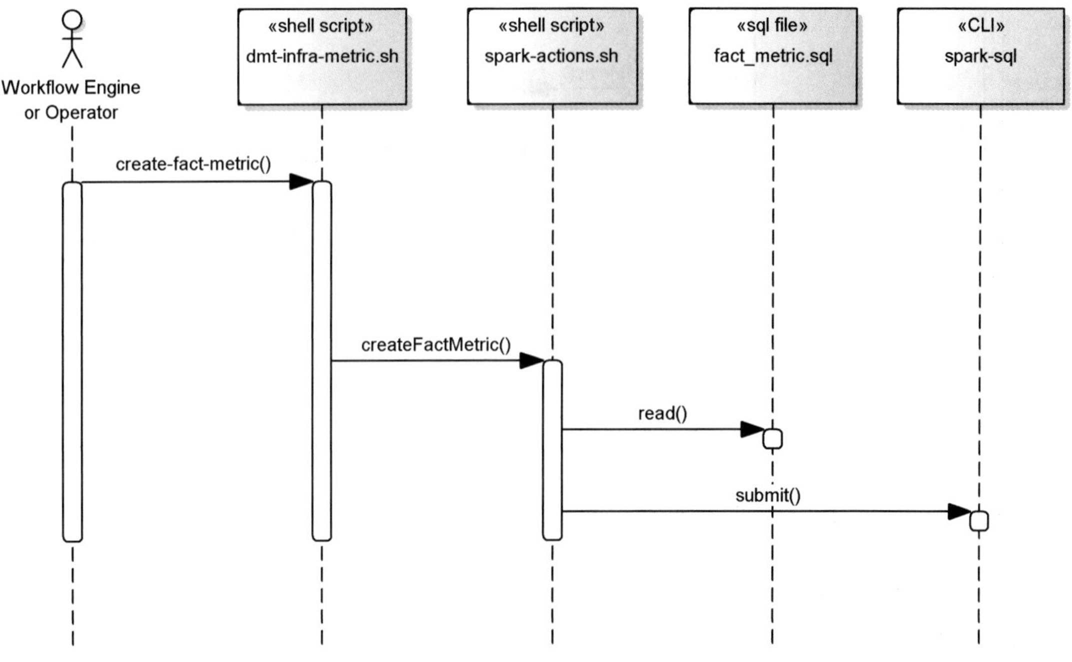

图 8-14　以 fact_metric 表为示例的 DMT 层的建表流程

紧接着，我们来看一下 fact_metric 表的构建流程。下面这条命令将对 DWH 层上 2018 年 9 月 1 日全天的 Metric 数据进行处理，并合并到 DMT 层的 fact_metric 表中：

```
bdp-dwh-1.0/bin/dmt-infra-metric.sh build-fact-metric '2018-09-01T00:00+0
800' '2018-09-02T00:00+0800'
```

如图 8-15 所示的时序图详细解释了整个构建流程。

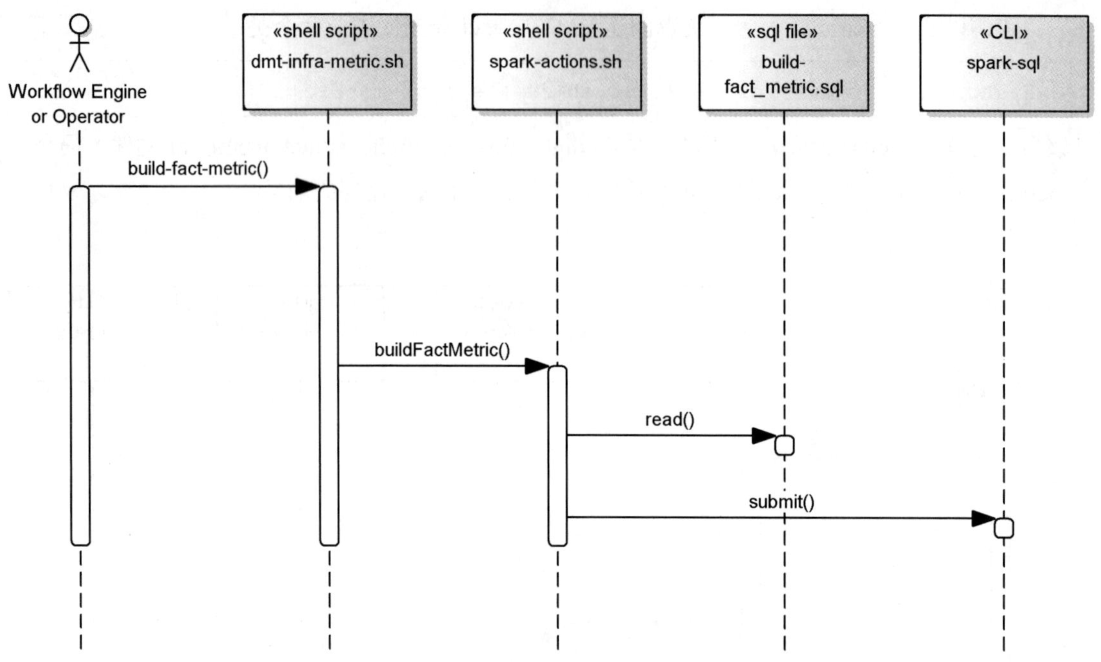

图 8-15 以 fact_metric 表为示例的 DMT 层的构建流程

8.10.3 构建维度模型

在了解了汇总层的数据模型之后，我们以 Metric 的星型模型为主线，详细地了解一下如何构建一个典型的星型模型。

8.10.3.1 事实表

我们看一下 Metric 事实表 dmt.fatct_metric 及其“前身”——dwh 的 dwh.bdp_metric_metric 表，如图 8-16 所示。

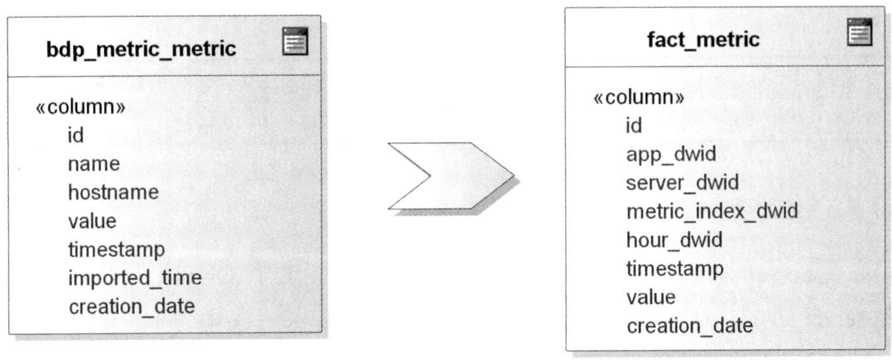

图 8-16　metric 原始数据结构与事实表的对比

从两张表的前后表结构变迁中我们可以清晰地发现：

- 右侧事实表 dmt.fatct_metric 中与“事实”相关的字段值（如 Metric 的 timestamp 和 value）会从左侧 dwh.bdp_metric_metric 表平移而来。
- 左侧 dwh.bdp_metric_metric 表中所有与“维度”有关的属性都转换成了 DMT 层对应维度表的对应记录的 DWID。例如，左侧的 hostname 被右侧的 server_dwid 取代，如果通过 DWID 值查找 dim_server 的对应 Server 信息，其 hostname 必定与左侧表中的 hostname 值是一致的。同理，左侧 name 字段映射为右侧的 metric_index_dwid 字段。特别地，根据左侧的 timestamp 也可以映射到公共的时间维度表 dim_hour 上，对应的列就是 hour_dwid。最后，右侧表中 app_dwid 字段是基于 Metric 对应的 Server 关联查询 dim_app 字段得到的，这样，将 Metric 直接关联到 App 维度上，便于后续分析。

让我们以实际的数据为例，探索一下 Metric 星型模型的数据关系。假设 DWH 层的 Metric 表中存在这样一条 Metric 数据，如表 8-2 所示。

表 8-2　dwh.bdp_metric_metric 表中的一条 Metric 示例

id	name	hostname	value	timestamp	imported_time	creation_date
1	cpu.usage	svr1001	87	2018-09-01 10:34:17.0	2019-03-13 03:11:12.621	2018-09-01

这一记录被提升到 DMT 层后，其在 fact_metric 表中的存在形态如表 8-3 所示。

表 8-3　dmt.fatct_metric 表中对应的数据

id	app_dwid	server_dwid	metric_index_dwid	hour_dwid	timestamp	value	creation_date
1	1	1	1	2018090110	2018-09-01 10:34:17.0	87	2018-09-01

8.10.3.2　维度表

我们先看 Server 维度，事实表中 hostname 为 svr1001，其中 svr1001 已经不复存在，取而代之的是 server_dwid，这个 ID 会关联到 Server 维度表 dim_server 中的一条记录，而这条记录就是 svr1001 这台服务器的详细信息，其内容如表 8-4 所示。

表 8-4　Server 维度表 dim_server 中 svr1001 这台服务器的详细信息

dwid	id	app_id	hostname	cpu_cores	memory	valid_from	valid_to	eff_flag
1	1	1	svr1001	16	64000	2018-09-01 00:00:00.0	<null>	true

这是我们第一次看到 DMT 层的维度表，更确切地说这是一张缓慢变化维度表，这张表有很多代表性的字段在几乎所有的缓慢变化维度表中都存在，如 dwid、valid_from、valid_to 和 eff_flag，我们后面会有专门一节介绍缓慢变化维度表，这里先略过。

与 Server 维度性质类似的还有 Metric Index 维度，原 Metric 数据中的 name 字段值为 cpu.usage，在 DMT 层有统一的 Metric 字典表 dim_metric_index，对应于 cpu.usage 的记录如表 8-5 所示。

表 8-5　Metric 字典表 dim_metric_index 对应于 cpu.usage 的记录

dwid	id	name	description	category	valid_from	valid_to	eff_flag
1	1	cpu.usage	The instantaneous usage of cpu	cpu	2018-09-01 00:00:00.0	<null>	true

于是出现在 fact_metric 表中的 metric_index_dwid 就是 1。

此外，Metric 数据必然会涉及时间维度，时间在任何系统里都是一个公共维度，这个维度的“粒度”要根据分析需求来确定，绝大多数系统使用 daily 级别的时间粒度，这时可以有名为类似 dim_date 的维度表。在我们的原型项目里，从实际需求出发，运维人员可能需要看到小时级别的趋势变化，于是我们把时间尺度进一步下钻到小时级别，取表名为 dim_hour。不同于那些业务系统的维度数据，时间维度是统一的、标准的，在设计 dim_hour 的 DWID 时，简单的做法就是将年、月、日、时拼成一个长整型，就像我们的 Metric 记录，其时间戳是 2018-09-01 10:34:17.0，对应的小时级别的值就是 2018 年 9 月 1 日 10 时，转换为长整型为 2018090110，其在 dim_hour 表中的对应记录如表 8-6 所示。

表 8-6　时间维度表 dim_hour 中的对应 2018 年 9 月 1 日 10 时的记录

dwid	db_date	db_hour	year	month	day	hour	quarter	week	day_name	month_name	weekend_flag
2018090110	2018-09-01	2018-09-01 10:00:00.0	2018	9	1	10	3	35	Saturday	September	true

8.10.3.3　维度扁平化与关联间接维度

下面我们要看一个情况有些复杂的维度——App 维度，它和 Server 及 Metric Index 维度有一个微妙的差别，那就是原始的 Metric 数据里是不含 App 信息的，App 的信息是通过 Server 关联过去的。因为关联的 Server 数据的 app_id 是 1，所以在选取时会去 dim_app 中查找 id 为 1 并且对应生效时间窗口上的那条 App 记录，如表 8-7 所示，结果就是 dwid=1 的这条记录，然后取出这个值放入 fact_metric 的 app_dwid 中，完成关联关系的建立。

表 8-7　App 维度表中 id=1 的记录

dwid	id	name	description	version	valid_from	valid_to	eff_flag
1	1	MyCRM	The Customer Relationship Management System	7.0	2018-09-01 00:00:00.0	<null>	true

App 维度涉及维度建模中的一个基本问题：使用星型模型还是雪花模型？在业务库上 App 和 Server 是一对多的关联关系，在数据仓库的维度模型上，两者又都是维度数据，如果依据雪花模型的建模思想，会维持 App 与 Server 之间的关联关系，让 Metric 事实数据只关联到 Server 维度，再通过 Server 关联到 App 维度，在查询 Metric 事实数据与 App 维度相关的数据时也要相应地通过表关联实现。但我们的原型项目使用星型模型来处理，星型模型的建模思想是要对维度进行扁平化处理，带有层级关系的维度会被压平到最细粒度的层级上，这样的话，App 的信息会冗余到 Server 表中，相当于使用 Server 表左关联 App 表得到的结果集。

但并不是所有具有关联关系的维度表都应该这样处理，有时候我们可以把间接关联维度提升为直接关联维度，而不是融合到单一维度上，因为融合为单一维度会让很多属性在该维度上显得“不合时宜”，造成理解和使用上的困难。最终选择哪一种方案还是要看业务上这些维度之间的关联性有多紧密。对于那些几乎总是一起被提及和使用的维度，可以融合到单一维度里，对于那些业务意义上相对独立且经常需要被单独提取进行观察的维度，还是保持其独立性，从间接关联提升为直接关联为好。我们原型项目中的 Server 与 App 维度处理就是采用了后者，因为我们认为 App 和 Server 是两个在业务层面上相对独立的维度。

8.10.4 缓慢变化维度

维度数据和所有其他数据一样都有可能发生变化，但是维度数据的变化会给观察数据带来影响，一个不得不考虑的问题是，当维度发生了变化之后，如何维持事实数据与它们的关联关系，是只维护一个最新状态？还是保存每一次的变更历史，让事实数据关联到其在对应时间窗口上那版维度数据？这是一个选择题，做出选择的依据完全取决于业务的需求。

举一个例子，在我们的原型项目中，应用程序会进行升级，每次升级都会带来功能的增强或者集群扩容，从运维的角度看，每次升级都是重要的时间节点，升级之后的系统会在诸多指标上产生变化，因此涉及应用维度的分析都应该基于其当时版本和规模进行，而不应总是用现在的应用状态去度量过去旧版本的情况。

系统中的服务器维度也是同样的情形，因为服务器也会存在硬件和操作系统升级的问题，升级之后在 Metric 和 Alert 上都会有所体现，所以 Server 信息也是一种典型的缓慢变化维度。

缓慢变化维度的英文名称为“Slowly Changing Dimension”，常被简称为 SCD。业界对缓慢变化维度有公认的几类不同的处理方式，依次取名为 0 型到 7 型，我们选择重要的几种了解一下。

1. 0 型：静态数据，不可变

0 型 SCD 其实并不是一种缓慢变化维度，它是为了和其他 SCD 进行区别而得名的，简单来讲，0 型是指值永远不会发生改变的维度，是永远静态的，最典型的例子就是时间维度，所有的值都是可预期的与不可变的。

2. 1 型：覆盖原有数据

1 型 SCD 的策略是直接使用最新的数据覆盖旧数据，显然这是非常简单的处理方式，如果业务层面认可这种处理方式，那么一切都没有问题。

3. 2 型：添加新记录

如果业务端需要保存数据变更的历史，那么 1 型 SCD 就无法满足需求，这时就需要引入 2 型 SCD 了，即为每一次变更添加一行新记录。2 型 SCD 的实现比较复杂，首先同一条业务数据在维度表中因为多次变更而演变成多条数据，原始业务表中的 ID 将不再具有唯一性，此时需要引入代理主键，再者，维度表中的每一条数据都要添加生效的起止时间和标志位，在“merge”新记录时都要更新这些字段。对于 2 型 SCD 在大数据平台上的实现细节，我们会在后续的章节详细地展开讨论。

4. 3 型：添加新属性

3 型 SCD 是对于 2 型 SCD 的一种弱化处理，把增加新的行改为了增加新的属性，但是无法保留版本变更时间等信息。3 型 SCD 常表现为“曾用名”“曾用地址”之类的属性列，一方面业务人员有使用这些曾用值的需求，另一方面，又不需要跟踪全部历史，也不关心在什么时间范围上是曾用值。

5. 4 型 SCD

4 型 SCD 在 Wiki 和 *The Data Warehouse Toolkit* 一书给出了两种不同的解释，本书遵循后者的定义。

对于那些基数巨大的维度而言，任何关联到它的查询都会面临性能挑战，4 型 SCD 将变化频繁的维度属性抽离到一个单独的表中，称为 mini 维度表，其余相对稳定的属性保存在主维度表中。此外，4 型 SCD 另一个非常典型的特点是，为了缩减维度基数，mini 维度表通常会将属性值归纳为预定义好的区间，这在一定程度上牺牲了查询该维度的灵活性和自由度，但是换来的是较大的性能提升。

在 *The Data Warehouse Toolkit* 一书中给出过示例，如图 8-17 所示，Customer 是一个基数很

大的维度，而客户的年龄段、购买频率和收入水平等这些属性会经常发生变更，不管是维护它们与事实数据的关联关系还是进行关联查询，性能开销都是很大的。4 型 SCD 的思想就是把这些变化频繁的维度剥离到一个单独的维度表中，与此同时，这些属性都是区间值，这样所有属性的取值组合会大大减少，基数得到大幅减少。

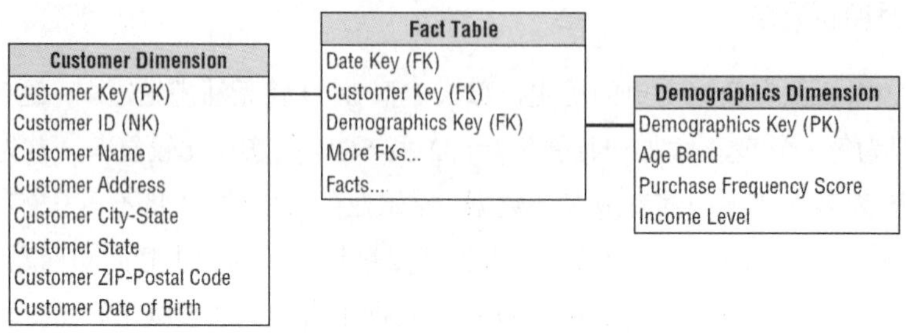

图 8-17　4 型 SCD 示例

除了以上 4 种基本的 SCD 类型外，还有类型 5、6、7，是组合使用两种以上基本类型满足特定需求的复合类型，关于它们的具体介绍可以参考 *The Data Warehouse Toolkit* 一书，我们的原型项目不会涉及这些类型。

8.10.5　2 型 SCD 表

本节我们将注意力聚焦到 2 型 SCD 表，因为这是最普遍和实用的一类 SCD 类型，并且在 Hive 或 Spark-SQL 环境下构建 2 型 SCD 表是比较复杂的，值得我们来深入地探索其构建细节。

我们以 App 维度数据为例，看一下典型的 2 型 SCD 表有哪些特征，如图 8-18 所示。

dwid	id	name	description	version	valid_from	valid_to	eff_flag
2	1	MyCRM	The Customer Relationship Management System	7.1	2018-09-02 00:00:00.0	<null>	true
1	1	MyCRM	The Customer Relationship Management System	7.0	2018-09-01 00:00:00.0	2018-09-02 00:00:00.0	false

图 8-18　2 型 SCD 表的特征字段

在 dmt.dim_app 这张维度表中，针对 id=1 的这条业务数据，它有两条历史数据，其中 id、name、description 和 version 都来自原始业务表，观察它们的值可以发现，MyCRM 系统在

2018-09-02 这一天进行了升级，版本从 7.0 升级到了 7.1。如前所述，应用系统的这种变更对关联查询和分析的影响很大，所以数据仓库系统必须要使用 2 型 SCD 表保存变更历史。为了实现这一目标，一些重要的辅助列是必不可少的，它们是 dwid、valid_from、valid_to 及 eff_flag。

- dwid：代理主键列，由于保存版本的原因，原本业务系统中的唯一记录在 2 型 SCD 表中将不再唯一，这时需要在数据仓库层面为其生成唯一的主键，这种主键被称为代理主键；
- valid_from、valid_to 及 eff_flag：标记该记录生效的起止时间，以及是否是正在生效的数据。因为在记录变更后，每当发生新的变更时，就会生成一条新的记录，这条记录的生效时间（valid_from）就是数据的更新时间，失效时间（valid_to）为空，生效标志位（eff_flag）为 true，而旧的记录会被标记为不再生效，即 eff_flag=false，同时，要将记录的失效时间填上，其值刚好为新记录的生效时间，这样每一条记录在时间轴上都能串联在一起，这也是为什么 2 型 SCD 表又被称为“拉链表”的原因。

接下来我们要看一下如何构建 2 型 SCD 表，构建 2 型 SCD 表的核心逻辑是要将 SRC 层的每日增量数据合并到 DMT 层的全量数据表中，旧的记录作为变更历史保存在 DMT 层的全量表中。具体地说，这里会有 5 种情形，且针对每一情形都要考虑如何分别操作 SRC 层的增量数据和 DMT 层的全量数据，我们来逐一看一下这 5 种情形。

情形 1：SRC 层的增量表中有，DMT 层的全量表的生效记录中也有，所有字段值完全一致

出现这种情形有两种可能，一种可能是发生了数据的重复导入，另一种可能是记录确实发生过变更，但是在同一个采集周期内，原来改动的值最终又改回了初始值，这样唯一发生变化的只有 update_time 这个字段（这一情况比较少见，但确实有可能发生）。

那么我们要怎么处理这种数据呢？原则上，这类数据是应该被忽略的，因为数据并没有发生“实质意义上的变更”，所谓“实质意义上的变更”就是指那些有业务含义的字段发生了变更，而类似于 update_time、creation_time 这些字段都不是有实质意义的字段。但是判断数据有没有发生“实质意义上的变更”这件事是比较麻烦的，严格来说，只有把所有具有实质意义的字段一一进行比对才能确定，但这样做是非常麻烦的，一种比较可行做法是把所有有实质意义的字段拼接在一起取 Hash 值，将这个 Hash 值作为一个字段添加到维度表中，用这个字段

是否一致区分记录是否发生了“实质意义上的变更”。

情形 2：SRC 层的增量表中有，DMT 层的全量表的生效记录中也有，但有取值不一致的字段

显然，这类数据是标准的“变更数据”，也就是记录前后发生了变化，这样，同样一份数据在 SRC 层增量表中的这一版，我们称为“更新后的数据”，在 DMT 层的全量表中的这一版我们称为“更新前正在生效的数据”。针对这两类数据的处理方式是：

- 对于 SRC 层的增量表中的“更新后的数据”：将其复制到结果集中，生效日期取 SRC 层增量表中记录的更新时间，有效标记位置为“true”；
- 对于 DMT 层的全量表中的“更新前正在生效的数据”：将其复制到结果集中，失效日期取 SRC 层的增量表中记录的更新时间，有效标记位置为“false”。

回到我们的原型项目，为了简化示例代码，我们也认为情形 1 是一种“异常”情形，所以没有使用 Hash 值来识别情形 1 这种情况，这样，从逻辑上讲，程序将区分不出情形 1 和情形 2，即情形 1 将按情形 2 的逻辑去处理，这样当情形 1 发生时，在 2 型 SCD 表上生成的最新一条生效记录和上一个版本的记录数据是完全一样的，并不会出现逻辑上的错误，但是如果读者的项目不能接受这种情况发生，就需要按前面说的方法引入 Hash 值进行区别。

情形 3：SRC 层的增量表中有，DMT 层的全量表的生效记录中没有

显然，这类只存在于 SRC 层的增量表中的数据是标准的“新增数据”，这部分数据只存在于 SRC 层的增量表中，针对这类数据的处理方式是：

- 对于 SRC 层的增量表中的“新增数据”：将其复制到结果集中，生效日期取 SRC 层的增量表中记录的更新时间，有效标记位置为“true”；
- 在 DMT 层的全量表中没有对应数据，无操作。

情形 4：SRC 层的增量表中没有，DMT 层的全量表的生效记录中有

显然，这类只存在于 DMT 层的全量表中的数据是没有发生过任何变更的数据，我们把这部分数据称为“未变更数据”，针对这类数据的处理方式是：

- 在 SRC 层的增量表中没有对应数据，无操作；
- 对于 DMT 层的全量表中的“未变更数据”，将其复制到结果集中，不做任何修改。

情形 5：DMT 层的全量表中的变更历史记录

显然，这部分数据作为历史沉淀数据，不会再发生任何变更了，这类数据也不可能存在于 SRC 层的增量表中，针对这类数据的处理方式是：

- 在 SRC 层的增量表中没有对应数据，无操作；
- 对于 DMT 层的全量表中的“变更历史记录”，将其复制到结果集中，不做任何修改。

梳理一下各种情形下对 SRC 层的增量表和 DMT 层的全量表的操作，我们可以看到：

- 对于 SRC 层增量表来说：情形 2 和情形 3 的操作是一样的，其他情形无操作；
- 对于 DMT 层的全量表来说：情形 2 是一种操作，情形 4、情形 5 是另一种操作，其他情形无操作。

综合上述分析，我们可以得到如图 8-19 所示的结果。

	情形1：SRC层增量表中有，DMT层全量表的生效记录中也有，所有字段值完全一致	情形2：SRC层增量表中有，DMT层全量表的生效记录中也有，但有取值不一致的字段	情形3：SRC层增量表中有，DMT层全量表的生效记录中没有	情形4：SRC层增量表中没有，DMT层全量表的生效记录中有	情形5：DMT层全量表中的变更历史记录
	分析： 说明数据被重复导入或者记录发生过变更，但是在同一个采集周期内，原来改动的值最终又改回了初始值，记录中只有`update_time`这个字段发生了变化（这一情况比较少见，但确实有可能发生）	分析： 这类数据是标准的"更新数据"，也就是记录前后发生了变化，这样，同样一份数据在SRC层增量表中的这一版，我们称之为"更新后的数据"，在DMT层全量表中的这一版我们称之为"更新前的数据"。	分析： 这类只存在于SRC层增量表中的数据是标准的"新增数据"，这部分数据只存在于SRC层增量表中	分析： 这类只存在于DMT层全量表中的数据是没有发生过任何变更的数据，我们把这部分数据称之为"未变更数据"	分析： 这部分数据作为历史沉淀数据，不会再发生任何变更了，这类数据也不可能存在于SRC层增量表中
针对SRC层增量表的操作	可通过全部字段的hash值识别出这一情形，不做任何操作，如不做识别，就会按情形2处理	操作2：将SRC层增量表中的"更新后的数据"复制到结果集，生效日期取SRC层增量表中记录的更新时间，有效标记位置为"true"	操作2：将SRC层增量表中这部分数据复制到结果集，生效日期取SRC层增量表中记录的更新时间，有效标记位置为"true"	N/A	N/A
针对DMT层全量表的操作	可通过全部字段的hash值识别出这一情形，不做任何操作，如不做识别，就会按情形2处理	操作1.1：将DMT全量表中的"更新前正在生效的数据"复制到结果集，失效日期取SRC层增量表中记录的更新时间，有效标记位置为"false"	N/A	操作1.2：将DMT层全量表中的"变更历史记录"复制到结果集	操作1.2：将DMT层全量表中的"变更历史记录"复制到结果集

图 8-19 2 型 SCD 表的构建逻辑

接下来我们就要通过 SQL 来实现这个图中的各项操作了。整体上，我们会把针对 DMT 层的全量表和 SRC 层的增量表的操作分开，然后将这两张表处理结果“union”在一起就是最终的结果集了。

在展开前我们需要对“增量数据”做一个准确的界定，尽管在增量采集模式下，SRC 层增量表中的每日分区数据就是增量数据，但我们需要在 SQL 中反复引用这个单日的数据集，并且也不需要使用 creation_time、update_time 和 imported_time 这些字段，所以，我们需要定义一个临时视图来圈出某一天的“更新和新增数据”，作为一个独立的数据集使用：

```
create or replace temporary view updated_and_added_records as
select
    s.`(creation_time|update_time|imported_time)?+.+`
from
    src.bdp_master_app s
where
    s.update_date >='@startDate@' and s.update_date < '@endDate@';
```

这个 SQL 从 src.bdp_master_app 中提取出指定日期范围内的数据，由于 App 数据是用增量方式采集的，所以这些数据就是在这个日期范围内的更新和新增的数据，同时我们把 creation_time、update_time 和 imported_time 这些不需要的字段去除，便于后面通过正则表达式筛选字段。

接下来，我们来看如何操作 DMT 层的全量表中的数据。如前面表格中描述的，我们需要先将情形 2 和情形 4、5 区分开，然后针对这两类情形分别执行操作 1.1 和 1.2，幸运的是，我们可以通过一条 SQL 完成对 DMT 层的全量表的数据筛选。

```
-- 针对 dmt 全量表的操作:
-- 操作 1.1: 将 DMT 层的全量表中的“更新前的数据”复制到结果集，失效日期取 SRC 层增量表中记录的更新时间，有效标记位置为"false"
-- 操作 1.2: 将 DMT 层的全量表中的“变更历史记录”复制到结果集，不做任何修改
select
    m.`(valid_to|eff_flag)?+.+`,
    -- 如果是 DMT 层的中是“更新前的记录”，失效日期取增量记录里的更新时间，否则沿用 DMT 层的全量表中的原有值
    case when m.eff_flag = true and u.id is not null then
        u.update_date
```

```
    else
        m.valid_to
    end as
        valid_to,
    -- 如果 DMT 层是“更新前的记录”，有效标记位置为"false"，否则沿用 DMT 层的全量表中的
原有值
    case when m.eff_flag = true and u.id is not null then
        false
    else
        m.eff_flag
    end as
        eff_flag
from
    dmt.dim_app m
left join
    updated_and_added_records u
on
    m.id = u.id
```

首先回答第一个问题：我们要如何区分情形 2 和情形 4、5 呢？方法是让 DMT 层全量表通过原始数据的 ID 左关联更新和新增的数据集，如果能够关联上（即右侧数据集中 ID 非空），那么左侧 DMT 层的全量表中的这部分数据就是“更新前的记录”，要说明的是，对于一个 ID 关联出的“更新前的记录”可能是有多条的，其中只有一条记录的 eff_flag 是 true，这条记录就是“更新前正在生效的记录”，针对这条记录，我们要取它右侧 SRC 层增量表中记录的更新时间作为其失效日期，同理将其有效标记位置为“false”，如果不是“更新前正在生效记录”，则都是变更历史记录，沿用 DMT 层的全量表中的原有值，不做任何修改，这就是上述 SQL 完成的逻辑。

然后我们来讨论对 SRC 层的“更新和新增数据”的处理。对于这类数据只有一项操作，就是表格中的“操作 2”，我们需要做的是将情形 2、3 和其他情形区分开就可以了，这也可以用一条 SQL 处理掉。

```
    -- 操作 2：针对 SRC 层的增量表(新增和变更数据集)的操作：将增量数据复制到结果集，生效日期取增量记录里的更新时间，有效标记位置为"true"
    select
        row_number() over(order by 0) + m.max_id as dwid, -- 在最大ID的基础上累加，生成数据仓库中的代理主键 DWID
        u.`(update_date)?+.+`,
        u.update_date as valid_from, -- 将"更新后的记录"的更新日期作为生效日期
        null as valid_to,
        true as eff_flag -- 有效标记位置为"true"
    from
        updated_and_added_records u
    cross join
        (select coalesce(max(dwid),0) as max_id from dmt.dim_app) m
```

这条 SQL 语句主要的逻辑是把新增和变更的记录复制到结果集，这些数据都是当前生效中的数据，所以需要给它们设置好生效日期和有效标记位。生效日期取记录的更新时间，有效标记位置为 true。此外，还有一个细节就是如何生成数据仓库上的代理主键 DWID，这一点我们在下一节做详细介绍。

最后，我们把针对 DMT 层的全量表和 SRC 层的增量表的两部分操作合并在一起，将得到的结果集覆盖回 dmt.dim_app 表，就完成了全部的操作，完整的 SQL 如下：

```
set spark.sql.hive.convertMetastoreParquet=false;
set spark.sql.parser.quotedRegexColumnNames=true;

-- 将新增和变更的数据定义为一个独立数据集，便于后续操作引用
create or replace temporary view updated_and_added_records as
select
    s.`(creation_time|update_time|imported_time)?+.+`
from
    src.bdp_master_app s
where
```

```
    s.update_date >='@startDate@' and s.update_date < '@endDate@';

insert overwrite table dmt.dim_app
select
    *
from(
    -- 针对 dmt 全量表的操作：
    -- 操作 1.1：将 DMT 层的全量表中的“更新前的数据”复制到结果集，失效日期取 SRC 层的增
量表中记录的更新时间，有效标记位置为"false"
    -- 操作 1.2：将 DMT 层的全量表中的“变更历史记录”复制到结果集，不做任何修改
    select
        m.`(valid_to|eff_flag)?+.+`,
        -- 如果是 DMT 层的“更新前的记录”，失效日期取增量记录里的更新时间，否则沿用 DMT
层的全量表中的原有值
        case when m.eff_flag = true and u.id is not null then
            u.update_date
        else
            m.valid_to
        end as
            valid_to,
        -- 如果是 DMT 层的“更新前的记录”，有效标记位置为"false"，否则沿用 DMT 层全量表
中的原有值
        case when m.eff_flag = true and u.id is not null then
            false
        else
            m.eff_flag
        end as
            eff_flag
    from
        dmt.dim_app m
    left join
        updated_and_added_records u
```

```
    on
        m.id = u.id
    union all
    -- 操作 2：针对 SRC 层的增量表(新增和变更数据集)的操作：将增量数据复制到结果集，生效
日期取增量记录里的更新时间，有效标记位置为"true"
    select
        row_number() over(order by 0) + m.max_id as dwid, -- 在最大ID的基础上累
加，生成数据仓库中的代理主键 DWID
        u.`(update_date)?+.+`,
        u.update_date as valid_from, -- 将“更新后的记录”的更新日期作为生效日期
        null as valid_to,
        true as eff_flag -- 有效标记位置为"true"
    from
        updated_and_added_records u
    cross join
        (select coalesce(max(dwid),0) as max_id from dmt.dim_app) m
);
```

8.10.6 生成代理主键

接下来我们讨论一下如何为 2 型 SCD 表生成代理主键，也就是前面出现的 dmt.dim_app 中的 DWID 列。

代理主键是数据在数据仓库上区别于原始数据 ID 的唯一主键，之所以要在数据仓库上为记录再次生成唯一主键是因为原始数据在进入数据仓库之后，由于保存变更版本的需要，原始记录的 ID 将不再唯一，这一点在 2 型 SCD 表上尤为突出。

在基于传统数据库的数据仓库上，生成代理主键是一项很简单的工作，只需要通过数据库的自增主键生成机制就可以轻松实现，但是在以 Hive 和 Spark SQL 为代表的大数据平台上并没有这项内置功能，究其原因是因为在一个分布式平台上生成唯一主键并不是一件简单的事情，这需要开发者自行解决这个问题。一般来说，UUID 会被视为一种简单的解决方案，但是 UUID 过长，会占用过多的存储空间，通常并不建议使用。那么在大数据平台上有没有方便可行的代

理主键生成方案呢？这里我们介绍一种相对可行的方案。

这一方案的主要思路是查询出已有记录的最大 ID，然后在这个最大 ID 的基础上通过 row_number 函数来生成自增 ID。在上一节中，我们已经看到生成 DWID 的操作了，我们再回顾一下。

2 型 SCD 表的数据来自 DMT 层的全量表和 SRC 层的增量表，其中 DMT 层的全量表中的记录已经生成了 DWID，处理的时候只需要复制到最终的结果集即可，真正需要生成 DWID 的地方是处理 SRC 层增量表的数据时，也就是下面这段 SQL：

```
-- 操作 2：针对 SRC 层的增量表(新增和变更数据集)的操作：将增量数据复制到结果集，生效日期取增量记录里的更新时间，有效标记位置为"true"
select
    row_number() over(order by 0) + m.max_id as dwid, -- 在最大 ID 的基础上累加，生成数据仓库中的代理主键 DWID
    ...
from
    updated_and_added_records u
cross join
    (select coalesce(max(dwid),0) as max_id from dmt.dim_app) m
```

首先，我们通过 select coalesce(max(dwid),0) as max_id from dmt.dim_app 这条 SQL 查出表中当前最大的 DWID（如果没有数据，则取 0），这个 SQL 只输出一个值，然后我们通过 cross join 的方式将这个值作为一个“列”放到结果集中，再以这个值为初始值，通过 row_number 函数生成自增序列作为 DWID，也就是 row_number() over(order by 0) + m.max_id as dwid。

8.10.7　运行示例

在了解了构建逻辑之后，我们以 App 为例，从模拟源数据的缓慢变化开始，逐步执行构建操作，最后在 App 维度表中检查维度数据的变化。

App 的源数据来自 bdp-master-server 子项目的数据库 bdp_master。在该子项目初次部署初始化时，会执行 conf/bdp-master-data-2018-09-01.sql 这个 SQL 文件用以插入初始的数据（如果当前业务库已不再是初始化状态的数据，可以使用命令 bdp-master-server-1.0/bin/bdp-master-server.sh update-master-data 2018-09-01，该命令会重新导入 conf/bdp-master-data-2018-09-01.sql 中的数据，覆盖现有数据）。具体到 app 表，在初始数据中存在这样一条记录，如表 8-8 所示。

表 8-8　源数据库中 app 表的一条初始记录

id	name	description	version	creation_time	update_time
1	MyCRM	The Customer Relationship Management System	7.0	2018-09-01 00:00:00.0	2018-09-01 00:00:00.0

这是一条关于名为 MyCRM 应用的记录，这条数据于 2018-09-01 00:00:00.0 创建，版本为 7.0。此时，我们来运行 App 的数据采集和数据仓库构建命令：

```
bdp-dwh-1.0/bin/bdp-dwh.sh build-app '2018-09-01T00:00+0800' '2018-09-02T0
0:00+0800'
```

命令的时间窗口参数是[2018-09-01T00:00+0800, 2018-09-02T00:00+0800)，源数据表中的记录正好落在这个时间窗口内，所以它会被采集到数据仓库中，并最终在维度表 dmt.dim_app 中沉淀为一条这样的记录，如表 8-9 所示。

表 8-9　经过构建之后在维度表 dmt.dim_app 中生成的记录

dwid	id	name	description	version	valid_from	valid_to	eff_flag
1	1	MyCRM	The Customer Relationship Management System	7.0	2018-09-01 00:00:00.0	<null>	true

这条记录的含义是：从 2018-09-01 00:00:00.0 起，存在一个名为 MyCRM 的应用，它的版本是 7.0，这是关于这个应用当前最新的情况，此前没有相关记录。

接下来，我们就要模拟源头数据发生变更的情形了，通过执行命令：

```
bdp-master-server-1.0/bin/bdp-master-server.sh update-master-data 2018-09-02
```

我们会把 conf/bdp-master-data-2018-09-02.sql 文件中的数据更新到数据库，这个文件中的 SQL 语句：

```
update bdp_master.app set version='7.1', update_time='2018-09-02 00:00:00'
where id=1;
```

会更新 MyCRM 的信息，将其版本更新为 7.1，并同步标记更新时间为 2018-09-02 00:00:00，这一操作实际上是模拟应用系统升级，我们之前也提到过，从运维的角度看，应用系统升级会对应用机器服务产生诸多影响，应用系统的监控与分析都应该在与之关联的版本下展开，将升级前的 Metric 信息绑定到升级后的 App 状态上去分析是不合理的，所以从业务上讲，App 数据需要构建 2 型 SCD 表，也就是要记录变更历史，与 App 维度相关的分析都会以时间上对应的 App 信息为准。

源数据更新好后，我们再次运行 App 的数据采集和数据仓库构建命令：

```
bdp-dwh-1.0/bin/bdp-master.sh build-app '2018-09-02T00:00+0800' '2018-09-0
3T00:00+0800'
```

这个命令的数据采集窗口是[2018-09-02T00:00+0800, 2018-09-03T00:00+0800)，更新的源数据也位于这个窗口内，所以执行结束后，dmt.dim_app 维度表如表 8-10 所示。

表 8-10　经过二次构建之后在维度表 dmt.dim_app 中生成的记录

dwid	id	name	description	version	valid_from	valid_to	eff_flag
2	1	MyCRM	The Customer Relationship Management System	7.1	2018-09-02 00:00:00.0	<null>	true
1	1	MyCRM	The Customer Relationship Management System	7.0	2018-09-01 00:00:00.0	2018-09-02 00:00:00.0	false

对比上一版，MyCRM 的数据有两点显著的变更：

- 新增了一条 dwid=2 的记录，从 version 值为 7.1 可知这是 App 升级后的最新信息，所以它是当前正在生效中的 App 记录，生效时间正是源数据的更新时间 2018-09-02 00:00:00.0；
- 原来的那条数据，即 dwid=1 的记录，已经不再是当前生效中的数据了，所以它的 eff_flag 被标记为了 false，失效时间也被填充上了，其值正是新记录的生效时间 2018-09-02 00:00:00.0。

当前状态的 dmt.dim_app 维度表是 2 型 SCD 表的一个很好的示例，MyCRM 在 2018-09-01 00:00:00.0 上线，在 2018-09-02 00:00:00.0 进行了版本升级，对应到 SCD 表上，dmt.dim_app 如实地捕获了升级前后的两个版本信息，沉淀为两条记录，并在时间轴上保持了连贯，也就记录了完整的变更历史。

至此，我们对于如何在大数据平台上创建 2 型 SCD 表的介绍就结束了。对主数据相关的维度表，我们都使用了 2 型 SCD 进行了构建，具体可以参考原型项目中对应的 SQL 文件。

8.11 实现 UDF

尽管在大数据平台上构建数据仓库的主要开发方式是 SQL，但是在遇到某些相对复杂的处理逻辑时，SQL 会显得力不从心，另外，项目中往往有些反复使用到的处理逻辑，这些逻辑如果能被封装成函数来调用会大大地简化开发，基于上述原因，在数据仓库项目中会普遍地使用用户自定义函数。我们在本节简单介绍和演示一下如何实现一个 UDF。

UDF 就是用户自定义函数“User-Defined Function”的缩写。Hive 和 Spark SQL 都支持 UDF，UDF 可以细分为 UDF、UDAF、UDTF 三种，普通的 UDF 接收某个单一的值，返回一个单一的值，如 concat()这样的函数；UDAF 是用户自定义聚合函数，它接收多行数据，返回一个单一的结果，这和 count()、sum()等其他内置的聚合函数是一样的；UDTF 和 UDAF 刚好相反，它接收一行数据，返回多行数据，如内置的 explode(ARRAY<T> a)函数，它接收一个数组，返回多行结果集，数组中的每个元素单独一行，相当于对数组进行了从行到列的转置。

在我们的原型项目中，给出的是一个普通的 UDF——com.github.bdp.dwh.udf.GenRag，它的逻辑很简单，就是根据输入的 Metric 数值和给定的阈值，判定告警级别并返回。我们原型项目的业务是很简单的，即使没有这个 UDF，单纯使用 SQL 也完全可以实现，这个 UDF 更多的是起到一个“占位符”的作用，通过这个 UDF 可以完整地演示从 UDF 编写到部署的全部细节。

接下来我们就来看一下这个 UDF 的源代码：

```
package com.github.bdp.dwh.udf
import org.apache.hadoop.hive.ql.exec.UDF
```

```
class GenRag extends UDF {
    def evaluate(avg: Int, amberThreshold: Int, redThreshold: Int): String
= {
        if (avg < amberThreshold) "GREEN" else if (avg >= redThreshold) "RED
" else "AMBER"
    }
}
```

首先，Hive 和 Spark SQL 都有自己的 UDF 机制，我们倾向于使用 Hive 的 UDF 机制来实现，由于 Spark SQL 兼容 Hive，所以使用基于 Hive 实现 UDF 有更好的兼容性。所以我们的这个 GenRag 类继承的是 Hive 的 org.apache.hadoop.hive.ql.exec.UDF 类。

继承 UDF 类需要实现一个名为 evaluate 的方法，这个方法就是自定义函数实现其逻辑的场所，它接受的参数就是函数调用时需要传入的参数，它的返回值就是函数调用后的执行结果。我们的这个 GenRag 函数的 evaluate 方法接收 3 个参数：avg 指的一个是 Metric 值，通常这是一个均值，虽然单一的 Metric 数值并不妨碍函数的执行，但计算单一 Metric 是否超出阈值意义不大；amberThreshold 是给定的黄色告警的阈值；redThreshold 是给定的红色告警的阈值。这两个阈值参数通常是通过关联 dmt.dim_metric_threshold 得到的。

evaluate 的逻辑非常简单，只有一行 Scala 代码——if (avg < amberThreshold) "GREEN" else if (avg >= redThreshold) "RED" else "AMBER"，其含义是当均值小于 amberThreshold 时返回字符串“GREEN”，表示健康；当均值大于 redThreshold 时返回字符串“RED”，表示严重；除此之外就是介于 amberThreshold 和 redThreshold 之间的情况了，此时应返回“AMBER”，表示较为严重。

函数编写好之后需要经过编译，打成 jar 包进行部署。bdp-dwh 项目的 Maven 构建中包含了这项工作，具体是通过 maven-assembly-plugin 插件实现的。bdp-dwh 项目本质上是由一系列 SQL 和 Shell 脚本组成的非编译型的项目，项目的发布文件基本上都是项目中的原始文件，唯一需要编译的部分就是通过 Scala 编写的 UDF 类，为了规范和统一，我们让编译出的 jar 包遵循 Maven 默认的 jar 包命名规范，即${project.build.finalName}.jar，也就是 bdp-dwh-1.0.jar，并放置于工程 home 目录下的 jar 目录下。在我们每次提交 SQL 作业时，脚本会将 jar 目录下所有 jar 文件拼接成“,”分隔的列表，传递给--jars 参数，这样在每次执行 SQL 文件时，包含自定义函数的 jar 包就被添加到 ClassPath 上了，这一操作是定义在 bin/util.sh 文件中的：

```
export BDP_DWH_JAR_DIR="$BDP_DWH_HOME/jar"

BDP_DWH_DEPENDENCY_JARS=""
for JAR in $(ls ${BDP_DWH_JAR_DIR})
do
   BDP_DWH_DEPENDENCY_JARS="$BDP_DWH_JAR_DIR/$JAR,$BDP_DWH_DEPENDENCY_JARS"
done
export BDP_DWH_DEPENDENCY_JARS=${BDP_DWH_DEPENDENCY_JARS%,}

execSql()
{
    ......
    spark-sql \
    ......
    --jars "$BDP_DWH_DEPENDENCY_JARS" \
    ......
}
```

脚本中的 BDP_DWH_DEPENDENCY_JARS 变量就是 jar 包的列表，脚本通过 for 循环迭代 jar 目录下的所有 jar 文件拼接出 BDP_DWH_DEPENDENCY_JARS 变量的值，然后在 spark-sql 命令中将其值传递给--jars 参数。

使用--jars 来指定多个 jar 文件而不是打包成一个 fat jar 是有很多好处的，因为这可以保持各包的独立性，不会因为 fat jar 的打包方式出现一些冲突，这也是进行最小化增量部署的前提，这一点在 bdp-dwh 中体现得不是很明显，在 bdp-stream 中有很好的展示。

打包部署好后，在使用函数前只需要声明一下即可，声明的方式是在 SQL 文件中加入：

```
create temporary function gen_rag as 'com.github.bdp.dwh.udf.GenRag';
```

这里没有使用 Hive 的 using 语句来指定 jar 包位置，因为 jar 已经在应用的 ClassPath 里了，不需要再指定了。

我们的 gen_rag 自定义函数应用在了 lib/dmt/infra-metric/action/build-sum_metric_avg.sql 中。

第 9 章 数据存储

9

在整个大数据生态圈里，数据存储可以分为两大类：一类是直接以文件形式存放在分布式文件系统上，处理工具可以直接读写（Hive 和 Spark SQL 都是这类）；另一类通过 NoSQL 数据库来存储和管理数据。本章我们会逐一探索大数据系统在数据存储层面需要考虑的问题，重点会放在 NoSQL 数据库特别是 HBase 上，因为在文件存储上并无多过值得讨论的话题，而 NoSQL 数据库几乎是每一个平台的必备组件，我们会做一些整体性的介绍和对比，然后把重点放在 HBase 上。本章涉及 HBase 的内容都是一些高阶话题，难度较大，在我们的原型项目中也没有演示代码，希望读者在阅读本章前对 HBase 有一定的了解。

9.1 批处理的数据存储

一方面，无论是 Hive 还是 Spark SQL，它们的数据库和数据表都直接映射到 HDFS 的目录上，所以批处理的存储规划实际上就是对 HDFS 存储空间的规划。另一方面，批处理的主要工作内容是构建数据仓库，我们在第 8 章的 8.4 节对数据仓库的存储空间进行过设计，那也正是批处理的存储规划方案，这里不再赘述。我们在这一节来详细探讨一下批处理常用的存储格式，这些存储格式有各自的特点和应用场景，了解它们之间的区别可以帮助我们做出正确的选择。

1. CSV 格式

毫无疑问，CSV 是最为常见的文件格式，大多数数据库和数据采集工具都内置了对 CSV 格式的支持，这使得 CSV 格式是一种非常理想的基于文件的数据交换方案。Hive 自 0.14 版本就提供了读写 CSV 格式的 Serde（序列化与反序列化类）：org.apache.hadoop.hive.serde2.OpenCSVSerde，通过这个 Serde，Hive 可以指定将 CSV 的文件作为数据表的存储文件，在 Hive 中指定一张表的数据格式是 CSV 的做法是：

```
CREATE TABLE my_table(a string, b string, ...)
ROW FORMAT SERDE 'org.apache.hadoop.hive.serde2.OpenCSVSerde'
WITH SERDEPROPERTIES (
   "separatorChar" = "\t",
   "quoteChar"     = "'",
   "escapeChar"    = "\\"
)
STORED AS TEXTFILE;
```

上述代码定义了 my_table 表使用的 CSV 格式：字段的分隔符是 tab，字段的引用符是“'”，转义字符是“\\”。通常情况下，我们使用的是 CSV 默认格式，即字段的分隔符是“,”，字段的引用符是“"”，转义字符是“\”：

```
DEFAULT_ESCAPE_CHARACTER \
DEFAULT_QUOTE_CHARACTER  "
DEFAULT_SEPARATOR        ,
```

这样就不必使用 WITH SERDEPROPERTIES 来指定这些格式参数了。

2. JSON 格式

JSON 也是使用频率极高的一类文件格式，与 CSV 格式相比，JSON 格式最大的优势在于它是“自描述”的，它携带了格式信息（如字段名），这使得 JSON 更加易用。同时，JSON 可以描述非关系型数据，这是JSON的另一大优势。在Hive和Spark SQL下既有内置的JSON Serde，也有第三方的。以下是 Hive 内置 JSON Serde 的使用方法：

```
CREATE TABLE my_table(a string, b bigint, ...)
ROW FORMAT SERDE 'org.apache.hive.hcatalog.data.JsonSerDe'
STORED AS TEXTFILE;
```

这里用于解析 JSON 的 Serde 类是 org.apache.hive.hcatalog.data.JsonSerDe。第三方库中比较常用的是 OpenX JSON Serde，使用方法如下：

```
CREATE TABLE my_table(a string, b bigint, ...)
ROW FORMAT SERDE 'org.openx.data.jsonserde.JsonSerDe'
STORED AS TEXTFILE;
```

它用于解析 JSON 的 Serde 类是 org.openx.data.jsonserde.JsonSerDe，使用第三方 Serde 时记得要将相关 Jar 包引入 classpath 中。

3. ORC 格式

纯文本格式的文件便于调试和排查错误，但是它们占用空间大，处理效率也不及二进制格式，因此在生产环境中，更多使用二进制格式来存储数据。我们首先看一下 ORC 格式，作为 Hive 专有的一类文件存储格式，ORC 格式在 RCFile 上做了很多提升，根据 Hive 官方文档的介绍，ORC 格式的优势主要有：

- 每一个 Task 的输出会作为一个单独的文件，这会减小 NameNode 的负荷；
- 支持 Hive 的很多数据类型，包括 datetime、decimal，以及复合类型 struct、list、map 和 union；

- 在文件中集成轻量的索引时：
    - 跳过没有通过过滤条件的行；
    - 可以直接检索给定的行。
- 基于数据类型的“块模式”压缩：
    - 对 integer 类型的列提供长度扫描编码；
    - 对 string 类型的列提供字典编码。
- 使用单独的 RecordReader 并发读取同一个文件；
- 无须扫描标记即可直接切分文件；
- 在读写时限制使用总内存；
- 使用 Protocol Buffer 存储元数据，允许添加或移除字段。

设置数据表使用 ORC 格式只需要在表格定义中按如下方式说明即可：

```
CREATE TABLE ... STORED AS ORC
```

4. AVRO 格式

严格来说，AVRO 并不单单是一种文件格式，它实际上是一个完整的远程调用（RPC）框架，数据的序列化与反序列化是其整体方案的一部分，相比于 Thrift、Protocol Buffer 等 RPC 方案，AVRO 有如下一些优势：

- 动态的类型化处理：AVRO 格式并不强制要求针对传递的数据在 Client 端和 Server 端生成静态代码，虽然很多时候人们会这样做，但不强制这样做会使数据的获取和使用更加灵活，更重要的是，这使得基于 AVRO 格式可以构建通用的数据处理模型；
- 无标记的数据格式：AVRO 格式仅需要在读取数据时才使用 Schema 信息，这样就不必在数据编码时加入过多的类型信息，这会大大减小数据传输的体积，提升数据传输效率，与之形成鲜明对比的是 JSON 格式，JSON 格式会对所有字段进行标记以实现数据的

"自描述";

- 灵活的 Schema 变更支持：当数据的 Schema 发生变动时，AVRO 格式允许新旧两种 Schema 并行。

因为 AVRO 格式的 Schema 是预定义的，所以在 0.14 版本之前的 Hive 中定义表的 Schema 会发生一些有趣的变化，表格的 Schema 信息不再由 Hive 定义，而是由 AVRO 格式的 Schema 描述文件来定义，以下是一个配置的示例：

```
CREATE TABLE my_table
  ROW FORMAT SERDE
  'org.apache.hadoop.hive.serde2.avro.AvroSerDe'
  STORED AS INPUTFORMAT
  'org.apache.hadoop.hive.ql.io.avro.AvroContainerInputFormat'
  OUTPUTFORMAT
  'org.apache.hadoop.hive.ql.io.avro.AvroContainerOutputFormat'
  TBLPROPERTIES (
    'avro.schema.url'='http://path/to/my_table.avsc');
```

在 0.14 版本之后的 Hive 中，统一了 AVRO 格式的使用风格，使得使用它和使用其他格式没有过大的差异，变成只需要在 STORED AS 中简单地声明 AVRO 格式就可以了：

```
CREATE TABLE ... STORED AS AVRO
```

这个变化背后发生的事情是，AvroSerde 会根据 Hive 表的 Schema 来创建相应的 AVRO 格式的 Schema，这样会大大方便 AVRO 格式在 Hive 中的应用，也统一了表格定义的风格。

5. PARQUET 格式

PARQUET 格式区别于其他格式的最大特征是，它是一种面向列的存储格式，也就是说它是按列来组织和存储数据的，一条记录会被拆分到多个列中存储。PARQUET 格式的设计思想源于 2010 年 Google 发表的论文 *Dremel: Interactive Analysis of WebScale Datasets*，在这篇论文中形象地说明了行式存储与列式储存的区别，如图 9-1 所示。

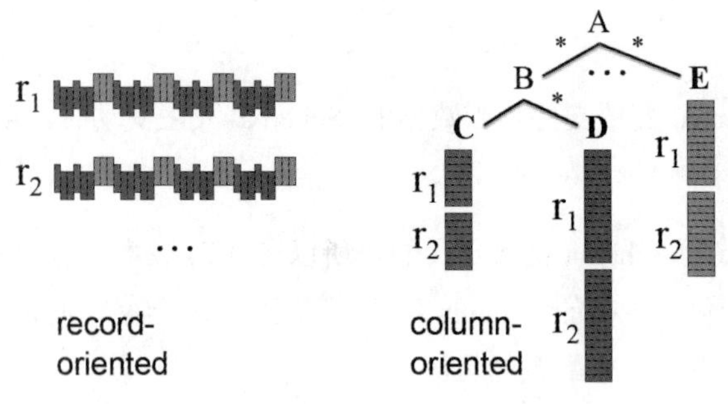

图 9-1 行式存储与列式存储的区别

列式存储至少在两个方面具有天然的优势。一个方面是在面向列查询时，列式存储可以极大地提升查询效率，这种情形的一个典型案例是 OLAP 的维度计算，维度计算会聚焦于事实表某个维度列上的值进行过滤和聚合；另一个方面就是处理嵌套格式的数据，列式存储的模型设计可以很好地化解复杂的嵌套关系，使之在存储和检索某些非关系型数据上具有很好的性能。除此之外，对于 PARQUET 格式来说，由于每一列的成员都是同一类型，它可以针对这一列数据的类型使用更高效的数据压缩算法，减少 I/O，同时可以使用更加适合 CPU pipeline 的方式进行编码，减小 CPU 缓存失效的概率。Hive 和 Spark SQL 同样内置了对 PARQUET 格式的支持，在建表时只需声明使用 PARQUET 格式即可：

```
CREATE TABLE ... STORED AS PARQUET
```

众多的文件格式既是好事也会带来麻烦，每一种文件格式都有其优缺点，了解它们的特性并结合实际场景的需求来选择适合的格式是留给架构师的一个技术挑战。由于每个项目的状况和需求各不相同，我们很难给出一些“放之四海而皆准”的标准，这里定性地给出一些参考建议。

- 在生产环境上不建议使用纯文本格式，即使它们是经过压缩的。纯文本类型的格式可以应用于非生产环境，以便更好地进行调试与纠错。
- 分析数据的使用场景是面向写入还是读取的。以 ORC 和 PARQUET 格式为例，它们通常在读取数据时具有很好的性能表现，它们的文件结构也决定了在数据写入时要做更多的工作以便支撑更好的读取性能。

- 分析数据结构的特征。如前所述，如果多数查询是以部分的列为目标的，可以使用面向列的存储格式，如果数据中还包含复杂的嵌套结构，则 PARQUET 格式更加适合。
- 考虑数据结构变动的可能性。如果预期数据结构在未来会发生变动，AVRO 格式会是一个不错的选择。

9.2 NoSQL 数据库概览

在介绍完文件存储之后，我们来看一下数据存储的“重器”——NoSQL 数据库，基于文件的数据存储是一种轻量的面向批处理的数据存储方式，而 NoSQL 数据库无疑是更加强大和专业的数据存储方案。从数据处理模式上看，NoSQL 数据库可以支持离线批处理、实时流计算及以“请求—应答”模式为主的事务性系统。可以说 NoSQL 数据库是一个完善的大数据平台几乎不可或缺的核心组件，并且为了服务和应对不同的场景，一个平台上往往会建立多个数据库，如针对离线计算和业务应答往往需要两个独立的数据库。

现在的 NoSQL 数据库已经有很多了，主流的产品有 HBase、Cassandra、MongoBD、Redis 等，我们会在接下来的章节对这些产品一一进行介绍，并把重点放在 Cassandra 和 HBase 上（虽然 MongoDB 也是非常主流的一个 NoSQL 数据库，但是限于在大数据领域的流行程度及笔者个人经验，我们不会对 MongoBD 做过多介绍）。

1. HBase

HBase 是一个分布式、可伸缩的 NoSQL 数据库，和所有其他 NoSQL 产品相比，HBase 有一个非常显著的特点，那就是它是构建在 HDFS 上的，它是 Hadoop 生态圈里的重要成员，与其他 Hadoop 成员（如 HDFS、MR/Yarn）都有天然的集成。

HBase 已经是一个相当成熟的数据库了，在业界积累了大量成功案例，特别是在中国，很多互联网公司都在广泛地使用 HBase。另外，开源社区也有很多基于 HBase 开发的成功产品，如时间序列数据库 OpenTSDB、OLAP 产品 Kylin，这些会成为架构师在 NoSQL 数据库选型时非常重要的考虑因素，我们会在后续的章节中详细讨论。

2. Cassandra

Cassandra 是游离于 Hadoop 生态圈之外的一个优秀的 NoSQL 数据库，与 HBase 的主从架构不同，它使用的是去中心化的无主架构。最近几年，在大数据领域随着 Spark 的流行，一些新系统的架构对传统 Hadoop 生态圈的依赖程度有所下降，在 NoSQL 数据库的选择上，Cassandra 变得比以前要流行了。例如，我们在前面章节提到过的 SMACK 架构，就是一个完全摒弃了 Hadoop 的架构，在存储层面上完全依赖于 Cassandra。

Cassandra 的无主架构使得它的维护较之 HBase 更为简单，也更容易进行水平伸缩，这是很多团队选择 Cassandra 的原因之一。除此之外，Cassandra 的多数据中心特性使得在同一个集群中构建面向不同用途的数据副本变得非常容易。例如，我们可以构建一个 20 个节点的集群，这个集群有两个数据中心，每个数据中心有 10 个节点，一个为离线批处理服务，另一个为在线实时请求服务，这样的架构需求在大数据平台上是很普遍的，如果使用 HBase 来实现这样的架构是比较复杂的一项工作，但是如果使用 Cassandra，则只需要简单地配置一下即可。还有，Cassandra 提供了二级索引机制，这是 HBase 所不具有的。

3. MongoDB

MongoDB 是使用 C++语言编写的一个基于分布式文件存储的开源数据库系统，它是一个非常独立和完备的 NoSQL 系统，它也支持多数据中心，能较为简便地进行扩容。此外，MongoDB 也有内置的二级索引，并且提供非常友好的数据操作接口，这是 HBase 或 Cassandra 不如 MongoDB 的地方。虽然 MongoDB 是一个很成熟和完备的数据库，但是在大数据平台上，流行程度并不算太高，其原因除了它自己的独立性外，与 HBase 和 Cassandra 在大数据领域的牢固地位也有关系。

4. Redis

不同于上述三个有正面竞争关系的数据库，Redis 定位于内存数据库，在缓存数据和高并发场景有着广泛的应用。在大数据领域，Redis 的一些典型应用场景有：配合 Spark Streaming、Flink、Storm 进行高速率、低延迟的实时数据处理，作为 Cache 缓存近期的原生数据或分析结果，为热数据读取提供支持。

9.3　HBase 与 Cassandra

对于架构师来说，HBase 和 Cassandra 之间颇有一种“既生瑜何生亮”的意味，两种数据库都很主流，虽然架构思想不同，但适用范围和场景都很接近，在技术选型上会让很多团队“纠结”。本节我们会继续深入地介绍一下这两种数据库，并针对它们做一些细致的比较，把一些更加实际的考量因素纳入进来帮助大家在选型时做出更加准确的判断。

首先让我们来了解一下 HBase 的架构，如图 9-2 所示。

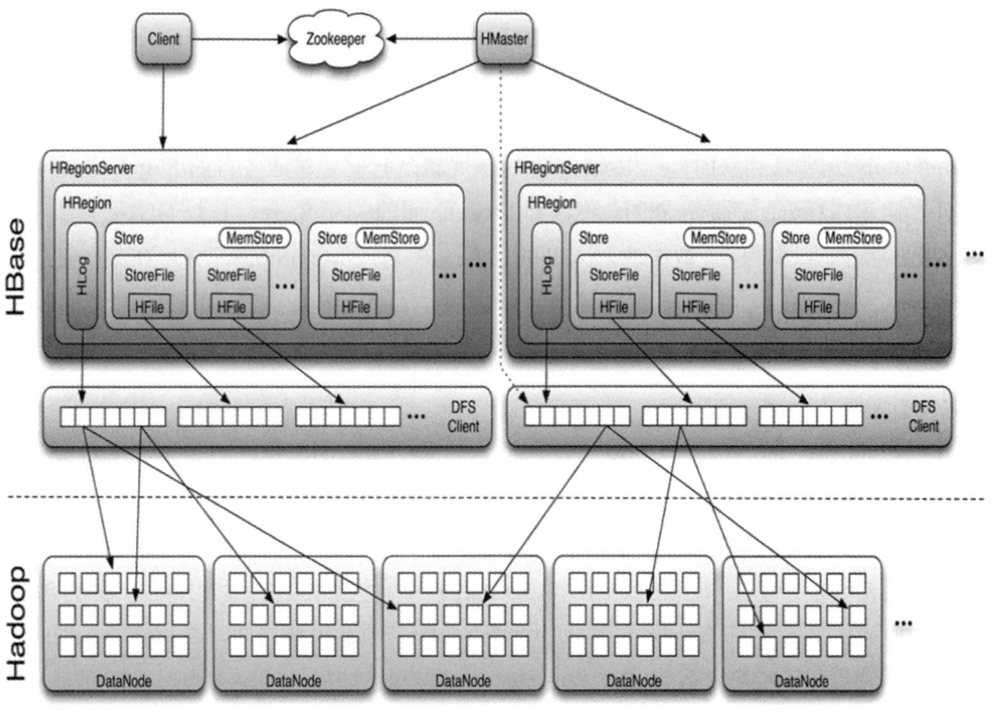

图 9-2　HBase 的架构（引用自 *HBase: The Definitive Guide*）

这是一张标准的 HBase 架构图，HMaster 是 HBase 集群的主节点，它主要负责监管所有的

Slave 节点，即 RegionServer，它是与 HBase 元数据进行读写的唯一接口。HMaster 是一个很轻量的进程，本身不需要占用过多的资源，为了保持 Master 服务的高可用通常都会启动两个以上的 HMaster 节点，以便在某个 Master 节点失效时，其他的 Master 节点可以随即替补上场。这里有一个常常被人问到的问题，在 Master 节点失效、新的节点尚未就绪的这段时间里，HBase 集群会处在什么样的一种状态？答案是短时间内集群会处在"稳定"的状态，并持续工作，但是 Master 节点负责的核心工作，如 RegionServer 的容错和 Region 的切分，都将无法进行，因此集群在 Master 节点失效时是可以继续运行一段时间的，但还是应该尽快地重启 Master 节点服务。

HRegionServer 是 HBase 的 Slave 节点。负责实际的数据管理，它几乎总是与 DataNode 共生，也就是运行在同一个节点上以便于 HBase 更加有效地读写本地 DataNode 上的数据，避免大量数据通过网络传输。一个 HRegionServer 上会有多个 HRegion，对于一张表来说，Region 是数据分布的基本单元，它的结构如图 9-2 所示。HLog 是 WAL 的日志文件，这是相对独立的一部分，剩下的是一个或多个 Store，每一个 Store 对应一个 ColumnFamily，我们知道 HBase 的 ColumnFamily 是非常独立的，在 Region 上的体现就是它们会对应各自的 Store，这意味着它们的文件存储和内存分配都是独立的。继续看 Store 下面的 MemStore，它是 HBase 提供的面向数据写入的一个内存缓冲区，数据的写入和修改都会先写入 MemStore，然后在某个适当的时候 MemStore 会将其缓存的数据刷新到磁盘上，也就是写入 HFile 文件。HFile 就是 HBase 存放数据的物理文件格式。最后补充一点，在读取数据时 HBase 也有专门的缓存设施 Block Cache。

介绍完 HBase 的架构，我们再来看一个下 Cassandra 的架构，它使用了一种完全无主的 peer-to-peer 架构，Cassandra 集群里的所有节点都接受读和写的请求，不管读取和写入的数据放在哪里。在集群内部，Cassandra 使用 Gossip 协议进行通信，这种协议允许所有节点快速更新数据而不需要通过一个主节点进行协调。Cassandra 的一个重要的理论支撑是一致性哈希算法，它把一个巨大的 Key 空间按环形排列，每个节点分配其中的一段区间，数据在写入时会通过一致性哈希算法均匀地散列到各个节点上，同时可以做到在增加或移除节点时几乎不迁移数据。我们先来看一下 Cassandra 官方文档中给出的示意图，如图 9-3 所示。

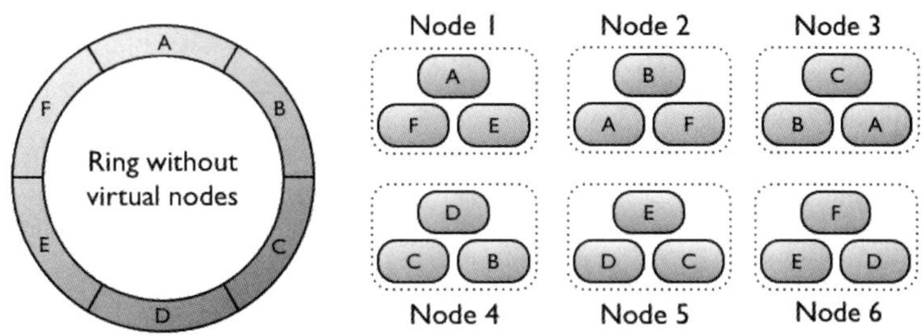

图 9-3 Cassandra 无虚拟节点时的数据分区与节点映射示意图

图 9-3 展示了 6 个节点和 6 个分区，每个分区又各有 3 个副本，每个节点对应一个分区，Node 1→A、Node 2→B……我们可以看到数据的副本都是连续存储的，也就是说 A 的 3 份副本一定放在 Node 1、2、3 上，B 的 3 份副本一定放在 Node 2、3、4 上，依此类推。这样做的目的也是配合一致性哈希算法，例如，当 Node 1 失效时，A 区间会并入 B 区间，算法会引导客户端去紧邻的下一个节点也就是 Node 2 上读写数据，所以我们让 Node 2 来冗余 Node 1 的数据就是为这个场景准备的。

但是仅仅使用一致性哈希算法在节点失效后的恢复及追加新节点方面会有一些欠缺，为此 Cassandra 又引入了“虚拟节点”机制，从而补全了 Cassandra 的整体架构，我们再来看一下虚拟节点是怎样一种机制，如图 9-4 所示。

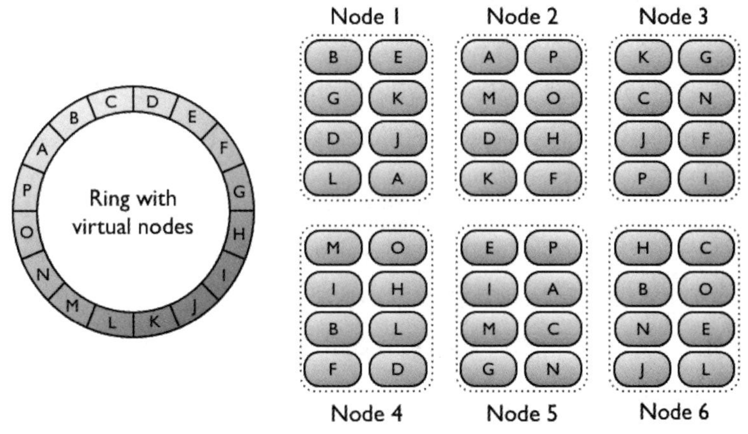

图 9-4 Cassandra 引入虚拟节点后的数据分区与节点映射示意图

让我们先忽略虚拟节点的存在，假设整个区间被切分成了 16 个区间，对应 16 个物理节点，需要强调的是，此时的区间（虚拟节点）依然是连续排列的，一致性哈希算法依然工作如初。现在，假定我们用 6 台高性能的物理机替换现有的 16 台物理机，原有的 16 个分区（也包括它们的副本）将分配或者映射到这 6 台机器上。需要注意的是，这种分配或者映射的过程是随机的，并且是不连续的（不像使用一致性哈希算法时那样把副本分配到连续的节点上）。基于这种情形，让我们重新分析一下数据的读写过程，如果一条数据属于虚拟节点 A，则写入时会同步写入虚拟节点 B 和虚拟节点 C（这里我们假定副本的数量是 3），当虚拟节点 A 失效（其实是虚拟节点 A 对应的物理节点失效）时，系统会去下一个临近节点 B 读写冗余数据。应该说，到目前为止都还是按照一致性哈希算法的逻辑在进行，与未引入虚拟节点之前没有任何差异。接下来，节点 B 只是一个虚拟节点，系统需要从虚拟节点与物理节点的映射关系中找到节点 B 对应的物理机再进行读写，这是引入虚拟节点之后的不同之处，也就是多了一步二次映射的过程。恰恰是由于各个分区对应的物理机是随机分配的，使得全部分区及其副本均匀地散列到各个物理机上。

那么，引入虚拟节点之后到底带来了什么收益呢？总的来说，引入虚拟节点的主要收益是，在系统的拓扑结构发生变化和重建节点时可以保证整个系统的高可用性。在 *Cassandra 3.x High Availability, 2nd Edition* 一书中有一幅插图形象地说明了这个问题，如图 9-5 所示。图 9-5 是重建 Node 2 的示意图，Node 2 存储的 3 份数据副本 F、B、A 分别从 Node 1、4、3 上获取，也就是说只有 Node 1、4、3 参与了 Node 2 的重建，整体上看这带给 Node 1、4、3 比较大的负载，如果 Node 5、6 可以参与的话无疑会分担一些压力。同样地，我们也可以用图 9-5 来考虑一下 Node 2 失效时的情形，那样的话所有对 Node 2 的请求都会转嫁到 Node 1、4、3 上。

我们再来看一下采用虚拟节点之后的情形，同样考虑 Node 2 重建的过程，它上面的 16 个数据分区的 3 个副本均匀分布在 6 个节点上，Node 2 重建时，所有节点都将参与，从而最大限度地分摊了系统负载。当 Node 2 失效时，所有对 Node 2 的请求会由剩下的 5 个节点均摊，而不是 Node 1、4、3，相比而言，采用虚拟节点可以更好地分摊系统负载，如图 9-6 所示。

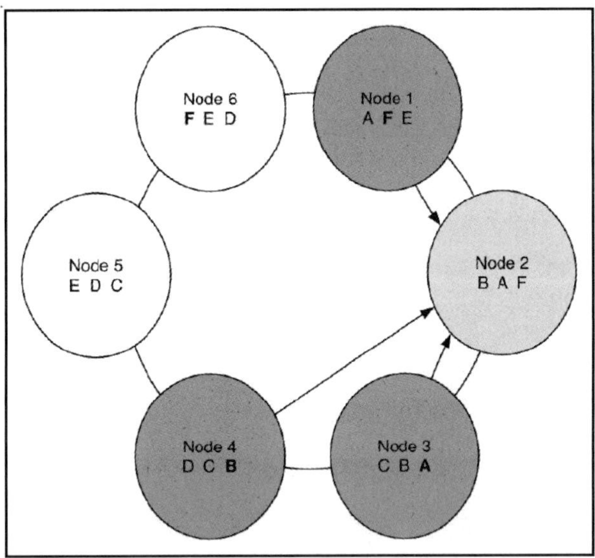

图 9-5 Cassandra 在无虚拟节点情况下 Node 2 失效时参与重建的节点状况

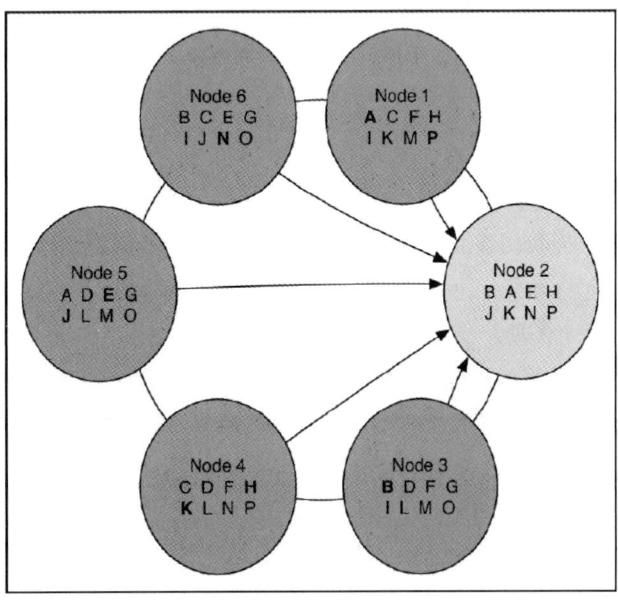

图 9-6 Cassandra 在引入虚拟节点后 Node 2 失效时参与重建的节点状况

无论是否引入虚拟节点，一致性哈希算法一直工作于 Cassandra 上，它解决的主要问题是避免节点（模）失效时导致已存在的哈希映射失效。而虚拟节点的作用在于让物理节点承载更多个分区（即多个虚拟节点），由于每一个分区都有多份副本放在另外多个物理节点上，这带来的实际效果是提高了各个物理节点之间的关联性。从互为主被的角度来看，就如同将每一个节点和尽可能多的节点连上线，形成了 $N \times N$ 的关联关系，每一个物理节点都可能尽可能多地包含其他节点的某一小部分数据副本，让每个节点都有尽可能多地参与到其他节点的重建工作中，而当某一节点失效时，也会有尽可能多的节点分摊失效节点的负载。所以，总的来说引入虚拟节点的收益是：

- 无须为每个节点计算、分配 Token；
- 添加、移除节点后无须重新平衡集群负载；
- 重建“死掉”的节点更快；
- 允许在同一集群中使用不同性能的机器。

在介绍完两种数据库的基本架构之后，我们从选型的角度上来分析一下对两者的取舍。这个问题的话题性非常强，业界针对两者的比较和讨论很多，这也从侧面反映了两种数据库在适用性上是非常接近的，以笔者作为架构师的经验来看，选型时从纯技术角度考虑两者会比较“纠结”，如果能结合项目需求和团队技术背景来考察，则可以让选型变得“明朗”。以下列出了一些我们认为更加实际的考量因素。

- 简化技术堆栈：当我们建立一个平台时，要综合考虑平台的整体生态，特别是其他组件和应用对存储的要求。例如，假设平台需要一个时间序列数据库，团队选择了 OpenTSDB，或者需要一个 OLAP 引擎，选择的是 Kylin，在这种情况下，如果平台还需要提供一个通用的 NoSQL 数据库应对常规的数据访问，假设 HBase 和 Cassandra 都能胜任，那么我们的建议是选择 HBase。原因很简单，因为 OpenTSDB 和 Kylin 都会依赖 HBase，安装和维护一个 HBase 集群已经是团队的必要工作了，从简化技术堆栈的角度考虑，延续对 HBase 的使用是比较明智的，如果再单独引入另一个数据库产品，会大大增加整个平台的维护难度。
- 维护的便捷性：大家公认 Cassandra 要比 HBase 更加容易维护，对一些团队来说这也是一个很重要的考量因素。运维一个 HBase 集群确实不是一项简单的工作，一方面它的架构比较复杂，另一方面它会周期性地进行 Region 的 split 和 compaction，这对运维也提出了一定的要求。此外，Cassandra 使用的数据查询接口也比 HBase 友好，在开发上层应用的时候也会更简单一些。

- 同时支撑批处理与实时访问：这是大数据平台上的普遍需求，Lambda 架构会针对这两种场景做独立的设计，然后将数据冗余存储两份，使用不同的技术堆栈，但这并不意味着在数据存储层面也必须使用不同的技术，如果你的批处理和实时组件都可以方便高效地读写 NoSQL 数据库（如 Spark Core、Spark SQL 和 Spark Streaming 都可以方便地读写 Cassandra），那么我们完全可以使用 NoSQL 数据库来统一数据存储，这个时候就会对 NoSQL 数据库提出要求，即需要有一种透明的机制自动冗余数据并隔离硬件资源，使之相互不影响。对于 Cassandra 来说，它的“多数据中心”机制可以完美地满足这一需求，并且实现起来也很容易。当然，HBase 也有类似的机制，叫“Replication”，但是总的来说，Cassandra 在这方面实现起来更加便捷，更易于维护。
- 平台的整体架构风格：我们也注意到一些新的大数据系统架构在试图摆脱对 Hadoop 的依赖，如 SMACK 架构就完全舍弃了 Hadoop，这对于 NoSQL 数据库的选择也有很大的影响，因为 HBase 总是要依赖 HDFS 的，所以在 SMACK 架构里，Cassandra 是唯一的数据存储设施。

9.4 HBase 的 Rowkey 设计

HBase 的开发者对 Rowkey 的重要性都有深刻的认识，由于 HBase 没有二级索引机制，Rowkey 成了 HBase 高效检索数据的唯一途径，如何设计表格的 Rowkey 使之能在支撑业务需求的同时最大化地提升性能是摆在所有开发者面前的一个严峻挑战。我们会在本节介绍一些 Rowkey 的设计技巧并讨论各种方案的优劣。

9.4.1 “热点”问题与应对策略

HBase 的记录是按 Rowkey 的字典顺序排列的，每个 Region 会等分 Rowkey 的一段区间，如果 Rowkey 中包含了时间或某类持续递增的数值，则近期产生的数据将有可能被写入同一个 Region 上，这就会导致某一个 Region 承担所有的写入负荷，而其他的 Region 则只能“静静地围观”，这就是所谓的“热点”问题。显然，发生“热点”问题后，系统会出现较为明显的性能问题，而实际上整个系统的资源没有得到充分的利用。解决“热点”问题的关键是想办法让组成 Rowkey 的数值具有一定的离散性，而不是随时间连续递增。以下是一些常见的解决方案。

1. 加盐

“加盐”是指在 Rowkey 前端追加一个随机值，使得 Rowkey 变得有离散性。这很好理解，例如，假设我们的 Rowkey 是这样的：

```
cu1521622611000
cu1521622612000
cu1521622613000
...
```

前面的字母是 Metric 的代码，后面的数字是 Metric 的时间戳，这样的 Rowkey 是单调递增的，如果我们在前面添加一个三位的随机数就可以打破这种单调性，使得在连续时间内生成的 Rowkey 在数值上也是单调的：

```
079cu1521622611000
894cu1521622612000
430cu1521622613000
...
```

“加盐”的好处在于散列了数据的分布，但是缺点也是很明显的，就是“加盐”之后将无法从记录自身直接推断出其 Rowkey（因为前缀部分是随机生成的），所以在检索数据时，将不得不做全表扫描。

2. 哈希

哈希的思路是利用哈希算法的一个特性，即当原文仅有极微小的变化时也会导致哈希值产生明显变化，这样原本连续的 Rowkey 经过哈希之后，也将变成完全离散的。例如，前文的原始 Rowkey 经过哈希之后，将会变为：

```
00020b54012e26f22e571677f83582cfa246a129
0d7ffe0f365771675fc56e1c9029355b90b3e034
c1932fc6781529bace309bd8661b0b8319e5e364
...
```

哈希的优势在于数据读取可以追踪，即将要查询的原始 Rowkey 经过同样的哈希处理之后就可以准确地定位数据了。其缺点是 Rowkey 经过哈希之后其组成部分的信息（如本例中的 Metric 代码和时间戳）都将丢失，这使得 Rowkey 作为索引的价值大打折扣。例如，本例中我们无法再通过 Rowkey 对给定的 Metric 或时间戳进行快速的查找，而在原始格式的 Rowkey 中我们可以充分利用 Rowkey 中的细节信息提升检索效率。

3. 反转

反转是一种有效而实用的技巧，它的思想是，对于那些单调递增的值，它们的高字节比较稳定，但是低字节却变化比较迅速，如果把这些值做反转处理，即将原来的低字节排到高字节的位置，高字节排到低字节的位置，就可以有效地分散数据，同时保留了 Rowkey 的原始信息，便于数据的检索。例如，假设我们使用全限定的机器名（FQDN: Fully Qualified Domain Name）作为 Rowkey：

```
com.mycompany.prd.svr0001
com.mycompany.prd.svr0002
com.mycompany.dev.svr0001
...
```

在经过反转之后就变为：

```
1000rvs.drp.ynapmocym.moc
2000rvs.drp.ynapmocym.moc
1000rvs.ved.ynapmocym.moc
...
```

可以看到，反转之后的 Rowkey 在离散性上有了很大的改善，同时保留了所有的细节信息。

9.4.2 定长处理

拼接到 Rowkey 的字段通常是不定长的，这给查询时解析 Rowkey 带来了麻烦，对于不定长的字段通常有如下几种常见的处理方式。

- 使用统一的缩写或代码：这种方式简单易行，如我们前面的示例中使用 cu 指代 cpu.usage。但是这种方式不适合取值过多的字段，一方面不利于记忆，另一方面会出现代码冲突。
- 为每一个字段分配最大的字节长度，在最后一个字节指明实际长度：这种方式可以很好地将原始字段信息保留在 Rowkey 中，同时能保持定长，但是会使 Rowkey 的总体长度迅速膨胀，Rowkey 的生成和解析也将变得复杂，如果 Rowkey 结构不复杂可以考虑这种方式。
- 为字段和取值创建定长的 UID，以 UID 作为 Rowkey 的组成部分：这是一个万全的解决方案，它的设计思路是为每一个需要出现在 Rowkey 中的字段值进行统一编码，得到一个定长的唯一 ID（UID），将这些 UID 加入 Rowkey 中，在数据写入时，首先查询 UID 的元数据表，如果已存在对应的 UID，取得这个 UID 拼接成 Rowkey，如果没有，则首先生成一个新的 UID，写入 UID 元数据表中，然后拼接 Rowkey。在数据读取和检索时，也要先查询 UID 的元数据表，在得到对应的编码之后再拼接 Rowkey 进行查询。这种方式较为复杂，但是具有很好的适用性和性能，如果把字段名也进行编码，将字段名和字段值以 key-value 的形式放入 Rowkey 中，它将会变得更加灵活与通用，OpenTSDB 就使用了这种方式，我们会在后文详细介绍。

9.4.3 最佳实践

我们在本节介绍的最佳实践是一个相对通用和灵活的高性能设计方案，它也是 OpenTSDB 的设计方案，OpenTSDB 是基于 HBase 的一个开源时间序列数据库，确切地说，它是一个 HBase

的“上层”应用，其 Rowkey 的设计是一个非常优秀且值得参考的范本，可以复用到其他系统中。本节会基于 OpenTSDB 早期的一个稳定版本 1.0.0 进行讲解，目的是聚焦于 Rowkey 设计，过滤掉后来追加的其他特性。

首先，我们需要下载和部署 OpenTSDB，然后来了解一下它的数据库 Schema。OpenTSDB 主要有两个表 tsdb-uid 和 tsdb，前者描述指标（Metric）相关的元数据，后者存储时间序列数据。OpenTSDB 中的“指标”和我们原型项目中的指标是一样的，一个指标就是一个可以被度量的属性，如 CPU 使用率、可用内存等，但是只有指标是不能全面地描述出一个数值产生的全部背景信息的。例如，如果我们要统计 CPU 使用率，我们可以建立一个名为 proc.stat.cpu 的 Metric，假设我们收集了大量不同机器和用户的 CPU 使用率数据，如果这些信息没有标记这些“来源的属性信息”，我们是无法区分哪些数据来自哪台机器的哪个用户的，因此我们需要建立一些“标签（Tag）”来标识每一条数据。除此之外，每一条数据都有两个非空字段 value 及这个 value 产生时间 timestamp，我们把这样一条完整的数据称作一个 Data Point，因此一个 Data Point = Metric + Tags + Timestamp + Value。tsdb-uid 和 tsdb 表的表结构分别如图 9-7 和图 9-8 所示。

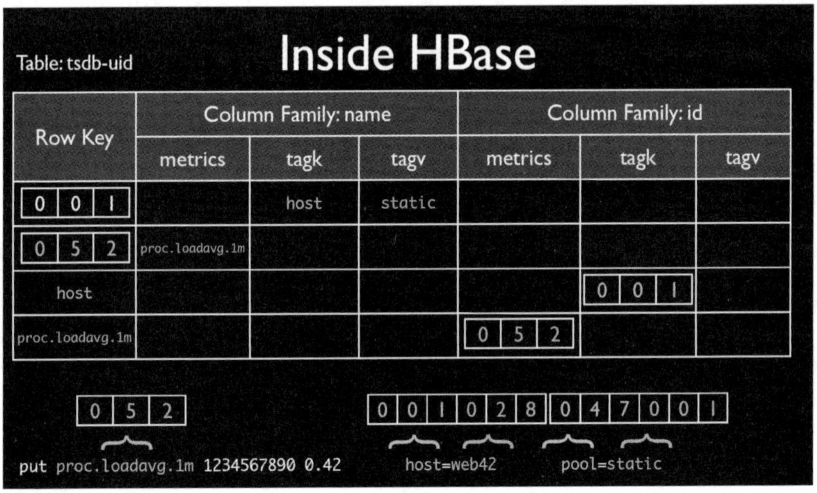

Table: tsdb-uid

Inside HBase

Row Key	Column Family: name			Column Family: id		
	metrics	tagk	tagv	metrics	tagk	tagv
0 0 1		host	static			
0 5 2	proc.loadavg.1m					
host					0 0 1	
proc.loadavg.1m				0 5 2		

0 5 2　　0 0 1 0 2 8 0 4 7 0 0 1

put proc.loadavg.1m 1234567890 0.42 host=web42 pool=static

图 9-7　OpenTSDB 在 HBase 中的 tsdb-uid 表结构（引自 2012 年 HBaseCon 上的演讲“Lessons learned from OpenTSDB”）

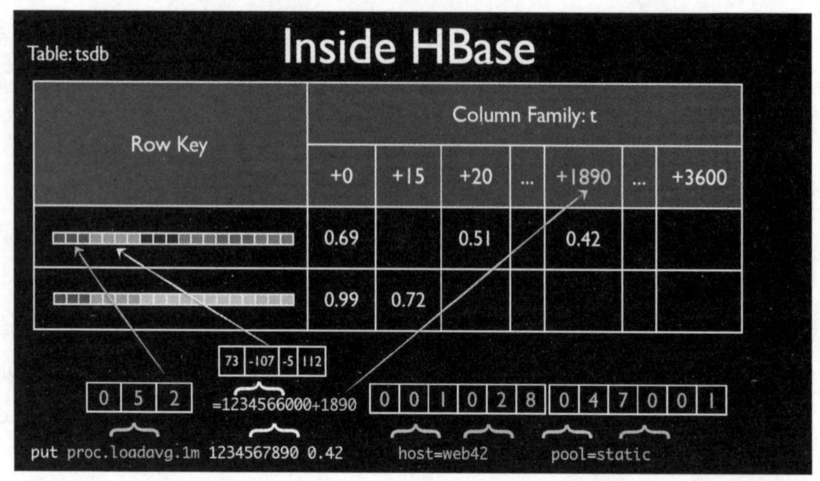

图 9-8　OpenTSDB 在 HBase 中的 tsdb 表结构（引自 2012 年 HBaseCon 上的演讲“Lessons learned from OpenTSDB”）

前文我们也提及过 tsdb-uid 表的主要作用是存储为 Metric 和 tagk（tag 的 key）、tagv（tag 的 value）分配的 UID，以便在 tsdb 表中使用这些 UID 来构建 Rowkey。让我们插入两个 Metric：proc.stat.cpu 和 proc.stat.mem，以及一条记录 proc.stat.cpu 1297574486 54.2 host=foo type=user，来观察一下表中的数据。首先看 tsdb-uid 表，如图 9-9 所示。

```
hbase(main):002:0> scan 'tsdb-uid'
ROW                                COLUMN+CELL
 \x00                              column=id:metrics, timestamp=1377094818601, value=\x00\x00\x00\x00\x00\x00\x00\x02
 \x00                              column=id:tagk, timestamp=1377093067289, value=\x00\x00\x00\x00\x00\x00\x00\x02
 \x00                              column=id:tagv, timestamp=1377093067346, value=\x00\x00\x00\x00\x00\x00\x00\x02
 \x00\x00\x01                      column=name:metrics, timestamp=1377092796962, value=proc.stat.cpu
 \x00\x00\x01                      column=name:tagk, timestamp=1377093067179, value=host
 \x00\x00\x01                      column=name:tagv, timestamp=1377093067234, value=foo
 \x00\x00\x02                      column=name:metrics, timestamp=1377094818606, value=proc.stat.mem
 \x00\x00\x02                      column=name:tagk, timestamp=1377093067292, value=type
 \x00\x00\x02                      column=name:tagv, timestamp=1377093067349, value=user
 foo                               column=id:tagv, timestamp=1377093067238, value=\x00\x00\x01
 host                              column=id:tagk, timestamp=1377093067182, value=\x00\x00\x01
 proc.stat.cpu                     column=id:metrics, timestamp=1377092796967, value=\x00\x00\x01
 proc.stat.mem                     column=id:metrics, timestamp=1377094818610, value=\x00\x00\x02
 type                              column=id:tagk, timestamp=1377093067295, value=\x00\x00\x02
 user                              column=id:tagv, timestamp=1377093067353, value=\x00\x00\x02
9 row(s) in 0.1060 seconds
```

图 9-9　插入两个 Metric 之后 tsdb-uid 表中的数据

从图 9-9 中的记录可知：

- 第一条记录的 Rowkey 为\x00，含 3 个字段：metrics、tagk 和 tagv，其值分别是已经添加的所有指标、标签名和标签值的数量。这条数据是系统生成和维护的。这里有两个

Metric：cpu 和 mem，两个 key：host 和 type，两个 value：foo 和 user，所以 Rowkey 为\x00 的 3 个数据的 value 都是 2；

- 每一个 metric、tagk 或者 tag value 在创建的时候会被分配唯一标识 UID，它们都分别从 0 开始计数，每来一个新的 metric、tagk 或者 tag value 对应的计数器就会加 1。

接下来看 tsdb 表，如图 9-10 所示。

```
hbase(main):001:0> scan 'tsdb'
ROW                                          COLUMN+CELL
 \x00\x00\x01MWeP\x00\x00\x01\x00\x0 column=t:Pk, timestamp=1377093067373, value=BX\xCC\xCD
 0\x01\x00\x00\x02\x00\x00\x02
1 row(s) in 0.4330 seconds
```

图 9-10　插入一条记录之后 tsdb 表中的数据

我们着重看一下 Rowkey，它的结构是这样的：

```
指标 UID + 时间戳（取整点时间，截取到小时粒度）+ 标签 1 的 key 的 UID + 标签 1 的 value 的
UID + ... + 标签 N 的 key 的 UID + 标签 N 的 value 的 UID
```

这种 Rowkey 结构是非常优秀的一种设计，我们来仔细分析一下它背后的设计考量和意图。

- 组成 Rowkey 的所有字段都是定长的，特别是 metrics、tagk、tagv 经过 UID 编码之后，使得字段定长变得简便易行。
- 使用 metrics 作为 Rowkey 的第一字段确保了 Rowkey 具有足够的散列性，避免了“热点”问题。
- tagk 和 tagv 成对出现且数量是不固定的，因此放在 Rowkey 的最后，可以自由添加。
- 时间戳的位置很巧妙，放在 metrics 之后是为了避免“热点”问题，放在所有的 tagk 和 takv 之前是因为 tagk 和 takv 的数量是不固定的，如果放在它们之后就无法在 Rowkey 中准确定位时间戳了。
- 对于时间戳的拆分则更加具有深意。一般来说，数据点的读取在时间上都有一定的关联性，某个时间点上的数据被读取之后，它后续的数据会很快被访问到。如果在 Rowkey 中使用完整的时间戳，会导致在读写时即使是时间上邻近的 Data Point 也需要单独的

Rowkey 检索才能获取，而将某个时间范围内（例如一小时内）的所有 Data Poin“聚集”存储，共享同一个 Rowkey，会使得在时间维度上检索邻近数据的效率大大提高。因此 OpenTSDB 的设计是将 Data Point 的时间戳按小时截取放入 Rowkey 中，让该小时内的秒数作为 qualifier，对应的 value 就是时间点的值。以图 9-10 中的数据为例，数据生成的时间戳是 1297574486 = 2011-02-13 13:21:26，MWeP = 01001101 01010111 01100101 01010000 = 1297573200 = 2011-02-13 13:00:00 （截取整点小时位），PK = 01010000 01101011 = 1286（从整点小时到记录时间的秒偏差，1286 秒正是 21 分钟 26 秒），1297573200 + 1286 正好等于 1297574486。

9.5 探索 HBase 二级索引[1]

众所周知，HBase 是没有二级索引的，它的查询高度依赖 Rowkey，这也是我们在上一节着重讨论的：如何在没有二级索引的前提下设计一个尽可能完美的 Rowkey 来支撑数据检索呢？无论怎样设计 Rowkey，都很难单纯依赖 Rowkey 实现基于索引的复杂条件查询，但是根据实际的项目需要，开发者希望 HBase 在保持高性能优势的同时能对复杂条件的查询给予一定的支持。本节我们将要介绍的正是一种在 HBase 现行机制下以非侵入式实现的基于二级多列索引的高性能复杂条件查询引擎。

在逻辑上，HBase 的表数据按 RowKey 进行字典排序，Rowkey 实际上是数据表的一级索引（Primary Index），由于 HBase 本身没有二级索引（Secondary Index）机制，基于索引检索数据只能单纯地依靠 Rowkey。为了支持多条件查询，开发者需要将所有可能作为查询条件的字段一一拼接到 Rowkey 中，这是 HBase 开发中极为常见的做法，但是无论怎样设计，单一 Rowkey 固有的局限性决定了它不可能有效地支持多条件查询。通常来说，Rowkey 只能针对条件中含有其首字段的查询给予令人满意的性能支持，在查询其他字段时，表现就差强人意了。在极端情况下，某些字段的查询性能可能会退化为全表扫描的水平，这是因为字段在 Rowkey 中的地位是

[1] 本节内容引自作者于 2014 年 7 月在 InfoQ 中文网发表的技术文章《HBase 高性能复杂条件查询引擎》，本节展示的源代码并不是原型项目的一部分。

不等价的，它们在 Rowkey 中的排位决定了它们被检索时的性能表现，排序越靠前的字段在查询中越具有优势，特别是首位字段具有特别的先发优势。如果查询中包含首位字段，检索时就可以通过首位字段的值确定 Rowkey 的前缀部分，从而大幅度地收窄检索区间，如果不包含，则只能在全体数据的 Rowkey 上逐一查找。由此可见，两者在性能上的差距。

受限于单一 Rowkey 在复杂查询上的局限性，基于二级索引的解决方案成为最受关注的研究方向，并且开源社区已经在这方面取得了一定的成果，如 ITHBase、IHBase 及华为的 hindex 项目，这些产品和框架都按照自己的方式实现了二级索引，各自具有不同的优势，也都有一定的局限性。本节阐述的方案借鉴了它们的一些优点，在确保非侵入的前提下，以高性能为首要目标，通过建立二级多列索引实现了对复杂条件查询的支持，同时通过提供通用的查询 API 及完全基于配置的索引结构，完全封装了索引的创建和使用细节，使之成为一种通用的查询引擎。

1. 原理

二级多列索引是针对目标记录的某个或某些列建立的“键-值”数据，以列的值为键，以记录的 Rowkey 为值，当以这些列为条件进行查询时，引擎可以通过检索相应的“键-值”数据快速找到目标记录。由于 HBase 本身并没有索引机制，为了确保非侵入性，引擎将索引视为普通数据存放在数据表中，所以索引与主数据的划分存储是引擎第一个需要处理的问题。为了获得最佳的性能表现，我们并没有将主数据和索引分表储存，而是将它们存放在了同一张表里，通过给索引和主数据的 Rowkey 添加特别设计的 Hash 前缀，实现了在 Region 切分时，索引能够跟随其主数据划归到同一 Region 上，即任意 Region 上的主数据其索引也必定驻留在同一 Region 上，这样我们就能把从索引抓取目标主数据的性能损失降到最小。与此同时，特别设计的 Hash 前缀还在逻辑上把索引与主数据进行了自动分离，当全体数据按 Rowkey 排序时，排在前面的都是索引，我们称之为索引区，排在后面的均为主数据，我们称之为主数据区。最后，不仅给索引和主数据分配不同的 ColumnFamily，又在物理存储上把它们隔离了。逻辑和物理上的双重隔离避免了将两类数据存放在同一张表里带来的副作用，防止了它们之间相互干扰，降低了数据维护的复杂性，可以说这是在性能和可维护性上达到的最佳平衡。

让我们通过一个示例来详细了解一下二级多列索引表的结构。如图 9-11 所示，假设有一张 Sample 表，使用四位数字构成 Hash 前缀，范围从 0000 到 9999，规划切分 100 个 Region，100

个 Region 的 Rowkey 区间分别为[0000,0099]、[0100,0199]……[9900,9999]。以 Region 1 为例，所有数据按 Rowkey 进行字典排序，自动分成了索引区和主数据区两段，主数据区的 ColumnFamily 是 d，下辖 q1、q2、q3 等 qualifier。为了简单起见，我们假定 q1、q2、q3 的值都是由两位数字组成的字符串，索引区的 ColumnFamily 是 i，它不含任何 qualifier，这是一个典型的"Dummy Column Family"，作为区别于 d 的另一个 Column Family，它的作用就是让索引独立于主数据单独存储。

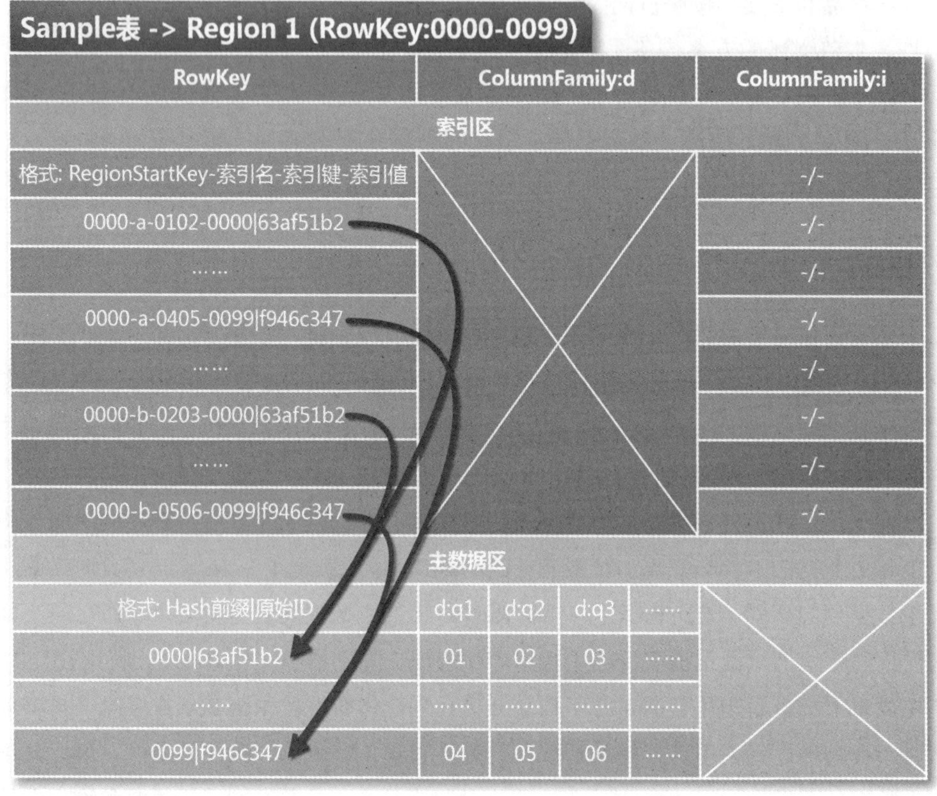

图 9-11　Sample 表 Region 1 的数据逻辑视图

接下来是最重要的部分，即索引和主数据的 Rowkey，我们先看主数据的 Rowkey，它由四位 Hash 前缀和原始 ID 两部分组成，其中 Hash 前缀是由引擎分配的一个范围在 0000 到 9999 之间的随机值，通过这个随机的 Hash 前缀可以让主数据均匀地散列到所有的 Region 上，因为

Region 1 的 Rowkey 区间是[0000,0099]，所以没有任何例外，凡是前缀为从 0000 到 0099 的主数据（且必须是）都被分配到了 Region 1 上。

接下来看索引的 Rowkey，它的结构要相对复杂一些，格式为“RegionStartKey-索引名-索引键-索引值”。与主数据不同，索引 Rowkey 的前缀部分虽然也由四位数字组成，但却不是随机分配的，而是固定为当前 Region 的 StartKey，这是非常重要而巧妙的设计。一方面，这个值处在 Region 的 Rowkey 区间中，它确保了索引必定跟随其主数据被划分到同一个 Region 里；另一方面，这个值是 Rowkey 区间中的最小值，这保证了在同一 Region 里所有索引会集中排在主数据之前。

接下来的部分是“索引名”，这是引擎给每类索引添加的一个标识，用于区分不同类型的索引，图 9-11 中展示了两种索引：a 和 b。索引 a 是为字段 q1 和 q2 设计的两列联合索引，索引 b 是为字段 q2 和 q3 设计的两列联合索引，依此类推，我们可以根据需要设计任意多列的联合索引。

再接下来就是索引的键和值了，索引键由目标记录各对应字段的值组成，而索引值就是这条记录的 Rowkey。现在，假定需要查询满足条件 q1=01 and q2=02 的 Sample 记录，分析查询字段和索引匹配情况可知应使用索引 a，也就是说我们首先确定了索引名。于是在 Region 1 上进行扫描的区间将从主数据全集收窄至[0000-a, 0000-b)。接着拼接查询字段的值，我们得到了索引键 0102。扫描区间又进一步收窄为[0000-a-0102, 0000-a-0103)，于是我们可以很快地找到 0000-a-0102-0000|63af51b2 这条索引，进而得到索引值，也就是目标数据的 Rowkey：0000|63af51b2。通过在 Region 内执行 Get 操作，最终得到了目标数据。需要特别说明的是这个 Get 操作是在本 Region 上执行的，这和通过 HTable 发出的 Get 操作有很大的不同，它专门用于获取 Region 的本地数据，其执行效率是非常高的，这也是我们一定要将索引和它的主数据放在同一张表的同一个 Region 上的原因。

2. 架构

在了解了引擎的工作原理之后，我们来看一下它的整体架构，如图 9-12 所示。

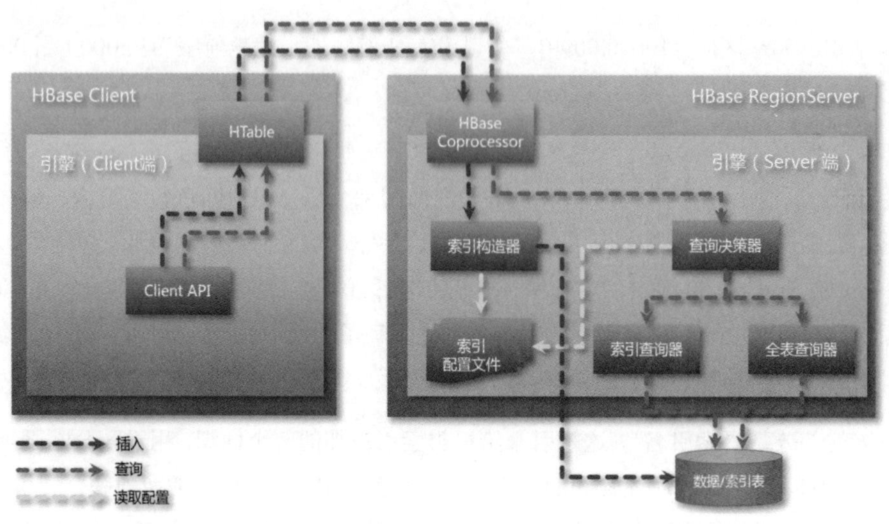

图 9-12　引擎的整体架构

引擎构建在 HBase 的 Coprocessor 机制之上，由 Client 端和 Server 端两部分构成，对于查询而言，查询请求从 Client 端经由 HTable 的 coprocessorExec 方法推送到所有的 RegionServer 上。RegionServer 接收到查询请求后使用“查询决策器”分析查询条件，比对索引元数据，在找到适合该查询的最优索引后，解析索引区间，然后委托“索引查询器”基于给定的最优索引和解析区间进行数据检索，如果没有找到合适的索引则委托“全表查询器”进行全表扫描。当各 RegionServer 的局部查询结果返回之后，引擎的 Client 端还负责对它们进行合并汇总和排序，从而得到最终的结果集。对于插入而言，当主数据试图写入时会被 Coprocessor 拦截，委托“索引构造器”根据“索引配置文件”创建指向当前主数据的所有索引，然后一同插入数据表中。

让我们深入地了解一下引擎的几个核心组件。对于引擎的客户端来讲，最重要的组件是一套用于表达复杂查询请求的 Query API，在这套 API 的设计上我们借鉴了 IHBase 的一些做法，通过对查询条件（Condition）进行抽象和建模，得到一套典型的基于“复合模式（Composite Pattern）”的 Class Hierarchy，使之能够优雅地表达基于 AND 和 OR 的多重复合条件。以图 9-11 所示的 Sample 表为例，使用 Query API 构造一个查询条件为“(q1=01 and q2<02) or (q1=03 and q2>04)”的查询请求的 Java 代码如下：

```
private static Query createQuery(){
    Query query = new Query();
```

```
    query.setTable("Sample");
    Condition condition = Condition.or(
        Condition.and(
            Condition.condition("d", "q1", Operator.EQ, "01"),
            Condition.condition("d", "q2", Operator.LT, "02")
        ),
        Condition.and(
            Condition.condition("d", "q1", Operator.EQ, "03"),
            Condition.condition("d", "q2", Operator.GT, "04")
        )
      );
    query.setCondition(condition);
    return query;
}
```

查询请求到达 Server 端以后，由 Coprocessor 委派“查询决策器”进行分析以确定使用何种查询策略应对，这是查询处理流程上的一个关键节点。“查询决策器”需要分析查询请求的各项细节，包括条件字段、排序字段和排序，然后和索引的元数据进行比对找出性能最优的索引。有时候对于一个查询请求可能会有多个适用索引，但是查询性能却有高低之分，因此需要对每一个候选索引进行性能评估，找出最优者。性能评估的方法是看哪个索引能最大限度地收窄检索区间。索引的元数据来自索引配置文件，下面的 XML 展示了一份简单的索引配置，配置中描述的正是图 9-11 中使用的索引 a 和 b 的元数据，索引元数据主要由索引名和一组 field 组成，filed 描述的是索引针对的目标列（ColumnFamily:qualifier）。实际的索引配置通常比我们看到的这份配置复杂，因为在生成索引时有很多细节需要通过索引配置给出指引。例如，如何处理不定长字段、目标列使用正序还是倒序（如时间数据在 HBase 中经常需要按补值进行倒序处理）、是否需要使用自定义格式化器对目标列的值进行格式化等。

```
<?xml version="1.0" encoding="UTF-8"?>
<indexes xmlns:xsi="http://www.w3.org/2001/XMLSchema-instance"
        xsi:noNamespaceSchemaLocation="index-conf.xsd">
    <index>
        <name>a</name>
```

```
        <table>Sample</table>
        <fields>
            <field columnFamily="d" qualifier="q1" length="2"/>
            <field columnFamily="d" qualifier="q2" length="2"/>
        </fields>
    </index>
    <index>
        <name>b</name>
        <table>Sample</table>
        <fields>
            <field columnFamily="d" qualifier="q2" length="2"/>
            <field columnFamily="d" qualifier="q3" length="2"/>
        </fields>
    </index>
</indexes>
```

在确定最优索引之后，“查询决策器”开始基于最优索引对查询条件进行解析，解析的结果是一组索引区间，区间内的数据未必都满足查询条件，但却是通过计算所能得到的最小区间，“索引查询器”就在这些区间上进行检索，通过配备的专用 Filter 对区间内的每一条数据进行最后的匹配判断。如图 9-13 所示，展示了一个条件为 q1=01 and 01<=q2<=03 的查询请求在 Sample 表 Region 1 上的解析和执行过程。

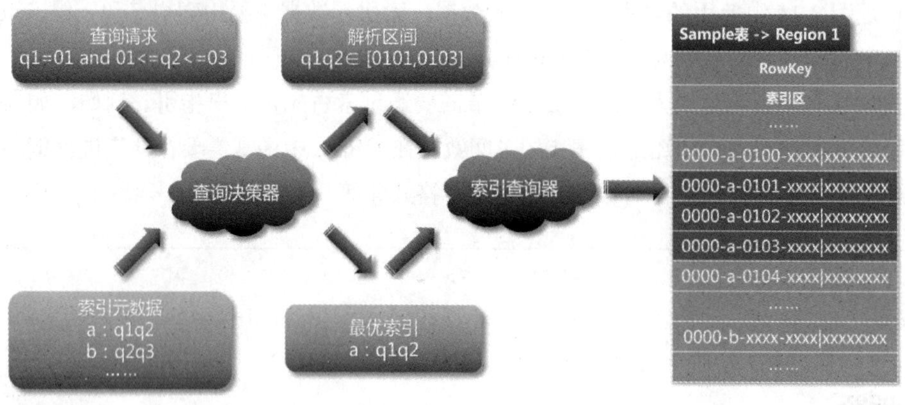

图 9-13　查询请求 q1=01 and 01<=q2<=03 在 Sample 表 Region 1 上的解析和执行过程

对于那些找不到索引的查询请求来说，“查询决策器”将委派“全表查询器”处理，“全表查询器”将跳过索引区，从主数据区开始通过配备的专用 Filter 进行全表扫描。显然，相对于索引查询，全表扫描的执行效率是很低的，它在所有索引都不适用的情况下起到“托底”的作用，以保证任意复杂条件的查询都能得到处理。所以这里引出一个非常重要的问题，就是在索引查询和全表扫描之间的选择与权衡问题。通常人们总是希望所有的查询都越快越好，虽然从理论上讲建立覆盖任意条件查询的索引是可能的，但这是不现实的，因为创建索引是有代价的，除了占用大量的存储空间，还会影响数据插入的性能，所以不能无节制地创建索引。理性的做法是分析并筛选出最为常用的查询，针对这些查询建立相应的索引，优化查询性能。而对于那些较为“生僻”的查询则使用全表扫描的方式进行处理，以此在存储成本、插入性能和查询性能之间找到一种理想的平衡。最后要补充说明的是，不管是使用索引查询还是进行全表扫描，这些动作都是通过 Coprocessor 机制分发到所有 Region 上并发执行的，即使全表扫描，其性能也将远超过 HBase 原生的 Scan 操作！

综合前文所述，HBase 方案主要有如下几个显著的优势：

- 高性能：引擎的高性能源自两方面，一是二级多列索引，二是基于 Coprocessor 的并行计算；
- 非侵入性：引擎构建在 HBase 上，没有对 HBase 进行任何改动，也不需要上层应用做任何妥协；
- 高度可配置：索引元数据是完全基于配置的，可以轻便灵活地创建和维护索引；
- 通用性：引擎的前端查询接口和后端索引处理都是基于通用目标设计的，不依赖任何具体表。

限于 HBase 自身的特点，方案本身也有一定的局限性：一是它不能支持所有的条件查询，这一点前文已经给出了分析和建议；二是在插入主数据时需要伴随插入多份索引，从而对写入性能产生了一定的影响，如何控制写入和查询的竞争关系需要根据系统的读写比进行权衡，对于数据写入实时性要求不高或者数据是离线导入的系统来说，可以考虑使用批量导入工具，特别是以直接生成 HFile 的方式导入，可以在很大程度上消除引入索引后的写入压力。

第 10 章 作业调度

对于任何一个大数据平台来说，作业调度都是不可或缺的基础设施。大数据平台上会存在大量形式多样的作业，这些作业会以 Hive 脚本、Shell 脚本、Java 程序等多种不同的形式存在，只有通过作业调度将它们串联在一起才能形成一个完整的数据流（Data Pipeline），从而驱动整个大数据平台运转。如何组织与编排这些作业使其能前后衔接、步调一致地完成数据处理，是作业调度的核心工作。本章我们将对作业调度展开详细的讨论。

10.1 技术堆栈与选型

现在业界有很多成熟的作业调度管理工具可选择，较为主流的有 Oozie、Azkaban 和 airflow。这三款工具被广泛使用，各有特点，我们逐一了解一下。

1. Oozie

Oozie 是老牌的大数据作业调度工具，也是 Hadoop 生态圈早期唯一的工作流引擎，Oozie 是完全面向 Hadoop 生态环境设计的，内置了很多面向 Hadoop 的组件，开发者可以直接在 Oozie 里配置 HDFS、Map-Reduce、Pig 和 Spark 作业，它也支持 Java 和 SSH 等通用型作业。整体上来讲，Oozie 对于大数据平台非常友好，基于输入和输出事件的作业触发机制会大大降低管理作业依赖的难度，但是它的 XML 配置较为烦琐。

2. Azkaban

Azkaban 是 LinkedIn 开源的一款任务调度工具。早期的 Azkaban 使用 properties 文件描述作业，最新的版本已经改用更简洁和高效的 YAML 文件来配置了。Azkaban 相较于 Oozie 更轻量一些，但同样能够调度 HDFS、Map-Reduce 和 Pig 作业。Azkaban 的作业调度是基于时间的，不支持输入和输出事件，但是可以通过配置作业间的依赖关系来解决。此外，Azkaban 有比较好的权限控制体系，可以控制用户对作业的读、写、执行等权限。

3. Airflow

Airflow 也是一个势头强劲的工作流引擎，它有比较好的扩展机制，大数据平台上的各种主流作业类型都可以找到相应的支持插件。Airflow 基于有向无环图（Directed Acyclical Graphs，DAG）设计工作流，通过 DAG 可以有效地设置任务依赖关系。值得注意的是，Airflow 使用 Python 描述作业，这相比于 Oozie 的 XML 和 Azkaban 的 YAML 要有更强的描述性，但是门槛也相对较高。

上述三种主流引擎各有各的特点，可以说难分伯仲，很多团队选择工作流引擎时更多的时候是看团队成员在哪些工具上有过经验，它们在功能性上并没有悬殊的差距。我们的原型项目选择了 Oozie，所以本章后续的内容都将围绕 Oozie 展开。

10.2 需求与概要设计

在批处理这条线上，我们的原型项目建设已经历经了数据采集和数仓建设两个重要的阶段，所有相关操作都已通过 Shell 脚本封装，以命令行接口的形式暴露了出来，现在只差最后一步了，那就是通过工作流将所有的作业编排在一起，然后周期性地运行，这就是“作业调度”。

在设计工作流之前，我们要梳理一下现有的作业。原型项目上对应数据采集和数仓两个环节的子项目是 bdp-import 和 bdp-dwh。由于后者已经集成了前者的全部工作，所以我们所有的作业都集中在 bdp-dwh 项目上了。在第 8 章的介绍中我们已经了解到，所有的作业接口都已经聚集到了 bdp-dwh-1.0/bin 目录下的 Shell 文件中：

```
dmt-infra-metric.sh
dmt-master-data.sh
dwh-bdp-master.sh
dwh-bdp-metric.sh
src-bdp-master.sh
src-bdp-metric.sh
```

bdp-dwh 是分层来组织接口的。SRC 层和 DWH 层是面向数据源构建的，所以它们的组织粒度就是数据源。针对数据源 bdp_master，在 SRC 层上有 src-bdp-master.sh，在 DWH 层上有 dwh-bdp-master.sh，同样地，针对数据源 bdp_metric，在 SRC 层上有 src-bdp-metric.sh，在 DWH 层上有 dwh-bdp-metric.sh。当上升到 DMT 层后，接口将转变为以面向主题的方式进行组织，我们有两个主题，一个是与主数据有关的 master-data 主题，另一个是以 Metric 事实数据为核心的 infra-metric 主题。我们在本章要完成的任务是将这些作业合理地组织在一起，并周期性地自动执行。

10.3 工作流的组织策略

通常情况下，当项目进入工作流的开发阶段时，所有作业（具体来说就是 bdp-dwh 的 Shell 文件中暴露出的各种接口）都已基本就绪了。在设计工作流时，首先要考虑的是依据什么样的策略将这些作业组织在一起，就像我们要做一桌菜，所有菜品的原材料都已经清洗、改刀准备妥当了，选择哪些原材料组成一道什么样的菜是厨师需要思考的。

如果从业务的角度切入，我们可以依据业务梳理出若干工作流，然后将作业划分到对应的工作流里，这似乎总是对的，但实际的情况并不会这么简单。例如，某个作业（如某张公共维度表的构建）的结果表会被多个工作流使用，则它们的描述文件中都会把这个作业涵盖进去，那么这项作业会在多个工作流中被声明多次，从编码的角度上看这是一种代码冗余，如果这个作业需要改动，开发人员要进行多处修改。另外，对于重复声明的同一个作业，工作流引擎必须确保这个作业在同一个周期内运行且只运行一次，这又会涉及复杂的依赖管理，配置起来并不简单。还有一种情况，某些数据表可能并不会被现在的上层业务用到，但是从构建数仓体系的角度出发，这些表也都需要被相关作业处理，如果工作流是以业务为导向组织的，就很难把它们划归到合适的工作流里。

以原型项目为例，DMT 层中的各类主题就是以业务导向来划分的，如果按照数据主题从上到下垂直切分，将一个数据主题在 DMT 层上的表及其依赖的 DMH 层和 SRC 层的表的构建作业划分到一起，会得到切分方案，如图 10-1 所示。

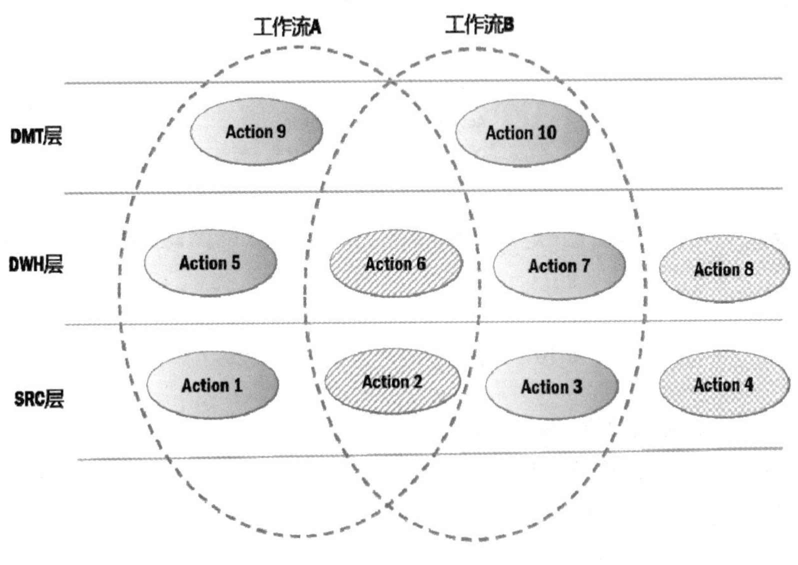

图 10-1 基于业务的工作流组织策略

图 10-1 中工作流 A 涵盖 Action 1、2、5、6、9，工作流 B 涵盖 Action 2、3、6、7、10，一个 Action 可以理解为一张表的构建作业（具体地说就是 bdp-dwh 中构建某张数据表的命令

行）。这种以业务为导向的作业切分方式会从最上层的数据主题开始向下倒推，逐一囊括所有依赖的表，当主题层的某项数据出错时，可以沿着工作流逐一排查各个节点。但是这一方案也有明显的短板，就是 Action 2 和 6 被两个工作流重复包含，而 Action 4 和 8 又没有被任何工作流包含。

除了业务角度，还有一个切入角度，就是根据数仓分层处理，即 SRC 层先处理，然后是 DWH 层，最后是 DMT 层。分层处理的好处是，简化了作业间的依赖，易于配置和管理，缺点是很难从业务的角度梳理出作业间的关系，因为作业是按非业务关系组织的，当某个业务功能出现问题时很难从工作流这个层面收窄问题“区间”。

同样以我们的数仓系统为例，总计有 3 个大的分层，如果按层组织作业，则如图 10-2 所示。

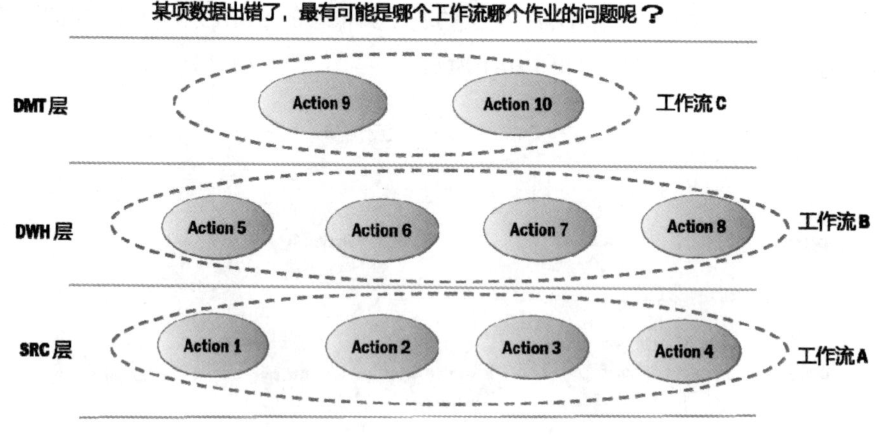

图 10-2　基于分层的工作流组织策略

工作流 A、B、C 分别负责 SRC 层、DWH 层和 DMT 层的构建，执行顺序为 A→B→C。显然这一方案不会有任何重叠或遗漏的 Action，并且会大大地简化作业间的依赖，因为大多数依赖都是上层数据表对下层数据表的依赖，使用自下而上的分层构建方式可以自然地化解这种依赖。但是这样的切分方式也有不理想的地方，它无法体现业务的边界，这其实是很糟糕的，同一个工作流内的作业应该具有很强的业务内聚性。说直白些就是它们是因为同一个目标才被组织到一起的，如果按业务边界进行切分能揭示它们之间在业务上的关联关系，便于错误排查与数据核对，而分层构建将丢失这些优势。

那么有没有更好的方案呢？答案是肯定的，我们可以试着将上述两种方案融合起来，取长补短，得到第三种较为理想方案，如图 10-3 所示。

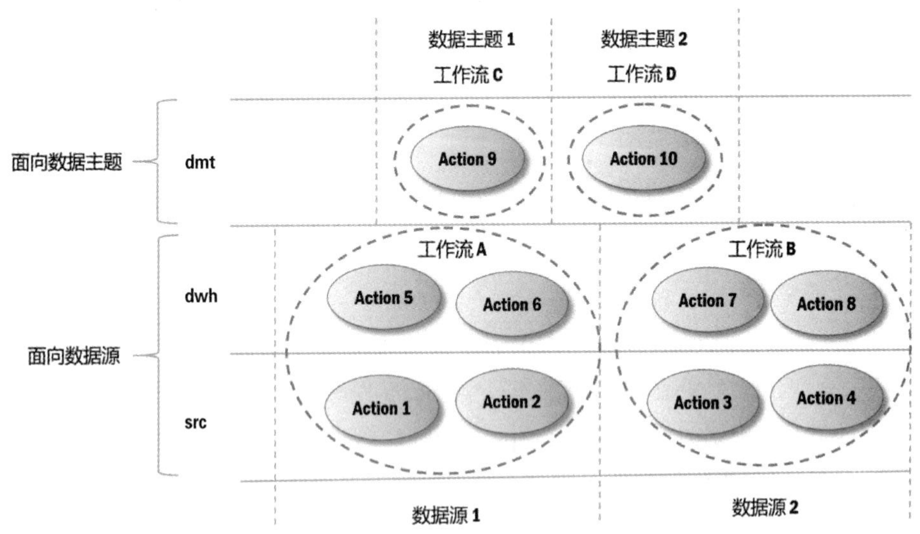

图 10-3　综合上层业务和下层数据源的工作流组织策略

这一方案的基本思想是，综合使用按业务（数据主题）和按数据源两种切分方式，在上层（也就是 DMT 层）按数据主题组织，在下层（也就是 SRC 和 DWH 两层）按数据源组织。在宏观构建顺序上先执行数据源层的作业，再执行数据主题层的作业。其中数据源层的作业会按数据源进行二次切分，每个数据源对应一个工作流，该工作流会涵盖对应数据源上所有数据表从数据采集到 SRC 层再到 DWH 层的构建工作，因为 SRC 和 DWH 两层本身就是面向数据源设计的，针对每一张数据表在这两层上都有对应的作业，所以以数据表为单位，将 TMP 层→SRC 层→DWH 层的作业组织到一个工作流中是面向数据源构建工作流的主要策略。当数据源层的作业执行完成后，也就意味着数据主题层依赖的下层作业都已就绪，就可以启动数据主题相关的作业了，数据主题层的作业往往有很多同层内的横向表间依赖，如构建事实表之前要确保它所依赖的所有维度表都已构建完成等。

如图 10-3 所示，DWH 和 SRC 两层被界定为面向数据源的分层，因此针对数据源 1 和 2 各有两个独立的工作流 A 和 B，在数据主题层上，针对数据主题 1 和 2 有两个工作流 C 和 D，宏观上的工作流执行顺序是 A→B→C→D，其中 A、B 之间无依赖，是可以并行的。对于工作流

A 内部的作业执行顺序，如果 Action 1 和 5 对应一张数据表在 SRC 和 DWH 两层上的处理，Action 2 和 6 是另一张表在 SRC 和 DWH 两层上的处理，那么其执行顺序是 Action 1→Action 5、Action 2→Action 6，这两组之间没有依赖，也可以并行。我们的原型项目使用的正是这种方案，后面还会详细介绍。

10.4 工程结构

现在我们进入原型项目 bdp-workflow 的介绍。首先介绍一下这个工程的结构。和很多大数据项目一样，如何组织基于 Oozie 的工程项目也是一些团队在项目启动初期思考的问题。一方面，Oozie 的主要代码是 XML 文件而非 Java 或 Scala 程序，另一方面，XML 文件的组织与我们对工作流的切分有密切的关系，所以 bdp-workflow 子项目的工程结构也是值得介绍的，对很多团队都有参考价值。bdp-workflow 的工程结构如图 10-4 所示。

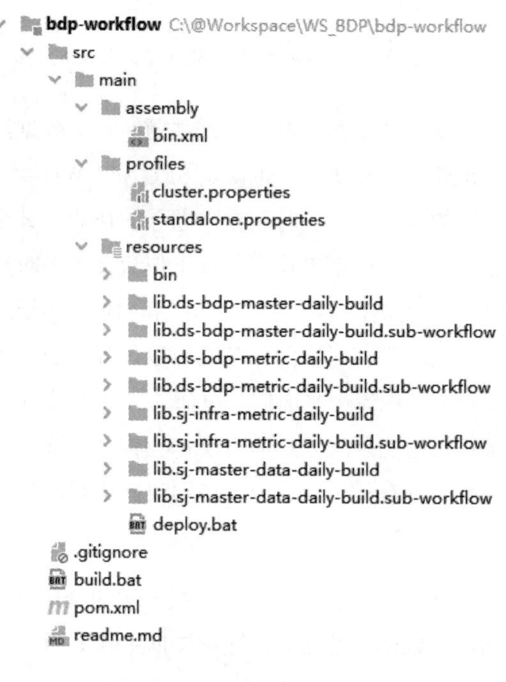

图 10-4　bdp-workflow 的工程结构

在这个基于 Maven 构建的项目里，有如下一些文件夹。

1. src/main/assembly

用于存放 maven-assembly-plugin 打包的配置文件，bdp-workflow 项目构建的产出物是一个 zip 包，在服务器上解压之后，通过执行相应的 Shell 脚本即可提交相关作业。

2. src/main/profiles

配合 Maven 的 profile 机制，用于存放不同环境下的差异变量。该文件夹下往往包含 dev.properties、stg.properties 和 prd.properties 等面向不同环境提供的 profile properties 文件，原型项目统一提供的是面向七节点集群的 cluster 和单一节点集群的 standalone 两套 profile 配置。

3. src/main/resources/bin

主要用于放置项目的 Shell 脚本，该项目拥有一个名为 bdp-workflow.sh 的入口文件，所有命令都集成在这个 Shell 文件中，通过这个文件驱动工程的执行。

4. src/main/resources/lib

用于存放各个模块的工作流配置文件，即 XML 文件。这些模块正是按照 10.3 节所讲述的第三种方式进行组织的。面向数据源的工作流会带 ds（即 data source 的缩写）前缀，后接数据源名称，如 ds-bdp-master-daily-build 和 ds-bdp-metric-daily-build；面向数据主题的工作流会带 sj（即 subject 的缩写）前缀，后接数据主题名称，如 sj-master-data-daily-build 和 sj-infra-metric-daily-build。模块的名称很重要，因为一个模块会包含一个同名的 coordinator 并可以独立提交执行，所以模块名就是提交 coordinator 时的参数，通过这个参数项目会找到对应模块下的文件并执行。

不管是一个数据源还是一个数据主题，它们都会包含很多张表，如果把这些作业展开平铺到一个 workflow 配置文件中，这个文件会非常臃肿。我们的做法是把每一张表的构建工作封装成一个独立的子工作流，然后在主工作流文件中调用它们。为此，每一个模块的文件夹中都配备了一个名为 sub-workflow 的子文件夹，用来放置单表的工作流文件。

以 ds-bdp-master 模块为例，其接口级别的配置文件有两个：

```
coordinator.xml
workflow.xml
```

构建单表的子工作流都放置在了子文件夹 sub-workflow 下，一个文件对应一张表：

```
app.xml
metric-index.xml
metric-threshold.xml
server.xml
```

10.5 项目构建

现在，让我们开始构建项目，bdp-workflow 的构建同样保持了与其他子项目一致的风格，检出代码后进入模块的根目录，键入命令：

```
build.bat cluster
```

脚本会构建项目并部署至远程服务器，执行成功之后使用 bdp-workflow 用户登录服务器，这时在 home 目录下会出现已经部署好的 bdp-workflow 工程目录，使用 tree 命令可以查看部署好的工程结构：

```
[bdp-workflow@gateway1 ~]$ tree bdp-workflow-1.0/
bdp-workflow-1.0/
├── bin
│   ├── bdp-workflow.sh
│   └── util.sh
└── lib
    ├── ds-bdp-master-daily-build
    │   ├── coordinator.xml
```

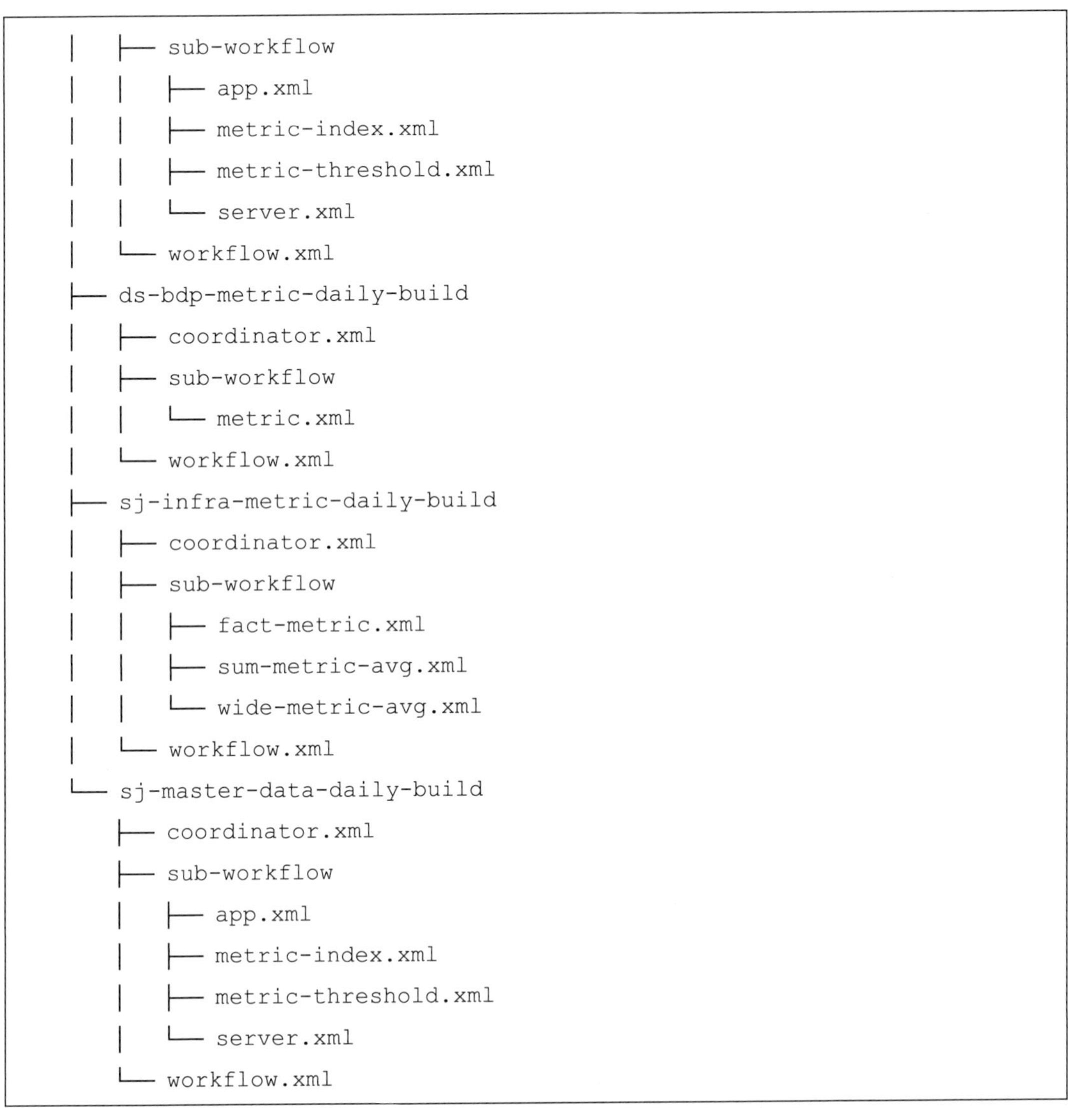

```
|   ├── sub-workflow
|   |   ├── app.xml
|   |   ├── metric-index.xml
|   |   ├── metric-threshold.xml
|   |   └── server.xml
|   └── workflow.xml
├── ds-bdp-metric-daily-build
|   ├── coordinator.xml
|   ├── sub-workflow
|   |   └── metric.xml
|   └── workflow.xml
├── sj-infra-metric-daily-build
|   ├── coordinator.xml
|   ├── sub-workflow
|   |   ├── fact-metric.xml
|   |   ├── sum-metric-avg.xml
|   |   └── wide-metric-avg.xml
|   └── workflow.xml
└── sj-master-data-daily-build
    ├── coordinator.xml
    ├── sub-workflow
    |   ├── app.xml
    |   ├── metric-index.xml
    |   ├── metric-threshold.xml
    |   └── server.xml
    └── workflow.xml
```

启停等若干操作命令都集成在 bdp-workflow-1.0/bin/bdp-workflow.sh 文件里，使用 help 命令可以查看各类操作：

```
====================  PROJECT [ BDP-WORKFLOW ] USAGE  ==================
```

```
# 说明：初始化工作流，将工作流配置文件部署到 HDFS
bdp-workflow-1.0/bin/bdp-workflow.sh init

# 说明：提交 coordinator，指定作业排期的起止时间
bdp-workflow-1.0/bin/bdp-workflow.sh submit COORDINATOR_NAME START_TIME EN
D_TIME

# 示例：提交 bdp-master 在数据源层的 coordinator，作业排期从 2018-09-02 到 2018-09-0
3，由于作业采集的是 T-1 的数据，所以这个命令处理的是从 2018-09-01 到 2018-09-02 的数据
bdp-workflow-1.0/bin/bdp-workflow.sh submit ds-bdp-master-daily-build '201
8-09-02T00:00+0800' '2018-09-03T00:00+0800'

# 说明：提交全部的 coordinator，指定作业排期的起止时间
bdp-workflow-1.0/bin/bdp-workflow.sh submit-all COORDINATOR_NAME START_TIM
E END_TIME

# 示例：提交全部的 coordinator，作业排期从 2018-09-02 到 2018-09-03，由于作业采集的是
T-1 的数据，所以这个命令处理的是从 2018-09-01 到 2018-09-02 的数据
bdp-workflow-1.0/bin/bdp-workflow.sh submit-all '2018-09-02T00:00+0800' '2
018-09-03T00:00+0800'
```

在初次部署时，必须要执行一次：

```
bdp-workflow-1.0/bin/bdp-workflow.sh init
```

以上命令用来初始化系统，其主要工作是将本地的工作流配置文件上传到 HDFS 上，因为 Oozie 都是从 HDFS 上读取工作流配置文件的。

完成初始化之后，可以选择执行一个工作流做一下测试：

```
bdp-workflow-1.0/bin/bdp-workflow.sh submit ds-bdp-master-daily-build 2018
-09-02T00:00+0800 2018-09-03T00:00+0800
```

以上命令是将 bdp_master 数据源上 2018-09-01 这一天的 5 张表的数据逐一采集到 tmp 层，然后构建 src 层和 dwh 层的对应表，从而完成该数据源在数仓上的 daily 构建工作。工作流的所有时间窗口都是半闭半开区间，命令行中的开始时间 2018-09-02T00:00+0800 是“闭区间”，这个时间点是被包含的，而结束时间 2018-09-03T00:00+0800 则是“开区间”，是不包含在时间窗口内的，因此对于这个 daily 的工作流只会被执行一次，也就是 2018-09-02 凌晨这一次。又因为这个作业是处理过去 *T*-1 天数据的，所以实际被采集和处理的是 2018-09-01 这一天的数据。

10.6 实现工作流

接下来我们要详解讲解一个工作流是如何实现的，但在此之前，我们需要先对 Oozie 进行一些背景性的介绍。Oozie 针对作业调度抽象出了三个重要的概念：workflow、coordinator 和 bundle。workflow 是对一个工作流的具体描述，一个工作流由多个 action（action 是一个可独立完成的操作，执行一个命令行、运行一条 SQL 都可以视为一个 action）组成，action 之间可以串行也可以并行，工作流包含分支（Fork/Join）及嵌套子工作流（sub-workflow）。workflow 只定义了“做什么”，并没有描述“什么时间做”，几乎所有的作业都需要周期性地执行，所以还需要一套作业排期机制，这个工作在 Oozie 中是由 coordinator 负责的，它类似于 Linux 上的 cron，而 coordinator 也确实支持 cron 的周期描述语法，但是 coordinator 区别于一般 scheduling 工具的地方在于，除一般的时间触发条件外，它还支持基于“事件”的触发条件，这一机制非常重要，通过事件可以有效地协调和管理作业间的依赖。当“做什么”和“什么时间做”都描述清楚后，理论上，作业调度的开发工作也就基本完成了，但是有时我们还需在 coordinator 的基础上再组装一下，形成一个完整的数据流（Data Pipeline），这一动作是通过 bundle 完成的。一个 bundle 通常会包含多个 coordinator，这些 coordinator 在更大尺度的业务流程上有上下游的依赖关系。bundle 所代表的 Data Pipeline 和 workflow 的区别在于，一般 Data Pipeline 会跨越多个系统，从数据源采集开始，到数仓，最后到达数据展示的终端，而 workflow 的范围要小一些，通常描述一个系统内的数据流转。

本节会从 workflow 开始讲解，再引申到 coordinator。原型项目中设计了 4 个工作流，分别是 build-ds-bdp-master、build-ds-bdp-metric、build-sj-master-data 和 build-sj-infra-metric，这 4 个工作流的定义文件分别为：

```
lib/ds-bdp-master-daily-build/workflow.xml
lib/ds-bdp-metric-daily-build/workflow.xml
lib/sj-infra-metric-daily-build/workflow.xml
lib/sj-master-data-daily-build/workflow.xml
```

这 4 个工作流是我们的顶层工作流，由于每一个工作流涉及的操作比较多，为了更好地组织它们，我们将单表操作封装在独立的子工作流中，然后在顶层工作流中调用它。以 build-ds-bdp-master（即 lib/ds-bdp-master-daily-build /workflow.xml）这个工作流为例，它的定义如下：

```
<workflow-app name="build-ds-bdp-master" xmlns="uri:oozie:workflow:0.5">

    <global>
        <job-tracker>${cluster.resourcemanager}</job-tracker>
        <name-node>hdfs://${cluster.namenode}</name-node>
    </global>

    <start to="build-app"/>

    <action name="build-app">
        <sub-workflow>
            <app-path>${app.hdfs.home}/lib/ds-bdp-master-daily-build/sub-wor
kflow/app.xml</app-path>
            <propagate-configuration/>
        </sub-workflow>
        <ok to="build-server"/>
        <error to="kill"/>
    </action>

    <action name="build-server">
        <sub-workflow>
            <app-path>${app.hdfs.home}/lib/ds-bdp-master-daily-build/sub-wor
```

```
kflow/server.xml</app-path>
            <propagate-configuration/>
        </sub-workflow>
        <ok to="build-metric-index"/>
        <error to="kill"/>
    </action>

    <action name="build-metric-index">
        <sub-workflow>
            <app-path>${app.hdfs.home}/lib/ds-bdp-master-daily-build/sub-wor
kflow/metric-index.xml</app-path>
            <propagate-configuration/>
        </sub-workflow>
        <ok to="build-metric-threshold"/>
        <error to="kill"/>
    </action>

    <action name="build-metric-threshold">
        <sub-workflow>
            <app-path>${app.hdfs.home}/lib/ds-bdp-master-daily-build/sub-wor
kflow/metric-threshold.xml</app-path>
            <propagate-configuration/>
        </sub-workflow>
        <ok to="end"/>
        <error to="kill"/>
    </action>

    <kill name="kill">
        <message>Action failed, error message[${wf:errorMessage(wf:lastErro
rNode())}]</message>
    </kill>
```

```
    <end name="end"/>

</workflow-app>
```

在以上配置中，首先配置了两个必要的全局变量：job-tracker 和 name-node，这两个变量的值与集群环境密切相关，所以会使用 Maven 变量进行指代，在构建时会根据目标环境的配置进行替换。接下来是工作流的主要配置内容，Oozie 的工作流与常规意义上的工作流（如 UML 中的活动图）区别不大，基本上遵循一种相对固定的模式，以<start>...</star>节点开始，以<end>...</end>节点结束，中间是一系列的<action>...</action>节点，action 里可以定义各种各样的作业类型。在 build-ds-bdp-master 工作流中有 4 个 action：build-app、build-server、build-metric-index 和 build-metric-threshold，这 4 个 action 都是子工作流（sub-workflow），分别对应于 bdp_master 数据源下的 app、server、metric_index 和 metric_threshold 4 张数据表的单表构建作业。以 app 这个子工作流为例，它的位置是 lib/ds-bdp-master-daily-build/sub-workflow/app.xml，内容如下：

```
<workflow-app name="build-ds-bdp-master :: app :: data source -> tmp -> src
 -> dwh" xmlns="uri:oozie:workflow:0.5">

    <start to="build-src-app"/>

    <action name="build-src-app">
        <ssh xmlns="uri:oozie:ssh-action:0.1">
            <host>${bdp-dwh.ssh.host}</host>
            <command>${bdp-dwh.app.bin.home}/src-bdp-master.sh</command>
            <args>build-app</args>
            <args>${START_TIME}</args>
            <args>${END_TIME}</args>
            <capture-output/>
        </ssh>
        <ok to="build-dwh-app"/>
        <error to="kill"/>
```

```
    </action>

    <action name="build-dwh-app">
        <ssh xmlns="uri:oozie:ssh-action:0.1">
            <host>${bdp-dwh.ssh.host}</host>
            <command>${bdp-dwh.app.bin.home}/dwh-bdp-master.sh</command>
            <args>build-app</args>
            <args>${START_TIME}</args>
            <args>${END_TIME}</args>
            <capture-output/>
        </ssh>
        <ok to="flag-done"/>
        <error to="kill"/>
    </action>

    <action name="flag-done">
        <fs>
            <touchz path='hdfs://${cluster.namenode}${app.hdfs.user.home}/do
ne-flags/${DATE_FLAG}/ds-bdp-master/app/_SUCCESS'/>
        </fs>
        <ok to="end"/>
        <error to="kill"/>
    </action>

    <kill name="kill">
        <message>Action failed, error message[${wf:errorMessage(wf:lastErro
rNode())}]</message>
    </kill>

    <end name="end"/>
```

```
</workflow-app>
```

诚如这个工作流的名称“build-ds-bdp-master :: app :: data source -> tmp -> src -> dwh”所言，它要完成的工作是将数据源 bdp_master 里的 app 数据从数据源采集到数仓的 TMP 层，然后构建 SRC 层和 DWH 层上的 app 表。其中，从数据源到 src 层的构建工作是通过 build-src-app 实现的，这个 action 会通过 SSH 远程访问部署了 bdp-dwh 项目的节点，在上面执行以下命令行：

```
/home/bdp-dwh/bdp-dwh-1.0/bin/src-bdp-master.sh build-app START_TIME END_TIME
```

Oozie 的 SSH action 包含主机名（<host>....</host>）、命令（<command>....</command>）和若干个命令参数（<args>....</args>）。以 build-src-app 为例，它的 host 值是 Maven 管理的变量 ${bdp-dwh.ssh.host}，该变量在构建时会基于给定的 profile 替换为实际值。在 cluster profile 中，${bdp-dwh.ssh.host}就是 bdp-dwh@gateway1.cluster。这里我们把登录主机的用户名也添加上（实际上这是 SSH 命令要求的）；在命令<command>${bdp-dwh.app.bin.home}/src-bdp-master.sh</command>部分，${bdp-dwh.app.bin.home}也是一个 Maven 变量，在 cluster profile 下它的值是/home/bdp-dwh/bdp-dwh-1.0/bin，因此 command 解析出的值是/home/bdp-dwh/bdp-dwh-1.0/bin/src-bdp-master.sh；再接下来是 3 个参数：build-app、${START_TIME}和${END_TIME}，后两者就不是 Maven 变量了，而是 Oozie 传递给工作流的变量，它们的值是由 coordinator 在周期性触发工作流时生成的，然后作为参数传给工作流。将前面的命令和这 3 个参数拼接在一起，就得到了上述完整的命令行。

Oozie 的 SSH action 正是基于这些配置构建出一个 SSH 命令行去执行的。以 2018-09-02 这天的 daily 作业为例，在 2018-09-02 零点时，工作流 build-ds-bdp-master 将会被触发，因为要处理昨天的数据，coordinator 给 workflow 准备的起止时间参数是：

```
${START_TIME} = 2018-09-01T00:00+0800
${END_TIME} = 2018-09-02T00:00+0800
```

所以最后解析出的 SSH 命令就是：

```
ssh bdp-dwh@gateway1.cluster /home/bdp-dwh/bdp-dwh-1.0/bin/src-bdp-master.
```

```
sh build-app 2018-09-01T00:00+0800 2018-09-02T00:00+0800
```

这条命令在Oozie的服务器端执行，执行用户是oozie，所以如果想让这个SSH action执行成功，有一件非常重要的工作要做，那就是配置从Oozie服务器的oozie账号到部署bdp-dwh项目的服务器的bdp-dwh账号的SSH免密登录，也就是oozie@oozie server→bdp-dwh@bdp-dwh server的SSH免密登录。

这是我们第一次介绍SSH action，实际上，整个bdp-workflow项目都是基于SSH action完成的，这里涉及Oozie作业封装的风格与粒度问题。Oozie本身倾向于让开发者在Oozie上直接实现具体操作，如通过FS action完成HDFS操作、通过Hive action完成Hive操作。从技术上讲，如果开发者愿意，他可以将大数据平台的所有操作实现写到一个Oozie项目里。但是这种做法是不可取的，因为这会让整个工作流项目变得臃肿和难以维护，聪明而优雅的设计应该像我们的原型项目这样，为不同阶段基于不同工具或组件的任务开发不同的子项目，然后通过工作流远程调用它们。

在build-src-app完成之后，紧接着是build-dwh-app，这个action负责在src层的基础上构建dwh层上的app数据表，其形式和build-src-app几乎一样，所以不再赘述。

在配置文件的最后，还有一个重要的action：flag-done。这个action会调用HDFS的文件操作命令touchz在hdfs://${cluster.namenode}${app.hdfs.user.home}/done-flags/${DATE_FLAG}/ds-bdp-master/app/_SUCCESS这个位置上创建一个名为_SUCCESS的空文件，这里面还有一个参数DATE_FLAG，它是执行作业当天的日期，所以每天的作业都会有唯一的FLAG。在每个工作流的最后生成这些空文件是要做什么呢？我们先把这个问题放一放，等下一节讲完coordinator之后，会专门来解释这个action及_SUCCESS文件的用途。

10.7 实现coordinator

工作流实现之后，我们进入coordinator的开发。coordinator是用来定义工作流执行周期的，几乎所有的工作流都需要周期性地触发执行，最常见的是daily作业，每天零点过后，过去一天的业务数据都已沉淀到业务数据库，这时就可以启动数据采集和相关处理任务了，类似的还有

weekly、monthly 甚至 yearly 的周期作业。定义工作流的触发周期和触发时间是由 coordinator 完成的。

以 build-ds-bdp-master 工作流为例，它应该在每天的零点后执行，同时，在启动时需要生成相应参数并传递给它，这些都是在 lib/ds-bdp-master-daily-build/coordinator.xml 这个 coordinator 文件中描述的，以下是它的详细配置：

```
<coordinator-app name="ds-bdp-master-daily-build" frequency="${coord:days(1)}"
                 start="${startTime}" end="${endTime}" timezone="Asia/Shanghai"
                 xmlns="uri:oozie:coordinator:0.1">
    <action>
        <workflow>
            <app-path>${app.hdfs.home}/lib/ds-bdp-master-daily-build/workflow.xml</app-path>
            <configuration>
                <property>
                    <name>START_TIME</name>
                    <value>${coord:dateOffset(coord:nominalTime(), -1, 'DAY')}</value>
                </property>
                <property>
                    <name>END_TIME</name>
                    <value>${coord:dateOffset(coord:nominalTime(), 0, 'DAY')}</value>
                </property>
                <property>
                    <name>DATE_FLAG</name>
                    <value>${coord:formatTime(coord:dateOffset(coord:nominalTime(), -1, 'DAY'), "yyyy-MM-dd")}</value>
                </property>
```

```
            </configuration>
        </workflow>
    </action>

</coordinator-app>
```

我们先来了解一下<coordinator-app/>标记的各个属性，name 标记的是这个 coordinator 的名称。ds-bdp-master-daily-build，顾名思义就是面向 bdp_master 这个数据源（ds）的每日构建（daily build）。frequency 是这个 coordinator 的触发频率，${coord:days(1)}是 Oozie 提供的一种表达式语言，其实质是 Oozie 提供的内置函数，用户除可以直接使用这些内置函数外，也可以编写自定义的函数，这和 Hive 中的 UDF 类似。${coord:days(int n)}是一个常用的时间周期表达式，它会返回一个以 n 天为周期的零点时间。举例来说，如果是${coord:days(1)}，意味着这个 coordinator 每天都会触发一次，触发的时间是每天零点，如果是${coord:days(2)}，那就是每两天触发一次，触发时间是每隔一天的零点。既然是周期性的，就会涉及起止时间，即在多长的时间范围内周期性地触发工作流，这个时间范围由 start="${startTime}"和 end="${endTime}"这两个属性定义，这里${startTime}和${endTime}又是两个参数，每次重新部署或重启 coordinator 时，起止时间都是不一样的，所以不会在配置文件中给出固定值，而是在每次启动 coordinator 时在命令行里设定。举例来说，我们前面给出过一个启动工作流的命令行：

```
bdp-workflow-1.0/bin/bdp-workflow.sh submit ds-bdp-master-daily-build 2018
-09-02T00:00+0800 2018-09-03T00:00+0800
```

在这个命令行中，2018-09-02T00:00+0800 将赋值给参数 startTime，2018-09-03T00:00+0800 将赋值参数 endTime，这个起止时间限制了工作流只执行一次，即 2018-09-02 零点那次。一般情况下，coordinator 设定的起止时间跨度是非常大的，如 10 年或更长时间，目的是让工作流持续地运转下去，这里只是为了测试，所以运行一次就可以了。接下来是时区设置 timezone="Asia/Shanghai"，这是一个容易产生误解的属性配置，它并不是指定 Oozie 或这个 coordinator 遵循哪个时区来解析时间，而是与夏令时有关。Oozie 引擎会使用全局唯一的时区设置，其设置项是 Oozie 配置文件 oozie-default.xml 中的 oozie.processing.timezone。该设置项的默认值是 UTC，也就是说 Oozie 默认使用的是 UTC 时间，通常我们需要将其修改为本地时区，以中国时区为例，配置如下：

```
<property>
    <name>oozie.processing.timezone</name>
    <value>GMT+0800</value>
</property>
```

修改时区配置并重启之后，Oozie 将按配置时区格式检查时间相关的参数，如我们 coordinator 中的 ${startTime} 和 ${endTime} 都是东八区的时间格式，即 yyyy-MM-ddTHH:mm+0800，否则 Oozie 会拒绝接收。那么 coordinator 中的这个 timezone 设置到底是做什么的呢？原来世界上的一些国家会使用一种夏令时（Daylight Saving Time：DST）的计时方案，夏令时会在天亮得早的夏季人为地将时间调快一小时，这会导致在夏令时进行时间调整的当天工作流的执行时间发生错误。例如，对于一个 daily 作业，在夏令时调整时，距上次执行的时间差不再是 24 小时，而是 23h 或 25h，通过设定 timezone，Oozie 会根据设定区域是否使用夏令时自动调整，规避可能出现的错误。

下面我们看一下 coordinator 的<action/>部分，action 包裹了一个<workflow/>，这是 coordinator 的核心逻辑。Oozie coordinator 的 XML-Schema 中明确注明：一个 coordinator 有且只能有一个 action，一个 action 有且只能有一个 workflow，所以说 coordinator 和 workflow 之间是一一映射的，是为单一工作流指定作业排期的专职组件。

在<workflow/>的配置中，开发者首先要指明工作流文件的位置，以便 coordinator 能找到并加载它，也就是配置中的第 6 行<app-path>${app.hdfs.user.home}/lib/ds-bdp-master-daily-build/workflow.xml </app-path>，然后 coordinator 需要生成工作流需要的一切参数并传递给它。前面讲解 build-ds-bdp-master 工作流时我们提到过它的 3 个参数：开始时间（START_TIME）、结束时间（END_TIME）和日期标记（DATE_FLAG），这里的 coordinator 都一一为其准备好了。

- START_TIME 的值是${coord:dateOffset(coord:nominalTime(), -1, 'DAY')}，这个表达式是指以触发时刻为基准向前偏移一天的时间。例如，在 2018-09-02T00:00+0800 这个时间点作业会被触发，解析出的 START_TIME 的值将是 2018-09-01T00:00+0800；
- END_TIME 的值是${coord:dateOffset(coord:nominalTime(), 0, 'DAY')}，这个表达式是指直接取触发时间，无偏移。同样在 2018-09-02T00:00+0800 这个作业触发时间，解析计

算出的 END_TIME 的值将是 2018-09-02T00:00+0800；

- DATE_FLAG 用于标记是哪个时间周期，这与工作流的 done-flag 有关，后面会详细解释，这里我们选择和 START_TIME 保持一致，但是考虑到这个时间值会作为文件夹存在于 HDFS 上，为了避免出现一些无法处理的特殊时间字符，我们要对其进行一下格式处理，只取日期部分并转换为 yyyy-MM-dd 的格式。

通常情况下，设置给 coordinator 的 START_TIME 和 END_TIME 差值是非常大的，往往是数年时间，因为正常来说工作流会无限期地周期性运转下去，命令行示例中 START_TIME 和 END_TIME 只有一天的时间差，这仅是出于测试的目的，检查其是否可以跑通。

10.8　部署与提交工作流

完成了 workflow 和 coordinator 的实现工作之后，就可以部署并提交工作流（本书中当我们提及“提交工作流”时具体指的是提交 coordinator）了。Oozie 要求工作流所有的文件都要部署到 HDFS 上，此前我们已经通过命令行提供的 init 函数完成了这一操作，现在看一下它的具体实现：

```
init()
{
    hdfs dfs -test -d ${BDP_WORKFLOW_HDFS_HOME}&&\
    hdfs dfs -rm -r -f -skipTrash ${BDP_WORKFLOW_HDFS_HOME}
    hdfs dfs -mkdir -p ${BDP_WORKFLOW_HDFS_HOME} &&\
    hdfs dfs -chown ${USER_NAME} ${BDP_WORKFLOW_HDFS_HOME}
    hdfs dfs -put ${BDP_WORKFLOW_LOCAL_HOME}/* ${BDP_WORKFLOW_HDFS_HOME}/
}
```

init 函数会在 HDFS 上创建 bdp-workflow 项目的 home 目录 BDP_WORKFLOW_HDFS_HOME，然后把本地目录 BDP_WORKFLOW_LOCAL_HOME 下的所有项目文件复制过去，前者的路径是通过 Maven 变量 app.hdfs.home 进行设置的，后者的路径是通过 Maven 变量 app.home

进行设置的，二者都使用“/用户 home 目录/工程名”作为它们的值，不同的是 app.home 取的是本地用户 home 目录，而 app.hdfs.home 取的是 HDFS 上的用户 home 目录，以我们的 cluster 环境为例，它们解析出的值分别为：

```
app.home=/home/bdp-workflow/bdp-workflow-1.0
app.hdfs.home=/user/bdp-workflow/bdp-workflow-1.0
```

init 函数中最后一行就是将本地工程 home 目录下的所有文件上传到 HDFS 上的工程 home 目录下。

init 函数只在初次部署时执行一次就可以了，一旦工程文件上传到 HDFS，就可以提交作业了。Oozie 提供了专门的命令行工具来提交并查看作业运行状态，其官方文档对命令行工具有详细的讲解，请读者自行参考。在 bdp-workflow 中，我们使用了唯一一个也是最常用的命令 oozie job -submit 来提交作业，使用它的是 bin/bdp-workflow.sh 中的 submit 函数：

```
submit()
{
    COORD_NAME=$1
    START_TIME=$(date -d "$2" +"%FT%H:%M%z")
    END_TIME=$(date -d "$3" +"%FT%H:%M%z")
    echo "Accepted Start Time: [ ${START_TIME} ]"
    echo "Accepted End Time: [ ${END_TIME} ]"

    OOZIE_MSG=$(oozie job -submit \
    -Doozie.coord.application.path="${BDP_WORKFLOW_HDFS_HOME}/lib/${COORD_
NAME}" \
    -DstartTime="${START_TIME}" \
    -DendTime="${END_TIME}")
    if [ "$?" = "0" ]
    then
        echo "The Coordinator ID:  [ ${OOZIE_MSG/job: /} ]"
        echo "Submitting job succeeded!"
```

```
    else
        echo "${OOZIE_MSG}"
        echo "Submitting job failed!"
    fi
}
```

submit 函数接收 3 个参数：

- COORD_NAME：coordinator 的名称，即告知要启动哪一个 coordinator；
- START_TIME：开始时间，即 coordinator 配置文件中声明的 startTime 参数；
- END_TIME：结束时间，即 coordinator 配置文件中声明的 endTime 参数。

获得这 3 个参数之后，接下来就是提交 Oozie 作业的命令了，上述 3 个参数都以属性的形式传递给了 Oozie：

```
-Doozie.coord.application.path="${BDP_WORKFLOW_HDFS_HOME}/lib/${COORD_NAME}" \
-DstartTime="${START_TIME}" \
-DendTime="${END_TIME}")
```

Oozie 会将这些属性解析出来，以参数形式传递给 coordinator。还记得我们在每个 coordinator 配置文件中声明的 start/end 参数吗？

```
<coordinator-app name="ds-bdp-master-daily-build" frequency="${coord:days(1)}"
start="${startTime}" end="${endTime}" timezone="Asia/Shanghai" xmlns="uri:oozie:
coordinator:0.1">
```

这里的${startTime}和${endTime}就是在 Oozie 中声明的参数，在使用 Ooize 命令行提交作业时，我们以-DstartTime=xxx 和-DendTime=xxx 的形式传递参数，对应的值赋值给了 coordinator 配置文件中声明的这两个参数。而对于 COORD_NAME 这个参数而言，它被用到了 oozie.coord.application.path 路径上，这是提交所有 coordinator 必须指定的一个参数，它会指明 coordinator 在 HDFS 上的存放路径，Oozie 引擎会去这个路径下寻找 coordinator.xml，而我们这里对 coordinator 的存放路径使用了一个“约定”，将 coordinator 的 name 作为其所属文件夹的名字，这就是为什么在设定路径时，我们要把 COORD_NAME 作为参数传给 Oozie。例如，如果我们想要提交 ds-bdp-master-daily-build 这个 coordinator，让它运行 2018-09-02 这天的 daily 作业，使用的命令是：

```
bdp-workflow-1.0/bin/bdp-workflow.sh    submit    ds-bdp-master-daily-build
2018-09-02T00:00+0800 2018-09-03T00:00+0800
```

解析出的实际的 Oozie 命令是：

```
oozie job -submit \
    -Doozie.coord.application.path="hdfs:///user/bdp-workflow/bdp-
workflow-1.0/lib/ds-bdp-master-daily-build" \
    -DstartTime="2018-09-02T00:00+0800" \
    -DendTime="2018-09-03T00:00+0800"
```

最后，让我们将 4 条工作流一起提交，但是在此之前，我们要先进行两项清理工作，首先清除现有的所有数据表中的数据：

```
# run as user: bdp-dwh
bdp-dwh-1.0/bin/bdp-dwh.sh truncate-all
```

然后清除所有的 done-flag 文件。当我们要重跑某一天的工作流时，必须要清空当天的 done-flags 文件，否则作业间的依赖就会被打乱，执行过程就会出错。

```
# clean done-flags before re-run!
hdfs dfs -rm -r /user/bdp-workflow/done-flags
```

然后，我们通过 bdp-workflow.sh 提供的 submit-all 命令一次性地提交所有的工作流：

```
# submit all jobs
bdp-workflow-1.0/bin/bdp-workflow.sh    submit-all    2018-09-02T00:00+0800
```

```
2018-09-03T00:00+0800
```

作业提交成功之后，可以通过 Hue 的管理页面来监控工作流的执行状况。Hue 的界面有一个 Job Browser 页面，会显示所有运行中的 coordinator 及 workflow 的运行状态。图 10-5 展示的是刚提交作业时 coordinator 的状态，Hue 的 Schedules 页面展示的是 Oozie 的 coordinator。

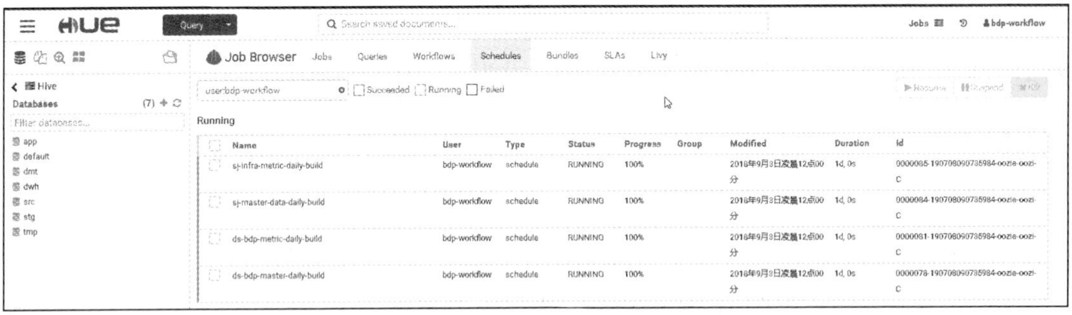

图 10-5　Hue 的 Schedules 页面

Hue 的 Workflows 页面展示的是 Oozie 的 workflow，如图 10-6 所示。

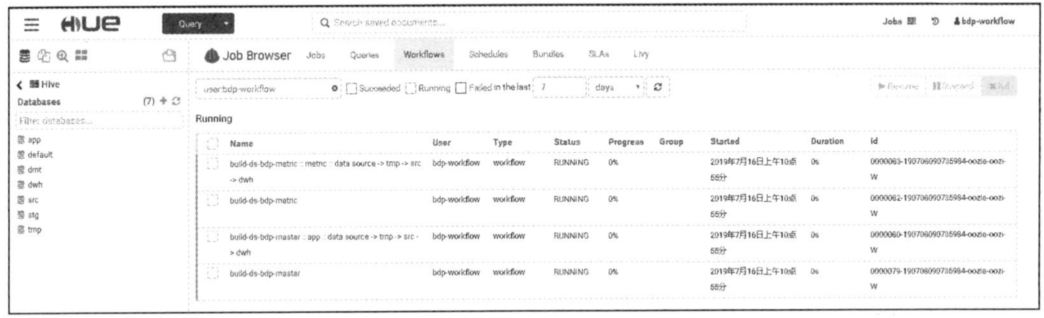

图 10-6　Hue 的 Workflows 页面

10.9　作业依赖管理

截至上一节，我们已经将 bdp-workflow 的整体框架和运行机制介绍完了，但是有一个话题一直没有展开，那就是作业间的依赖管理。这个话题需要对工作流的运行有一个完整的认识之后才能展开，这一节我们就讨论这个话题。

在 10.3 节，我们讨论过三种工作流的组织策略，并说明我们的原型项目使用的是第三种策略，虽然第三种策略可以大大简化作业间的依赖，但规避所有的作业依赖是不可能的，工作流必须有一套针对作业依赖的管理机制。以原型项目为例，主题相关的作业一定会依赖数据源相关的作业，只有当被依赖的数据源作业执行成功之后主题作业才开始执行。针对作业依赖，不同的工作流会使用不同的机制进行应对，总体上分为两大类：

- 基于作业的依赖；
- 基于事件（数据）的依赖。

基于作业的依赖是这样工作的：一个作业 B 要求某些条件必须满足才能执行，而这些条件恰好是作业 A 的范畴，也就是说当 A 执行成功之后，B 所需要的条件就满足了，此时我们可以说作业 B 依赖于作业 A，在配置时，我们要显式地指出 B 对 A 的依赖。这种配置常出现在 Azkaban 中，上述逻辑使用 Azkaban 来配置可以描述为：

```
1    nodes:
2     - name: JobA
3       type: command
4       config:
5         command: bash ./write_to_props.sh
6
7     - name: JobB
8       type: command
9       dependsOn:
10        - JobA
11      config:
12        command: echo“This is JobB.”
```

这段配置中最关键的就是第 9、10 两行，它声明 JobB 依赖 JobA，即只有 JobA 执行完成且成功之后才会执行 JobB。

基于事件（数据）的依赖则是这样的：每一个作业可以在配置上声明执行它所需要的一些事件，只有这些事件发生后才会触发当前作业的执行，这些事件都是其他作业在执行期间或执行结束后产生的，只有当那些作业执行成功之后，这些事件才会产生，当前作业才会进入执行状态，所以这也是一种间接处理作业依赖的方式，Oozie 使用的正是这种方式。在 Oozie 的作业配置中经常会声明一系列的 input-events 和 output-events，这些事件都是用来描述某个或某类文件是否已经就绪的，只有这些声明的事件全部发生之后，当前工作流才会被触发执行。

相比较而言，基于事件（数据）的依赖要比基于作业的依赖有优势，因为作业间的依赖往往是多重的网状关系，很难梳理，人为地解析这些依赖是非常麻烦的，而基于事件的依赖则要好很多，每一个作业只需要专注于声明自己依赖的事件，同时在完成相关动作后也主动生成相应的事件，工作流引擎会收集事件并判断哪些作业可以进入执行状态，哪些还需要等待，而不用人工梳理作业之间的依赖关系并显式地配置在工作流中。

10.9.1 Oozie 的作业依赖管理

Oozie 具体是如何基于事件（数据）进行依赖管理的呢？一个基本的逻辑是，如果我们能找到一种方法可以准确地描述依赖的是什么数据并能持续监控所需数据是否已经就绪，就可以了。要准确地描述依赖的数据需要讲清楚两点：

- 整个数据集存放在哪里；
- 当前运行周期所依赖的是数据集中的哪一部分（如哪一天）数据。

针对第一个问题，Oozie 引入了 datasets 概念，针对第二点引入了 input-events 概念。我们来看一个示例，某个 daily 作业要处理昨天的某类数据，但是它需要用到 my_table 表中昨天的数据，这样当前作业就对 my_table 表的数据产生了依赖。我们假设 my_table 的 HDFS 存放路径是/data/my_table，它按日期进行了分区，每天会在数据表对应的文件夹下产生一个分区子文件夹，以 2018-09-01 这一天的数据为例，它们会存放在/data/my_table/2018-09-01/这个路径下。

在这一场景下，这个 daily 作业可以通过如下配置来声明它对 my_table 表的数据的依赖：

```
<datasets>
    <dataset name="my_table" frequency="${coord:days(1)}"
```

```
        initial-instance="2018-01-02T00:00+0800"
timezone="Asia/Shanghai">

<uri-template>/data/my_table/${YEAR}-${MONTH}-${DAY}/</uri-template>
    </dataset>
    ...
</datasets>

<input-events>
    <data-in name="my_table_input" dataset="my_table">
        <instance>${coord:current(-1)}</instance>
    </data-in>
    ...
</input-events>
```

在<dataset/>的配置中，Oozie 使用了 URI（统一资源标识符）来描述数据集，在绝大多数情况下，它都是一个 HDFS 路径。本例中的/data/my_table/${YEAR}-${MONTH}-${DAY}/就是一个 HDFS 路径模板，很显然，这不是一个单一值，而是使用模式描述的一组数据集，这些数据的总和就是 my_table 表的全部数据，所以说通过<dataset/>这一配置我们解决了第一个问题，告诉了 Oozie 数据存放在哪里。然后是 input-events 的配置，使用 EL 表达式${coord:current(-1)}注明现在需要的是当前日期减 1 天的时间，也就是昨天。假设作业执行时是 2018-09-02，则${coord:current(-1)} 解析出的值就是 2018-09-01，而解析出的<dataset/>就是/data/my_table/2018-09-01/，也就是说，对于当前这个作业，只有当/data/my_table/2018-09-01/路径下的数据全部就绪了作业才会执行。

但是这里有一个问题，Oozie 怎么判定/data/my_table/2018-09-01/路径下的数据已经全部就绪了呢？这个文件夹下可能会有多个文件，文件名和文件数量都是不确定的，即便只有一个文件，在大数据场景下，这个文件也可能会因为过大而需要很长时间才能完成写入，所以单纯靠检查数据文件本身是很难判定数据是否就绪的，那怎么办呢？Oozie 给出了一个很聪明的做法，这里就要提到<dataset/>配置中的一个非空配置项<done-flag/>，它配置的是一个文件名，如果不显式地进行配置，就会使用默认值_SUCCESS，那么这个<done-flag/>是怎么判定数据就绪的呢？

这需要作业调度方（即 Oozie）和数据提供方之间做一个“约定”，当数据完成写入时由写入方生成一个标记文件标记写入已完成，只有当作业调度方（即 Oozie）检测到了这个文件才会认定数据已经就绪，这个方法简单而可靠，是一个很好的解决方案，而<done-flag/>就是用来配置这个约定的文件应该叫什么的。之所以它的默认值是_SUCCESS，是因为早期 Hadoop 的 MR 作业完成时默认会生成一个名为_SUCCESS 的标记文件，用来表示 MR 作业已经结束，也就意味着当前目录下的数据已经就绪的了，Oozie 沿用了这一做法，也包括这个标记文件的默认名，方便与 MR 作业集成。

关于 Oozie 基于事件（数据）进行作业依赖管理的基本思想我们就介绍到这里，下面看一下实际应用，回到上述示例，有两个现实问题需要我们解决：

- 现在的 Spark 作业不会像以前的 MR 作业那样自动生成_SUCCESS 文件，我们需要自行生成；
- 并非所有的数据表都有分区，即使有，也不一定按时间进行分区，所以依靠分区下的_SUCCESS 文件有时候是无法帮助工作流引擎判定某周期上依赖的数据是否已经就绪的。

针对这两个问题，bdp-workflow 给出了一套优雅的解决方案：

- 由 Ooize 负责生成标记文件，而不是让 Spark 作业自己来做这件事。本质上生成标记文件是供作业调度使用的，所以应该由工作流引擎负责。Oozie 的 HDFS action 中刚好有一个 touchz 操作，它对应的是 HDFS 上的 touchz 命令，这个命令专门用来在 HDFS 上生成一个空文件，用它来生成标记文件是最合适的。所以，当一个被其他作业依赖的数据表完成本周期内的构建时，我们会在工作流配置中加入一个 touchz，用来生成一个_SUCCESS 文件。
- 将标记文件_SUCCESS 从原始数据存放的目录中剥离出来转到一个专门的目录下存放，并让目录结构与作业运行周期相对应，这样就不存在周期生成的标记文件和原始数据存放路径无法一一对应的问题了，从而可以更加自由地使用标记文件。

我们会在下一节介绍原型项目时详细讲解如何使用上述方案管理作业依赖。

10.9.2 原型项目中的作业依赖

我们的原型项目 bdp-workflow 总计有 4 条工作流：sj-infra-metric-daily-build、sj-master-data-daily-build、ds-bdp-master-daily-build 及 ds-bdp-metric-daily-build，它们的执行顺序如图 10-7 所示。

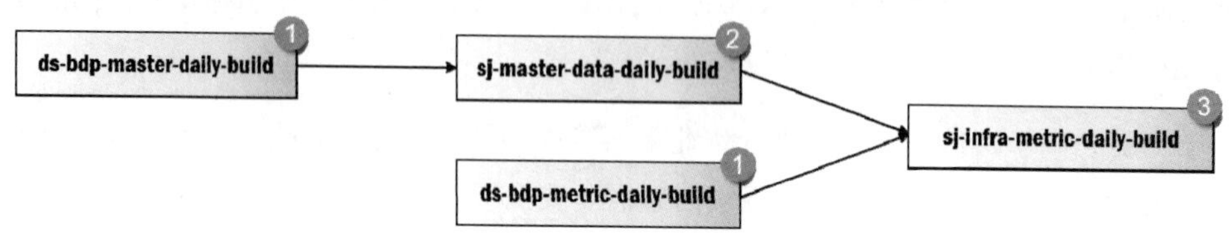

图 10-7 bdp-workflow 4 条工作流基于依赖关系推导出的执行顺序

形成这种执行顺序的原因是，sj-infra-metric-daily-build 作业需要用到 sj-master-data-daily-build 构建的各类主数据作为维度进行参照，同时要用到 ds-bdp-metric-daily-build 作业收集的 Metric 数据构建事实表，而 sj-master-data-daily-build 中的各类维度数据都来自 ds-bdp-master-daily-build 从数据源收集的原始主数据。

上述这些依赖本质上还是对数据的依赖，从数据的角度来解析这种依赖关系可用图 10-8 和图 10-9 表示。

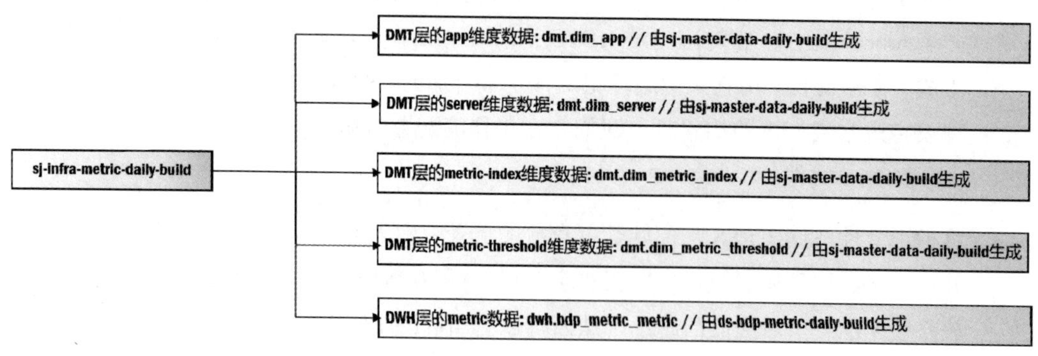

图 10-8 sj-infra-metric-daily-build 对数据的依赖

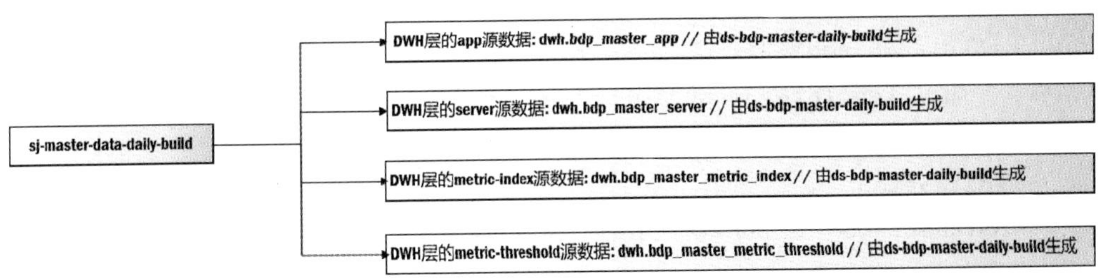

图 10-9　sj-master-data-daily-build 对数据的依赖

也就是说，sj-infra-metric-daily-build 作业启动前需要 DMT 层的 app、server、metric-index、metric-threshold 4 类维度数据及 DWH 层的 Metric 源数据就绪，而 sj-master-data-daily-build 作业启动前需要 DWH 层的 app、server、metric-index、metric-threshold 4 类源数据。这些被依赖的数据会由负责构建这些数据的作业在执行完毕时主动“raise event”来告知所有的依赖方，一旦依赖数据都已就绪（也就是所有 event 都已发生），作业就启动了。我们来看一下 Oozie 是如何在配置文件中声明一个作业所依赖的 event，又是如何“raise”一个 event 的。以 sj-master-data-daily-build 作业为例，在它的 coordinator 配置中声明了 4 个 dataset 及 4 个 input-events，它们是用来声明当前工作流所依赖的 DWH 层的 app、server、metric-index、metric-threshold 4 类源数据的：

```
<coordinator-app name="sj-master-data-daily-build" frequency="${coord:days(1)}"
start="${startTime}" end="${endTime}" timezone="Asia/Shanghai" xmlns="uri:oozie:
coordinator:0.1">

    <datasets>
        <dataset name="ds-bdp-master-app" frequency="${coord:days(1)}"
                initial-instance="2018-01-02T00:00+0800"     timezone="Asia/
Shanghai">
            <uri-template>${app.hdfs.user.home}/done-flags/${YEAR}-${MONTH}-
${DAY}/ds-bdp-master/app</uri-template>
        </dataset>
        <dataset name="ds-bdp-master-server" frequency="${coord:days(1)}"
                initial-instance="2018-01-02T00:00+0800"
```

```
timezone="Asia/Shanghai">
          <uri-template>${app.hdfs.user.home}/done-flags/${YEAR}-${MONTH}-
${DAY}/ds-bdp-master/server</uri-template>
       </dataset>
       <dataset name="ds-bdp-master-metric-index" frequency="${coord:days(1)}"
             initial-instance="2018-01-02T00:00+0800"
timezone="Asia/Shanghai">
          <uri-template>${app.hdfs.user.home}/done-flags/${YEAR}-${MONTH}-
${DAY}/ds-bdp-master/metric-index</uri-template>
       </dataset>
       <dataset name="ds-bdp-master-metric-threshold" frequency="${coord:days(1)}"
             initial-instance="2018-01-02T00:00+0800"
timezone="Asia/Shanghai">
          <uri-template>${app.hdfs.user.home}/done-flags/${YEAR}-
${MONTH}-${DAY}/ds-bdp-master/metric-threshold</uri-template>
       </dataset>
    </datasets>

    <input-events>
       <data-in name="ds-bdp-master-app-input" dataset="ds-bdp-master-app">
          <instance>${coord:current(-1)}</instance>
       </data-in>
       <data-in  name="ds-bdp-master-server-input"  dataset="ds-bdp-master-
server">
          <instance>${coord:current(-1)}</instance>
       </data-in>
       <data-in                    name="ds-bdp-master-metric-index-input"
dataset="ds-bdp-master-metric-index">
          <instance>${coord:current(-1)}</instance>
       </data-in>
       <data-in  name="ds-bdp-master-metric-threshold-input"  dataset="ds-
bdp-master-metric-threshold">
```

```
            <instance>${coord:current(-1)}</instance>
        </data-in>
    </input-events>

    <action>
        ...
    </action>
</coordinator-app>
```

这 4 类数据的配置很类似，我们以 app 数据为例来深入地了解一下。

```
<datasets>
    <dataset name="ds-bdp-master-app" frequency="${coord:days(1)}"
            initial-instance="2018-01-02T00:00+0800"
timezone="Asia/Shanghai">
        <uri-template>${app.hdfs.user.home}/done-flags/${YEAR}-${MONTH}-
${DAY}/ds-bdp-master/app</uri-template>
    </dataset>
    ...
</datasets>

<input-events>
    <data-in name="ds-bdp-master-app-input" dataset="ds-bdp-master-app">
        <instance>${coord:current(-1)}</instance>
    </data-in>
    ...
</input-events>
```

这份配置和前一节举例的那个my_table表非常相似，唯一的区别就是uri-template的值不同。在上一节介绍原型项目的依赖管理方案时我们说：“将标记文件_SUCCESS 从原始数据存放的目录中剥离出来，转到一个专门的目录下存放，并让目录结构与作业运行周期相对应。”这里配置的 uri-template 正是独立存放标记文件的路径模板 ${app.hdfs.user.home}/done-flags/

${YEAR}-${MONTH}-${DAY}/ds-bdp-master/app，这个目录的结构是精心设计过的，它的各组成部分的含义如图 10-10 所示。

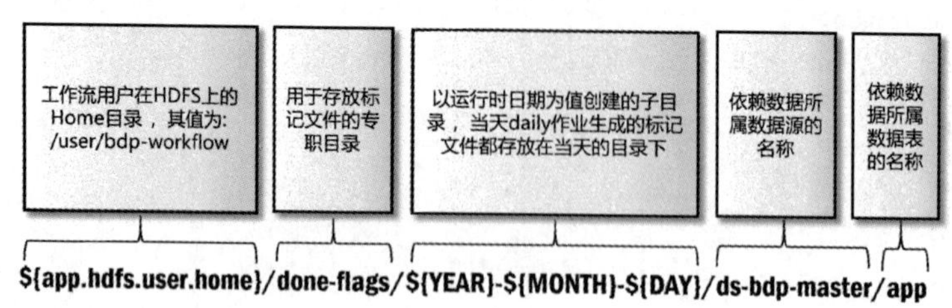

图 10-10　done-flags 标记文件路径组成

关于这个目录结构的设计再补充说明几点：

- 标记文件使用专职目录 done-flags 统一存放，避免与存储数据的目录混用；
- 时间周期子目录排在数据源子目录的上一级，便于对某一天的作业运行状态进行排查，因为当天所有作业生成的标记文件都存放在同一个目录下；
- app 是一个文件夹，用于存放 app 作业生成的_SUCCESS 文件。

关于 app 的<dataset/>配置就介绍完了，接下来的<input-events/>和上一节的示例配置是一样的，${coord:current(-1)}的含义就是取昨天的那份数据。

至此，sj-master-data-daily-build 对于 dwh 层 app 数据的依赖声明已经完全描述清楚了，剩下的是另一半的流程，由负责构建 dwh 层 app 数据的作业方标记数据就绪，这一操作发生在负责构建它的工作流 ds-bdp-master-daily-build 中，具体位于 app 子工作流的配置 lib/ds-bdp-master-daily- build/sub-workflow/app.xml 中：

```
<workflow-app name="build-ds-bdp-master :: app :: data source -> tmp -> src
 -> dwh" xmlns="uri:oozie:workflow:0.5">
    ...
    <action name="flag-done">
        <fs>
            <touchz path='hdfs://${cluster.namenode}${app.hdfs.user.home}/do
ne-flags/${DATE_FLAG}/ds-bdp-master/app/_SUCCESS'/>
```

```
        </fs>
        <ok to="end"/>
        <error to="kill"/>
    </action>
    ...
</workflow-app>
```

我们曾在 10.6 节的最后提及过这段配置，但是并没有展开，这个名为 flag-done 的 action 会使用 touchz 命令在

```
hdfs://${cluster.namenode}${app.hdfs.user.home}/done-flags/${DATE_FLAG}/ds
-bdp-master/app/
```

目录下创建_SUCCESS 文件，而这个路径正是 sj-master-data-daily-build 配置中所声明的依赖的 dwh 层 app 数据的路径，至此整个控制闭环就完成了。我们来看一下 4 条工作流的完整执行过程。

以 2018-09-02 的 daily 作业为例，在 2018-09-02 00:00:00 这一时刻，sj-infra-metric-daily-build、sj-master-data-daily-build、ds-bdp-master-daily-build 及 ds-bdp-metric-daily-build 4 个作业会同时进入 RUNNING 状态，因为 4 个 daily 作业的 coordinator 配置的启动时间就是每日零点，实际的执行顺序是按它们所依赖的数据有序推进的。由于 sj-infra-metric-daily-build 要同时依赖 sj-master-data-daily-build 生成的 dmt.dim_app、dmt.dim_server、dmt.dim_metric_index 和 dmt.dim_metric_threshold 4 张表的数据，以及 ds-bdp-metric-daily-build 生成的 dwh.bdp_metric_metric 表的数据，所以 sj-infra-metric-daily-build 不会立即执行，而是等待这些表的数据就绪。此时的 sj-master-data-daily-build 也不能执行，因为它在等待由 ds-bdp-master-daily-build 生成的 dwh.bdp_master_app、dwh.bdp_master_server、dwh.bdp_master_metric_index 和 dwh.bdp_master_metric_threshold 4 张表的数据。没有数据依赖的是 ds-bdp-master-daily-build 和 ds-bdp-metric-daily-build 这两个作业，它们的作业会率先执行，当 ds-bdp-master-daily-build 执行完成时，会生成 4 个标记文件，分别标记 dwh.bdp_master_app、dwh.bdp_master_server、dwh.bdp_master_metric_index 和 dwh.bdp_master_metric_threshold 4 张表的数据已经就绪，此时 sj-master-data-daily-build 所需要的数据就都就绪了，所以它将进入执行阶段，

当它执行完毕时又会成 4 个标记文件，分别标记 dmt.dim_app、dmt.dim_server、dmt.dim_metric_index 和 dmt.dim_metric_threshold 4 张表的数据已经就绪。另一方面，当 ds-bdp-metric-daily-build 执行完成时，会生成 1 个标记文件标记 dwh.bdp_metric_metric 的数据已就绪，这样 sj-infra-metric-daily-build 所依赖的 5 张表的数据都已就绪，它将最后一个启动。要说明的是 sj-infra-metric-daily-build 在执行结束后也会生成 3 个标记文件，分别标记 dmt.fact_metric、dmt.sum_metric_avg 和 dmt.wide_metric_avg 3 张表的数据已经就绪，生成这 3 个标记文件主要是为了便于和更高层级（如 App 层）的作业进行对接，或者为其他下游系统对接工作流做准备。所以，在 2018-09-02 作业执行期间会陆续生成 12 个 SUCCESS 文件，Oozie 利用这些标记文件轻巧地维护和推进相互依赖的作业有序执行，以下就是整个过程中生成的 12 个标记文件：

```
/user/bdp-workflow/done-flags/2018-09-01/ds-bdp-master/app/_SUCCESS
/user/bdp-workflow/done-flags/2018-09-01/ds-bdp-master/metric-index/_SUCCESS
/user/bdp-workflow/done-flags/2018-09-01/ds-bdp-master/metric-threshold/_SUCCESS
/user/bdp-workflow/done-flags/2018-09-01/ds-bdp-master/server/_SUCCESS
/user/bdp-workflow/done-flags/2018-09-01/ds-bdp-metric/metric/_SUCCESS
/user/bdp-workflow/done-flags/2018-09-01/sj-infra-metric/fact-metric/_SUCCESS
/user/bdp-workflow/done-flags/2018-09-01/sj-infra-metric/sum-metric-avg/_SUCCESS
/user/bdp-workflow/done-flags/2018-09-01/sj-infra-metric/wide-metric-avg/_SUCCESS
/user/bdp-workflow/done-flags/2018-09-01/sj-master-data/app/_SUCCESS
/user/bdp-workflow/done-flags/2018-09-01/sj-master-data/metric-index/_SUCCESS
/user/bdp-workflow/done-flags/2018-09-01/sj-master-data/metric-threshold/_SUCCESS
/user/bdp-workflow/done-flags/2018-09-01/sj-master-data/server/_SUCCESS
```